府谷常见植物

主　编　李团晓　杨玉堂　田　陌
副主编　武彦军　王丽华

陕西新华出版
陕西科学技术出版社
Shaanxi Science and Technology Press
西 安

图书在版编目（CIP）数据

府谷常见植物 / 李团晓，杨玉堂，田陌主编 .
西安：陕西科学技术出版社，2024. 12. -- ISBN 978-7-5369-9016-6

Ⅰ . Q948.524.14

中国国家版本馆 CIP 数据核字第 2024A96Q48 号

府谷常见植物

FUGU CHANGJIAN ZHIWU

李团晓　杨玉堂　田陌　主编

责任编辑　焦　洁

封面设计　前　程

出 版 者　陕西科学技术出版社
西安市曲江新区登高路 1388 号陕西新华出版传媒产业大厦 B 座
电话（029）81205187　传真（029）81205155　邮编 710061
http://www.snstp.com

发 行 者　陕西科学技术出版社
电话（029）81205180　81205178

印　　刷　陕西天地印刷有限公司

规　　格　889 mm × 1194 mm　16 开本

印　　张　35.75

字　　数　900 千字

版　　次　2024 年 12 月第 1 版
2024 年 12 月第 1 次印刷

书　　号　ISBN 978-7-5369-9016-6

定　　价　298.00 元

《府谷常见植物》编写委员会

主　　任	田小宁
副 主 任	武　静　文永先　蔡　瑞　王　杰
顾　　问	杨艾霞　尚建林　田先华　姜　林
主　　编	李团晓　杨玉堂　田　陌
副 主 编	武彦军　王丽华
成　　员	刘建宽　李志刚　苏清晓　刘红霞　吴双飞 折　勇　张　鑫　段海瑞　李海林　石　伟 张永强　赵建江　张生明　张　峰　韩　焕 王光荣　白德明　刘然燕　白亚星　王小荣 杨建忠　赵王爱　王彩霞　李　娟　张鹏飞 王红峰

序一

很荣幸受邀为《府谷常见植物》一书作序，并有幸先睹为快。

植物不仅是大自然的重要组成部分，更是生物多样性的基石，为人类和所有生物提供了生存的基础。府谷县位于长城沿线、毛乌素沙地东南缘，地处秦晋蒙三省（区）接壤地带，具有丰富的自然资源和深厚的文化底蕴。府谷县的地带性植被是从森林草原类型向典型草原过渡的类型，分布着温性针叶林、典型草原、沙地植被和沼泽湿地等多种多样的植物群落，也孕育着多种多样的林木资源、牧草资源、中草药资源及野菜、野果和花卉植物资源。

通览全书，最大的感受就是这部专著是对府谷县植物资源深入细致地全面挖掘和整理。它详细记录了府谷县境内500余种常见植物的形态特征、生态习性、分布范围以及用途价值等信息，让读者能够全面了解这些植物的生活状态和生态价值。因此，该书不仅是一部植物学的专业著作，更是一部生动的植物科普全书，更是一部记录自然之美、传递生态环保理念的珍贵之作。本书的出版为植物学研究人员、农林牧渔行业工作者和植物爱好者提供了宝贵的参考资料，也为正在编研过程中的《陕西植物志》的编辑出版提供了重要的参考资料。

这部专著的作者和编辑团队为此付出了艰辛的努力，先后跋涉1万余千米，采集标本3300余份，拍摄照片3万余幅。成书过程中，对国家和陕西省地方重点保护野生植物进行了重点调查，基本查清了其在本县域内的分布及生存现状，为这些植物的保护提供了翔实的第一手资料。同时还发现了一大批该县以前没有记载的植物和新近入侵的外来植物，为认识该县的生物多样性，以及外来入侵物种的预警防治提供了非常有益的资料。

作者团队用专业的知识和严谨的态度，为我们呈现了一本内容丰富、图文并茂的佳作。我相信，《府谷常见植物》一书的出版，将为府谷县的生态保护、生态安全和植物学研究带来新的动力和活力，也将为县域植物资源调查与保护提供样板，对陕西省植物生物多样性保护具有十分积极的意义。

陕西省植物学会理事长

西北大学生命科学学院教授

岳明

2024年5月

序二

近年来，县委、县政府深入学习贯彻习近平生态文明思想，认真落实国家黄河流域生态保护和高质量发展战略，主动践行“绿水青山就是金山银山”的理念，坚持系统观念、辩证思维、创新意识、钉钉子精神，正确处理重点攻坚和协同治理、自然恢复和人工修复的关系，探索形成黄土高原沿黄土石山区生态治理府谷经验，构筑起“陕西北大门”绿色生态屏障。在全县上下深入推进荒漠化综合防治和黄河“几字弯”攻坚战的关键时期，《府谷常见植物》付梓出版，填补了我县无植物资源调查成果的空白，成绩可喜可贺。

府谷县位于陕西省最北端，属黄土高原地貌，处在干旱、半干旱气候向干旱荒漠草原气候过渡地带，多元文化交融荟萃，九曲黄河纵贯南北，皇甫川、清水川、孤山川、石马川东汇入黄河，是一方山水相依、物阜民丰的宝地。特殊的地理环境和气候条件，孕育出独特的植物群落，为生物多样性提供了良好条件。《府谷常见植物》内容丰富，图文并茂，收集本县各类植物500余种，较为全面地反映了本县植物生存现状和生态文明建设成果。更可贵的是，该书在全面调查本县植物资源的同时还系统调查了在本县有分布的野大豆、甘草、沙芦草等3种国家二级重点保护野生植物以及杜松、叉子圆柏、木贼麻黄、草麻黄、绶草、裂瓣角盘兰等6种陕西省省级重点保护野生植物。调查补充了本县此前未有记载过的植物，如楼斗菜、泡沙参、大苞点地梅、达乌里秦艽、鳞叶龙胆、西伯利亚远志等。这些调查成果丰富了本地的物种多样性，为推动本地区植物保护利用提供了参考依据。

借《府谷常见植物》出版之机，衷心希望全社会进一步增强爱绿植绿护绿意识，加快开创我县生态文明建设新局面，努力让府谷天更蓝、山更绿、水更清、环境更优美。

是为序。

中共府谷县委书记

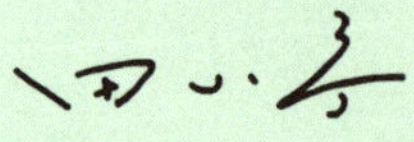

编写说明

1. 植物的名称。每种植物的名称包括通用名（中文俗名）、地方名（本地土名）、学名（拉丁名）三部分。每种植物的学名源自《中国物种名录》（2023 年版）。通用名主要参考《中国植物志》，地方名主要收集本地群众熟知的地方俗名，置于通用名之后的括号内，其目的是更好地方便本地读者，地方俗名存在同名异物、同物异名的现象，提请读者注意。如：

侧柏（柏树 香柏）

Platycladus orientalis (L.) Franco

根据最新资料有部分分类群的学名有所改变，这样的分类群学名就用接受名，而原来习用的学名作为异名附在学名下的括号内，便于读者参考。如：

红蓼（荭草 荭蓼 东方荭蓼 水红花）

Persicaria orientalis (L.) Spach

（*Polygonum orientale* L.）

少数分类群不仅学名有所改变，在系统发育树中的位置也有所变化，或置于另外的科、另外的属，或独立为一个新的属等。如藜科的菊叶香藜原来隶属于藜科（Chenopodiaceae）藜属（*Chenopodium*），按照新的分类系统，将其归于腺毛藜属（*Dysphania*）并将其置于苋科（Amaranthaceae）之中。

菊叶香藜

Dysphania schraderiana (Roemer & Schultes) Mosyakin & Clemants

（*Chenopodium foetidum* Schrad.）

对于这样的分类群，本书采用以接受名作为学名，但系统位置不作改变，仍归于原来所属的科。类似的情况除藜科外，还出现在槭树科、玄参科、忍冬科等科中。

2. 本书共收录了种子植物 507 种（含种下分类群），隶属于 83 科 319 属。其中裸子植物 4 科 6 属 14 种；被子植物 79 科 313 属 493 种。野生植物 378 种，栽培植物 129 种。在科的编排上，裸子植物按照郑万钧系统（1978）排列，被子植物按照恩格勒（Engler）系统排列。科内的属、种则按照其拉丁学名的字母顺序排列。野生植物中肯定还有一些遗漏，特别是一些常见的大科如菊科、禾本科、蔷薇科、藜科、莎草科等，有待于将来再作补充。

栽培植物中主要收录的是一些栽培历史较长的粮食作物和蔬菜瓜果类植物、常见园林植物及观赏花卉类。但是近年来城市建设的快速发展，越来越多的园林观赏植物被引入本地，随着人们生活水平的提升，各种家养型花卉、盆景、绿植逐渐进入千家万户。类似这样的植物本书暂未全部收录，仅仅收录了一部分旅游景区、公园、庭院、广场、街心花园、绿化带内栽培的大众花卉，如牡丹、芍药、石竹、萱草、鸢尾、射干、百日菊、矮牵牛等。

3. 本地区属于半干旱的大陆性季风气候，常年干燥少雨，各类孢子植物种类相对较少。连续两年的野外调查中，我们收集到常见的孢子植物6大类12种（类），其中蓝藻1种，绿藻3种；菌类2种；地衣1类；苔藓2种；石松类1种；蕨类2种。因种类较少，本书只在自然环境概况部分做了简单介绍，供读者阅读参考。

4. 考虑到本书的科普性，书中凡涉及单性花的植物，不论是雌雄同株还是雌雄异株类型，我们都在图片上做了标注，便于非专业植物爱好者阅读时能够轻松地区别雌花和雄花，准确地识别该植物，对其他两性花的植物未做标注。

PREFACE 前 言

府谷县是陕西省最北部的一个县，位于长城沿线、毛乌素沙地东南缘，地处秦晋蒙三省（区）接壤地带。东临黄河与山西省河曲县、保德县两县隔河相望，南与神木市接壤，西北部与内蒙古自治区伊金霍洛旗及准格尔旗毗邻，南北长 96.9km，东西宽 74.4km，总面积 3204km²，海拔高度在 780 ～ 1426.6m 之间。由西北至东南流向的皇甫川、清水川、孤山川、石马川 4 条大川和相应的五道梁峁共同组成地貌主体骨架。在独特的地理环境和复杂多变的气候条件下，形成了以黄河沿线土石山区、中东部黄土丘陵沟壑区和西北部长城沿线风沙区的独特地貌类型。受自然环境的影响，不同地域形成了不同的植物群落。府谷县的地带性植被是从森林草原类型向典型草原的过渡类型，但受上述地貌的影响，有残存的温性针叶林如侧柏林、杜松林和油松林，也广泛分布有以长芒草、百里香和冷蒿为优势的典型草原，还有以沙蒿、北沙柳为优势的沙生植物群落。同时在黄土丘陵沟壑区和沙区的黄土梁地，还有以柠条锦鸡儿、沙棘、柳叶鼠李为优势的灌丛群落。因此，在这片沟壑纵横贫瘠的黄土地上，同时孕育着许多优质的林木资源、牧草资源、中草药资源及野菜、花卉资源，这些资源成为人们生产、生活及社会经济发展不可或缺的重要生物资源。

在生态文明建设的大背景下，充分保护和利用林草资源，促进黄河流域“几字弯”社会经济高质量发展和生态环境保护具有十分重要的意义，同时也是林草资源工作者义不容辞的神圣职责。虽然府谷县林草资源丰富，但又因地处煤气资源大开发之腹地，资源开发造成局部地区地表塌陷、地下水径流改变、地下水位下降、地表河流干涸，大气、土壤、水源污染，植被严重退化，生态环境压力越来越大，严重影响社会经济的高质量可持续发展。

长期以来由于交通不便及其他诸多因素限制，府谷县从未进行过系统的植物资源调查，只是在部分资料中提到在府谷县采到过某些植物标本或者记载过某种植物有分布，没有专门的著作或文献资料记载本县的植物种类、分布及相关信息，导致多年来“家底不清，数量不明”。林草资源作为生物多样性的重要组成部分，面对当前严重的生态环境问题，具有十分重要和不可替代的作用。只有查清楚本地植物资源现状，准确地识别林地、草地、湿地、沙地生长的常见植物，才能科学保护和适度利用这些植物资源，并有效进行生物多样性保护、生态环境保护与修复。在此背景下，府谷县杜松天然林管护站为了摸清县内林草资源和生态环境状况，2021 年 5 月组织部分专家学者进行了初步考察调研后一致认为，为确保全县林草资源的安全，必须进行一次全县域的综合调查。在全面调查的基础上，制定全县林业发展方向和生态环境保护措施，并确定首先进行部分重点区域的植物资源调查，在取得初步经验的基础上再开展全县域的植物资源普查，以此获取全县植物资源的第一手资料，建立植物资源数据库，为本地林业和环保部门制定全县林业发展方向和生态环境保护提供科学依据。由府谷县杜松天然林管护站李团晓、杨玉堂作为项目负责人，主持完成计划的编制，项目组通过 3 次对重点林区的外业调查结合多年来对府谷县调查资料的搜集整理，由府谷县杜松天然林管护站向上级林业主管部门提交了《府谷野生植物资源调查》项目申报书，并撰写了项目可行性研究报告。2021 年底得到获批后，项目组编写了详细的调查方案，并于 2022 年 4 月积极组织实施，开始对西北、中东部区域的孤山镇、田家寨镇、新民镇、老高川镇、大昌汗镇、哈镇、庙沟门镇、三道沟镇、木瓜镇等 9 镇所辖 2000km^2 的范围进行了 6 次不同规模的植物本底调查，调查过程中，受到道路阻隔、出行、食宿不便等困扰，调查团队冒着酷暑，跋山涉水，远离人居，啃干粮、喝冷水、钻沟过洼，累计行程达 5500km，采集标本 1500 份，拍摄植物照片 1 万余幅。

为了更加科学全面地掌握府谷县的植物资源的现状，在初步调查的基础上，2022 年 12 月府谷县杜松天然林管护站又与陕西学前师范学院签订了“榆林市府谷县植物资源调查与标本采集（编撰《府谷植物图谱》）”合作协议。由陕西学前师范学院生命科学与食品工程学院田陌副教授牵头，聘请了陕西师范大学生命科学学院田先华教授，榆林市植物分类专家姜林老师作为科技顾问，与项目研究团队李团晓、杨玉堂、田陌、武彦军、王丽华、王光荣等组成项目核心小组，共同协商完成该项目的实施。调查范围也由原来的杜松自然保护区扩大到全县域。项目组在进行野外调查前制定了详细的调查方案和实施计划，自 2023 年 4 ～ 10 月项目研究团队先后对武家庄、碛塄、府谷、海则庙、清水、黄甫、麻镇、古城、墙头 5 镇 2 园区 1 便民服务中心所辖 1230km^2 的不同立地类型中的植物根据不同物候期进行了 7 次全面调查，并对 2022 年调查的 9 镇所辖区域进行了 3 次重点调查，累计行程 6500km，足迹覆盖全县 14 个乡镇，采集各类植物标本 1800 余份，拍摄植物照片 2 万余幅。在调查过程中除了进行大面积普查外，对国家二级重点保护野生植物野大豆、甘草、沙芦草以及陕西省省级重点保护野生植物杜松、叉子圆柏、木贼麻黄、草麻黄、绶草、裂瓣角盘兰等进行了重点调查，基本查清了这些植物在本县域内的分布及生存现状，为这些植物的保护提供详实的第一手资料和科学依据。除此之外，调查还发现了一大批本县以前没有记载的植物，如耧斗菜、西北栒子、达乌里龙胆、鳞叶龙胆、大苞点地梅、地丁草、西伯利亚远志、石缝蝇子草、泡沙参等。结合外来入侵物种调查，发现了本地近年来新近外来入侵的外来种斑地锦草、意大利苍耳等，为本地林业、农业部门开展外来入侵物种的预警和防治，保障本地区的林业、农业生态安全提供参考。经过 2 年多的外业调查，共采集各类植物标本 3300 余份，拍摄照片 3 万余幅，基本掌握了本县境内常见的原生植物和栽培植物的种类、分布和生存现状。

在项目实施过程中，田陌副教授除全面负责项目的实施外，同时负责图像资料的拍摄和修饰以及文字编辑整理；田先华教授、姜林老师协助进行标本鉴定以及文稿的统筹；府谷县本地的项目组成员负责压制植物标本并进行小规模补充采集和补拍图像资料；照片拍摄除注明者外主要由田陌、姜林、王丽华、杨玉堂、武彦军、王光荣等完成。历经一年多的内业资料整理及书稿编撰，于 2024 年 3 月与陕西科学技术出版社签订了《府谷常见植物》出版合同。本书由李团晓、杨玉堂、田陌任主编，武彦军、王丽华任副主编，刘建宽、李志刚、刘然燕、王光荣等任编委。项目的圆满完成和本书的顺利出版得到了社会各界的大力支持。在此，要特别感谢陕西省植物学会理事长、陕西省西安植物园主任、西北大学生命科学学院岳明教授对本书的支持，岳明教授不仅受邀为本书作序，同时对本书的撰写提出了许多宝贵的意见和建议；特别感谢陕西师范大学地理科学与旅游学院孙虎教授对本书的大力支持；特别感谢西北农林科技大学生命科学学院吴振海先生、西安植物园黎斌先生、寻路路博士对本书的热情指导，3 位先生认真审阅了本书的全部图片、协助鉴定了部分植物标本，提出了十分有价值的指导意见，使得本书的图文准确性、科学性大为提升；特别感谢榆林学院刘翠英教授为本书提供了部分精美照片。本书的出版还得到了前程设计公司的大力支持，他们的辛勤工作为本书的顺利出版提供了保障。

本书共收录了府谷县县域内常见的种子植物 83 科 319 属 507 种（含种下分类群，下同），其中野生种 378 种，栽培种 129 种；裸子植物 4 科 6 属 14 种，被子植物 79 科 313 属 493 种。被子植物按照恩格勒系统排列，科内属种按学名拉丁文字母顺序排列。考虑到植物的完整性和本书的科普属性，本书还收录了本地常见的藻类、菌类、地衣、苔藓、石松类、蕨类等 6 大类孢子植物共 12 种（类），供读者阅读参考 。

编撰过程中，主要参考了《中国植物志》《Flora of China》《内蒙古植物志》《黄土高原植物志》《中国高等植物图鉴》《山西植物志》《鄂尔多斯植物志》《榆林种子植物》《中国资源植物》等著作。成书过程中力求做到文字精炼，通俗易懂，便于读者阅读，每种植物的文字描述由形态特征、地理分布、本地分布、利用价值等 4 部分组成。全书从调查收集到的 3 万多幅图片中选用了 1600 余幅照片，每种植物至少配图 2 幅以上，分别是生境、全株、花或果实等重要器官特写等。这些配图是对文字描述的实景展示和补充，便于读者在不同季节、不同物候期阅读本书时都能轻松识别书中介绍的每一种植物。可供林业、农业、草原、中草药及生物科学教师等一线工作者和相关院校植物专业师生和植物爱好者阅读参考。

全书各章节收集、撰写及执笔者分别是：

前言	杨玉堂　田　陌
府谷县自然环境概况	刘然燕　田　陌　杨玉堂
栽培植物	李团晓　杨玉堂　王丽华
裸子植物、被子植物杨柳科至景天科	田　陌　姜　林
被子植物蔷薇科至山茱萸科	王丽华　李团晓
被子植物报春花科至菊科	武彦军　李团晓
单子叶植物	姜　林　武彦军

本书是府谷县第一部详细记录本地植物资源的专著，由于成书时间较短，加之编者水平有限，错误和遗漏之处在所难免，恳请广大读者批评指正。

编者

2024 年 4 月

CONTENTS

目 录

府谷县自然环境概况

裸子植物 Gymnospermae

被子植物 Angiospermae

府谷县自然环境概况

府谷县位于陕西省最北端，秦晋蒙三省（区）交汇的黄河“金三角”地带，北纬38° 42′～39° 35′，东经110° 22′～111° 14′，东临黄河与山西省忻州市保德县、河曲县隔河相望，北与内蒙古自治区准格尔旗、伊金霍洛旗阡陌相通，西南与陕西省神木市地土相连。万里长城横亘县境西北，九曲黄河环绕于县域以东，黄土文化和草原文化在这里辉映，长城文化和黄河文化在这里融合，素有“鸡鸣闻三省”之称。

一、地貌地质

府谷县地处内蒙古高原与陕北黄土高原东北部的接壤地带。总的地势是西北高、东南低，主要由西北至东南流向的皇甫川、清水川、孤山川、石马川4条大川和相应的五道梁峁为骨架构建而成，海拔高度在780～1426.6m之间，相对高差为646.6m。整个地形大致可以分为3部分：西部是覆盖着薄层片沙的黄土梁峁区，约占全县总面积的5%，包括大昌汗镇、老高川镇、三道沟镇、庙沟门镇、古城镇等5个镇的大部分地区。20世纪之前这一区域由于靠近毛乌素沙地南缘，加之地表植被稀少，受西北风影响，常常出现明沙并形成流动、半流动沙丘。20世纪80年代以来本地区实施三北防护林工程建设，通过植树造林，退耕还林还草等措施，有效改善了当地生态环境，流动沙丘，半流动沙丘已不复存在。中部是黄土梁峁丘陵宽谷区，地表覆盖有厚薄不等的黄土和红土层，由于水流侵蚀，地形支离破碎，沟壑纵横，梁峁相间。这一区域面积较大，包括清水镇、哈镇、木瓜镇、孤山镇、新民镇、田家寨镇、武家庄镇等全县大部分地区，约占全县总面积的86.7%，除黄土梁峁丘陵外，在皇甫川、清水川、孤山川、石马川等几条河流沿岸发育着较宽阔的冲积阶地，这里地势平缓，便于灌溉，是本县主要的粮食生产基地，盛产糜子（黄米）、谷子（小米）、玉米、高粱、黑豆、马铃薯（土豆）等。东部黄河沿岸为峡谷丘陵区，约占全县总面积的8.3%，这一区域河床深切至基岩，峡谷、阶地相间，岸高谷深，相对高度可达100～200m之间。在距县城以北近20km的天桥水电站附近有一段近10km长的峡谷，峡谷宽100余m，高100m以上，两岸岩壁陡峭，地形十分险峻。这一区域包括东部黄河沿岸的黄甫镇、府谷镇、武家庄镇等3个镇的部分地区。

由于受外力地质作用和几千年来人为活动（战乱和过度放牧）的影响，本地区植被稀少，水土流失严重，土壤贫瘠，地形支离破碎，沟壑纵横，形成了特有的半干旱黄土地貌、风沙地貌、河谷阶地等地貌类型。

（一）黄土地貌

主要分布在县境东部及西南部，面积达2785km^2，占全县总面积的86.7%，是全县主要粮油产区。本区按黄土地貌的形状、特征、海拔高程不同可分为黄土梁峁沟壑区、黄土梁岗区及临谷丘陵区。

黄土梁峁沟壑区：主要分布在孤山川沙梁至野芦沟以东、新城川以南，东部和孤山以南梁多峁少，孤山以北以峁为主。梁面宽缓平坦，宽一般为 100 ～ 250m，最宽可达 500m 以上，以 10° ～ 20° 的坡角向西侧沟谷倾斜。梁顶窄狭，沿分水岭有较大的起伏；峁顶弯起，面积不大。梁峁之间纵横交织地分布着大大小小的沟壑，地面十分破碎。

黄土梁岗区：主要分布在新民、三道沟一线以西，海拔 1000 ～ 1280m。其特点是，黄土梁岗常被薄土层覆盖，地面较平缓，起伏高差小，一般为 5 ～ 10m，流水侵蚀较微弱，冲沟切深一般 20 ～ 40m，梁面多呈北西—南东或近东西间展布，宽 200 ～ 2000m 不等，以 5° ～ 20° 的坡角向两侧变陡，此地貌一般较黄土梁峁沟壑区地表径流少，透水性好，汇水面积大。

临谷丘陵区：分布于黄河沿岸及皇甫川、清水川、孤山川、石马川下游。由于水系发育，高差较大，黄土剥蚀严重，大部分基岩裸露。沟谷多下切至基岩，因此从塬、梁、峁的分水线至沟底的相对高差往往很大，横断面均呈“V”字形或“U”字形，沟坡一般 60° ～ 80° ，陡峭直立，形成悬崖峭壁，地形极为险峻。

（二）风沙地貌

主要分布在西部长城沿线一带，海拔 1000 ～ 1426.5m，面积 160.6km^2，占全县总面积的 5%，原先是本县重要的畜产品生产基地，也是全县矿产资源最丰富的地区。本区由于邻近毛乌素沙地，风力强劲，容易出现土地沙化现象。经过近几十年的生态治理，本区土地沙化现象已经得到有效控制，人工油松林，杨树林，沙柳灌丛、柠条灌丛及多种草原植被已经初步形成。

（三）河谷阶地地貌

主要分布在黄河及皇甫川、清水川、孤山川等河流沿岸，海拔 780 ～ 1317m，面积达 266.4km^2，占全县总面积的 8.3%。本地貌区除清水川、皇甫川（麻镇以上）中上游局部河段一、二级阶地及黄河高低河漫滩为堆积式阶地外，大多为基座式阶地。

漫滩及一、二级阶地沿河流专向分布，阶面平坦，面积较大，土地肥沃，富含有机质，地下水丰富，旱涝保收，是理想的农作物生产基地。三级以上阶地残破不全，零星分布，土地贫瘠。

二、气候

府谷县属中温带半干旱大陆性季风气候，冷暖干湿四季分明，冬夏长，春秋短，雨热同期，日照时间长，辐射强，年差与日差气温变化较大，降水年际变化大。最热 7 月，月平均气温 23.9℃；最冷 1 月，月平均气温 -8.4℃；气温年较差 32.3℃。极端最高气温 40.7℃（2005 年 6 月 22 日），极端最低气温 -31.8℃（2023 年 12 月 21 日）（资料源自府谷县气象局）。全年太阳辐射总量为 606.4kJ/cm^2；可供作物利用的光能约占总辐射量的一半。农业活动主要季节的 4 ～ 10 月每月日照数都在 230h 以上。初霜为 10 月 5 日，终霜为 4 月 27 日，无霜期 177d。年均降水量 453.5mm，降水主要集中在 7 ～ 9 月。

根据气候资源和地貌特征，本地区可以划分为 3 个气候区：西北部为寒冷干燥风沙区，气候干燥，日照充足，降水较少，年平均气温 7.5 ～ 8℃，无霜期平均 168d，年平均降水量 380 ～ 400mm，暴雨少，冰雹多，风沙大；中部为寒冷半干燥丘陵沟壑区，气候干燥，热量充足，年均气温 8.1 ～ 8.5℃，无霜期 170d，降水稍多，年平均降水量 400 ～ 440mm，暴雨少，冰雹多，风多；南部为寒温半干旱峡谷丘陵区，气候干燥，日照充足，年平均气温 8.5 ～ 9℃，无霜期 175d，降水偏多，达 440 ～ 460mm。本区暴雨、冰雹、大风较多，黄河边缘易形成山洪。

三、水文

府谷县河流错综、沟壑密布，流经县境的河流主要有黄河、皇甫川、孤山川、特牛川、清水川、石马川、十里长川、胡桥沟、大板兔沟、永兴沟、阳湾川、地界川、木瓜川、红寺沟、黄羊城沟等，均属于黄河水系。

黄河：蜿蜒于县境东部，境内流长 103km，占黄河全长 5464km 的 1.9%。占陕西黄河段（719km）的 14.32%，境内流域面积 2760km^2，占全县总面积的 86%，多年平均流量 822m^3/s，年径流量 259 亿 m^3，年输沙量 3.6 亿 t。

皇甫川：发源于内蒙古准格尔旗牛武城点半沟，自内蒙古小石拉塔流入县境，流经本县古城镇、黄甫镇 2 个镇。县内流长 48km。占该河全长 127km 的 37.8%，县内流域面积 418km^2，占全流域面积 3241km^2 的 12.9%。年平均流量为 6.43m^3/s，年径流量 2.028 亿 m^3，7 ～ 9 月占 70.9%。年输沙量 6120 万 t，7 ～ 9 月占 91.3%。最大流量 8400m^3/s（1972 年 7 月 19 日），最小流量为 0，大部分年份均可出现。

孤山川：发源于内蒙古准格尔旗绝立概川。自内蒙古羊市塔入境，流经本县庙沟门镇、三道沟镇、孤山镇、府谷镇 4 个镇。县内流长 57km，占全长 79km 的 72.2%。县内流域面积 1018km^2，占全流域面积 1272km^2 的 80%。年平均流量 3.48m^3/s，年径流量 1.097 亿 m^3，7 ～ 9 月占 69.8%。年输沙量为 2760 万 t，7 ～ 9 月占 94.9%。最大流量 10300m^3/s（1977 年 8 月 2 日），最小流量为 0，大部分年份均可出现。县内有 172 条有水沟道注入孤山川。

清水川：发源于内蒙古准格尔旗五浪五素沟，自内蒙古二里半流入本县，途经哈镇、清水镇、黄甫镇等 3 个镇。县内流长 47km，占全长 77km 的 61%。县内流域面积 567km^2，占全流域面积 883km^2 的 64.2%。年平均流量 1.65km^3/s，年径流量 0.520 亿 km^3，7 ～ 9 月占 81.7%。年输沙量 1080 万 t，7 ～ 9 月占 95.0%。最大流量 1980m^3/s（1979 年 8 月 11 日），最小流量为 0，多在每年 1 月出现。县内有 26 条有水沟道注入清水川。

石马川：发源于本县田家寨刘崖窑村，流经田家寨镇、武家庄镇、府谷镇等 3 个镇，全长 43km。县内流域面积 238km^2，占全流域面积 243km^2 的 97.9%。多年平均流量 0.68m^3/s，年径流总量 0.2144 亿 m^3，7 ～ 9 月占 70.3%。年输沙量 597 万 t，7 ～ 9 月占 97.2%。最大流量 2180m^3/s（1967 年 9 月 1 日），最小流量为 0，大部分年份都可出现。有 55 条有水沟道注入此川。

胡桥沟：源出神木市苏家川，自神木市胡家畔流入本县，流经武家庄镇汇入黄河，全长 38.5km，境内流长 18km，占全长的 46.8%。县内流域面积 131km^2，占全流域面积 210km^2 的 62.4%。年平均流量 0.8m^3/s，年径流总量 0.252 亿 m^3，年输沙量 735 万 t。

四、土壤

府谷县的土壤，是在生物、气候、水文、地形、母质等多种自然因素和人为因素的作用下形成与发展的，其类型多种多样。全县土壤以黄绵土、红土、风沙土、淤土为主。

（一）黄绵土

黄绵土又称黄土性土壤，因其土质疏松、绵软、色泽黄而得名，是在黄土母质上发育起来的土壤类型。黄绵土在本县分布区域范围广泛，占总土地面积的28.93%。黄绵土主要分布在梁峁坡地和川道高阶地上，土质疏松软绵，通气性和耕作性好，透水性强，具石灰性，有机质含量低。依据成土条件和土壤机械组成，黄绵土分为绵沙土和黄绵土两个亚类。

（二）红土

红土在本县分布面积约64.47万亩（42980hm^2），占全县总面积的13.43%。红土主要分布在坡度较大、土壤侵蚀严重的梁峁坡地、沟沿、土崖及沟坡地上，是在黄土母质上发育的黄土性幼年土。红土类土壤土质较硬，水分下渗慢，易流失，不耐干旱，土粒黏结较密，通气不好，土性较凉，肥力低下，耕性差，适耕期较短，宜植范围较小，作物产量较低，不宜农牧，比较适宜植树造林。

（三）风沙土

风沙土是在风沙地区沙性母质上发育的土壤，根据其发育阶段和形成特点共分为4个亚类、5个土属及土种，主要为流动风沙土、半固定风沙土、固定风沙土。20世纪中后期风沙土在本县西部风沙区尚有少量分布，近年来随着植树造林和生态环境的改善，本县西部的流动沙丘，半固定沙丘已不复存在，大多为人工林、灌丛和各类草原植被所覆盖。

（四）淤土

淤土是府谷县主要农业土壤之一，分布在黄河漫滩及几条较大川道的川台地、沟坝地上，总面积9.37万亩（6247hm^2），占全县总土地面积的1.95%。它是在洪积物、冲积物及风积物母质上，经人为耕作而形成的幼年土壤。是本县较好的农业土壤，也是本县水浇地集中地区。集中分布在皇甫川、清水川、孤山川、石马川等地。

（五）其他土壤

府谷县境内还有黑垆土、草甸土、盐土、紫色土、栗钙土、沼泽土等土壤，但都呈零星分布于各地。

五、植物

府谷县地处黄河中游，这里是内蒙古高原与陕北黄土高原东北部的接壤地带，属中温带半干旱大陆性季风气候，地带性植被为草原，是整个欧亚草原区的一部分。本县东部紧临黄河，西北部接近毛乌素沙地，总的地势是西北高、东南低，随着干燥度从东南向西北逐渐增加，植被从森林草原地带逐渐向典型草原地带、荒漠草原地带过渡的趋势较为明显。由于本县没有特别高大的山体，海拔高度一般在780～1426.6m之间，因此地表植被水平地带性较为明显，而垂直地带性不明显。这里也是华夏文明的发祥地之一，长期以来受到人为干扰和破坏较为严重，自然植被已很少，与同纬度其他地区相比，植物种类较为贫乏。

（一）府谷县常见种子植物的基本组成

根据实地调查及多年相关资料统计结果表明，本县常见的种子植物有507种（含种下分类群，下同），隶属于 83 科 319 属，其中裸子植物 4 科 6 属 14 种；被子植物 79 科 313 属 493 种。被子植物中双子叶植物有 405 种，单子叶植物有 88 种。在所有的 507 种种子植物中，自然分布的原生植物有 378 种，占本地植物总数的 74.56%；栽培植物有 129 种占本地植物总数的 25.44%。

原生植物中数量较多的科是菊科（49 种）、禾本科（46 种）、豆科（31 种）、其次是藜科（16 种）、蔷薇科（17 种）、唇形科（12 种）、毛茛科（11 种）等。草本植物在本地植物组成中占有绝对优势，在 378 种野生植物中，草本植物就有 309 种，特别是菊科的蒿属、禾本科的针茅属、隐子草属、藜科的虫实属、猪毛菜属，唇形科的香青兰、百里香，豆科的斜茎黄芪、兴安黄芪、苦马豆、苦豆子等在本地的山坡梁峁，河滩沟谷、农田地边随处可见。除此之外，蔷薇科的委陵菜属、紫草科的细叶砂引草、玄参科的阴行草、光药大黄花、萝藦科的鹅绒藤、伞形科柴胡属、蓼科的蓼属、酸模属等都是本地最为常见的植物，也是草原植被的重要组成成分。相对于草本植物而言，本地的木本植物就少了许多，在 378 种野生植物中乔木树种仅有 24 种，灌木也只有 36 种。裸子植物中的侧柏、油松、杜松是本地常见的裸子植物，也是本地森林草原植被中的建群种或优势种，其他常见的乔木树种还有榆树、臭椿、旱柳、垂柳、河北杨、箭杆杨、小叶杨等。新疆杨、银白杨、毛白杨等大多被栽植于村落附近、房前屋后或道路旁。蔷薇科的果树很多，如海红果、苹果、梨、李、杏、山杏、桃、山桃、沙果等，这些乔木类的果树或野生，或被培植成果园。鼠李科的枣是黄河沿岸最为常见的果树，黄河沿岸的武家庄、碛塄等地栽植较多。灌木类的柠条锦鸡儿、单瓣黄刺玫、沙柳、中国沙棘、柳叶鼠李、细叶小檗、多种绣线菊、荆条等则是本地灌丛植被的建群种或优势种。

栽培植物以粮食作物、瓜果蔬菜、园林花卉植物及绿化造林植物为主。主要集中在禾本科如玉米、高粱、稷（糜子、黄米）、粱（谷子、小米）等；十字花科主要是各类蔬菜如白菜、擘蓝、蔓菁、萝卜、油菜等；茄科植物主要是栽培作蔬菜食用，常见的有辣椒、茄、番茄、马铃薯等；豆科以各种豆类为主，常常作为杂粮或蔬菜食用，常见的有大豆、菜豆、扁豆、豇豆、短豇豆、绿豆、赤豆、豌豆、蚕豆等。除此之外，作为园林绿化植物的还有槐、刺槐、紫穗槐、皂荚等；葫芦科在本地常见的有西瓜、甜瓜、黄瓜、南瓜、西葫芦、丝瓜、苦瓜、葫芦等 6 属 8 种，全部为栽培植物，常作为蔬菜瓜果食用，在近 2 年的调查过程中没有发现野生的葫芦科植物；杨柳科中的乔木树种是本地最为常见的绿化造林树种，常见有新疆杨、小叶杨、河北杨、钻天杨、旱柳、垂柳等；蔷薇科中的栽培植物大多是果树或园林绿化植物，除前面提到的各类果树外，常见的还有海棠、月季、玫瑰、榆叶梅、风箱果、华北珍珠梅等。除此之外，元宝槭（五角枫）、白蜡树、白杜、连翘、紫丁香、小蜡等也是本地园林绿化常见的树种。

（二）府谷县常见孢子植物

尽管本地孢子植物种类数量不是很多，但是在整个生态系统中占有十分重要的地位和不可替代的作用，除了常见的 507 种种子植物之外，植物系统发育树中各类群孢子植物在本地都有分布。经过近 2 年的实地调查，在本地见到有以下 6 大类 12 种孢子植物。

1. 藻类（Algae）

藻类植物在本地常见的有地软、水绵、刚毛藻和轮藻 4 种。

1.1 地软（*Nostoc commune* Vauch.）

地软是一种蓝藻，属于颤藻目念珠藻属，是现存植物中最原始的植物类群之一。外观呈片状或块状，形似木耳，因此又被称为“地木耳”。地软蛋白质氨基酸的含量较高，脂肪含量比较低。富含多种维生素和磷、锌、钙等微量元素。尤其是其中含有人体必需的 8 种氨基酸和半必需的两种氨基酸：缬氨酸、异亮氨酸、亮氨酸、苏氨酸、甲硫氨酸、赖氨酸、苯丙氨酸、色氨酸、精氨酸及组氨酸。可直接食用新鲜的藻类胶质群体，或晒干保存做干菜食用。

本地较常见，生于山坡、河沟较湿润的草丛中。

1.2 水绵（*Spirogyra* sp.）

水绵是一种常见的淡水绿藻，属于接合藻目水绵属。植物体是由 1 列细胞构成的不分枝的丝状体。常见于小河、池塘、沟渠或水田等处，繁殖时大片生长于水底或大块漂浮于水面，用手触及有黏滑的感觉。

本地较常见，生于河沟缓流水塘或静水池塘中。

1.3 刚毛藻（*Cladophora* sp.）

刚毛藻也是一种绿藻，属于刚毛藻目。植物体是分枝的丝状体，以基细胞固着于基质上。丝状体用手触摸略感糙涩而与水绵不同。刚毛藻种类很多，生于淡水、海水之中。藻体常常大量繁殖。

本地较常见，在黄河河滩浅水石头上，水塘中都有生长。

1.4 轮藻（*Chara* sp.）

轮藻也是一种水生绿藻，一般归于绿藻门轮藻属，植物体具分枝，以假根固着于水底淤泥中。主枝分化成节和节间，节的四周轮生有短枝。雌雄生殖器官皆生于短枝的节上，雌性生殖器官称作卵囊，雄性生殖器官称作精子囊，成熟的精子囊肉眼观看时呈橘红色。

轮藻多生于淡水中，在不大流动或静水的底部大片生长。少数生长在微盐性的水中。

本地有分布，多生长在河沟边静水池塘中。

2. 菌类（Fungi）

菌类植物在本地常见的有真菌类的马勃和毛头鬼伞 2 种。

2.1 马勃（*Calvatia* spp.）

马勃俗称“马勃菌”或“灰包”，属于真菌类马勃目马勃属。马勃的外形为球形、近球形或其他形状，称之为担子果，有柄或无柄。担子果幼嫩时白色，成熟后为青褐色、青黄色等不同颜色。成熟后内部全部发育为青褐色、黑褐色、青黄色粉末即为孢子，孢子散落之后经过一系列发育过程，最终成为新的马勃。

马勃全国都有分布，生于林地、林缘、草地、沙地上。大多数马勃担子果幼嫩时可食；孢子可以止血，或做药用。有的可提取抗癌活性物质或植物生长素。

本地有分布，常见于林地、沙地或农田。

2.2 毛头鬼伞（*Coprinus comatus*）

毛头鬼伞属于真菌类的鬼伞科鬼伞属。子实体较大；菌盖不完全展开，直径3～6cm，高6～11cm，人工栽培时最大可达25cm，圆筒形至钟形，表皮淡土黄色，易裂成羽毛状鳞片；菌肉、菌褶白色，开伞后菌肉与菌褶一起自溶成墨汁状液体。

毛头鬼伞是一种世界性分布的真菌。春季至秋季，生于阔叶林中的草地、田野、林缘、道旁、公园等处，甚至雨季在茅草屋顶上都有生长，单生或群生。

幼体可食用，肉质细嫩、营养丰富；亦可药用，有益脾胃、清神宁志、治疗痔疮等功效。

本地有分布，见于河滨公园、村落附近旷地或田野较湿润草丛中。

3. 地衣（Lichens）

地衣是由 1 种真菌和 1 种藻组合形成的复合有机体植物。其形态可分为枝状地衣、叶状地衣和壳状地衣 3 种，本地常见的地衣大多属于壳状地衣，生于各种岩石上。

地衣可分泌地衣酸，能够腐蚀岩石；部分地衣体内含有淀粉和糖类，可食用或药用；某些地衣还可提取天然染料，如化学中常用的石蕊试纸即源于一种被称作“石蕊”的地衣。

4. 苔藓植物（Bryophyta）

苔藓植物包括苔类和藓类。本地常见有地钱和葫芦藓 2 种。

4.1　地钱（*Marchantia polymorpha* L.）

地钱属于苔类，俗称“地钱草”，属苔纲地钱科地钱属。植物体呈叶状，扁平，匍匐生长，背面（上面）绿色，腹面（下面）有紫色鳞片和假根。雌雄异株，雄器托圆盘状；雌器托指状或片状深裂，下面生颈卵器，颈卵器内具有卵细胞；卵细胞受精后发育成孢子体。孢子体分孢蒴、蒴柄和基足 3 部分，孢蒴内产生孢子，孢子成熟后落地再长成新的植物体。

本地有分布，见于背阴的山坡大石头下阴湿处。

4.2 葫芦藓（*Funaria hygrometrica* Hedw.）

葫芦藓是一种藓类植物，属于藓纲葫芦藓科葫芦藓属，植物体高约2cm，直立丛生，有茎叶的分化。雌雄同株，但雌雄生殖器官分别生在不同的枝上，雄性生殖器官称为精子器，雌性生殖器官称为颈卵器。精子器中的精子成熟后与颈卵器中的卵细胞结合形成合子，合子发育为胚，胚逐渐分化发育成为孢子体。孢子体分为基足、蒴柄、孢蒴3部分，孢蒴外形为葫芦状，人们俗称为“葫芦藓”。

葫芦藓遍布于全国，喜生于田园、庭院、路旁湿润处。

本地有分布，见于庭院墙角阴湿处，或田边地头湿润草丛中。

5. 石松类（Lycophyta）

石松类植物本地常见的有中华卷柏1种。

中华卷柏（*Selaginella sinensis*（Desv.）Spring）

中华卷柏为中国特有的石松类植物，属卷柏科卷柏属。土生或旱生，匍匐，长15～45cm。主茎通体羽状分枝，背腹压扁。叶全部交互排列。孢子叶穗紧密，四棱柱形，单个或成对生于小枝末端；

孢子叶卵形；只有一个大孢子叶位于孢子叶穗基部的下侧，其余均为小孢子叶。大孢子白色，小孢子橘红色。

分布于全国多个省区。生于灌丛中岩石上或土坡上。

本地有分布，生于山坡灌丛下石头上或土坡上。

6. 蕨类（Monilophyta）

蕨类植物在本地常见的有问荆和节节草 2 种。

6.1 问荆（*Equisetum arvense* L.）

问荆为中小型蕨类植物。根茎斜升，直立或横走。地上枝当年枯萎，枝二型。能育枝春季先萌发，黄棕色，无轮茎分枝；孢子散落后能育枝枯萎。不育枝后萌发，绿色，轮生分枝多，主枝中部以下有分枝。孢子囊穗圆柱形，顶端钝，成熟时柄伸长。

全国各地都有分布。

本地较常见，生于田边地头、河滩河岸、沟谷湿地草丛中。

6.2 节节草（*Equisetum ramosissimum* Desf.）

节节草为中小型植物。根茎直立，横走或斜升，黑棕色。地上枝多年生。枝一型，绿色，主枝多在下部分枝，常形成簇生状。孢子囊穗短棒状或椭圆形，顶端有小尖突，无柄。

本种是分布最广的一种蕨类植物，遍及全国。

本地有分布，生于田边地头、河岸、沟谷、路旁草丛中。

（三）府谷县重点保护野生植物

虽然本地植物种类较为贫乏，但仍然存在国家级及省级重点保护野生植物。依据国家重点保护野生植物名录（2023 年版），本地所产甘草、野大豆、沙芦草等 3 种属于国家二级重点保护野生植物；杜松、叉子圆柏、木贼麻黄、草麻黄、裂瓣角盘兰、绶草等 6 种属于陕西省省级重点保护野生植物。

在这些重点保护野生植物中，甘草具有很重要的药用价值，是《中国药典》规定的中药材“甘草”的原植物之一，中药材需求量很大，因此需要重点保护。

野大豆和沙芦草都是重要的种质资源，野大豆是栽培大豆的近缘种，具有抗病、抗旱、耐盐碱等优良性状，是培育大豆优良品种的理想材料；沙芦草具有抗旱、抗风沙、耐寒、耐瘠薄等特点，是我国北方地区生态建设和天然牧场补播改良的主要草种。因此，这 3 种植物均被列为国家二级重点保护野生植物。

杜松在府谷县有大面积的天然林存在，是陕西省分布最为集中的地区；叉子圆柏在榆林市长城沿线地区是该物种分布区的南缘，保护该物种，对防治其分布区萎缩具有十分重要的意义；木贼麻黄和草麻黄都是重要的药用植物，过度采挖导致资源减少，亟须予以重点保护；裂瓣角盘兰和绶草都属于兰科植物，兰科植物主要分布在热带及亚热带地区，温带地区分布较少，所以在陕西省境内的兰科植物都被列为受保护植物。

（四）府谷县的资源植物

资源植物是指所有对人类有益和可资利用的植物资源。在府谷县所有的 500 余种植物中，绝大多数都早已成为资源植物而被广泛利用，如长期栽培的各类粮食作物、蔬菜瓜果、药用植物以及各类栽培的花卉植物等都是常见的资源植物。府谷县的植物资源中大致可以归纳为以下几类：

1. 纤维植物资源

纤维植物是指植物体内富含纤维，可用于建筑、编织、纺织和造纸原料的植物资源。府谷县常见的纤维植物有云杉、青海云杉、青杆、樟子松、油松、圆柏、杜松、侧柏、银白杨、新疆杨、加杨、河北杨、钻天杨、小叶杨、毛白杨、垂柳、乌柳、筐柳、旱柳、沙柳、榆树、裂叶榆、桑、大麻、地肤、柠条锦鸡儿、中间锦鸡儿、紫穗槐、刺槐、苘麻、蜀葵、陆地棉、木槿、锦葵、野西瓜苗、野葵、柽柳、河朔荛花、荆条、水烛、小香蒲、荻、赖草、高粱、白羊草、白草、芨芨草、芦苇、沙鞭、巨大狗尾草、长芒草、大针茅、拂子茅、假苇拂子茅、稷、粱、扁秆荆三棱、水葱、三棱水葱、头状穗莎草、马蔺、细叶鸢尾、射干等 63 种。这些纤维植物很早就被当地人们利用于生产生活的各个方面，如利用柳条、荆条编制农具、编筐；利用芦苇编席，利用地肤做笤帚等。随着时代的发展和进步，常用的农具、生活用具逐渐被塑料制品或其他制品所代替，但是纤维植物的利用价值始终是存在的。

2. 药用植物资源

药用植物资源是指含有药用成分，具有医疗用途，可以作为植物性药物开发利用的一类植物。府谷县药用植物资源十分丰富，仅《中国药典》指定的中药材原植物就有银杏、油松、樟子松、白皮松、侧柏、木贼麻黄、草麻黄、胡桃、桑、大麻、槲寄生、萹蓄、红蓼、地肤、马齿苋、鸡冠花、麦蓝菜、芍药、牡丹、播娘蒿、独行菜、萝卜、瓦松、龙牙草、山桃、桃、杏、贴梗海棠、山杏、委陵菜、玫瑰、蒙古黄芪、皂荚、大豆、甘草、槐、牻牛儿苗、蒺藜、花椒、远志、西伯利亚远志、地锦、斑地锦草、枣、酸枣、苘麻、紫花地丁、中国沙棘、北柴胡、红柴胡、蛇床、茴香、防风、连翘、达乌里龙胆、菟丝子、牵牛、圆叶牵牛、益母草、地笋、薄荷、黄芩、辣椒、天仙子、地黄、芝麻、车前、平车前、丝瓜、党参、桔梗、茵陈蒿、刺儿菜、旋覆花、漏芦、蒲公英、款冬、苍耳、水烛、小香蒲、芦苇、大白茅、香附子、薤白、知母、韭、山丹、射干、鸢尾等 89 种。其中木贼麻黄、草麻黄、蒙古黄芪、甘草、远志、枣、酸枣、北柴胡、红柴胡、黄芩、地黄、茵陈蒿等不仅蕴藏量大而且也是当地有名的药材资源，具有潜在的开发价值，应当注意保护，为将来适度开发做好种质资源储备。除此之外，还有大量民间用草药和单方偏方用药，也是值得保护的药用植物资源。

3. 蜜源植物资源

府谷县地处干旱半干旱的环境，植物花期长，泌蜜量大且花蜜中各类物质含量高而水分含量低，因此产出的蜂蜜质量好，市场性价比高。常见蜜源植物有旱柳、垂柳、荞麦、芍药、牡丹、紫斑牡丹、地丁草、芥菜、擘蓝、蔓菁、油菜、萝卜、芝麻菜、花红、山荆子、苹果、海红果、海棠、月季、玫瑰、单瓣黄刺玫、桃、李、杏、山桃、山杏、杜梨、褐梨、香花槐、刺槐、紫穗槐、直立黄芪、达乌里黄耆、斜茎黄芪、多花胡枝子、拧条锦鸡儿、中间锦鸡儿、塔落木羊柴、细枝羊柴、甘草、百脉根、细叶百脉根、苜蓿、花苜蓿、杂交苜蓿、豌豆、菜豆、荷包豆、枣、酸枣、小叶鼠李、柳叶鼠李、蜀葵、胡萝卜、五叶地锦、葡萄、乌头叶蛇葡萄、掌裂草葡萄、元宝槭、梣叶槭、白杜、中国沙棘、地椒、串铃草、甘露子、香青兰、黄芩、夏至草、益母草、细叶益母草、蒙古黄芪、白丁香、紫丁香、迎春花、连翘、暴马丁香、荆条、蒙古莸、山丹、萱草、黄花菜等 82 种。其中枣花蜜、槐花蜜是当地很有名气的蜂蜜，市场销售量大，深受消费者青睐。

4. 芳香油植物资源

芳香植物是一类含有挥发性物质的植物，这类物质散发于空气中，可以使人感受到有香或臭的气味。芳香植物所含的芳香物质，在植物体内常以“油”的状态存在于某些特殊器官中，如油腺细胞，油腺或腺毛等。采用压榨法或水蒸气蒸馏法，或有机溶剂萃取法提取的挥发油称为精油或芳香油。植物芳香油是香精、香料工业的原料，广泛用于日用化妆品和食品工业，如人们日常使用的香皂、护手霜、香水以及食用的饼干等。虽然目前有些香精可以人工合成，但是远不如从植物中提取的芳香油安全，因此，植物芳香油备受人们青睐。除日化工业、食品工业外，芳香油还具有较高的药用价值，常见的如清凉药（清凉油、风油精）、开窍药、治疗烫伤的药中都含有芳香油成分。

府谷县气候干燥少雨，特别适合芳香油植物生长和芳香油的生成和积累，芳香油植物众多，常见的有杜松、圆柏、侧柏、叉子圆柏、油松、樟子松，菊叶香藜、玫瑰、单瓣黄刺玫、紫穗槐、草木樨、刺槐、花椒、芫荽、茴香、蛇床、胡萝卜、荆条、香薷、香青兰、薄荷、百里香、黄花蒿、沙蒿、茵陈蒿、野艾蒿、大籽蒿、细裂叶莲蒿、甘菊、小红菊、香附子、茅香、山丹、葱、薤白、韭、细叶韭等 37 种。

5. 植物蛋白质和氨基酸资源

蛋白质是由多数氨基酸组成的高分子化合物，是人和动物的重要营养物质，与脂类、糖类一起被称为人类的3大主要营养物质。但是人和动物不能利用天然的氨素合成自身所需的蛋白质，只能从外源食物中获取。因为是高分子化合物，蛋白质进入人体后，不能直接被吸收，而是需要经过酶水解变成氨基酸才能被吸收，并被运送到身体的各个部分。构成蛋白质的氨基酸有20多种，有8种为人体所必需，它们分别是赖氨酸、缬氨酸、蛋氨酸、苯丙氨酸、色氨酸、亮氨酸、异亮氨酸和苏氨酸。人和动物如果缺少这些氨基酸，就会影响有机体的正常发育和健康，重者还可导致死亡。这类人体必需的氨基酸除一部分可以从动物食品如蛋类、乳汁内与瘦肉中得到补充外，大部分都只能从食用植物产品中获得。蛋白质在植物中广泛存在，如大豆、花生和各种粮食作物中都有。

府谷县常见的植物蛋白质和氨基酸资源植物有地软、油松、樟子松、桑、藜、灰绿藜、地肤、菠菜、碱蓬、沙蓬、刺沙蓬、苋、反枝苋、马齿苋、紫穗槐、花生、斜茎黄芪、达乌里黄芪、草木樨状黄芪、拧条锦鸡儿、扁豆、大豆、野大豆、甘草、细枝岩黄芪、塔落岩黄芪、多花胡枝子、牛枝子、百脉根、苜蓿、杂交苜蓿、天蓝苜蓿、长萼鸡眼草、白花草木樨、草木樨、二色棘豆、绿豆、豌豆、刺槐、披针叶野决明、铁苋菜、地锦、陆地棉、柽柳、中国沙棘、沙枣、圆叶牵牛、荆条、益母草、黄芩、百里香、龙葵、枸杞、阳芋、黄花烟草、烟草、芝麻、车前、平车前、南瓜、西葫芦、丝瓜、苦瓜、艾、冷蒿、沙蒿、苦荬菜、一年蓬、蓼子朴、蒲公英、菹草、穿叶眼子菜、海韭菜、水麦冬、黑藻、三芒草、巨序剪股颖、芦苇、芨芨草、野燕麦、拂子茅、假苇拂子茅、野青茅、肥披碱草、茅香、羊草、赖草、多花黑麦草、臭草、早熟禾、硬质早熟禾、长芒棒头草、鹅观草、长芒草、大针茅、短花针茅、虎尾草、牛筋草、画眉草、无芒隐子草、糙隐子草、荩草、白羊草、马唐、毛马唐、稗、粱（谷子）、狗尾草、金色狗尾草、高粱、荻、玉米、稷（糜子）、华扁穗草、寸草、三棱水葱、韭、细叶韭等118种。

上述蛋白质植物中，有些是人们熟知的，如大豆、扁豆、豌豆和其他常见的粮食作物。有些植物虽然蛋白质含量较高，但不能直接被人们食用，可以用作饲料或牧草，被牛羊、家畜、家禽食用后转化为动物蛋白间接被人们食用，从中获取蛋白质，如苜蓿和大多数禾本科植物。值得一提的是在府谷和陕北产的一种藜科植物沙蓬（当地称为沙米），据报道其种子中蛋白质的含量达到21%，还含有6%的脂肪；花期茎叶含粗蛋白9.9%，粗脂肪1.27%，粗纤维29.2%，并含有钙、磷等微量元素，是一种具有开发潜力的植物资源。在陕北大部分地区被人们磨粉食用，目前在榆林市榆阳区和其他一些地方当作特色食品搬上了餐馆、酒店的餐桌，深受人们喜爱。

6. 油脂植物资源

油脂是油和脂肪的合称，在室温（20℃）下呈液体状态的称为油，呈固体状态的称为脂。油脂广泛存在于植物的果实、种子中。根据油脂的特性和所含成分的配比，有的油脂可以直接食用，如芝麻油、花生油、大豆油、菜籽油、亚麻油等；有些植物油脂不能食用，但可应用于化妆品、医药、油漆、印染、制革、润滑等多个方面。

府谷县植物资源中也存在大量的油脂植物资源，常见的有油松、樟子松、侧柏、圆柏、胡桃、榆树、裂叶榆、大果榆、油菜、芥菜、沙芥、白菜、播娘蒿、独行菜、诸葛菜、萝卜、蔓菁、芝麻菜、山荆子、杏、山杏、山桃、桃、李、花生、大豆、花椒、臭椿、白杜、文冠果、苘麻、陆地棉、野西瓜苗、沙枣、中国沙棘、月见草、暴马丁香、老瓜头、香薷、益母草、细叶益母草、薄荷、辣椒、曼陀罗、烟草、黄花烟草、天仙子、枸杞、茄、番茄、芝麻、西瓜、甜瓜、黄瓜、南瓜、西葫芦、丝瓜、沙蒿、黄花蒿、鬼针草、小花鬼针草、向日葵、苍耳等63种。

7. 园林花卉植物资源

府谷县园林花卉植物资源十分丰富，一部分为多年引种栽培的园林花卉植物，还有大量野生花卉有待开发。常见的有圆柏、杜松、油松、白皮松、垂柳、旱柳、新疆杨（包括杨属的多种植物）、榆树、裂叶榆、金叶榆、垂枝榆、北马兜铃、红蓼、老鸦谷、鸡冠花、大花马齿苋、石竹、麦蓝菜、睡莲、牡丹、紫斑牡丹、芍药、耧斗菜、飞燕草、灌木铁线莲、粉绿铁线莲、黄花铁线莲、芹叶铁线莲、角茴香、诸葛菜、长药八宝、费菜、贴梗海棠、花红、海棠、海红果、苹果、风箱果、榆叶梅、西北栒子、月季、玫瑰、单瓣黄刺玫、华北珍珠梅、麻叶绣线菊、三裂绣线菊、土庄绣线菊、东京樱花、李、紫叶李、桃、山桃、杏、山杏、稠李、拧条锦鸡儿、塔落木羊柴、细枝羊柴、皂荚、百脉根、细叶百脉根、荷包豆、刺槐、香花槐、苦马豆、槐、龙爪槐、日本小檗、毛黄栌、火炬树、白杜、栲叶槭、元宝槭、文冠果、凤仙花、枣、五叶地锦、蜀葵、锦葵、野西瓜苗、木槿、紫花地丁、早开堇菜、狼毒、河朔荛花、柳叶菜、月见草、红瑞木、大苞点地梅、点地梅、连翘、美国白蜡、迎春花、小蜡、紫丁香、白丁香、暴马丁香、达乌里秦艽、萝藦、杠柳、牵牛、圆叶牵牛、紫筒草、蒙古莸、荆条、串铃草、甘露子、矮牵牛、光药大黄花、角蒿、金银忍冬、锦带花、桔梗、小红菊、甘菊、秋英、百日菊、菊芋、水烛、小香蒲、菹草、穿叶眼子菜、假苇拂子茅、芦苇、荻、扁秆荆三棱、头状穗莎草、水葱、三棱水葱、萱草、山丹、射干、马蔺、鸢尾等134种。这些植物中乔木类的可作景观树、行道树；灌木类的可作绿篱或灌球，或单植；藤本类的可作立体绿化植物或棚架；草本类的可植于花圃、草坪；水生、湿生植物如水烛、头状穗莎草、水葱等是湿地、池塘中的常见植物，兼具净化水质和观赏的价值。

除上述7大类植物资源外，其他植物资源也十分丰富。如维生素类植物有油松、桑、菠菜、青菜、白菜、荠菜、萝卜、扁豆、豇豆、葡萄、沙枣、中国沙棘、旱芹、胡萝卜、辣椒、枸杞、番茄、茄、西瓜、黄瓜、甜瓜、南瓜、苦瓜、玉米、粱、黄花菜、葱、韭、番薯等29种；有毒植物资源有狼毒、乳浆大戟、曼陀罗；种质资源类有野大豆、沙芦草等。

由此可见，府谷县虽然面积不大，生态环境恶劣，但仍然孕育了大量的植物资源，这是大自然留给我们的宝贵财富，每一个生活在这方土地上的人，都有责任认识它、了解它、熟悉它、保护它。在发展经济的同时做到青山常在、绿水常清。

裸子植物

Gymnospermae

1 银杏科 Ginkgoaceae

单型科，仅1属1种，我国特产，本地常见栽培。

银杏属 *Ginkgo* L. 本地常见栽培1种。

银杏（公孙树　白果树）

Ginkgo biloba Linn.

雌球花

雄球花

落叶乔木，高达40m，胸径可达4m；枝条有长枝和短枝的区别，长枝为营养枝，短枝为生殖枝；叶扇形，有长柄，淡绿色，有多数叉状并列细脉，在一年生长枝上螺旋状散生，在短枝上3～8叶呈簇生状，秋季落叶前变为黄色。球花单性，雌雄异株，雌雄球花均生长于短枝上；雄球花葇荑花序状，下垂，花药常2个，长椭圆形；雌球花具长梗，梗端常分两叉，胚珠着生其上，通常仅1个胚珠发育成种子。种子具长梗，下垂，近圆球形，外种皮肉质，熟时黄色或橙黄色，外被白粉，有臭味；中种皮白色，骨质，具2～3条纵脊；内种皮膜质，淡红褐色。花期3～5月，种子9～10月成熟。

银杏为我国特有的中生代孑遗植物，在我国大部分地区都有栽培，特别是在我国北方的寺庙、道观中经常可见到生长几百年甚至上千年的大树。朝鲜、日本及欧美各国庭园均有栽培。

本地也有栽培，见于县城城区部分道路旁作景观树。榆林市大部分地区引种栽培。

银杏为速生珍贵的优良用材树种，木材供建筑、家具、室内装饰、雕刻等用。种子可供食用（多食易中毒）。叶可制杀虫剂，亦可作肥料。

银杏树形优美，春夏季叶色嫩绿，秋季变成金黄色，颇为美观，可作庭园树及行道树。叶可入药，是《中国药典》指定的中药材“银杏叶”的原植物。入药具有活血化瘀、通络止痛、敛肺平喘，化浊降脂之功效。

2 松科 Pinaceae

本地常见有2属3种，栽培2种1变种。

云杉属 *Picea* A. Dietrich 本地常见有2种，栽培1种。

云杉（白松）

Picea asperata **Mast.**

常绿乔木，树冠塔形，高可达45m，胸径可达1m；树皮淡灰褐色，裂成不规则块片脱落；小枝有短柔毛，一年生枝淡褐黄色，叶枕有白粉，两三年生枝灰褐色；冬芽圆锥形，有树脂，基部膨大，上部芽鳞的先端微反曲或不反曲，小枝基部宿存芽鳞的先端多少向外反卷。主枝的叶辐射伸展，侧枝上面的叶向上伸展，下面及两侧的叶向上方弯伸，四棱状条形，长1～2cm，宽1～1.5mm，横切面四棱形，四面有气孔线，上面每边4～8条，下面每边4～6条。球果圆柱状矩圆形或圆柱形，上端渐窄，成熟前绿色，熟时淡褐色或栗褐色，长5～16cm，径2.5～3.5cm；种鳞倒卵形，苞鳞三角状匙形，种子倒卵圆形，种翅淡褐色，倒卵状矩圆形。花期4～5月，球果9～10月成熟。

为我国特有树种，分布于陕西、甘肃、四川等省区。

本地有栽培或野生，常与青杆（*Picea wilsonii*）混植于山区公路旁或矿区山坡上。榆林市大部分地区有栽培。

木材黄白色，较轻软，纹理直，有弹性。可作建筑、枕木、器具、家具及木纤维工业原料等用材。树干可割取松脂。根、木材、枝桠及叶均可提取芳香油。树皮可提栲胶。

青海云杉（白松）

***Picea crassifolia* Kom.**

雄球花

雌球花

常绿乔木，高达23m，胸径30～60cm；一年生嫩枝淡绿黄色，两年生小枝呈粉红色或淡褐黄色，老枝呈淡褐色、褐色或灰褐色；冬芽圆锥形，通常无树脂，小枝基部宿存芽鳞的先端常开展或反曲。叶较粗，四棱状条形，近辐射伸展，或小枝上面的叶直上伸展，下面及两侧的叶向上弯伸，多少弯曲或直，先端钝，或具钝尖头，横切面四棱形，稀两侧扁，四面有气孔线，上面每边5～7条，下面每边4～6条。球果圆柱形或矩圆状圆柱形，成熟前种鳞背部露出部分绿色，上部边缘紫红色；中部种鳞倒卵形，先端圆，基部宽楔形；苞鳞短小，三角状匙形；种子斜倒卵圆形，种翅倒卵状，先端圆。花期4～5月，球果9～10月成熟。

为我国特有树种，分布于祁连山区，青海、甘肃、宁夏、内蒙古等省区。

本地常见栽培，见于公园或庭园。榆林市自20世纪70年代由青海引入栽培，目前全市大部分地区有栽培。

木材性质与云杉相似，供建筑、桥梁、舟车、家具、器具及木纤维工业原料等用材。树形挺拔美观，是很好的庭园观赏树种。

青杄（云杉　细叶云杉）

Picea wilsonii Mast.

常绿乔木，高达 50m，胸径达 1.3m；树皮灰色或暗灰色，裂成不规则鳞状块片脱落；树冠塔形；一年生枝淡黄绿色或淡黄灰色，无毛，两三年生枝淡灰色、灰色或淡褐灰色；冬芽卵圆形，无树脂。叶排列较密，在小枝上部向前伸展，小枝下面的叶向两侧伸展，四棱状条形，直或微弯，通常长 0.8 ～ 1.8cm，宽 1.2 ～ 1.7mm，先端尖，横切面四棱形或扁菱形，四面各有气孔线 4 ～ 6 条，微具白粉。球果卵状圆柱形或圆柱状长卵圆形，成熟前绿色，熟时黄褐色或淡褐色，长 5 ～ 8cm，径 2.5 ～ 4cm；中部种鳞倒卵形，长 1.4 ～ 1.7cm，宽 1 ～ 1.4cm，先端圆或有急尖头，或呈钝三角形，基部宽楔形，鳞背露出部分较平滑；苞鳞匙状矩圆形，先端钝圆，长约 4mm；种子倒卵圆形，长 3 ～ 4mm，连翅长 1.2 ～ 1.5cm，种翅倒宽披针形，淡褐色，先端圆。花期 4 月，球果 10 月成熟。

我国特有树种，分布于华北地区，陕西、湖北、甘肃、青海、四川等多个省区，常成单纯林或与其他针叶树、阔叶树种混生成混交林。适应性较强，为国产云杉属中分布较广的树种之一。

本地较常见，栽植于公园、庭园作景观树，或公路道路旁作行道树，或作矿区造林树种。榆林市自 20 世纪 70 年代开始引种，目前全市大部分地区有栽培。

木材淡黄白色，纹理直，结构稍粗，可供建筑、土木工程、器具、家具等用材。

松属 *Pinus* L. 本地常见有1种，栽培1种1变种。

白皮松（白骨松 三针松）

Pinus bungeana Zucc. ex Endl.

雄球花

雌球花

常绿乔木，高达30m，胸径可达3m；幼树树皮光滑，灰绿色，长大后树皮呈不规则的薄块片脱落，露出淡黄绿色的新皮，老则树皮呈淡褐灰色或灰白色，裂成不规则的鳞状块片脱落，脱落后近光滑，露出粉白色的内皮，白褐相间成斑鳞状；针叶3针一束，粗硬，长5～10cm；雄球花卵圆形或椭圆形，长约1cm，多数聚生长于新枝基部成穗状，长5～10cm。球果通常单生，成熟前淡绿色，熟时淡黄褐色，卵圆形或圆锥状卵圆形；种子灰褐色。花期4～5月，球果第二年10～11月成熟。

为我国特有树种，分布于山西、河南西部、陕西秦岭至陕北宜川、甘肃南部及天水麦积山、四川北部及湖北西部等地。

本地见于府谷县城区，栽培作庭园观赏树。榆林市自20世纪60年代开始引种，目前在部分地区见有栽培。

木材可供房屋建筑、家具、文具等用材；种子可食；树姿优美，树皮白色或褐白相间，极为美观，为优良的庭园树种，在北京各大公园有生长几百年的大树。

樟子松

Pinus sylvestris var. *mongolica* Litv.

常绿乔木，高达 25m，胸径达 80cm；大树树皮厚，下部树皮深裂成不规则的鳞状块片脱落，上部树皮裂成薄片脱落；针叶 2 针一束，硬直，常扭曲，长 4 ～ 9cm。雄球花圆柱状卵圆形，聚生于新枝下部；雌球花有短梗，淡紫褐色，当年生小球果长约 1cm，下垂。球果卵圆形或长卵圆形，成熟前绿色，熟时淡褐灰色，熟后开始脱落；种鳞的鳞盾多呈斜方形，鳞脐呈瘤状突起，有易脱落的短刺；种子黑褐色。花期 5 ～ 6 月，球果第二年 9 ～ 10 月成熟。

在我国分布于黑龙江大兴安岭山地及海拉尔以西、以南的砂丘地区。为喜光性强、深根性树种，能适应土壤水分较少的山脊及向阳山坡，以及较干旱的砂地及石砾砂土地区。

本地见于西部沙地之中，近年来各矿区在生态修复过程中以樟子松作为人工造林树种栽植较多，但长势一般。榆林市大部分地区有栽培，在神木市、榆阳区、横山区、靖边县等北部风沙区较常见。

樟子松材质较细，纹理直，有树脂。可供建筑、枕木、电杆、船舶、器具、家具及木纤维工业原料等用材。树干可割树脂，提取松香及松节油，树皮可提栲胶。可作庭园观赏及绿化树种。林木生长较快，材质好，适应性强，可作西部砂丘地区的造林树种。

雄球花

雌球花

雄球花

雌球花

油松

Pinus tabuliformis Carriere

常绿乔木，高达 25m，胸径可达 1m 以上；树皮裂成不规则较厚的鳞状块片；针叶 2 针一束，长 10 ～ 15cm；雌雄球花单性同株，雄球花多数，圆柱形，长 1.2 ～ 1.8cm，在新枝下部聚生成穗状。雌球花单生，生长于新枝顶端，肉红色。球果卵形或圆卵形，有短梗，向下弯垂，成熟前绿色，熟时淡黄色或淡褐黄色，常宿存树上近数年之久；种鳞的鳞盾肥厚、隆起或微隆起，鳞脐凸起有尖刺；种子卵圆形或长卵圆形。花期 4 ～ 5 月，球果第二年 10 月成熟。

为我国特有树种，分布于东北、华北、西北等地区，适应能力强，多组成单纯林。

本地区东南部土石山区油松生长良好，在高寒岭等地可见生长百年以上的大树，河滨公园及其他地区常见栽培。为榆林市各地常见造林树种。

本种材质较硬，富树脂，经久耐用。可供建筑、造船、器具、家具及木纤维工业等用材。树干可割取树脂，提取松节油；树皮可提取栲胶。松节、松针（即针叶）可入药；花粉供药用，是《中国药典》指定的中药材“松花粉”的原植物之一。入药具有收敛止血、燥湿敛疮的功效。

3 柏科 Cupressaceae

本地常见有2属4种，栽培有1栽培变种。

刺柏属 *Juniperus* L. 本地常见有3种。

圆柏（桧柏 塔柏）

***Juniperus chinensis* L.**
(*Sabina chinensis* (L.) Ant.)

常绿乔木，高达20m，胸径可达3.5m；树皮深灰色，纵裂，成条片开裂；幼树的枝条通常斜上伸展，形成尖塔形树冠。叶二型，即刺叶及鳞叶；刺叶生长于幼树之上，老龄树则全为鳞叶，壮龄树兼有刺叶与鳞叶；生长于一年生小枝的一回分枝的鳞叶三叶轮生，直伸而紧密，背面近中部有椭圆形微凹的腺体；刺叶三叶交互轮生，披针形，上面微凹，有两条白粉带。雌雄异株，稀同株，雄球花黄色，椭圆形，雄蕊5～7对。球果近圆球形，熟时暗褐色，被白粉或白粉脱落，有1～4粒种子；种子卵圆形，扁。花期5月，球果第二年9～10月成熟。

分布于我国大部分省区。朝鲜、日本也有分布。

本地较常见，常栽植于公园、庭园，在东南部沿黄土石山及中西部黄土梁峁较常见。榆林市自20世纪60年代开始引种，目前全市大部分地区有栽培。

圆柏是很好的用材树种，材质坚韧致密有香气，耐腐力强。可作房屋建筑、家具、文具及工艺品等用材；树根、树干及枝叶可提取柏木脑及柏木油；枝叶入药，能祛风散寒，活血消肿、利尿；种子可提润滑油；为普遍栽培的庭园树种。

杜松（刺柏）

Juniperus rigida Sieb. et Zucc.

常绿乔木或灌木，高达10m；枝条直展，树冠塔形或圆柱形，枝皮褐灰色，纵裂；小枝下垂，幼枝常呈三棱形，无毛。叶条状刺形，三叶轮生，质厚，坚硬，长1.2～1.7cm，宽约1mm，上部渐窄，先端锐尖，上面凹下成深槽，槽内有1条窄白粉带，下面有明显的纵脊，横切面成内凹的V状三角形。雌雄球花同株，雄球花椭圆状或近球状，长2～3mm，药隔三角状宽卵形，先端尖，背面有纵脊。球果圆球形，径6～8mm，成熟前紫褐色，熟时淡褐黑色或蓝黑色，常被白粉；种子近卵圆形，长约6mm，顶端尖，有4条不显著的棱角。花期4～5月，球果第二年9～10月成熟。

分布于东北、华北、西北等部分省区，生长于比较干燥的山地。朝鲜、日本也有分布。

杜松已被列为陕西省重点保护野生植物，在本省华阴市、洛南县、商州区、宜君县、富县、韩城市、府谷县等地均有分布。杜松在本县分布最为集中，存在有大片天然次生纯林或与侧柏、油松组成的混交林。为了更好地保护这些植物，本县还专门还建有杜松天然林管护站。

杜松木材坚硬，纹理致密，耐腐力强。可作工艺品、雕刻品、家具、器具及农具等用材；树形美观，可栽培作庭园观赏树；果实入药，有利尿、发汗、祛风的效用。

雄球花

雌球花

叉子圆柏（臭柏 沙地柏 爬柏）

Juniperus sabina L. (*Sabina vulgaris* Ant.)

常绿匍匐灌木，稀为直立灌木或小乔木，高不及1m；枝密，斜上伸展，枝皮灰褐色，裂成薄片脱落。叶二型，刺叶常生长于幼树上，稀在壮龄树上与鳞叶并存，常交互对生或兼有三叶交叉轮生；鳞叶交互对生，排列紧密或稍疏。雌雄异株，稀同株；雄球花椭圆形或矩圆形，雄蕊5～7对，各具2～4花药；雌球花曲垂或初期直立而随后俯垂。球果生长于向下弯曲的小枝顶端，熟前蓝绿色，熟时褐色至紫蓝色或黑色，多少有白粉，具2～3粒种子，多为倒三角状球形；种子常为卵圆形，微扁。花期5月，球果第二年9～10月成熟。

分布于我国西北各省区及内蒙古等地。榆林市北部榆阳区、定边县、靖边县、横山区、神木市等地均有分布，多生长于沙丘上。欧洲南部至中亚也有分布。

本地多栽植于花坛，道路护坡上，其耐旱性强，适合作水土保持及固沙造林植物。

叉子圆柏已被列为陕西省重点保护野生植物，在榆林市、神木市建有叉子圆柏自然保护区。

雄球花

侧柏属 *Platycladus* Spach 本地常见有1种，栽培有1栽培变种。

侧柏（柏树 香柏）

Platycladus orientalis (L.) Franco.

常绿乔木，高达20m，胸径可达1m；树皮薄，纵裂成条片；叶鳞片状，长1～3mm。雌、雄球花单性同株，雄球花黄色，卵圆形，长约2mm；雌球花近球形，径约2mm，蓝绿色，被白粉。球果近卵圆形，长1.5～2（2.5）cm，成熟前近肉质，蓝绿色，被白粉，成熟后木质，开裂，红褐色；种子卵圆形或近椭圆形，顶端微尖，灰褐色或紫褐色，长6～8mm，稍有棱脊，无翅或有极窄之翅。花期3～4月，球果10月成熟。

分布于我国多个省区。朝鲜也有分布。

本地东部沿黄河土石山区较为常见，在高寒岭有一株大树，其树冠在空中呈现出逼真的中国地图之貌，因此被称为“中华版图柏”，树龄900余年，蔚为壮观。在著名的黄帝陵也种植多棵大树，最大的一棵高约20m，胸围达11m，号称“七搂八扎半”，距今已生长5000余年。

侧柏材质细密，富含树脂，耐腐力强，坚实耐用。可供建筑、器具、家具、农具及文具等用材。种子可入药，是《中国药典》指定的中药材“柏子仁”的原植物，具有养心安神、润肠通便、止汗等功效。因树形优美、树冠常绿，常栽培作庭园观赏树。

雄球花

雌球花

千头柏

Platycladus orientalis 'Sieboldii' Dallim. & A. B. Jacks.

本种为侧柏的一个园艺栽培变种，与侧柏的主要区别在于呈丛生灌木，无明显主干；枝密，上伸；树冠卵圆形或球形；叶绿色。多栽培作绿篱或灌球单植于庭园作观赏树种。

4 麻黄科 Ephedraceae

本地常见有1属2种。

麻黄属 *Ephedra* L. 本地常见有2种。

木贼麻黄

***Ephedra equisetina* Bunge**

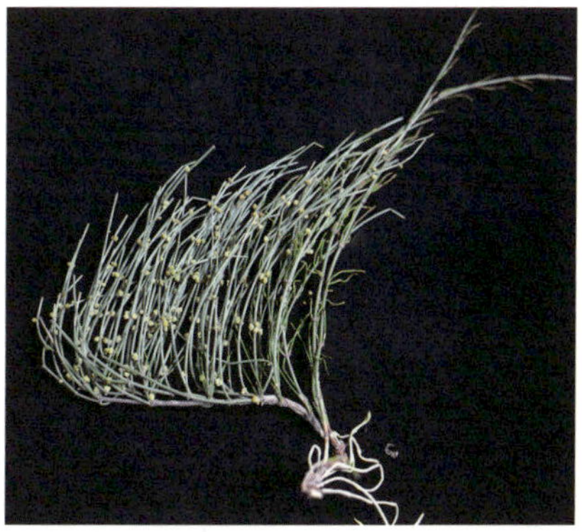

直立小灌木，高达1m，木质茎粗长，直立，稀部分匍匐状，小枝细，节间短，纵槽纹不明显，常被白粉呈蓝绿色或灰绿色。叶2裂，褐色，大部合生，上部约1/4分离，裂片短三角形，先端钝。雄球花单生或3～4个集生于节上，无梗或开花时有短梗，卵圆形或窄卵圆形，苞片3～4对，基部约1/3合生，假花被近圆形，雄蕊6～8，花丝全部合生，微外露，花药2室，稀3室；雌球花常2个对生于节上，窄卵圆形或窄菱形，苞片3对，菱形或卵状菱形，最上一对苞片约2/3合生，雌花1～2。雌球花成熟时肉质红色，长卵圆形或卵圆形，具短梗；种子通常1粒，窄长卵圆形，具明显的点状种脐与种阜。花期6～7月，种子8～9月成熟。

分布于华北地区，陕西、甘肃及新疆等多个省区，生长于干旱的山脊、山顶及岩壁等处。蒙古、俄罗斯也有分布。

本地有分布，见于黄河沿岸土石山坡及其他山脊、山坡岩壁石缝等处。榆林市见于佳县、吴堡县、神木市等地，生长于沿黄河土石山区的石质山坡（崖畔）上。

木贼麻黄为重要的药用植物，生物碱的含量较其他种类为高，为提制麻黄碱的重要原料。根和茎均可入药，茎入药，是《中国药典》指定的中药材“麻黄”的原植物之一。入药具有发汗散寒、宣肺平喘、利水消肿的功效。根入药，是《中国药典》指定的中药材“麻黄根”的原植物，入药具有固表止汗的功效。由于资源有限，目前已被列为陕西省重点保护野生植物，应重点加以保护。

草麻黄（麻黄　华麻黄）

Ephedra sinica Stapf

草本状灌木，高 20 ～ 40cm；木质茎短或成匍匐状，小枝直伸或微曲，表面细纵槽纹常不明显，节间长 2.5 ～ 5.5cm，多为 3 ～ 4cm，径约 2mm。叶 2 裂，鞘占全长的 1/3 ～ 2/3，裂片锐三角形，先端急尖。雄球花多成复穗状，常具总梗，苞片通常 4 对，雄蕊 7 ～ 8，花丝合生，稀先端稍分离；雌球花单生，在幼枝上顶生，在老枝上腋生，卵圆形或矩圆状卵圆形，苞片 4 对，下部 3 对合生部分占 1/4 ～ 1/3，最上一对合生部分达 1/2 以上；雌花 2。雌球花成熟时肉质红色，矩圆状卵圆形或近于圆球形，长约 8mm，径 6 ～ 7mm；种子通常 2 粒，包于苞片内，不露出或与苞片等长，黑红色或灰褐色，三角状卵圆形或宽卵圆形表面具细皱纹，种脐明显，半圆形。花期 5 ～ 6 月，种子 8 ～ 9 月成熟。

分布于东北、华北地区，河南及陕西等多个省区，适应性强，习见于山坡、平原、干燥荒地、河床及草原等处，常组成大面积的单纯群落。蒙古也有分布。

本地较常见，多生长于干燥山坡、荒地之中。榆林市各地都有分布，以北部神木市、府谷县、榆阳区、横山区、靖边县居多。

草麻黄为重要的药用植物，根、茎入药，功效同木贼麻黄。生物碱含量丰富，仅次于木贼麻黄。木质茎少，易加工提炼，为我国提制麻黄碱的主要植物之一。

由于药用价值高，资源有限，草麻黄已被列为陕西省重点保护野生植物，需要加强保护。

被子植物

Angiospermae

5 杨柳科 Salicaceae

本地常见有2属9种1变种，栽培1种1变种1变型。

杨属 *Populus* L. 本地常见有4种1变种，栽培1种1变种。

银白杨

***Populus alba* L.**

落叶乔木，高15～30m。树干不直，雌株更歪斜；树冠宽阔。树皮白色至灰白色，平滑，下部常粗糙。小枝初被白色绒毛，萌条密被绒毛，圆筒形，灰绿色或淡褐色。芽卵圆形，长4～5mm，先端渐尖，密被白绒毛；萌枝和长枝叶卵圆形，掌状3～5浅裂，长4～10cm，宽3～8cm；短枝叶较小，长4～8cm，宽2～5cm，卵圆形或椭圆状卵形，先端钝尖，基部阔楔形、圆形，边缘有不规则且不对称的钝齿牙；上面光滑，下面被白色绒毛；叶柄短于叶片，略侧扁，被白绒毛。雄花序长3～6cm；花序轴有毛，苞片膜质，宽椭圆形，长约3mm，边缘有不规则齿牙和长毛；花盘有短梗，宽椭圆形，歪斜；雄蕊8～10，花丝细长，花药紫红色；雌花序长5～10cm，花序轴有毛，雌蕊具短柄，花柱短，柱头2，有淡黄色长裂片。蒴果细圆锥形，长约5mm，2瓣裂，无毛。花期4～5月，果期5月。

分布于我国北方多个省区，多为栽培者，新疆有野生。欧洲、北非、亚洲其他国家也有分布。

本地有栽培，常作行道树栽植于道路两旁。榆林市各地多有栽培。

银白杨耐寒，根蘖力强，抗风力强，用种子和插条均可繁殖，树形高耸，枝叶美观，可作绿化树种，为西北地区平原沙荒造林优良树种。木材可供建筑、家具、造纸等用。

雄花序

新疆杨（白皮杨）

Populus alba L. var. *pyramidalis* Bunge

落叶乔木，高 15 ～ 30m。树冠窄圆柱形或尖塔形。树皮灰白色或青灰色，光滑少裂。萌条和长枝叶掌状深裂，基部平截；短枝叶圆形，有粗缺齿，侧齿几对称，基部平截，下面绿色几无毛。短枝叶较小，长 4 ～ 8cm，宽 2 ～ 5cm，卵圆形或椭圆状卵形，先端钝尖，基部阔楔形、圆形，少微心形或平截，边缘有不规则且不对称的钝齿牙；上面光滑，下面被白色绒毛。雌雄异株，雄花序长 3 ～ 6cm；花序轴有毛，苞片膜质，宽椭圆形，长约 3mm，边缘有不规则齿牙和长毛；花盘宽椭圆形，歪斜；雄蕊 8 ～ 10，花丝细长，花药紫红色。花期 4 ～ 5 月，果期 5 月。

分布于我国北方多个省区，常见栽培，仅新疆有野生。欧洲、北非、亚洲其他国家也有分布。

喜光，抗旱，抗风，抗烟尘，抗柳毒蛾，较耐盐碱，但在未经改良的盐碱地、沼泽地、黏土地、戈壁滩等均生长不良。多用插条、嫁接繁殖。

本地常见绿化造林树种，多见于道路旁及村落、地边、房前屋后等处。榆林全市各地普遍栽培。

雄花序

雌花序

雄花序

加杨（加拿大杨　大叶杨）

Populus×canadensis Moench

落叶大乔木，高可达30m。干直，树皮粗厚，深沟裂，下部暗灰色，上部褐灰色，大枝微向上斜伸，树冠卵形；小枝圆柱形，稍有棱角，无毛。芽大，先端反曲，初为绿色，后变为褐绿色，富黏质。叶三角形或三角状卵形，长7～10cm，长枝和萌枝叶较大，长10～20cm，一般长大于宽，先端渐尖，基部截形或宽楔形，有1～2腺体或无，边缘半透明，有圆锯齿，近基部较疏，具短缘毛，上面暗绿色，下面淡绿色；叶柄侧扁而长，带红色（苗期特明显）。雄花序长7～15cm，花序轴光滑，每花有雄蕊15～40；苞片淡绿褐色，不整齐，丝状深裂，花盘淡黄绿色，全缘，花丝细长，白色，超出花盘；雌花序有花45～50朵，柱头4裂。果序长达27cm；蒴果卵圆形，长约8mm，先端锐尖，2～3瓣裂。雄株多，雌株少。花期4月，果期5～6月。

原产于欧洲，19世纪中叶引入我国。在我国除广东、云南、西藏外，其他各省区均有引种栽培，为良好的绿化树种。

本地常见栽培，用作行道树或绿化树种，在沿黄公路及主要交通道路都有栽培。榆林全市各地多有栽培。

喜温暖湿润气候，耐瘠薄及微碱性土壤；速生树种，4年生可高达15m，胸径18cm，扦插易活，生长迅速。透翅蛾危害严重，造林时应注意防治虫害。木材供箱板、家具、牙签和造纸等用；树皮含鞣质，可提制栲胶，也可作黄色染料。

河北杨（青杨）

Populus×hopeiensis Hu & Chow

落叶乔木，高达30m。树皮黄绿色至灰白色，光滑；树冠圆大。小枝圆柱形。叶卵形或近圆形，长3～8cm，宽2～7cm，边缘有弯曲或不弯曲波状粗齿，上面暗绿色，下面淡绿色，发叶时下面被绒毛。花单性，雌雄异株，雄花序长约5cm，花序轴被密毛，苞片褐色，掌状分裂，裂片边缘具白色长毛；雌花序长3～5cm，花序轴被长毛，苞片赤褐色，边缘有长白毛；子房卵形，光滑，柱头2裂。蒴果长卵形，2瓣裂，有短柄。花期4月，果期5～6月。

分布于华北、西北各省区，各地有栽培，多生长于河流两岸、沟谷阴坡及冲积阶地上。速生树种，深根性，侧根发达，萌芽性强，耐风沙。用种子、根蘖繁殖。

河北杨是本地最常见的绿化造林树种，见于黄土丘陵峁顶、梁坡、沟谷及沙滩地。榆林市各地多有栽培。

木材轻软致密，韧而富于弹性，可供建筑、农具、箱板等用材。作蒸笼材料更为合适。为华北、西北的水土保持造林树种，也为庭园、行道优良树种。

本种为山杨（*P. davidiana*）和毛白杨（*P. tomentosa*）的天然杂交种，且常出现复交情况，因此树形、树皮及叶形变化很大，有时近似山杨，有时近似毛白杨。

钻天杨（美国白杨　箭杆杨）

Populus nigra var. *italica* (Moench) Koehne

落叶乔木，高达 30m。树皮暗灰褐色，老时沟裂，黑褐色；树冠圆柱形。侧枝呈 20° ～ 30° 角开展，小枝圆，光滑，黄褐色或淡黄褐色，嫩枝有时疏生短柔毛。芽长卵形，先端长渐尖，淡红色，富黏质。长枝叶扁三角形，通常宽大于长，长约 7.5cm，边缘具钝圆锯齿；短枝叶菱状三角形，或菱状卵圆形，长 5 ～ 10cm，宽 4 ～ 9cm，先端渐尖，基部阔楔形或近圆形。雌雄异株，雄花序长 4 ～ 8cm，花序轴光滑，雄蕊 15 ～ 30；雌花序长 10 ～ 15cm。蒴果 2 瓣裂，先端尖，果柄细长。花期 4 月，果期 5 月。

我国长江、黄河流域各地广为栽培。世界温带地区均有栽培。

本地常见的绿化造林树种，多见于村落道旁或作行道树。榆林市各地普遍栽培。

钻天杨喜光，抗寒，耐干旱气候，稍耐盐碱及水湿。树冠狭窄作行道树和农田防护林树种甚宜，也为杨树育种的常用亲本之一。

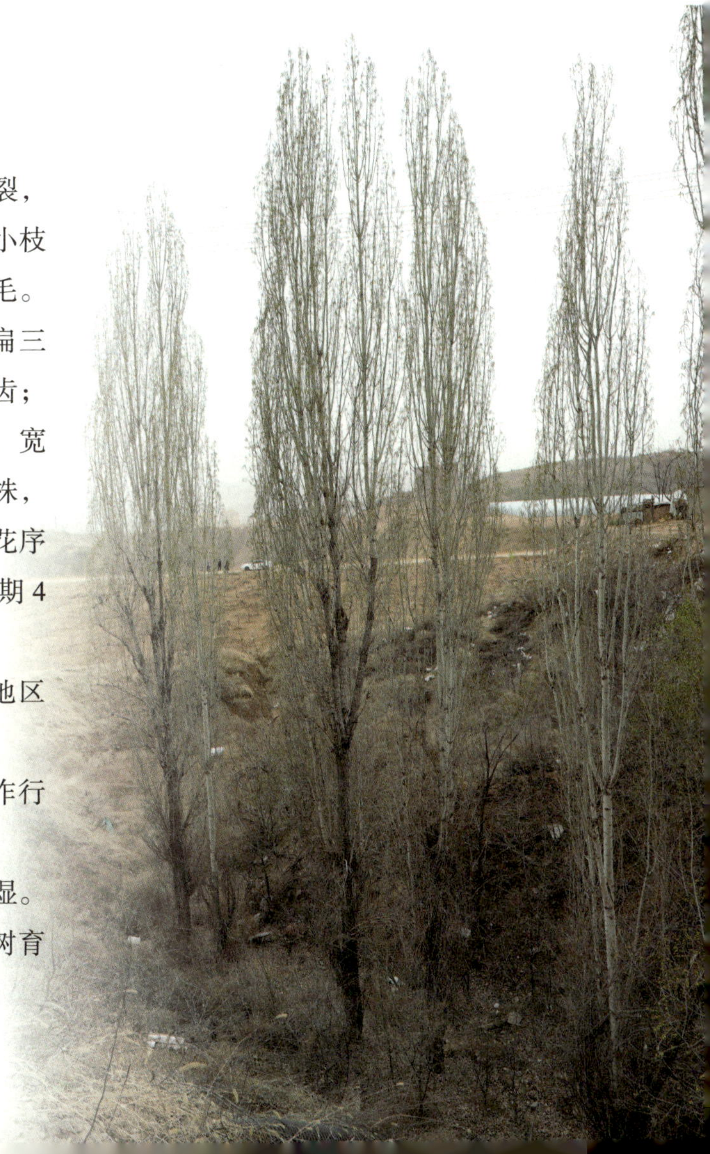

小叶杨（老杨树　响叶杨）

Populus simonii Carr.

落叶乔木，高达 20m，胸径 50cm 以上。树皮幼时灰绿色，老时暗灰色，沟裂；树冠近圆形。叶菱状卵形、菱状椭圆形或菱状倒卵形，长 3 ～ 12cm，宽 2 ～ 8cm，中部以上较宽，边缘平整，具细锯齿，无毛，上面淡绿色，下面灰绿色或微白，无毛；雌雄异株，雄花序长 2 ～ 7cm，花序轴无毛，苞片细条裂，雄蕊 8 ～ 25；雌花序长 2.5 ～ 6cm；苞片淡绿色，裂片褐色，无毛，柱头 2 裂。果序长达 15cm；蒴果小，2 或 3 瓣裂，无毛。花期 3 ～ 5 月，果期 4 ～ 6 月。

广泛分布于东北、华北、华中、西北及西南各省区。多数散生或栽植于道边两旁。喜光树种，适应性强，对气候和土壤要求不严，耐旱，抗寒，耐瘠薄或弱碱性土壤，在沙、荒和黄土沟谷也能生长，但在湿润、肥沃土壤的河岸、山沟和平原上生长最好；根系发达，抗风力强，可用插条、埋条、播种等方法繁殖。

本地常见绿化造林树种，多生长于山沟、河岸、村落或路旁。榆林市各地广为栽培。

木材轻软细致，可供建筑、家具、造纸等用；为防风固沙、护堤固土、绿化观赏的树种。

毛白杨

Populus tomentosa Carrière

落叶乔木，高可达 30m。树皮幼时暗灰色，壮时灰绿色，渐变为灰白色，老时基部黑灰色，纵裂，粗糙，干直或微弯，皮孔菱形散生，或 2 ～ 4 连生；树冠圆锥形至卵圆形或圆形。侧枝开展，雄株斜上，老树枝下垂；小枝（嫩枝）初被灰毡毛，后光滑。芽卵形，花芽卵圆形或近球形，微被毡毛。长枝叶阔卵形或三角状卵形，长 10 ～ 15cm，宽 8 ～ 13cm，先端短渐尖，基部心形或截形，边缘深齿牙缘或波状齿牙缘，上面暗绿色，光滑，下面密生毡毛，后渐脱落；叶柄长 3 ～ 7cm，顶端通常有 2 ～ 4 腺点；短枝叶通常较小，长 7 ～ 11cm，宽 6.5 ～ 10.5cm，卵形或三角状卵形，先端渐尖，上面暗绿色有金属光泽，下面光滑，具深波状齿牙缘；叶柄稍短于叶片，先端无腺点。雄花序长 10 ～ 20cm，雄花苞片密生长毛，雄蕊 6 ～ 12，花药红色；雌花序长 4 ～ 7cm，苞片褐色，尖裂，沿边缘有长毛；子房长椭圆形，柱头 2 裂，粉红色。果序长达 14cm；蒴果圆锥形或长卵形，2 瓣裂。花期 3 月，果期 4 ～ 5 月。

分布广泛，以黄河流域中、下游为中心分布区，全国大部分省区均有分布。

本地常用绿化造林树种，深根性，耐旱力较强，黏土、壤土、沙壤土或低湿轻度盐碱土均能生长。为我国良好的速生树种之一。可用播种、插条（须加处理）、埋条、留根、嫁接等繁殖方法进行育苗造林。榆林市各地广为栽培。

雄花序

雌花序

木材白色，纹理直，纤维含量高，易干燥，易加工，油漆及胶结性能好，可作建筑、家具、箱板及火柴杆、造纸等用材，是人造纤维的原料。树皮含鞣质 5.18%，可提制栲胶。

毛白杨生长快，寿命长，较耐干旱和盐碱，树姿雄壮，冠形优美，为各地群众所喜欢栽植的优良庭园绿化或行道树。

柳属 *Salix* L. 本地常见有5种。

垂柳（披头柳）

Salix babylonica L.

落叶乔木，高可达12～18m，树冠开展而疏散。树皮灰黑色，不规则开裂；枝细，下垂，淡褐黄色、淡褐色或带紫色，无毛。芽线形，先端急尖。叶狭披针形或线状披针形，先端长渐尖，基部楔形，两面无毛或微有毛，上面绿色，下面色较淡，锯齿缘；花序先叶开放，或与叶同时开放；雄花序长1.5～3cm，有短梗，轴有毛；雄蕊2，花药红黄色；苞片披针形，外面有毛；腺体2；雌花序长2～3cm，有梗，基部有3～4小叶，轴有毛；子房椭圆形，花柱短，柱头2～4深裂；苞片披针形，外面有毛；腺体1。蒴果带绿黄褐色。花期3～4月，果期4～5月。

分布于长江流域与黄河流域，其他各地均有栽培，为道旁、水边等地绿化树种。耐水湿，也能生长于干旱处。在亚洲、欧洲、美洲各国均有引种。

本地常见绿化造林树种，见于公园、河滩、路旁及村落附近。榆林市各地均有栽培。

多用插条繁殖，为优美的绿化树种；木材可供制家具，枝条可编筐，树皮可提制栲胶。

雄花序

雌花序

雌花序

雄花序

乌柳

Salix cheilophila Schneid.

落叶灌木或小乔木，高达 5.4m。枝初被绒毛或柔毛，后无毛，灰黑色或黑红色。叶线形或线状倒披针形，边缘外卷，上部具腺锯齿，下部全缘。雌雄异株，花序与叶同时开放，近无梗，基部具 2 ～ 3 小叶；雄花序长 1.5 ～ 2.3cm，花密集；雄蕊 2，完全合生，花丝无毛，花药黄色，4 室；苞片倒卵状长圆形，基部具柔毛；腺体 1，腹生；雌花序长 1.3 ～ 2cm（果序长可达 3.5cm），花密集，花序轴具柔毛；子房卵形或卵状长圆形，密被短毛，无柄，花柱短或无；苞片近圆形；腺体同雄花。蒴果长 3mm。花期 4 ～ 5 月，果期 5 月。

分布于华北、西北、西南等多个省区，生长于河沟边水湿地。

本地较常见，多生长于河道沙地上或河沟边水湿地。榆林市各流域均有分布。

乌柳枝条匀称柔软，适合于编制农具或生活用具。

筐柳

Salix linearistipularis K. S. Hao

落叶灌木或小乔木，高可达8m。树皮黄灰色至暗灰色。小枝细长。芽卵圆形，淡褐色或黄褐色，无毛。叶披针形或线状披针形，长8～15cm，宽5～10mm，两端渐狭，或上部较宽，无毛，幼叶有绒毛，上面绿色，下面苍白色，边缘有腺锯齿，外卷；叶柄长8～12mm，无毛，托叶线形或线状披针形，长达1.2cm，边缘有腺齿，萌枝上的托叶长达3cm。花先叶开放或与叶近同时开放，无花序梗，基部具2枚长圆形的全缘鳞片；雄花序长圆柱形，长3～3.5cm，粗2～3mm；雄蕊2，花丝合生，最下部有柔毛，花药黄色；苞片倒卵形，先端黑色，有长毛；腺体1，腹生；雌花序长圆柱形，长3.5～4cm，粗约5mm；子房卵状圆锥形，有短柔毛，无柄，花柱短，柱头2裂；苞片卵圆形，先端黑色，有长毛。花期5月上旬，果期5月中旬至下旬。

分布于河北、山西、陕西、河南、甘肃等省区，生长于平原低湿地、河边、湖岸边等处，常见栽培。

本地较常见，多见于清水川、皇甫川等河滩湿地中。榆林市各地常见树种。

筐柳的枝条细柔是很好的编织材料。适应性强，用插条繁殖。可作水土保持植物。

雄花序

雌花序

旱柳（柳树　屠头柳）

Salix matsudana Koidz.

雄花序

雌花序

落叶乔木，高达 18m，胸径可达 80cm。大枝斜上，树冠广圆形；树皮暗灰黑色，有裂沟；枝细长，直立或斜展，浅褐黄色或带绿色，后变褐色，无毛，幼枝有毛。叶披针形，先端长渐尖，基部窄圆形或楔形，上面绿色，无毛，有光泽，下面苍白色或带白色，有细腺锯齿缘。花序与叶同时开放；雄花序圆柱形，长 1.5 ～ 3cm；雄蕊 2，花丝基部有长毛，花药卵形，黄色；苞片卵形，黄绿色；腺体 2；雌花序较雄花序短，长达 2cm，有 3 ～ 5 小叶生长于短花序梗上；子房长椭圆形，无花柱或很短，柱头卵形，近圆裂；腺体 2，背生和腹生。果序长达 2cm。花期 4 月，果期 4 ～ 5 月。

分布于我国多个省区，耐干旱、耐水湿、耐寒冷。朝鲜、日本、俄罗斯也有分布。

本地常见绿化造林树种，见于公园、河滩、路旁、村落或庭园等处。榆林市各地广泛栽培，多见于北部滩地区。

木材白色，质轻软，可供建筑、器具、造纸等用；细枝可编筐；为早春蜜源植物，叶为冬季羊的饲料。

龙爪柳

龙爪柳

Salix matsudana f. *tortuosa* Rehd.

这是园艺栽培过程中培育的一个变型，与原变型的区别为枝条扭曲或卷曲。

我国各地多栽于庭园作绿化树种。

北沙柳（沙柳）

Salix psammophila C. Wang et Chang Y. Yang

落叶灌木，高 3 ～ 4m。当年枝初被短柔毛，后几无毛，上年生枝淡黄色，常在芽附近有一块短绒毛。叶线形，先端渐尖，基部楔形，边缘疏锯齿，上面淡绿色，下面带灰白色，幼叶微有绒毛，成叶无毛；叶柄长约 1mm；托叶线形，常早落（萌枝上的托叶常较长）。花先叶或几与叶同时开放，花序长 1 ～ 2cm，具短花序梗和小叶片，轴有绒毛；苞片卵状长圆形，基部有长柔毛；腺体 1，腹生，细小；雄蕊 2，花丝合生，基部有毛，花药 4 室，黄色；子房卵圆形，无柄，被绒毛，花柱明显，柱头 2 裂，具开展的裂片。花期 3 ～ 4 月，果期 5 月。

分布于陕西北部、内蒙古、宁夏、山西等省区。

本地较常见，生长于河滩或沙地，见于古城、大昌汗等多沙山坡或林下。榆林市北部神木市、榆阳区、横山区、靖边县、定边县等地风沙区极为常见。

北沙柳根系发达，萌生力强，抗风沙，易繁殖，各地常作固沙造林树种。枝条柔软，韧性强，可编筐或作其他农具。

雌花序

雄花序

6 胡桃科 Juglandaceae

本地常见栽培1属1种。

胡桃属 *Juglans* L. 本地常见栽培1种。

胡桃（核桃 葛桃）

***Juglans regia* L.**

落叶乔木，高达20～25m；树冠广阔；树皮幼时灰绿色，老时则灰白色而纵向浅裂；小枝无毛，具光泽，被盾状着生的腺体。奇数羽状复叶长25～30cm，叶柄及叶轴幼时被有极短腺毛及腺体；小叶通常5～9枚，椭圆状卵形至长椭圆形，长6～15cm，宽3～6cm，边缘全缘或在幼树上者具稀疏细锯齿，侧生小叶具极短的小叶柄或近无柄，顶生小叶常具长3～6cm的小叶柄。雌雄同株，雄性葇荑花序下垂，长5～10cm，雄花的苞片、小苞片及花被片均被腺毛；雄蕊6～30枚，花药黄色，无毛。雌性穗状花序通常具1～3（4）雌花。雌花的总苞被极短腺毛，柱头浅绿色。果序短，具1～3果实；果实近球形，果核稍具皱曲，有2条纵棱，顶端具短尖头；隔膜较薄，内里无空隙；内果皮壁内具不规则的空隙。花期5月，果期10月。

原产于我国西北部及中亚，西亚、南亚和欧洲也有分布。我国已有2000多年的栽培历史，在平原及丘陵地区常见栽培，品种很多。

本地常见栽培于村落四旁或庭园。榆林市自20世纪50年代由新疆、山西、陕南等地引进栽培。目前各地有零星栽培，子洲县栽培较多。

种仁含油量高，可生食或榨油食用，亦可入药，是《中国药典》指定的中药材“核桃仁”的原植物。入药具有补肾、温肺、润肠之功效。木材坚实，是很好的硬木材料。

雄花序

果实

雌花

7 榆科 Ulmaceae

本地常见有1属3种，栽培有2栽培变种。

榆属 *Ulmus* L. 本地常见有3种，栽培有2栽培变种。

裂叶榆（青榆　麻榆　大叶榆）

Ulmus laciniata **(Trautv.) Mayr**

落叶乔木，高达27m，胸径50cm；树皮淡灰褐色或灰色，浅纵裂，常翘起，表面常呈薄片状剥落；叶倒卵形、倒三角状、倒三角状椭圆形或倒卵状长圆形，长7～18cm，宽4～14cm，先端通常3～7裂，裂片三角形，不裂之叶先端具或长或短的尾状尖头，基部明显偏斜，边缘具较深的重锯齿，叶面密生硬毛，粗糙，叶背被柔毛，沿叶脉较密，脉腋常有簇生毛，侧脉每边10～17条。花在上年生枝上排成簇状聚伞花序。翅果椭圆形或长圆状椭圆形，顶端有凹缺，果核部分位于翅果的中部或稍向下。花、果期4～5月。

分布于东北、华北及陕西、河南等多个省区，生长于山坡、谷地、溪边之林中。俄罗斯、朝鲜、日本等国也有分布。

本地有零星栽培，作城市园林绿化观赏树。榆林市部分城市栽培作观赏树。

木材可供家具、车辆、器具、造船及室内装修等用材。

大果榆（岩榆　山榆　黄榆　崖榆）

Ulmus macrocarpa Hance

落叶乔木或灌木，高达 20m，胸径可达 40cm；树皮暗灰色或灰黑色，纵裂，粗糙。叶宽倒卵形、倒卵状圆形、倒卵状菱形或倒卵形，厚革质，大小变异很大，通常长 5 ～ 9cm，宽 3.5 ～ 5cm，最小的叶长 1 ～ 3cm，宽 1 ～ 2.5cm，最大的叶长达 14cm，宽至 9cm，先端短尾状，基部渐窄至圆，偏斜或近对称，多少呈心脏形或一边楔形，两面粗糙，叶面密生硬毛，叶背常有疏毛，脉上较密，脉腋常有簇生毛，侧脉每边 6 ～ 16 条，边缘具大而浅钝的重锯齿。花自花芽或混合芽抽出，在上年生枝上排成簇状聚伞花序或散生于新枝的基部。翅果大，宽倒卵状圆形、近圆形或宽椭圆形，长 1.5 ～ 4.7（常 2.5 ～ 3.5）cm，宽 1 ～ 3.9（常 2 ～ 3）cm，顶端有缺口，果核部分位于翅果中部。花、果期 4 ～ 5 月。

分布于我国多个省区，生长于山坡、谷地、黄土丘陵、固定沙丘及岩缝中。朝鲜及俄罗斯也有分布。

本地较常见，多见于黄土坡或黄土崖畔上，生在黄土崖畔者多为灌木状。

阳性树种，耐干旱，能适应碱性、中性及微酸性土壤。木材重硬，韧性强，弯挠性能良好，耐磨损，可供车辆、农具、家具、器具等用材。翅果含油，是医药和轻、化工业的重要原料。

榆树（白榆　家榆　榆　榆钱树）

Ulmus pumila L.

落叶乔木，高达25m，胸径可达1m，在干瘠之地长成灌木状；幼树树皮平滑，灰褐色或浅灰色，大树的皮为暗灰色，不规则深纵裂，粗糙；叶椭圆状卵形、长卵形、椭圆状披针形或卵状披针形，先端渐尖或长渐尖，基部偏斜或近对称，边缘具重锯齿或单锯齿，侧脉每边9～16条。花先叶开放，在上年生枝的叶腋成簇生状。翅果近圆形，顶端有缺口，果核部分位于翅果的中部，成熟前后其色与果翅相同，初淡绿色，后白黄色。花、果期3～6月。

分布于我国北部及西南各省区，生长于山坡、山谷、丘陵及沙岗等处。朝鲜、俄罗斯、蒙古也有分布。

本地常见树种，生长于山坡、河沟、村落四旁。可用种子繁殖。榆林市常见乡土树种，各地均有分布，栽培或野生。

木材坚实耐用，可供家具、车辆、农具、器具、建筑等用。树皮内含淀粉及黏性物，可作酿醋原料；幼嫩翅果可食，老果含油25%，可供医药和轻、化工业用；树皮、叶及翅果均可药用，具有安神、利小便之功效。

本地常见还有两个园艺栽培变种。

垂枝榆

Ulmus pumila L. cv. 'Tenue'

树干上部的主干不明显，分枝较多，一至三年生枝下垂而不卷曲或扭曲，树冠伞形；树皮灰白色，较光滑。

园林观赏植物，本地常见于公园、庭园栽培观赏。

金叶榆

Ulmus pumila L. cv. 'Junye'

春季至秋季叶一直为金黄色。为园艺栽培过程中培育的栽培变种，供观赏。

8 桑科 Moraceae

本地常见有1属1种。

桑属 *Morus* L. 本地常见栽培有1种。

桑（家桑　白桑　桑树）

***Morus alba* L.**

落叶乔木或灌木，高3～10m或更高，胸径可达50cm，树皮厚，具不规则浅纵裂。叶卵形或广卵形，长5～15cm，宽5～12cm，先端急尖、渐尖或圆钝，基部圆形至浅心形，边缘具粗钝锯齿，有时叶为各种分裂。花单性，雌雄异株，花序腋生或生长于芽鳞腋内，与叶同时生出；雄花序下垂，长2～3.5cm，雄花花被片宽椭圆形，淡绿色；雌花序长1～2cm，被毛，总花梗长5～10mm被柔毛，雌花无梗，花被片倒卵形，顶端圆钝，两侧紧抱子房，无花柱，柱头2裂，内面有乳头状突起。聚花果（桑葚）卵状椭圆形，成熟时红色或暗紫色。花期4～5月，果期5～8月。

原产于我国中部和北部，全国大部分地区均有栽培。世界多国亦有栽培。

本地见有零星栽培，播种、压条繁育。榆林市各地均有栽培，最多时达200余万株，以清涧县、子洲县、吴堡县、横山区居多，目前全市大部分地区尚有栽培。

叶为养蚕的主要饲料，我国从汉代开始就有种桑养蚕织锦的传统，流传至今，在世界上久负盛名。桑树皮纤维柔细，可作纺织、造纸原料；果可入药，是《中国药典》指定的中药材“桑葚”的原植物，入药具有滋阴补血，生津润燥之功效。根皮入药称“桑白皮”。

雄花序

雌花序

果枝

9 大麻科 Cannabaceae

本地常见有1属1种，栽培1属1种。

大麻属 *Cannabis* L. 本地常见栽培1种。

大麻（火麻　线麻）

***Cannabis sativa* L.**

一年生草本，高1～3m。枝具纵沟槽，密生灰白色贴伏毛。叶掌状全裂，裂片披针形或线状披针形，长7～15cm，中裂片最长，宽0.5～2cm，先端渐尖，基部狭楔形，边缘具向内弯的粗锯齿；托叶线形。花单性，雌雄异株，雄花为疏散大圆锥花序，长达25cm；花黄绿色，花被5，膜质，雄蕊5；雌花丛生于叶腋，雌花绿色，花被片1，紧包子房；子房近球形，花柱2，柱头丝状，早落。瘦果为宿存黄褐色苞片所包，果皮坚脆，表面具细网纹。花期5～6月，果期7月。

原产于中亚，现各国均有野生或栽培。我国早在汉代前后就已引种栽培，新疆常见野生。

早在2世纪时，东汉崔寔即指出大麻有雌雄株的区别。分别称雄株为“枲”（音xǐ）或“牡麻”；雌株为“怠”（音dài）或“子麻”。

本地均有栽培。榆林市各地多有栽培，以定边县、靖边县为多，曾一度成为榆林市主要的油料作物和纤维植物，近年来栽培面积大幅下降。

茎皮纤维长而坚韧，可用作编织和纺织原料；种子可食用或榨油，含油量30%，油渣可作饲料。果实可入药，是《中国药典》指定的中药材“火麻仁”的原植物。入药具有润肠通便之功效。花入药称“麻勃”，果壳和苞片入药称“麻蕡”（音fén），有毒；叶含麻醉性树脂可以配制麻醉剂。

大麻在栽培条件下成为极其多样化的两个亚种：

栽培于北方的原亚种 *Cannabis sativa* L. ssp. *sativa*，其植株较高而细长，具有稀疏分枝的茎和长而中空的节间，以生产纤维和油为目的。如锡金、不丹和我国通常栽培的大麻（火麻）。

产于南方的亚种 *Cannabis sativa* L. ssp. *indica*，其植株较小，多分枝而具短而实心的节间。可产生一种树脂（四氢大麻酚），特别是在幼叶和花序中含量最高，这种树脂是制造毒品的主要原料。在世界多数国家禁止栽培和市场交易。

葎草属 *Humulus* L. 本地常见有1种。

葎草（锯锯藤 拉拉藤）

Humulus scandens (Lour.) Merr.

多年生缠绕草本。茎、枝、叶柄均具倒钩刺。叶片肾状五角形，掌状5～7深裂，稀为3裂，基部心形，表面粗糙，疏生糙伏毛，背面有柔毛和黄色腺体，裂片卵状三角形，边缘具锯齿。花单性，雌雄异株；雄花黄绿色，聚生成圆锥花序式的总状花序；花被5裂，雄蕊5，在花芽时直立；雌花少数，生长于覆瓦状排列的苞片内，排成一假葇荑花序，苞片纸质，三角形，顶端渐尖，具白色绒毛，结果时苞片增大，宿存，变成球果状体。子房被苞片包围，花柱2。瘦果成熟时露出苞片外。花期春夏，果期秋季。

本种为恶性杂草，已被列为我国原产的具有潜在危害的有害生物。我国除新疆、青海外，南北各省区均有分布。常生长于沟边、荒地、废墟、林缘边。日本、越南也有分布。

本地极为常见，生长于路旁，废墟、荒坡、林缘等处。榆林市各地常见杂草。

茎皮纤维可作造纸原料，种子油可制肥皂，果穗可代啤酒花用，亦可入药。

雄株

雄花序

雌株

雌花序

10 荨麻科 Urticaceae

本地常见有 1 属 1 种。

荨麻属 *Urtica* L.　本地常见有 1 种。

麻叶荨麻（焮麻　火麻　蝎子草）

***Urtica cannabina* L.**

雄花序

雌花序

多年生草本，茎高 50 ～ 150cm。四棱形，具少数分枝。叶片轮廓五角形，掌状 3 全裂，一回裂片再羽状深裂，二回裂片常有数目不等的裂齿或浅锯齿；托叶每节 4 枚，离生，条形。花雌雄同株，雄花序圆锥状，生下部叶腋，长达 5 ～ 8cm，斜展，生最上部叶腋的雄花序中常混生雌花；雌花序生上部叶腋，常穗状，有时在下部有少数分枝。花被片 4 枚，合生至中部，裂片卵形，外面被微柔毛；退化雌蕊近碗状，淡黄色或白色，透明；雌花序有极短的梗。瘦果狭卵形，顶端锐尖，稍扁，熟时变灰褐色，表面有明显或不明显的褐红色点；宿存花被片 4，近膜质。花期 7 ～ 8 月，果期 8 ～ 10 月。

分布于我国多个省区，生长于丘陵性草原或坡地、沙丘、河漫滩、河谷、溪旁等处。亚洲多国及欧洲均有分布。

本地较少见，仅在赵五家湾许家梁见有一丛，疑似由外地带入。榆林市北部沙区有分布。

茎皮纤维可作纺织原料；全草入药具有治风湿、糖尿病、解虫咬等功效；瘦果含油，供工业用。

11 檀香科 Santalaceae

本地常见有1属1种。

百蕊草属 *Thesium* L. 本地常见有1种。

百蕊草（百乳草　青龙草　麦黄草）

Thesium chinense **Turcz.**

多年生柔弱草本，高15～40cm。全株多少被白粉，无毛；茎细长，簇生，基部以上疏分枝，斜升，有纵沟。叶线形，长1.5～3.5cm，宽0.5～1.5mm，顶端急尖或渐尖，具单脉。花单生，5数，腋生；苞片1枚，线状披针形；小苞片2枚，线形，边缘粗糙；花被绿白色，长2.5～3mm，花被管呈管状，花被裂片5，顶端锐尖，内弯，内面的微毛不明显；雄蕊5，不外伸；子房无柄，花柱很短。坚果椭圆状或近球形，淡绿色，表面有明显隆起的网脉，顶端的宿存花被近球形。花期4～5月，果期6～7月。

我国大部分省区均有分布。生长于荫蔽湿润或潮湿的小溪边、田野、草甸，也见于草甸和沙漠地带边缘、干草原与栎树林的石砾坡地上。日本和朝鲜也有分布。

本地有分布，多见于河滩湿润草丛中。榆林市北部滩地区较为常见，生长于草地、田野、林缘、固定沙地及路旁。

本种含黄酮苷、甘露醇等成分，可入药，具有清热解暑之功效。

12 桑寄生科 Loranthaceae

本地常见有2属2种。

桑寄生属 *Loranthus* Jacq. 本地常见有1种。

北桑寄生（枝子　杏寄生　寄生　寄生树）

***Loranthus tanakae* Franch. et Sav.**

寄生性落叶灌木，高约1m，全株无毛；茎常呈二歧式分枝，一年生枝条暗紫色，两年生枝条黑色，被白色蜡被。叶对生，倒卵形或椭圆形，顶端圆钝或微凹，基部楔形，稍下延；侧脉3～4对，稍明显。穗状花序顶生，具10～20朵花；花两性，近对生，淡青色；苞片杓状；花托椭圆状；副萼环状；花冠花蕾时卵球形，花瓣6枚，披针形，开展；雄蕊着生长于花瓣中部，花丝短，花药4室；花盘环状；花柱短，柱状，通常六棱，顶端钝或偏斜，柱头稍增粗。果实球形，橙黄色，果皮平滑。花期5～6月，果期9～10月。

分布于四川北部和东北部，甘肃、陕西、山西、内蒙古（准格尔旗）、河北、山东等省区。生长于山地阔叶林中，寄生于栎属、榆属、李属、桦属等植物上。日本、朝鲜也有分布。

本地有分布，见于武家庄镇见虎焉。榆林市也有分布，但不多见。

枝、叶民间作桑寄生入药。

槲寄生属 *Viscum* L. 本地常见有 1 种。

槲寄生（树寄）

Viscum coloratum (Kom.) Nakai

寄生性落叶灌木，高 30 ～ 80cm；茎、枝均圆柱状，二歧或三歧分枝，节稍膨大。叶对生，厚革质或革质，长椭圆形至椭圆状披针形，顶端圆形或圆钝，基部渐狭；基出脉 3 ～ 5 条。花单性，雌雄异株；花序顶生或腋生于茎叉状分枝处；雄花序聚伞状，总苞舟形，通常具花 3 朵，中央的花具 2 枚苞片或无；雄花花蕾时卵球形，萼片 4 枚，卵形；花药椭圆形。雌花序聚伞式穗状，具花 3 ～ 5 朵，顶生的花具 2 枚苞片或无，交叉对生的花各具 1 枚苞片；苞片阔三角形；雌花花蕾时长卵球形，花托卵球形，萼片 4 枚，三角形；柱头乳头状。果球形，具宿存花柱，成熟时淡黄色或橙红色，果皮平滑。花期 4 ～ 5 月，果期 9 ～ 11 月。

除新疆、西藏、云南、广东外，我国大部分省区有分布，常寄生于榆、杨、柳、桦、栎、梨、李、苹果、枫杨、椴属植物上。俄罗斯、朝鲜、日本也有分布。

本地区不多见，仅见于武家庄镇李家渠。榆林市榆阳区、神木市、佳县、米脂县、绥德县等地也有分布。

全株入药，是《中国药典》指定的中药材“槲寄生”的原植物，入药具有祛风湿、补肝肾、强筋骨、安胎元的功效。

雄花

13 马兜铃科 Aristolochiaceae

本地常见有1属1种。

马兜铃属 *Aristolochia* L. 本地常见有1种。

北马兜铃（马斗铃　铁扁担　天仙藤　青木香　臭管子）

***Aristolochia contorta* Bunge**

多年生缠绕草本，茎长达2m以上，无毛，干后有纵槽纹。叶卵状心形或三角状心形，顶端短尖或钝，基部心形，两侧裂片圆形，下垂或扩展，全缘，上面绿色，下面浅绿色，两面均无毛；基出脉5～7条。总状花序有花2～8朵或有时仅1朵生长于叶腋；花梗无毛，基部有小苞片；花被基部膨大呈球形，向上收狭呈一长管，外面无毛，内面具腺体状毛，管口扩大呈漏斗状；檐部一侧极短，有时边缘下翻或稍二裂，另一侧渐扩大成舌片；花药长圆形，贴生长于合蕊柱近基部；子房圆柱形，6棱；合蕊柱顶端6裂，裂片渐尖，向下延伸成波状圆环。蒴果倒卵形或椭圆状倒卵形，具6棱，成熟时黄绿色，由基部向上6瓣开裂；果梗下垂，随果开裂；种子三角状心形，灰褐色。花期5～7月，果期8～10月。

分布于我国多个省区，生长于山坡灌丛、沟谷两旁以及林缘。朝鲜、日本和俄罗斯也有分布。

本地有分布，但较少见。仅在县城附近王家墩采到标本，疑似由外地带入。榆林市子洲县、清涧县、吴堡县均有分布，生长于山坡、山沟、小溪边林缘及灌丛中。

本种可药用，茎叶入药称“天仙藤”，有行气止血、止痛、利尿之功效。果实入药称“马兜铃”，有清热降气、止咳平喘之效。根入药称“青木香”，有小毒，具有健胃、理气止痛之功效。但由于其中所含酸类物质对肝肾具有较长期毒性，因此，2020年版的《中国药典》不再收录。花形奇特，可供观赏。

14 蓼科 Polygonaceae

本地常见有6属10种，栽培1属1种。

荞麦属 *Fagopyrum* Mill. 本地常见栽培1种。

荞麦（三角麦　花麦）

Fagopyrum esculentum Moench

一年生草本，茎直立，高30～90cm。上部分枝，绿色或红色，具纵棱，无毛或于一侧沿纵棱具乳头状突起。叶三角形或卵状三角形，长2.5～7cm，宽2～5cm，顶端渐尖，基部心形，两面沿叶脉具乳头状突起；下部叶具长叶柄，上部较小近无梗；托叶鞘膜质，短筒状，顶端偏斜，无缘毛，易破裂脱落。花序总状或伞房状，顶生或腋生，花序梗一侧具小突起；苞片卵形，绿色，边缘膜质，每苞内具3～5朵花；花梗比苞片长，无关节，花被5深裂，白色或淡红色，花被片椭圆形，长3～4mm；雄蕊8，比花被短，花药淡红色；花柱3，柱头头状。瘦果卵形，具3锐棱，顶端渐尖，暗褐色，无光泽，比宿存花被长。花期5～9月，果期6～10月。

我国各地均有栽培，有时逸为野生。生长于荒地、路边。亚洲、欧洲均有栽培。

本地重要的粮食作物，各地常见栽培。榆林市各地均有栽培，最多时播种面积达3.5万hm^2，年产2万～3万t。以定边县、靖边县为多。

种子含丰富的淀粉，供食用；为重要蜜源植物；根及全草入药，具有除湿止痛、解毒消肿、健胃之功效。

藤蓼属 *Fallopia* Adans. 本地常见有1种。

齿翅蓼（山荞麦）

Fallopia dentatoalata (F. Schmidt) Holub

一年生草本。茎缠绕，长1～2m，分枝，无毛，具纵棱，沿棱密生小凸起。叶卵形或心形，长3～6cm，宽2.5～4cm，顶端渐尖，基部心形，两面无毛，沿叶脉具小凸起，边缘全缘，具小凸起；托叶鞘短，偏斜，膜质，无缘毛。总状花序腋生或顶生，长4～12cm，花排列稀疏，间断，具小叶；苞片漏斗状，膜质，偏斜，顶端急尖，无缘毛，每苞内具4～5朵花；花被5深裂，红色；花被片外面3片背部具翅，果时增大，翅通常具齿，基部沿花梗明显下延；花被果时外形呈倒卵形；花梗细弱，果后延长，中下部具关节；雄蕊8，比花被短；花柱3，极短，柱头头状。瘦果椭圆形，具3棱，黑色，密被小颗粒，微有光泽，包于宿存花被内。花期7～8月，果期9～10月。

分布于我国多个省区，生长于山坡草丛、山谷湿地。俄罗斯、朝鲜、日本也有分布。

本地有分布，生长于农田地边或路旁草丛中。榆林市各地均有分布。

西伯利亚蓼属 *Knorringia* (Czukav.) Tzvelev 本地常见有1种。

西伯利亚蓼（剪刀股）

Knorringia sibirica **(Laxm.) Tzvelev**
(*Polygonum sibiricum* Laxm.)

多年生草本，高10～25cm。根状茎细长，茎外倾或近直立，自基部分枝，无毛。叶片长椭圆形或披针形，无毛，长5～13cm，宽0.5～1.5cm，顶端急尖或钝，基部戟形或楔形，边缘全缘，叶柄长8～15mm；托叶鞘筒状，膜质，上部偏斜，无毛，易破裂。花序圆锥状，顶生，花排列稀疏，通常间断；苞片漏斗状，无毛，通常每1苞片内具4～6朵花；花梗短，中上部具关节；花被5深裂，黄绿色，花被片长圆形，长约3mm；雄蕊7～8，稍短于花被，花丝基部较宽，花柱3，较短，柱头头状。瘦果卵形，具3棱，黑色，有光泽，包于宿存的花被内或凸出。花、果期6～9月。

分布于全国大部分省区，生长于路边、湖边、河滩、山谷湿地、沙质盐碱地。蒙古、俄罗斯、哈萨克斯坦、喜马拉雅山也有分布。

本地较常见，生长于地边、河岸草丛中。榆林市各地均有分布。

生长于盐渍化草甸土、盐碱荒地，特别喜生长于碱地，是盐碱地的指示植物。

蓼属 *Persicaria* (L.) Mill. 本地常见有2种。

酸模叶蓼（大马蓼）

Persicaria lapathifolia (L.) Delarbre (*Polygonum lapathifolium* L.)

一年生草本，高40～90cm。茎直立，具分枝，无毛，节部膨大。叶披针形或宽披针形，长5～15cm，宽1～3cm，顶端渐尖或急尖，基部楔形，上面绿色，常有1个大的黑褐色新月形斑点，两面沿中脉被短硬伏毛，全缘，边缘具粗缘毛；叶柄短，具短硬伏毛；托叶鞘筒状，长1.5～3cm，膜质，淡褐色，无毛，具多数脉，顶端截形，无缘毛。总状花序呈穗状，顶生或腋生，近直立，花紧密，通常由数个花穗再组成圆锥状，花序梗被腺体；苞片漏斗状，边缘具稀疏短缘毛；花被淡红色或白色，4（5）深裂，花被片椭圆形；雄蕊通常6。瘦果宽卵形，双凹，黑褐色，有光泽，包于宿存花被内。花期6～8月，果期7～9月。

分布于我国南北各省区，生长于田边、路旁、水边、荒地或沟边湿地。亚洲及欧洲多国均有分布。

本地较常见，生长于水塘边、河边、田边或沟边湿地草丛中。榆林全市各地均有分布。

果实可作“水红花子”入药，具有利尿、消肿、止痛、止吐之功效。

红蓼（荭草　荭蓼　东方荭蓼　水红花　辣蓼）

Persicaria orientalis (L.) Spach (*Polygonum orientale* L.)

一年生草本，高 1 ～ 2m。茎直立，粗壮，上部多分枝，密被开展的长柔毛。叶较大，宽卵形、宽椭圆形或卵状披针形，长 10 ～ 20cm，宽 5 ～ 12cm，顶端渐尖，基部圆形或近心形，边缘全缘，密生缘毛，两面密生短柔毛，叶脉上密生长柔毛；叶柄长 2 ～ 10cm，具开展的长柔毛；托叶鞘筒状，膜质，被长柔毛，具长缘毛，通常沿顶端具草质、绿色的翅。总状花序呈穗状，顶生或腋生，花紧密，微下垂，通常数个再组成圆锥状；苞片宽漏斗状，绿色，被短柔毛，边缘具长缘毛，每苞内具 3 ～ 5 花；花被 5 深裂，淡红色或白色；花被片椭圆形，长 3 ～ 4mm；雄蕊 7，比花被长；花盘明显，花柱 2，中下部合生，比花被长，柱头头状。瘦果近圆形，双凹，黑褐色，有光泽，包于宿存花被内。花期 6 ～ 9 月，果期 8 ～ 10 月。

除西藏外，广泛分布于全国各地，野生或栽培。生长于沟边湿地、村边路旁。朝鲜、日本、俄罗斯、菲律宾、印度、欧洲和大洋洲也有分布。

本地较常见，栽培或逸为野生。生长于农田地边、河滩湿地草丛中。榆林各地均有分布。

可栽培作观赏植物，果实入药，是《中国药典》指定的中药材“水红花子”的原植物。入药具有散血消癥、消积止痛、利水消肿之功效。

萹蓄属 *Polygonum* L. 本地常见有2种。

萹蓄（粉节节草　水牛筋草）

Polygonum aviculare L.

一年生草本，高10～40cm，茎平卧、上升或直立。自基部多分枝，具纵棱。叶椭圆形，狭椭圆形或披针形，长1～4cm，宽3～12mm，顶端钝圆或急尖，基部楔形，边缘全缘，两面无毛，下面侧脉明显；叶柄短或近无柄，基部具关节；托叶鞘膜质，下部褐色，上部白色，先端撕裂，有不明显的脉纹。花单生或数朵簇生于叶腋，遍布于植株；苞片薄膜质；花梗细，顶部具关节；花被5深裂，花被片椭圆形，长2～2.5mm，绿色，边缘白色或淡红色；雄蕊8，花丝基部扩展；花柱3，柱头头状。瘦果卵形，具3棱，黑褐色。花期5～7月，果期6～8月。

全国各地均有分布，生长于田边路旁、沟边湿地。北温带广泛分布。

本地极为常见，生长于农田地边，山坡路旁草丛中。榆林全市均有分布。

全草入药，是《中国药典》指定的中药材“萹蓄”的原植物。入药具有利尿通淋、杀虫、止痒之功效。

习见蓼（习见萹蓄　腋花蓼　小萹蓄）

Polygonum plebeium R. Br.

一年生草本。茎平卧，自基部分枝，长10～40cm，具纵棱，沿棱具小凸起，通常小枝的节间比叶片短。叶狭椭圆形或倒披针形，顶端钝或急尖，基部狭楔形，两面无毛，侧脉不明显；托叶鞘膜质，白色，透明，顶端撕裂，花3～6朵，簇生于叶腋，遍布全植株；苞片膜质；花梗中部具关节，比苞片短；花被5深裂；花被片长椭圆形，绿色，背部稍隆起，边缘白色或淡红色；雄蕊5，花丝基部稍扩展，比花被短；花柱3，稀2，极短，柱头头状。瘦果宽卵形，具3锐棱或双凸镜状，黑褐色，平滑，有光泽，包于宿存花被内。花期5～8月，果期6～9月。

除西藏外，分布于全国。生长于田边、路旁、水边湿地。世界多国亦有分布。

本地有分布，见于黄河滩沙土地上。榆林市各地均有分布。

全草可入药，具有清热利尿、祛湿杀虫之功效。

大黄属 *Rheum* L. 本地常见有1种。

波叶大黄（华北大黄）

Rheum rhabarbarum Linnaeus
(*Rheum undulatum* L.)

多年生高大草本，高1～1.5m。茎粗壮，中空，光滑无毛，只近节部稍具糙毛。基生叶大，叶片三角状卵形或近卵形，长30～40cm，宽20～30cm，顶端钝尖或钝急尖，常扭向一侧，基部心形，边缘具强皱波，基出脉5～7条，于叶下面凸起，叶上面深绿色，下面浅绿色，被毛；叶柄粗壮，宽扁半圆柱状，通常短于叶片，被有短毛；上部叶较小，多三角形或卵状三角形。大型圆锥花序，花白绿色，5～8朵簇生；花梗长2.5～4mm，关节位于下部；花被片不开展，外轮3片稍小而窄，内轮3片稍大，椭圆形；雄蕊9，与花被等长；子房略为菱状椭圆形，花柱较短，柱头膨大。果实三角状卵形到近卵形，顶端钝，基部心形，翅较窄，纵脉位于翅的中间部分。种子卵形，棕褐色，稍具光泽。花期6月，果期7月以后。

分布于黑龙江、吉林及内蒙古等省区。俄罗斯、蒙古也有分布。

本地较常见，少数农户有栽培也有逸生。榆林市各地有零星栽培。

根可入药，具有清热解毒、止血祛痰、通便等功效。

酸模属 *Rumex* L. 本地常见有3种。

皱叶酸模（土大黄）

Rumex crispus L.

多年生草本，高50～120cm。根粗壮，黄褐色。茎直立，不分枝或上部分枝，具浅沟槽。基生叶披针形或狭披针形，长10～25cm，宽2～5cm，顶端急尖，基部楔形，边缘皱波状；茎生叶较小，狭披针形；叶柄长3～10cm；托叶鞘膜质，易破裂。花序狭圆锥状，花序分枝近直立或上升；花两性，淡绿色；花梗细，中下部具关节，关节果时稍膨大；花被片6，外花被片小，椭圆形，内花被片果时增大，宽卵形，长4～5mm，网脉明显，顶端稍钝，基部近截形，边缘近全缘，全部具小瘤，小瘤卵形。瘦果卵形，顶端急尖，具3锐棱，暗褐色，有光泽。花期5～6月，果期6～7月。

分布于我国多个省区，生长于河滩、沟边湿地。亚洲、欧洲及北美多国均有分布。

本地有分布，见于黄河滩湿地、沟谷河岸草丛中。榆林市各地均有分布。

根可作兽药。

刺酸模

Rumex maritimus L.

一年生草本，高 15 ～ 60cm。茎直立，自中下部分枝，具深沟槽。茎下部叶披针形或披针状长圆形，长 4 ～ 15（20）cm，宽 1 ～ 4cm，顶端急尖，基部狭楔形，边缘微波状；叶柄长 1 ～ 2.5cm，茎上部近无柄；托叶鞘膜质，早落。花序圆锥状，具叶，花两性，多花轮生；花梗基部具关节；外花被椭圆形，长约 2mm，内花被片果时增大，狭三角状卵形，长 2.5 ～ 3mm，宽约 1.5mm，顶端急尖，基部截形，边缘每边具 2 ～ 3 针刺，针刺长 2 ～ 2.5mm，全部具长圆形小瘤，小瘤长约 1.5mm。瘦果椭圆形，两端尖，具 3 锐棱，黄褐色，有光泽，长 1.5mm。花期 5 ～ 6 月，果期 6 ～ 7 月。

分布于东北、华北，陕西北部及新疆地区，生长于河边湿地、田边路旁。亚洲、欧洲及北美多国也有分布。

本地有分布，见于孤山川入黄河口、黄河滩湿地草丛中。榆林市榆阳区、神木市均有分布。

全草可入药，具有杀虫、清热、凉血之功效。

巴天酸模（羊蹄）

Rumex patientia L.

多年生草本，高达 90 ～ 150cm。根肥厚，直径可达 3cm；茎直立，粗壮，上部分枝，具深沟槽。基生叶长圆形或长圆状披针形，长 15 ～ 30cm，宽 5 ～ 10cm，顶端急尖，基部圆形或近心形，边缘波状；叶柄粗壮，长 5 ～ 15cm；茎上部叶披针形，较小，具短叶柄或近无柄；托叶鞘筒状，膜质，长 2 ～ 4cm，易破裂。花序圆锥状，大型；花两性；花梗细弱，中下部具关节；关节果时稍膨大，外花被片长圆形，长约 1.5mm，内花被片果时增大，宽心形，长 6 ～ 7mm，顶端圆钝，基部深心形，边缘近全缘，具网脉，全部或一部分具小瘤；小瘤长卵形，通常不能全部发育。瘦果卵形，具 3 锐棱，顶端渐尖，褐色，有光泽，长 2.5 ～ 3mm。花期 5 ～ 6 月，果期 6 ～ 7 月。

分布于我国多个省区，生长于沟边湿地、水边。亚洲及欧洲多国也有分布。

本地较常见，生长于地边路旁，或沟边湿地草丛中。榆林市全市均有分布。

根可入药，具有凉血、止血、清热解毒之功效。

15 藜科 Chenopodiaceae

本地常见有12属16种，栽培1属1种。

沙蓬属 *Agriophyllum* M. Bieb. 本地常见有1种。

沙蓬（沙米）

Agriophyllum squarrosum (L.) Moq.

一年生草本，高14～60cm。茎直立，坚硬，浅绿色，具不明显的条棱，幼时密被分枝毛，后脱落；由基部分枝，最下部的一层分枝通常对生或轮生，平卧，上部枝条互生，斜展。叶无柄，披针形、披针状条形或条形，长1.3～7cm，宽0.1～1cm，全缘，先端渐尖具小尖头，基部渐狭或楔形，叶脉浮凸，纵行，3～9条。穗状花序紧密，卵圆状或椭圆状，无梗，1～3腋生；苞片宽卵形，先端急缩，具小尖头，后期反折，背部密被分枝毛。花被片1～3，膜质；雄蕊2～3，花丝锥形，膜质，花药卵圆形。果实卵圆形或椭圆形，两面扁平或背部稍凸，上部边缘略具翅缘；果喙深裂成两个扁平的条状小喙，微向外弯，小喙先端外侧各具一小齿突。种子近圆形，光滑。花、果期8～10月。

分布于全国多个省区，喜生长于沙丘或流动沙丘的背风坡上，为我国北部沙漠地区常见的沙生植物。蒙古、俄罗斯也有分布。

本地较常见，生长于沙质土山坡、河滩等地。榆林市榆阳区、神木市、横山区、靖边县、定边县等北部沙区均有分布。

种子含丰富的淀粉，可食，榆林市榆阳区、横山区等地群众用种子熬成沙米粥，成为餐桌上的一道美食，深受人们喜爱。植株亦可作牲畜饲料。

沙冰藜属 *Bassia* All. 本地常见有1种。

地肤（扫帚菜）

Bassia scoparia **(L.) A. J. Scott**
(*Kochia scoparia* (L.) Schrad.)

一年生草本，高50～100cm。根略呈纺锤形。茎直立，圆柱状，淡绿色或带紫红色，有多数条棱，稍有短柔毛或下部几无毛；分枝稀疏，斜上。叶为平面叶，披针形或条状披针形，长2～5cm，宽3～7mm，无毛或稍有毛，先端短渐尖，基部渐狭入短柄，通常有3条明显的主脉，边缘有疏生的锈色绢状缘毛；茎上部叶较小，无柄，1脉。花两性或雌性，通常1～3个生长于上部叶腋，构成疏穗状圆锥状花序，花下有时有锈色长柔毛；花被近球形，淡绿色，花被裂片近三角形，无毛或先端稍有毛；翅端附属物三角形至倒卵形，有时近扇形，膜质，边缘微波状或具缺刻；花丝丝状，花药淡黄色；柱头2，紫褐色，花柱极短。胞果扁球形，果皮膜质，与种子离生。种子卵形，黑褐色，稍有光泽。花期6～9月，果期7～10月。

分布于全国各地，生长于田边、路旁、荒地等处。欧洲及亚洲也有分布。

本地较常见，生长于农田地边、路旁或荒芜空地草丛中。榆林市各地均有分布。

幼苗可作蔬菜；果实入药，是《中国药典》指定的中药材“地肤子”的原植物。入药具有清热利湿、祛风止痒的功效。植株分枝密集，秋季落叶后，经捆扎可制成扫帚使用。

藜属 *Chenopodium* L. 本地常见有3种。

尖头叶藜（灰菜　灰条）

Chenopodium acuminatum Willd.

一年生草本，高20～80cm。茎直立，具条棱及绿色色条，有时色条带紫红色，多分枝。枝斜升，较细瘦。叶片宽卵形至卵形，茎上部的叶片有时呈卵状披针形，长2～4cm，宽1～3cm，先端急尖或短渐尖，有短尖头，基部宽楔形、圆形或近截形，上面浅绿色，下面灰白色，全缘并具半透明的环边；叶柄长1.5～2.5cm。花两性，团伞花序于枝上部排列成紧密的穗状或穗状圆锥状花序，花序轴具圆柱状毛束；花被扁球形，5深裂，裂片宽卵形，边缘膜质，并有红色或黄色粉粒，果时背面大多增厚并彼此合成五角星形；雄蕊5。胞果顶基扁，圆形或卵形。种子横生，直径约1mm，黑色，有光泽。花期6～7月，果期8～9月。

分布于我国多个省区，生长于荒地、河岸、田边等处。日本、朝鲜、蒙古及俄罗斯也有分布。

本地有分布，见于农田地边、路旁草丛中。榆林市全市可见。

嫩时可作饲料，种子可榨油。

藜（灰条菜　灰灰菜）

Chenopodium album L.

一年生草本，高 30 ～ 150cm。茎直立，粗壮，具条棱及绿色或紫红色条纹，多分枝；枝条斜升或开展。叶片菱状卵形至宽披针形，长 3 ～ 6cm，宽 2.5 ～ 5cm，先端急尖或微钝，基部楔形至宽楔形，上面通常无粉，有时嫩叶的上面有紫红色粉，下面多少有粉，边缘具不整齐锯齿；叶柄与叶片近等长，或为叶片长度的 1/2。花两性，簇生于枝上部，排列成穗状圆锥状或圆锥状花序；花被裂片 5，宽卵形至椭圆形，背面具纵隆脊，有泡状粉，先端或微凹，边缘膜质；雄蕊 5，花药伸出花被，柱头 2。果皮与种子贴生。种子横生，双凸镜状，直径 1.2 ～ 1.5mm，边缘钝，黑色，有光泽，表面具浅沟纹；胚环形。花、果期 5 ～ 10 月。

分布遍及全球温带及热带，我国各地均有分布。生长于路旁、荒地及田间，为很难除掉的杂草。

本地较常见，生长于农田地边、房前屋后、路旁或荒芜空地草丛中。榆林市全市可见。

幼苗可作野菜用，茎叶可喂家畜。全草又可入药，能止泻痢、止痒；配野菊花煎汤外洗，治皮肤湿毒及周身发痒。果实（灰藋子）在有些地区代替“地肤子”药用。

小藜（灰菜　灰灰菜）

Chenopodium ficifolium Smith
(*Chenopodium serotinum* L.)

一年生草本，高 20 ～ 50cm。茎直立，具条棱及绿色色条。叶片卵状矩圆形，长 2.5 ～ 5cm，宽 1 ～ 3.5cm，通常三浅裂；中裂片两边近平行，先端钝或急尖并具短尖头，边缘具深波状锯齿；侧裂片位于中部以下，通常各具 2 浅裂齿。花两性，数个团集，排列于上部的枝上形成较开展的顶生圆锥状花序；花被近球形，5 深裂，裂片宽卵形，不开展，背面具微纵隆脊并有蜜粉；雄蕊 5，开花时外伸；柱头 2，丝形。胞果包在花被内，果皮与种子贴生。种子双凸镜状，黑色，有光泽，表面具六角形细洼；胚环形。花期 4 ～ 5 月，果实于花后渐次成熟。

分布遍及全国，为普通田间杂草，有时也生长于荒地、道旁、垃圾堆等处。

本地有分布，见于公园草坪中、农田地边、路旁或荒芜之地。榆林市各地均有分布。

耐盐杂草，嫩时可作饲料。

虫实属 *Corispermum* L. 本地常见有2种。

绳虫实（棉蓬）

Corispermum declinatum Steph. ex Stev.

一年生草本，高15～50cm。茎直立，圆柱状，直径2.5～3mm；分枝较多，最下部者较长，余者较短。叶条形，长2～3（6）cm，宽2～3mm，先端渐尖具小尖头，基部渐狭，1脉。穗状花序顶生和侧生，细长，稀疏，长5～15cm，直径约0.5cm，圆柱形；苞片较狭，长0.5～3cm，宽2～3mm，先端渐尖，基部圆楔形，1脉，具白膜质边缘，除上部苞片较果稍宽外均较果窄。花被片1，稀3，近轴花被片宽椭圆形，先端全缘或齿啮状；雄蕊1～（3），花丝为花被片长的2倍。果实无毛，倒卵状矩圆形，长3～4mm，宽约2mm，顶端急尖，基部圆楔形；果核狭倒卵形；果喙长约0.5mm；果翅窄或几近于无翅，全缘或具不规则的细齿。花、果期6～9月。

分布于我国北方多个省区，生长于沙质荒地、田边、路旁和河滩中。俄罗斯和蒙古也有分布。

本地有分布，见于西部沙区梁峁草地中。榆林市各地均有分布。

为优等饲草，牲畜喜食。

软毛虫实

Corispermum puberulum Iljin

一年生草本，高 15 ～ 35cm。茎直立，圆柱形，直径约 3mm，分枝多集中于茎基部，最下部分枝较长，上升，上部分枝较短，斜展。叶条形，长 2.5 ～ 4cm，宽 3 ～ 5mm，先端渐尖，具小尖头，基部渐狭，1 脉。穗状花序顶生和侧生，圆柱形或棍棒状，紧密，长 1 ～ 8cm，通常长 3 ～ 5cm，直径约 0.8cm，直立或略弯曲；苞片由披针形（少数近基部）至卵圆形，长 1.5 ～ 0.5cm，宽 3 ～ 4mm，先端渐尖或骤尖，基部圆形，1 ～ 3 脉，具白膜质边缘，掩盖果实。花被片 1 ～ 3，近轴花被片 1，宽椭圆形或近圆形，顶端弧形具不规则细齿；远轴 2，较小或不发育；雄蕊 1 ～ 5，较花被片长。果实宽椭圆形或倒卵状矩圆形，长 3.5 ～ 4mm，宽 3 ～ 3.5mm，顶端具明显的宽的缺刻，基部截形或心形，背部凸起，中央扁平，腹面凹入，被毛；果核椭圆形，背部有时具少数瘤状突起或深色斑点；果喙明显，喙尖为喙长的 1/3 ～ 1/4，直立或叉分，果翅宽，薄，不透明，边缘具不规则细齿。花、果期 7 ～ 9 月。

我国特有，分布于北方多个省区，生长于河边沙地或山坡砂质地。

本地有分布，生长于河滩沙地或山坡砂质地草丛中。榆林市各地均有分布。

沙生旱生植物，嫩时可作饲草。

腺毛藜属 *Dysphania* R. Br. 本地常见有 1 种。

菊叶香藜

Dysphania schraderiana (Roemer & Schultes) Mosyakin & Clemants (*Chenopodium foetidum* Schrad.)

一年生草本，高 20 ～ 60cm。茎直立，具绿色色条，通常有分枝。有强烈气味，全体有具节的疏生短柔毛。叶片矩圆形，长 2 ～ 6cm，宽 1.5 ～ 3.5cm，边缘羽状裂，先端钝或渐尖，基部渐狭，上面无毛，下面有具节的短柔毛并兼有黄色颗粒状腺体；叶柄长 2 ～ 10mm。复二歧聚伞花序腋生；花两性；花被直径 1 ～ 1.5mm，5 深裂；裂片卵形至狭卵形，有狭膜质边缘，背面通常有具刺状突起的纵隆脊并有短柔毛和颗粒状腺体，果时开展；雄蕊 5，花丝扁平，花药近球形。胞果扁球形，果皮膜质。种子横生，直径 0.5 ～ 0.8mm，红褐色或黑色，有光泽，具细网纹；胚半环形，围绕胚乳。花期 7 ～ 9 月，果期 9 ～ 10 月。

分布于我国多个省区，生长于林缘草地、沟岸、河沿、房屋附近，有时也为农田杂草。亚洲、欧洲及非洲均有分布。

本地较常见，生长于农田地边、河滩、湿地草丛中。榆林市各地均有分布，常见农田杂草。

全草可入药，具有平喘止咳之功效。

雾冰藜属 *Grubovia* Freitag & G. Kadereit 本地常见有1种。

雾冰藜（星状刺果藜）

Grubovia dasyphylla (Fisch. & C. A. Mey.) Freitag & G. Kadereit (*Bassia dasyphylla* (Fisch. et Mey.) O. Kuntze)

一年生草本，植株高3～50cm，茎直立，密被水平伸展的长柔毛；分枝多，开展，与茎夹角通常大于45°，有的几成直角。叶互生，肉质，圆柱状或半圆柱状条形，密被长柔毛，长3～15mm，宽1～1.5mm，先端钝，基部渐狭。花两性，单生或两朵簇生，通常仅一花发育。花被筒密被长柔毛，裂齿不内弯，果时花被背部具5个钻状附属物，三棱状，平直，坚硬，形成一平展的五角星状；雄蕊5，花丝条形，伸出花被外；子房卵状，具短的花柱和2～（3）个长的柱头。果实卵圆状。种子近圆形，光滑。花、果期7～9月。

分布于我国多个省区，生长于戈壁、盐碱地、沙丘、草地、河滩、阶地及洪积扇上。中亚地区，蒙古及俄罗斯均有分布。

本地有分布，见于大昌汗、老高川等地沙丘、路旁、干燥砂质山坡草丛中。榆林北部沙区较常见。

可作饲草，牲畜喜食。

盐生草属 *Halogeton* C. A. Mey. 本地常见有1种。

蛛丝蓬（灰蓬 白茎盐生草）

Halogeton arachnoideus Moq.

一年生草本，高10～40cm。茎直立，自基部分枝；枝互生，灰白色，幼时生蛛丝状毛，以后毛脱落。叶片圆柱形，长3～10mm，宽1.5～2mm，顶端钝，有时有小短尖；花通常2～3朵，簇生于叶腋；小苞片卵形，边缘膜质；花被片宽披针形，膜质，背面有1条粗壮的脉，果时自背面的近顶部生翅；翅5，半圆形，大小近相等，膜质透明，有多数明显的脉；雄蕊5；花丝狭条形；花药矩圆形，顶端无附属物；子房卵形；柱头2，丝状；果实为胞果，果皮膜质；种子横生，圆形，直径1～1.5mm。花、果期7～8月。

分布于山西、陕西、内蒙古、宁夏、甘肃、青海、新疆等多个省区，生长于干旱山坡、砂地和河滩。蒙古、俄罗斯以及中亚地区也有分布。

本地少见，仅在墙头黄河入陕第一湾景区采到标本。疑似由外地带入。榆林市常见于定边县、靖边县、横山区风沙、盐碱地中。

盐碱地指示植物，植株用火烧成灰后，可以提取碱。

猪毛菜属 *Salsola* L. 本地常见有2种。

猪毛菜（沙蓬）

Salsola collina Pall.

一年生草本，高20～100cm。茎自基部分枝，伸展，茎、枝绿色，有白色或紫红色条纹，生短硬毛或近于无毛。叶片丝状圆柱形，肉质，伸展或微弯曲，生短硬毛，顶端有刺状尖，基部边缘膜质，稍扩展而下延。花序穗状，生枝条上部；苞片卵形，顶部延伸，有刺状尖，边缘膜质，背部有白色隆脊，花后变硬；小苞片狭披针形，顶端有刺状尖，苞片及小苞片与花序轴紧贴；花被片卵状披针形，膜质，顶端尖，果时变硬，自背面中上部生鸡冠状凸起；雄蕊5，比花被稍长，花丝基部扩展；花药矩圆形；柱头丝状，长为花柱的1.5～2倍。胞果倒卵形，果皮膜质；种子倒卵形，顶端截形，横生或斜生。花期7～9月，果期9～10月。

分布于东北、华北、西北、西南地区及河南、山东、江苏等多个省区。生长于村边、路边及荒芜场所。朝鲜、蒙古、俄罗斯、巴基斯坦均有分布。

本地有分布，见于山坡草地或村落农田地边。榆林市各地均有分布。

全草入药，具有清热凉血之功效；嫩茎、叶可作野菜食用。

刺沙蓬（细叶猪毛菜）

Salsola tragus L.

一年生草本，高 30 ～ 100cm。茎直立，自基部分枝，分枝坚硬，圆筒形或稍有棱，有白色或紫红色条纹。叶互生，叶片半圆柱形或圆柱形，肉质，无毛或有短硬毛，顶端有刺状尖，基部扩展，扩展处的边缘为膜质。花序穗状，生于枝条的上部；苞片长卵形，顶端有刺状尖，基部边缘膜质；小苞片卵形，顶端有刺状尖；花被片 5，长卵形，膜质，无毛，背面有 1 条脉；花被片果时变硬，自背面中部生翅；翅 3 个较大，肾形或倒卵形，膜质，无色或淡紫红色，有数条粗壮而稀疏的脉，另外 2 翅较狭窄，花被果时（包括翅）直径 7 ～ 10mm；花被片在翅以上部分近革质，顶端为薄膜质，向中央聚集，包覆果实；柱头丝状，长为花柱的 3 ～ 4 倍。种子横生，直径约 2mm。花期 8 ～ 9 月，果期 9 ～ 10 月。

分布于全国多个省区，生长于河谷砂地、砾质戈壁、海边盐碱地等处。蒙古、俄罗斯也有分布。

本地有分布，见于黄河河滩湿地草丛中。榆林市北部滩地区较常见。

嫩时可作牧草，全草可入药，具有清热凉血之功效。耐干旱，可用作防风固沙。

市藜属（红叶藜属）*Oxybasis* Kar. & Kir. 本地常见有1种。

灰绿藜（灰条菜　灰灰菜）

Oxybasis glauca (L.) S. Fuentes, Uotila & Borsch (*Chenopodium glaucum* L.)

一年生草本，高20～40cm。茎平卧或外倾，具条棱及绿色或紫红色条纹。叶片矩圆状卵形至披针形，长2～4cm，宽6～20mm，肥厚，先端急尖或钝，基部渐狭，边缘具缺刻状牙齿，上面无粉，下面有粉而呈灰白色，有稍带紫红色；中脉明显，黄绿色；叶柄长5～10mm。花两性兼有雌性，通常数花聚成团伞花序，再于分枝上排列成有间断而通常短于叶的穗状或圆锥状花序；花被裂片3～4，浅绿色，稍肥厚，通常无粉，狭矩圆形或倒卵状披针形，长不及1mm，先端通常钝；雄蕊1～2，花丝不伸出花被，花药球形；柱头2，极短。胞果黄白色，顶端露出于花被外，果皮膜质。种子扁球形，暗褐色或红褐色，表面有细点纹。花、果期5～10月。

分布于我国多个省区。生长于农田、菜园、村房、水边等有轻度盐碱的土壤上。广布于全球的温带地区。

本地较常见，生长于农田地边、房前屋后及路旁草丛中。榆林市全市可见。

嫩叶可少量食用；亦可作饲料，家畜喜食。

盐角草属 *Salicornia* L. 本地常见有 1 种。

盐角草（海蓬子）

Salicornia europaea L.

一年生草本，高 10 ～ 35cm。茎直立，光滑，多分枝；枝肉质，苍绿色。叶不发育，鳞片状，长约 1.5mm，顶端锐尖，基部连合成鞘状，边缘膜质。花序穗状，长 1 ～ 5cm，有短柄；花两性，腋生，每 1 苞片内有 3 朵花，集成 1 簇，陷入花序轴内，中间的花较大，位于上部，两侧的花较小，位于下部；花被合生，肉质，倒圆锥状，上部扁平成菱形；雄蕊 1 ～ 2，伸出于花被之外；花药矩圆形；子房卵形；柱头 2，钻状，有乳头状小凸起。果实为胞果，果皮膜质，包藏于花被内；种子矩圆状卵形，种皮近革质，有钩状刺毛，直径约 1.5mm。花、果期 6 ～ 8 月。

分布于华北、西北地区及辽宁、山东和江苏等省区。生长于盐碱地、盐湖旁及海边。朝鲜、日本，俄罗斯、印度、欧洲、非洲和北美均有分布。

本地有分布，见于黄河河滩盐碱性湿地中。榆林市北部风沙碱性湿地中均有分布。

盐角草是盐碱地最常见的指示植物，榆林市定边县盐湖周围十分常见。本地不多见，可能是由黄河上游某些富盐河滩地带过来的。

植物体含有大量盐分，可作提取碳酸钠的原料。

菠菜属 *Spinacia* L. 本地常见栽培1种。

菠菜

Spinacia oleracea L.

一年生草本，高可达1m。茎直立，中空，脆弱多汁，不分枝或有少数分枝。无粉，根圆锥状，带红色，较少为白色。叶戟形至卵形，鲜绿色，柔嫩多汁，稍有光泽，全缘或有少数牙齿状裂片。花单性，雌雄异株，雄花集聚成球形团伞花序，在枝和茎的上部排列成有间断的穗状圆锥花序；花被片通常4，黄绿色，花丝丝状，扁平，花药不具附属物；雌花团集于叶腋处，无花被；小苞片两侧稍扁，顶端残留2小齿，背面通常各具1棘状附属物；子房球形，着生于2枚合生的小苞片内，小苞片在结果时硬化，柱头4或5，外伸。胞果卵形或近圆形，两侧扁；果皮褐色。

原产于伊朗，世界各地均有栽培。1000多年前引入中国栽培作为蔬菜食用，现在我国普遍栽培，有多个品种。为极常见的蔬菜之一，富含磷、铁及多种维生素。

本地常见栽培作蔬菜食用。榆林市各地均有栽培。

雄株

雌株

碱蓬属 *Suaeda* Forssk. ex J. F. Gmel. 本地常见有1种。

碱蓬

Suaeda glauca (Bunge) Bunge

一年生草本，高可达1m。茎直立，粗壮，圆柱状，浅绿色，有条棱，上部多分枝；枝细长，上升或斜升。叶丝状条形，半圆柱状，通常长1.5～5cm，宽约1.5mm，灰绿色，光滑无毛，稍向上弯曲，先端微尖，基部稍收缩。花两性兼有雌性，单生或2～5朵团集聚生，大多着生于叶的近基部处；两性花花被杯状，长1～1.5mm，黄绿色；雌花花被近球形，较肥厚，直径约0.7mm，灰绿色；花被裂片卵状三角形，先端钝，果时增厚，使花被略呈五角星状，干后变黑色；雄蕊5，花药宽卵形至矩圆形，柱头2，黑褐色，稍外弯。胞果包在花被内，果皮膜质。种子横生或斜生，双凸镜形，黑色。花、果期7～9月。

分布于我国多个省区。生长于海滨、荒地、渠岸、田边等含盐碱的土壤上。蒙古、俄罗斯、朝鲜、日本均有分布。

本地有分布，见于黄河河滩湿地及山坡荒地草丛中。榆林市常见于榆阳区、神木市、横山区、靖边县、定边县等地。

全株富含碳酸钾，是印染、玻璃、化工原料。种子含油25%左右，可榨油供工业用。

刺藜属 *Teloxys* Moq. 本地常见有 1 种。

刺藜

Teloxys aristata (L.) Moq.
(*Dysphania aristata* (L.) Mosyakin & Clemants)

一年生草本，高 10 ～ 40cm。植物体通常呈圆锥形，无粉，秋后常带紫红色。茎直立，圆柱形或有棱，具色条，无毛或稍有毛，有多数分枝。叶条形至狭披针形，长达 7cm，宽约 1cm，全缘，先端渐尖，基部收缩成短柄，中脉黄白色。复二歧式聚伞花序生长于枝端及叶腋，最末端的分枝针刺状；花两性，几无柄；花被裂片 5，狭椭圆形，先端钝或骤尖，背面稍肥厚，边缘膜质，果时开展。胞果顶基扁（底面稍凸），圆形；果皮透明，与种子贴生。种子横生，顶基扁，周边截平或具棱。花期 8 ～ 9 月，果期 10 月。

分布于东北、华北、西北地区及山东、河南、四川等多个省区。为农田杂草，多生长于高粱、玉米、谷子田间，有时也见于山坡、荒地等处。分布于亚洲及欧洲。

本地区极为常见，生长于农田、地边或山坡路旁草丛中。榆林市各地均有分布。

全草可入药，有祛风止痒之功效。秋季植株变紫红色，可作观赏植物。

16 苋科 Amaranthaceae

本地常见有1属1种，栽培2属3种。

苋属 *Amaranthus* L. 本地常见有1种，栽培2种。

老鸦谷（繁穗苋 老来谷）

***Amaranthus cruentus* L.**

一年生草本，高达1.5m。茎直立，粗壮，单一或稍分枝，绿色或常带粉红色。叶片菱状卵形或菱状披针形，长4～15cm，宽2～8cm，顶端短渐尖或圆钝，具凸尖，基部宽楔形，全缘或波状缘，绿色或红色，除在叶脉上稍有柔毛外，两面无毛；叶柄长1～15cm，绿色或粉红色，疏生柔毛。圆锥花序顶生，直立，有多数分枝，中央分枝特长，由多数穗状花序形成，顶端钝，花密集成雌花和雄花混生的花簇；苞片及小苞片披针形，长3mm，红色，透明，顶端尾尖，边缘有疏齿，背面有1中脉；花被片长2～2.5mm，红色，透明，顶端具凸尖，边缘互压，有1中脉，雄花的花被片矩圆形，雌花的花被片矩圆状披针形；雄蕊稍超出；柱头3，长不及1mm。胞果近球形，上半部红色，超出花被片。种子近球形，淡棕黄色，有厚的环。花期7～8月，果期9～10月。

我国各地均有栽培，有时逸为野生。原产于热带，全世界各地均有栽培。

本地有栽培或逸生，见于公园、街道路旁或机关院落等处。榆林市各地均有栽培。

供观赏，根可供药用，具有滋补强壮之功效；可作家畜及家禽的饲料。

反枝苋（苋菜　野千谷苗）

Amaranthus retroflexus L.

一年生草本，高 20 ～ 80cm，有时可达 1m。茎直立，单一或分枝，淡绿色，有时带紫色条纹，密生短柔毛。叶片菱状卵形或椭圆状卵形，长 5 ～ 12cm，宽 2 ～ 5cm，顶端锐尖或尖凹，基部楔形，全缘或波状缘，两面及边缘有柔毛，下面毛较密；叶柄长 1.5 ～ 5.5cm，淡绿色，有时淡紫色，有柔毛。圆锥花序直径 2 ～ 4cm，由多数穗状花序形成；苞片及小苞片钻形，长 4 ～ 6mm，白色，背面有 1 龙骨状凸起，伸出顶端成白色尖芒；花被片 5，矩圆形或矩圆状倒卵形，长 2 ～ 2.5mm，薄膜质，白色，有 1 淡绿色细中脉，顶端急尖或尖凹，具凸尖；雄蕊 5，比花被片稍长；柱头 3，有时 2。胞果扁卵形，环状横裂，包裹在宿存花被片内。种子近球形，棕色或黑色。花期 7 ～ 8 月，果期 8 ～ 9 月。

分布于北方大部分省区，生长于田园内、农地旁、房屋附近的草地上。原产于美洲热带，现广泛传播并归化于世界各地。

本地较常见，生长于农田地边、房前屋后及村落荒芜空地草丛中。榆林市各地均有分布。

嫩茎叶为野菜，也可作家畜饲料；种子作“青葙子”入药；全草亦可药用。

苋（苋菜　人苋菜　雁来红　老来少）

Amaranthus tricolor L.

一年生草本，高 80 ～ 150cm。茎粗壮，绿色或红色，常分枝。叶片卵形、菱状卵形或披针形，长 4 ～ 10cm，宽 2 ～ 7cm，绿色或常成红色，紫色或黄色，或部分绿色夹杂其他颜色，顶端圆钝或尖凹，具凸尖，基部楔形，全缘或波状缘；叶柄长 2 ～ 6cm，绿色或红色。花簇腋生，直到下部叶，或同时具顶生花簇，成下垂的穗状花序；花簇球形，直径 5 ～ 15mm，雄花和雌花混生；苞片及小苞片卵状披针形，长 2.5 ～ 3mm，透明，顶端有 1 长芒尖，背面具 1 绿色或红色隆起中脉；花被片 3，矩圆形，长 3 ～ 4mm，绿色或黄绿色，顶端有 1 长芒尖，背面具 1 绿色或紫色隆起中脉；雄蕊比花被片长或短。胞果卵状矩圆形，长 2 ～ 2.5mm，环状横裂，包裹在宿存花被片内。种子近圆形或倒卵形，黑色或黑棕色。花期 5 ～ 8 月，果期 7 ～ 9 月。

原产于印度。我国各地均有栽培，有时逸为半野生。分布于亚洲南部、中亚等地。

本地有栽培或野生。叶杂有各种颜色者供观赏。榆林市各地有零星栽培。

茎、叶可作为蔬菜食用；根、果实及全草入药，有明目、利大小便、祛寒热的功效。

青葙属 *Celosia* L. 本地常见栽培 1 种。

鸡冠花

Celosia cristata L.

一年生草本，高 30 ～ 100cm。茎直立，有分枝，绿色或红色，具明显条纹。叶片卵形、卵状披针形或披针形，长 5 ～ 8cm，宽 2 ～ 6cm；绿色常带红色，顶端急尖或渐尖，基部渐狭；叶柄长 2 ～ 15mm，或无叶柄。花多数，极密生，成扁平肉质鸡冠状、卷冠状或羽毛状的穗状花序，一个大花序下面有数个较小的分枝，圆锥状矩圆形，表面羽毛状；苞片及小苞片披针形，长 3 ～ 4mm，白色，光亮，顶端渐尖成细芒，具 1 中脉，在背部隆起；花被片红色、紫色、黄色、橙色或红黄色相间。顶端渐尖，具 1 中脉，在背面凸起；花丝长 5 ～ 6mm，分离部分长 2.5 ～ 3mm，花药紫色；子房有短柄，花柱紫色，长 3 ～ 5mm。胞果卵形，包裹在宿存花被内。种子凸透镜状肾形，直径约 1.5mm。花、果期 7 ～ 9 月。

原产于印度、非洲和美洲热带，自唐代传入我国作庭园观赏花卉，分布遍及全国，野生或栽培，生长于平原、田边、丘陵、山坡。亚洲各国均有分布。

本地常见栽培作观赏植物。榆林市各地有零星栽培。

栽培供观赏；花和种子供药用，是《中国药典》指定的中药材“鸡冠花”的原植物。为收敛剂，有止血、凉血、止泻之功效。

17 马齿苋科 Portulacaceae

本地常见有 1 属 1 种，栽培 1 属 1 种。

马齿苋属 *Portulaca* L. 本地常见有 1 种，栽培 1 种。

大花马齿苋（掐不死　太阳花　半枝莲　午时花）

Portulaca grandiflora **Hook.**

一年生草本，高 10 ～ 30cm。茎平卧或斜升，紫红色，多分枝，节上丛生毛。叶密集枝端，叶片细圆柱形，顶端圆钝；叶柄极短或近无柄，叶腋常生一撮白色长柔毛。花单生或数朵簇生枝端，直径 2.5 ～ 4cm，日开夜闭；总苞 8 ～ 9 片，叶状，轮生，具白色长柔毛；萼片 2，淡黄绿色，卵状三角形，顶端急尖，多少具龙骨状凸起；花瓣 5 或重瓣，倒卵形，顶端微凹，红色、紫色或黄白色；雄蕊多数，花丝紫色，基部合生；花柱柱头 5 ～ 9 裂，线形。蒴果近椭圆形，盖裂；种子细小，多数，圆肾形，有珍珠光泽，表面有小瘤状凸起。花期 6 ～ 9 月，果期 8 ～ 11 月。

原产于巴西，20 世纪初引入我国。我国公园、花圃常有栽培，是一种很好的花卉植物，花色艳丽，色彩多样、易于繁殖，深受人们喜爱。

本地常见栽培，见于公园、花圃或家庭小盆栽植观赏。榆林市各地有零星栽培。

全草可供药用，有散瘀止痛、清热、解毒消肿之功效。

马齿苋（马齿菜　瓜米菜　胖娃娃菜）

Portulaca oleracea L.

一年生草本，长 10 ～ 15cm。全株光滑无毛。茎平卧或斜倚，伏地铺散，多分枝，圆柱形，淡绿色或带暗红色。叶互生，有时近对生，叶片扁平，肥厚，倒卵形，似马齿状，长 1 ～ 3cm，宽 0.6 ～ 1.5cm，顶端圆钝或平截，基部楔形，全缘，上面暗绿色，下面淡绿色或带暗红色，中脉微隆起；叶柄粗短。花无梗，直径 4 ～ 5mm，常 3 ～ 5 朵簇生枝端，午时盛开；苞片 2 ～ 6，叶状，近轮生；萼片 2，对生，绿色，盔形，左右压扁，长约 4mm，顶端急尖，背部具龙骨状凸起，基部合生；花瓣 5，稀 4，黄色，倒卵形，长 3 ～ 5mm，顶端微凹，基部合生；雄蕊通常 8，长约 12mm，花药黄色；子房无毛，花柱比雄蕊稍长，柱头 4 ～ 6 裂，线形。蒴果卵球形，长约 5mm，盖裂；种子细小，黑褐色，有光泽，具小疣状凸起。花期 5 ～ 8 月，果期 6 ～ 9 月。

分布于我国南北各地，性喜肥沃土壤，耐旱亦耐涝，生命力强，生长于菜园、农田、路旁，为田间常见杂草。广布于全世界温带和热带地区。

本地常见农田杂草，生长于农田地边、果园等地。榆林市各地均有分布。

全草供药用，是《中国药典》指定的中药材“马齿苋”的原植物，入药具有清热解毒、凉血止血，止痢的功效。还可作兽药和农药；嫩茎叶可作蔬菜，亦可做成多种食品，也是很好的饲料。

18 石竹科 Caryophyllaceae

本地常见有3属5种，栽培1属1种。

石竹属 *Dianthus* L. 本地常见栽培1种。

石竹

***Dianthus chinensis* L.**

多年生草本，高30～50cm。全株无毛，带粉绿色。茎由根颈生出，疏丛生，直立，上部分枝。叶片线状披针形，长3～5cm，宽2～4mm，中脉较显。花单生于枝端或数花集成聚伞花序；苞片4，卵形，边缘膜质，有缘毛；花萼圆筒形，长15～25mm，直径4～5mm，有纵条纹，萼齿披针形，有缘毛；花瓣5，长16～18mm，瓣片倒卵状三角形，紫红色、粉红色、鲜红色或白色，顶缘不整齐齿裂，喉部有斑纹，疏生髯毛；雄蕊10，露出喉部外，花药蓝色；子房长圆形，花柱2，线形。蒴果圆筒形，包于宿存萼内，顶端4裂；种子黑色，扁圆形。花期5～6月，果期7～9月。

原产于我国北方，现在南北各地普遍生长，生长于草原和山坡草地。俄罗斯西伯利亚和朝鲜也有分布。

本地较常见，栽培于公园花圃、路旁或庭园花坛中。榆林市各地普遍栽培。

石竹是很好的观赏花卉，有许多品种。同属植物康乃馨（香石竹），是世界著名的插花切花材料，深受人们喜爱。根和全草入药，具有清热利尿，破血通经，散瘀消肿之功效。

石头花属 *Gypsophila* L. 本地常见有 2 种。

细叶石头花（尖叶丝石竹）

Gypsophila licentiana Hand.-Mazz.

多年生草本，高 30 ～ 50cm。茎细，无毛，上部分枝。叶片线形，顶端具骨质尖，边缘粗糙，基部连合成短鞘。聚伞花序顶生，花较密集；花梗带紫色；苞片三角形，渐尖，边缘白色，膜质，具短缘毛；花萼狭钟形，具 5 条绿色或带深紫色脉，脉间白色，膜质，齿裂达 1/3，卵形，渐尖；花瓣白色，三角状楔形，顶端微凹；雄蕊比花瓣短，花丝线形，不等长，花药小，球形；子房卵球形，花柱与花瓣等长。蒴果略长于宿存萼；种子圆肾形，具疣状凸起。花期 7 ～ 8 月，果期 8 ～ 9 月。

分布于华北、西北（陕西北部）各省区，生长于山坡、沙地、田边。

本地有分布，生长于山坡、路旁草丛中。榆林市榆阳区、神木市、横山区、靖边县、定边县、吴堡县等地均有分布。

花多，密集，可作观赏植物。

麦蓝菜（王不留行　麦篮子）

Gypsophila vaccaria Sm.
(*Vaccaria hispanica* (Miller) Rauschert)

一年生或两年生草本，高 30 ～ 70cm。全株无毛，微被白粉，呈灰绿色。根为主根系。茎直立，上部分枝。叶片卵状披针形或披针形，长 3 ～ 9cm，宽 1.5 ～ 4cm，基部圆形或近心形，微抱茎，顶端急尖，具 3 基出脉。伞房花序稀疏；花梗细，长 1 ～ 4cm；苞片披针形，着生花梗中上部；花萼卵状圆锥形，长 10 ～ 15mm，宽 5 ～ 9mm，后期微膨大呈球形，萼齿小，三角形，顶端急尖，边缘膜质；花瓣淡红色，长 14 ～ 17mm，宽 2 ～ 3mm，爪狭楔形，淡绿色，瓣片狭倒卵形，斜展或平展，微凹缺；雄蕊内藏；花柱线形，微外露。蒴果宽卵形或近圆球形，长 8 ～ 10mm；种子近圆球形，直径约 2mm，红褐色至黑色。花期 5 ～ 7 月，果期 6 ～ 8 月。

我国除华南外，全国均有分布，生长于草坡、撂荒地或麦田中，为麦田常见伴生杂草。广布于欧洲和亚洲。

本地均有分布，生长于农田或栽培作观赏，见于公园草坪、花圃及机关院落内。榆林市各地均有分布。

种子可入药，是《中国药典》指定的中药材“王不留行”的原植物。入药具有活血通经，下乳消肿，利尿通淋的功效。为妇科常用要药。

蝇子草属 *Silene* L. 本地常见有2种。

女娄菜（米瓦罐　葫芦草　羊骨脆子　羊胡子草）

Silene aprica Turcz. ex Fisch. et Mey.

一年生或两年生草本，高30～70cm。全株密被灰色短柔毛，主根较粗壮，茎单生或数个，直立，分枝或不分枝。基生叶倒披针形或狭匙形，长4～7cm，宽4～8mm，基部渐狭成长柄状，顶端急尖，中脉明显；茎生叶倒披针形、披针形或线状披针形。圆锥花序较大型；直立；苞片披针形；花两性，花萼卵状钟形，长6～8mm，密被短柔毛，萼齿三角状披针形；花瓣白色或淡红色，倒披针形，具爪，爪具缘毛，瓣片倒卵形，2裂；副花冠片舌状；雄蕊10，排成2轮，不外露；花柱3，基部具短毛。蒴果卵形；种子圆肾形，灰褐色，具小瘤。花期5～7月，果期6～8月。

分布于我国大部分省区，生长于平原、丘陵或山地。朝鲜、日本、蒙古和俄罗斯也有分布。

本地极为常见，生长于田边、路旁或山坡草丛中。榆林市靖边县、绥德县、神木市等地也有分布。

全草入药，具有通经活血，催乳，逐水消肿之功效。

石缝蝇子草

Silene foliosa Maxim.

多年生草本，高 25 ～ 40cm。根粗壮，木质，具多头根茎。茎丛生，直立，纤细，下部被逆向毛。基生叶花期枯萎；茎生叶线状倒披针形或披针状线形，长 2 ～ 4cm，宽 3 ～ 6mm，基部渐狭，顶端渐尖，两面均被短柔毛，边缘具短缘毛。花序圆锥状，花梗细，长 4 ～ 6mm，具黏液；苞片披针状线形，边缘基部膜质，具缘毛；花萼卵状钟形，长 6 ～ 8mm，无毛，萼齿宽三角状卵形，顶端钝，边缘膜质，具缘毛；雌雄蕊柄长 2 ～ 2.5mm，被微柔毛；花瓣白色，露出花萼长约 1 倍，爪倒披针形，无毛，瓣片轮廓狭倒卵形，深 2 裂达瓣片的 1/2 或更深，裂片线形，顶端钝；副花冠片乳头状；雄蕊明显外露，花丝无毛；花柱明显外露。蒴果长圆状卵形，长 5 ～ 7mm，直径 2.5 ～ 3mm；种子肾形，灰褐色，长约 1mm。花期 7 ～ 8 月，果期 8 月。

分布于华北地区及陕西北部、宁夏、甘肃等省区，生长于山坡草地或灌丛下。日本、朝鲜、俄罗斯远东地区也有分布。

本地有分布，生于山坡草丛中或林缘灌丛下。榆林市靖边县、定边县、吴堡县均有分布。

嫩时可作牲畜饲料。

繁缕属 *Stellaria* L. 本地常见有1种。

鹅肠菜（鹅儿肠）

Stellaria aquatica (L.) Scop.
(*Myosoton aquaticum* (L.) Moench)

两年或多年生草本，长50～80cm。具须根。茎上升，多分枝，上部被腺毛。叶片卵形或宽卵形，长2.5～5.5cm，宽1～3cm，顶端急尖，基部稍心形；叶柄长5～15mm，上部叶常无柄或具短柄，疏生柔毛。顶生二歧聚伞花序；苞片叶状，边缘具腺毛；花梗细，长1～2cm，花后伸长并向下弯，密被腺毛；萼片卵状披针形或长卵形，长4～5mm，果期长达7mm，顶端较钝，边缘狭膜质，外面被腺柔毛，脉纹不明显；花瓣白色，2深裂至基部，裂片线形或披针状线形，长3～3.5mm，宽约1mm；雄蕊10枚，稍短于花瓣；子房长圆形，花柱5，线形。蒴果卵圆形。种子近肾形，直径约1mm，稍扁，褐色，具小疣。花期5～8月，果期6～9月。

分布于我国南北各省，生长于河流两旁冲积沙地的低湿处或灌丛林缘和水沟旁。北半球温带及亚热带以及北非均有分布。

本地有分布，生长于农田地边或水沟旁和小区绿化带、花圃中。榆林市见于榆阳区、横山区、神木市、靖边县、佳县、吴堡县等地。

全草供药用，具有祛风解毒之功效；幼苗可作野菜和饲料。

19 睡莲科 Nymphaeaceae

本地常见栽培 1 属 1 种。

睡莲属 *Nymphaea* L.　本地常见栽培 1 种。

睡莲（子午莲　莲花　水芹花）

Nymphaea tetragona **Georgi**

多年生水生草本。根状茎短粗。叶纸质，心状卵形或卵状椭圆形，基部具深弯缺，约占叶片全长的 1/3，裂片急尖，全缘，上面光亮，下面带红色或紫色，两面皆无毛，具小点；叶柄长达 60cm。花直径 3 ～ 5cm；花梗细长；花萼基部四棱形，萼片革质，宽披针形或窄卵形，宿存；花瓣白色（栽培者具多种颜色），宽披针形、长圆形或倒卵形，内轮不变成雄蕊；雄蕊比花瓣短，花药条形；柱头具 5 ～ 8 条辐射线。浆果球形，为宿存萼片包裹；种子椭圆形，黑色。花期 6 ～ 8 月，果期 8 ～ 10 月。

我国广泛分布，生长在池沼中。俄罗斯、朝鲜、日本、印度、越南、美国均有分布。

本地多栽培观赏。榆林市各地均有栽培。

根状茎含淀粉，供食用或酿酒，全草可作绿肥。

20 芍药科 Paeoniaceae

本地常见栽培有 1 属 3 种。

芍药属 *Paeonia* L. 本地常见栽培有 3 种。

芍药（芍药花　白芍）

***Paeonia lactiflora* Pall.**

多年生草本，茎高 40 ～ 70cm。根粗壮，分枝黑褐色。无毛。下部茎生叶为二回三出复叶，上部茎生叶为三出复叶；小叶狭卵形，椭圆形或披针形，两面无毛，背面沿叶脉疏生短柔毛。花数朵，生茎顶和叶腋，直径 8 ～ 11.5cm；苞片 4 ～ 5，披针形，大小不等；萼片 4，宽卵形或近圆形，长 1 ～ 1.5cm，宽 1 ～ 1.7cm；花瓣 9 ～ 13，倒卵形，长 3.5 ～ 6cm，宽 1.5 ～ 4.5cm，白色，有时基部具深紫色斑块；花丝长 0.7 ～ 1.2cm，黄色；花盘浅杯状，包裹心皮基部，顶端裂片钝圆；心皮 4 ～ 5，无毛。蓇葖果长 2.5 ～ 3cm，直径 1.2 ～ 1.5cm，顶端具喙。花期 5 ～ 6 月，果期 8 月。

分布于东北、华北地区，陕西及甘肃南部等地，生于山坡草地及林下。在我国多个省区城市公园有栽培，栽培者花瓣具多种颜色。朝鲜、日本、蒙古及俄罗斯均有分布。

本地多栽培，见于河滨公园、景区、住宅小区或庭园等处。榆林市各地均有栽培。

著名观赏花卉；根可入药，是《中国药典》指定的中药材“白芍”的原植物。入药具有养血调经，敛阴止汗、柔肝止痛、平抑肝阳之功效。种子含油量约 25%，供制皂和涂料用。

紫斑牡丹

Paeonia rockii (S.G.Haw & Lauener) T.Hong & J.J.Li ex D. Y. Hong (*Paeonia suffruticosa* Andr. var. *papaveracea* (Andr.) Kerner)

落叶灌木，茎高达 2m。分枝短而粗。叶为二至三回羽状复叶，小叶不分裂，稀不等 2 ～ 4 浅裂。表面绿色，背面淡绿色，有时具白粉。花大，单生枝顶，直径 10 ～ 17cm；苞片 5，长椭圆形，大小不等；萼片 5，绿色，宽卵形，大小不等；花瓣 5，或为重瓣，白色，花瓣内面基部具深紫色斑块，倒卵形，顶端呈不规则的波状；雄蕊花丝紫红色、粉红色，上部白色，花药长圆形，花盘革质，杯状；心皮 5，稀更多，密生柔毛。蓇葖果长圆形，密生黄褐色硬毛。花期 5 月，果期 6 月。

分布于四川北部、甘肃南部、陕西南部（太白山区），生长于山坡林下灌丛中。在青海等地也有栽培。因其种群稀少，分布区有限，野生紫斑牡丹已被列为国家一级重点保护野生植物。

本地在高寒岭旅游景区有大面积栽培，供观赏，种子可榨油。榆林市有零星栽培。

花色艳丽，是很好的观赏花卉。根皮供药用，称“丹皮”，具有凉血、散瘀之功效。

牡丹（富贵花　丹皮　洛阳花）

Paeonia × *suffruticosa* Andrews (*Paeonia suffruticosa* Andrews)

落叶灌木，茎高可达 2m。分枝短而粗。叶通常为二回三出复叶；顶生小叶宽卵形，长 7 ～ 8cm，宽 5.5 ～ 7cm，3 裂至中部，裂片不裂或 2 ～ 3 浅裂，无毛，小叶柄长 1.2 ～ 3cm；侧生小叶狭卵形或长圆状卵形，长 4.5 ～ 6.5cm，宽 2.5 ～ 4cm，不等 2 裂至 3 浅裂或不裂，近无柄；叶柄长 5 ～ 11cm，无毛。花单生枝顶，直径 10 ～ 17cm；花梗长 4 ～ 6cm；苞片 5，长椭圆形，大小不等；萼片 5，绿色，宽卵形，大小不等；花瓣 5，或为重瓣，多种颜色，通常变异很大，倒卵形，长 5 ～ 8cm，宽 4.2 ～ 6cm，顶端呈不规则的波状；雄蕊长 1 ～ 1.7cm，花丝紫红色、粉红色，上部白色，长约 1.3cm，花药长圆形；花盘革质，杯状，紫红色，顶端有数个锐齿或裂片，完全包住心皮，在心皮成熟时开裂；心皮 5，密生柔毛。蓇葖果长圆形，密生黄褐色硬毛。花期 5 月，果期 6 月。

牡丹在我国为著名的观赏花卉，很受国人喜爱，享有国色天香之美誉，可能由产于陕西延安一带的矮牡丹 *P. jishanensis* 引种驯化而来。全国栽培甚广，以河南洛阳、山东菏泽最为有名，并早已引种国外。在栽培类型中，花多为重瓣，花色各异，根据花的颜色，可以分成上百个品种。

本地较常见，见于河滨公园、各景区、住宅小区及庭园中，多为栽培者。榆林市各地均有栽培。

根皮供药用，有“连丹皮”“刮丹皮”之分，是《中国药典》指定的中药材“丹皮”的原植物。入药具有清热凉血，活血化瘀之功效。

21 毛茛科 Ranunculaceae

本地常见有 6 属 11 种。

耧斗菜属 *Aquilegia* L. 本地常见有 1 种。

耧斗菜

***Aquilegia viridiflora* Pall.**

多年生草本，茎高 15 ～ 50cm。根肥大，粗达 1.5cm，简单或有分枝，外皮黑褐色。常在上部分枝，被柔毛和腺毛。基生叶少数，二回三出复叶；叶片中央小叶具短柄，楔状倒卵形，长宽几相等或更宽，上部 3 裂，裂片常有 2 ～ 3 个圆齿，表面绿色，无毛，背面淡绿色至粉绿色，被短柔毛或近无毛；叶柄长达 18cm，疏被柔毛或无毛，基部有鞘。茎生叶数枚，为一至二回三出复叶，向上渐变小。花 3 ～ 7 朵，倾斜或微下垂；苞片三全裂；萼片黄绿色，长椭圆状卵形，顶端微钝，疏被柔毛；花瓣与萼片同色，直立，倒卵形，比萼片稍长或稍短，顶端近截形，距直或微弯，长 1.2 ～ 1.8cm；雄蕊长达 2cm，伸出花外，花药长椭圆形，黄色；退化雄蕊白膜质，线状长椭圆形；心皮密被伸展的腺状柔毛，花柱比子房长或等长。蓇葖长 1.5cm；种子黑色，狭倒卵形，具微凸起的纵棱。5 ～ 7 月开花，7 ～ 8 月结果。

分布于我国北方多个省区，生长在山地路旁、河边和潮湿草地。俄罗斯也有分布。

本地有分布，较少见，仅见于黄河沿岸土石山坡石缝中。榆林市吴堡县、佳县、清涧县、神木市均有分布。

花形独特，可供观赏。根在河北西部民间供药用。

铁线莲属 *Clematis* L. 本地常见有 4 种。

芹叶铁线莲

Clematis aethusifolia Turcz.

多年生草质藤本，幼时直立，以后匍匐，长可达 4m。茎纤细，有纵沟纹。二至三回羽状复叶或羽状细裂，末回裂片线形，顶端渐尖或钝圆，具 1 条中脉，在表面下陷，在背面隆起；小叶微被绒毛或无毛。聚伞花序腋生，常 1 花；苞片羽状细裂；花钟状下垂，萼片 4 枚，淡黄色，长方椭圆形或狭卵形，两面近于无毛，外面仅边缘上密被乳白色绒毛，内面有 3 条直的中脉能见；雄蕊长为萼片之半，花丝扁平，线形或披针形，中部宽，两端渐窄，中上部被稀疏柔毛；子房扁平，卵形，被短柔毛，花柱被绢状毛。瘦果扁平、宽卵形或圆形，成熟后棕红色，被短柔毛，宿存花柱长 2 ～ 2.5cm，密被白色柔毛。花期 7 ～ 8 月，果期 9 月。

分布于华北、西北各省区，生长于山坡及水沟边。蒙古、俄罗斯均有分布。

本地较常见，生长于河沟、山坡林下灌丛中。榆林市各地均有分布。

全草可入药，具有健胃、消食之功效；外用有除疮、排脓之功效。

灌木铁线莲（褐格栏）

Clematis fruticosa Turcz.

直立小灌木，高达 1m。枝有棱，紫褐色，有短柔毛，后变无毛。单叶对生或数叶簇生，叶片绿色，薄革质，狭三角形或狭披针形、披针形，顶端锐尖，边缘疏生锯齿状牙齿，下半部常成羽状深裂以至全裂，裂片有小牙齿或小裂片，或为全缘，两面近无毛或疏生短柔毛。花单生，或有 3 花组成聚伞花序，腋生或顶生；萼片 4，斜上展呈钟状，黄色，长椭圆状卵形至椭圆形，顶端尖，外面边缘密生绒毛，中间近无毛或稍有短柔毛；雄蕊多数，无毛，花丝披针形。心皮多数，瘦果扁，卵形至卵圆形，密生长柔毛，宿存花柱长达 3cm，有黄色长柔毛。花期 7 ～ 8 月，果期 10 月。

分布于华北地区以及甘肃、陕西北部等地，生长于山坡灌丛中或路旁。

本地较常见，生长于山坡或沟边灌丛中。榆林市各地均有分布。

花色美丽，可作观赏植物。

粉绿铁线莲（狗墩茎　死人蔓　透骨草）

Clematis glauca Willd.

草质藤本。茎纤细，有棱。一至二回羽状复叶；小叶有柄，2～3全裂或深裂、浅裂至不裂，中间裂片较大，椭圆形或长圆形、长卵形，长1.5～5cm，宽1～2cm，基部圆形或圆楔形，全缘或有少数牙齿，两侧裂片短小。常为单聚伞花序，3花；苞片叶状，全缘或2～3裂；萼片4，黄色，或外面基部带紫红色，长椭圆状卵形，顶端渐尖，长1.3～2cm，宽5～8mm，除外面边缘有短绒毛外，其余无毛，瘦果卵形至倒卵形，长约2mm，宿存花柱长4cm。花期6～7月，果期8～10月。

分布于西北各省区。生长于山坡、路边灌丛中。蒙古、俄罗斯也有分布。

本地较常见，生长于山坡路旁灌丛中。榆林全市各地均有分布。

全草入药，具有祛风湿、止瘙痒之功效。

黄花铁线莲

Clematis intricata Bunge

草质藤本。茎纤细，多分枝。一至二回羽状复叶；小叶有柄，2～3全裂或深裂，浅裂，中间裂片线状披针形、披针形或狭卵形，长1～4.5cm，宽0.2～1.5cm，顶端渐尖，基部楔形，全缘或有少数牙齿，两侧裂片较短，下部常2～3浅裂。聚伞花序腋生，通常为3花，有时单花；花序梗长1.2～3.5cm，有时极短，疏被柔毛；中间花梗无小苞片，侧生花梗下部有2片对生的小苞片，苞片叶状，较大，全缘或2～3浅裂至全裂；萼片4，黄色，狭卵形或长圆形，顶端尖，长1.2～2.2cm，宽4～6mm，两面无毛；花丝线形，有短柔毛。瘦果卵形至椭圆状卵形，扁，边缘增厚，被柔毛，宿存花柱长3.5～5cm，被长柔毛。花期6～7月，果期8～9月。

分布于我国北方多个省区，生长于山坡、路旁或灌丛中。

本地有分布，较常见，生长于山坡或山沟灌丛中及路旁。榆林市各地均有分布。

花色金黄，果实具白色长柔毛，具有观赏价值。

翠雀属 *Delphinium* L. 本地常见有1种。

翠雀（大花飞燕草　鸽子花）

Delphinium grandiflorum L.

多年生草本，高35～65cm。与叶柄均被反曲而贴伏的短柔毛，分枝。叶片圆五角形，三全裂。总状花序有3～15花；下部苞片叶状，其他苞片线形；花梗与轴密被贴伏的白色短柔毛；小苞片线形或丝形；萼片紫蓝色，椭圆形或宽椭圆形，外面有短柔毛，距钻形，直或末端稍向下弯曲；花瓣蓝色，无毛，顶端圆形；退化雄蕊蓝色，瓣片近圆形或宽倒卵形，顶端全缘或微凹，腹面中央有黄色髯毛；雄蕊多数；心皮3，子房密被贴伏的短柔毛。蓇葖果直，种子倒卵状四面体形。花期5～10月。

分布于东北、华北地区以及云南、四川等省区，生长于山地草坡或丘陵砂地。俄罗斯、蒙古均有分布。

本地有分布，生长于石马川河谷山坡草丛中。榆林市各地均有分布。

全草煎水含漱（有毒勿咽），可治风热牙痛；全草煎浓汁，可作杀虫剂。在北京一带栽培供观赏，已有数百年历史。

碱毛茛属 *Halerpestes* Greene 本地常见有2种。

水葫芦苗（圆叶碱毛茛）

Halerpestes cymbalaria (Pursh) Greene

多年生草本，长0.5～2.5cm。匍匐茎细长，横走，叶多数。叶片近圆形，或肾形、宽卵形，宽稍大于长，基部圆心形、截形或宽楔形，边缘有3～7个圆齿，有时3～5裂，无毛；叶柄长2～12cm，稍有毛。花葶1～4条，高5～15cm，无毛；苞片线形；花小，直径6～8mm；萼片绿色，卵形，长3～4mm，无毛，反折；花瓣5，狭椭圆形，与萼片近等长，顶端圆形，基部有长约1mm的爪，爪上端有点状蜜槽；花药长0.5～0.8mm，花丝长约2mm；花托圆柱形，长约5mm，有短柔毛。聚合果椭圆球形，直径约5mm；瘦果小而极多，斜倒卵形，长1.2～1.5mm，两面稍臌起，有3～5条纵肋，无毛，喙极短，呈点状。花、果期5～9月。

分布于我国多个省区，生长在盐碱性沼泽地或湖边。广布于亚洲和北美的温带。

本地有分布，见于石马川、孤山川、清水川各流域河滩碱性湿地草丛中。榆林市榆阳区、绥德县、吴堡县、神木市等地均有分布。

全草可入药（蒙药），具有利水消肿、祛风除湿之效。

长叶碱毛茛（黄戴戴　金戴戴）

Halerpestes ruthenica (Jacq.) Ovcz.

多年生草本，匍匐茎长达 30cm 以上。叶簇生；叶片卵状或椭圆状梯形，长 1.5 ～ 5cm，宽 0.8 ～ 2cm，基部宽楔形、截形至圆形，不分裂，顶端有 3 ～ 5 个圆齿，常有 3 条基出脉，无毛；叶柄长 2 ～ 14cm，近无毛，基部有鞘。花葶高 10 ～ 20cm，单一或上部分枝，有 1 ～ 3 朵花，生疏短柔毛；苞片线形，长约 1cm；花直径约 1.5cm；萼片绿色，5 片，卵形，长 7 ～ 9mm；花瓣黄色，6 ～ 12 枚，倒卵形，长 0.7 ～ 1cm，基部渐狭成爪，蜜槽点状；花药长约 0.5mm，花丝长约 3mm；花托圆柱形，有柔毛。聚合果卵球形，长 8 ～ 12mm，宽约 8mm；瘦果极多，紧密排列，斜倒卵形，长 2 ～ 3mm，边缘有狭棱；两面有 3 ～ 5 条分歧的纵肋，喙短而直。花、果期 5 ～ 8 月。

分布于西北、华北、东北各省区，生长于盐碱沼泽地或湿草地。蒙古、俄罗斯也有分布。

本地有分布，生长于河滩、沟谷、沼泽湿地草丛中。榆林市榆阳区、神木市、横山区、靖边县、定边县、绥德县、清涧县、子洲县等地均有分布。

耐盐湿生植物，全草可入药（蒙药）。

毛茛属 *Ranunculus* L. 本地常见有 1 种。

石龙芮（水芹菜）

Ranunculus sceleratus L.

一年生草本，高 10 ~ 50cm。茎直立，上部多分枝，下部节上有时生根，无毛或疏生柔毛。基生叶多数，叶片肾状圆形，基部心形，3 深裂，裂片倒卵状楔形，不等的 2 ~ 3 裂，顶端钝圆，有粗圆齿；茎生叶多数，下部叶与基生叶相似；上部叶较小，3 全裂，裂片披针形至线形，全缘，顶端钝圆，基部扩大成膜质宽鞘抱茎。聚伞花序有多数花；花小，黄色；萼片椭圆形，外面有短柔毛，花瓣 5，倒卵形，基部有短爪，蜜槽呈棱状袋穴；雄蕊 10 多枚，花药卵形；花托在果期伸长增大呈圆柱形，生短柔毛。聚合果长圆形；瘦果近百枚，紧密排列，倒卵球形，稍扁，无毛。花、果期 5 ~ 8 月。

分布遍及全国，生长于河沟边及平原湿地。亚洲、欧洲、北美洲的亚热带至温带地区均有分布。

本地较常见，生长于河岸、沟谷、池塘边湿地草丛中。榆林市各地均有分布。

全草含原白头翁素，有毒，药用能消结核、截疟及治痈肿、疮毒、蛇毒和风寒湿痹。

唐松草属 *Thalictrum* L. 本地常见有2种。

展枝唐松草

Thalictrum squarrosum Stephan ex Willd.

多年生草本，茎高60～100cm。全株无毛。根状茎细长，自节生出长须根。有细纵槽，通常自中部近二歧状分枝。基生叶开花时枯萎。茎下部及中部叶有短柄，为二至三回羽状复叶；叶片长8～18cm；小叶坚纸质或薄革质，顶生小叶楔状倒卵形、宽倒卵形、长圆形或圆卵形，长0.8～3.5cm，宽0.6～2.6cm，顶端急尖，基部楔形至圆形，通常三浅裂，裂片全缘或有2～3个小齿，表面脉常稍下陷，背面有白粉，脉平或稍隆起，脉网稍明显；叶柄长1～4cm。花序圆锥状，近二歧状分枝；花梗细，长1.5～3cm，在结果时稍增长；萼片4，淡黄绿色，狭卵形，长约3mm，宽约0.8mm，脱落；雄蕊5～14，长3～5mm，花药长圆形，长约2.2mm，有短尖头，花丝丝形；心皮1～5，无柄，柱头箭头状。瘦果狭倒卵球形或近纺锤形，稍斜，长4～5.2mm，有8条粗纵肋，柱头长约1.6mm。花期7～8月。

分布于东北、华北地区及陕西北部，生长于平原草地、田边或干燥山坡。在蒙古、俄罗斯均有分布。

本地有分布，生长于河滩草地或干燥的山坡草丛中。榆林市榆阳区、横山区、靖边县、米脂县、神木市等地均有分布。

本种的叶含鞣质，可提制栲胶。

细唐松草

Thalictrum tenue Franch.

多年生草本，高 27 ～ 70cm。全株无毛，有白粉，自下部或中部以上有分枝。基生叶在开花时枯萎。茎下部和中部叶有短柄，为三至四回羽状复叶；小叶小，草质，稍带肉质，卵形、椭圆形或倒卵形，顶端钝或圆形，常有短尖，基部圆形，不分裂，全缘，脉不明显；叶柄长 2 ～ 4cm，基部有短鞘。圆锥花序具多花；萼片 4，黄绿色，椭圆形或倒卵形，脱落；雄蕊多数，花药狭长圆形，有短尖，花丝丝形；心皮 4 ～ 6。柱头狭三角形，具翅；瘦果两侧扁，狭倒卵形，沿背脉和腹脉有狭翅，两侧各生 3 条纵棱。花、果期 6 ～ 9 月。

分布于华北地区以及陕西北部等地，生长于低山或丘陵的干燥山坡或田边。

本地有分布，生长于干燥山坡草丛中。榆林市各地均有分布。

旱生植物，具有水土保持作用。

22 小檗科 Berberidaceae

本地常见有 1 属 1 种，栽培 1 属 1 种。

小檗属 *Berberis* L. 本地常见有 1 种，栽培 1 种。

细叶小檗

***Berberis poiretii* Schneid.**

落叶灌木，高 1 ～ 2m。老枝灰黄色，幼枝紫褐色，生黑色疣点，具条棱；茎刺缺如或单一，有时三分叉。叶纸质，倒披针形至狭倒披针形，先端渐尖或急尖，具小尖头，基部渐狭，上面深绿色，背面淡绿色或灰绿色。穗状总状花序具 8 ～ 15 朵花，常下垂；花两性，黄色；苞片条形；小苞片 2，披针形，萼片 6，2 轮，外萼片椭圆形或长圆状卵形，内萼片长圆状椭圆形；花瓣 6，倒卵形或椭圆形，基部具 2 枚分离腺体；雄蕊 6；子房上位，1 室，胚珠通常单生。浆果长圆形，红色。花期 5 ～ 6 月，果期 7 ～ 9 月。

分布于东北、华北地区以及青海、陕西等多个省区，生长于山地灌丛、砾质地、草原化荒漠、山沟河岸或林下。朝鲜、蒙古、俄罗斯均有分布。

本地有分布，生长于黄土丘陵山坡灌丛中。榆林市榆阳区、横山区、靖边县、子洲县等地均有分布。

根和茎可入药，可作黄连代用品。

日本小檗（紫叶小檗）

Berberis thunbergii DC.

落叶灌木，高约1m。多分枝，枝条开展，幼枝淡红带绿色，老枝暗红色；茎刺单一，偶3分叉，长5～15mm。叶薄纸质，倒卵形、匙形或菱状卵形，长1～2cm，宽5～12mm，先端骤尖或钝圆，基部狭而呈楔形，全缘，上面绿色，背面灰绿色（栽培者春季到秋季叶一直呈紫红色），中脉微隆起，两面网脉不显，无毛；叶柄长2～8mm。花2～5朵组成具总梗的伞形花序或近簇生；花梗长5～10mm；小苞片卵状披针形，长约2mm，带红色；花黄色；外萼片卵状椭圆形，先端近钝形，带红色，内萼片阔椭圆形，先端钝圆；花瓣长圆状倒卵形，先端微凹，基部略呈爪状，具2枚近靠的腺体；雄蕊长3～3.5mm，药隔不延伸，顶端平截；子房含胚珠1～2枚。浆果椭圆形，长约8mm，直径约4mm，亮鲜红色。种子1～2枚，棕褐色。花期4～6月，果期7～10月。

本种原产于日本，是小檗属中栽培最广泛的种之一，我国大部分省区，特别是各大城市常栽培于庭园中或路旁作绿化或绿篱用。

本地常见栽培，见于河滨公园，其他庭园及住宅小区内，常作绿篱之用。榆林市各地均有栽培。

根和茎含小檗碱，可供提取黄连素的原料。枝、叶煎水服，可治结膜炎；根皮可作健胃剂；茎皮去外皮后，可作黄色染料。

23 罂粟科 Papaveraceae

本地常见有2属2种，栽培1属1种。

紫堇属 *Corydalis* DC. 本地常见有1种。

地丁草

Corydalis bungeana **Turcz.**

两年生草本，高10～50cm。具主根。茎自基部铺散分枝，灰绿色，具棱。基生叶多数；二至三回羽状全裂，一回羽片3～5对，二回羽片2～3对，顶端分裂成短小的裂片，裂片顶端圆钝。茎生叶与基生叶同形。总状花序具多花，先密集，后疏离，果期伸长。萼片2，宽卵圆形至三角形，常早落。花粉红色至淡紫色。花瓣4，外花瓣顶端多少下凹，具浅鸡冠状凸起，边缘具浅圆齿。上花瓣距稍向上斜伸，末端多少囊状膨大；蜜腺体末端稍增粗。下花瓣稍向前伸出；爪向后渐狭，稍长于瓣片。内花瓣顶端深紫色。柱头小，圆肾形。蒴果椭圆形，下垂，具2列种子。种子肾状球形，黑色有光泽。花、果期5～7月。

分布于全国多个省区及陕西北部，生长于多石坡地或河水泛滥地段。蒙古、朝鲜和俄罗斯均有分布。

本地较常见，生长于农田地边或房前屋后空地草丛中。榆林市榆阳区、靖边县、绥德县、吴堡县均有分布。

全草可入药，是《中国药典》指定的中药材“苦地丁”的原植物，入药具有清热解毒、活血消肿之功效。

角茴香属 *Hypecoum* L. 本地常见有1种。

角茴香（鸡蛋黄）

Hypecoum erectum L.

一年生草本，高15～30cm。根圆柱形，具少数细根。花茎多，二歧状分枝。基生叶多数，叶片轮廓倒披针形，多回羽状细裂，裂片线形；叶柄细，基部扩大成鞘；茎生叶同基生叶，但较小。二歧聚伞花序多花；花两性，萼片卵形，先端渐尖，全缘；花瓣4，淡黄色，无毛，外面2枚倒卵形或近楔形，先端宽，3浅裂，中裂片三角形，里面2枚倒三角形，3裂至中部以上，侧裂片较宽，具微缺刻，中裂片狭，匙形，先端近圆形；雄蕊4，花丝宽线形，扁平，下半部加宽，花药狭长圆形；子房狭圆柱形，花柱长约1mm，柱头2深裂。蒴果长圆柱形，长4～6cm，直立，先端渐尖，成熟时分裂成2果瓣。种子多数，近四棱形，两面均具十字形的凸起。花、果期5～8月。

分布于东北、华北、西北多个省区，生长于山坡草地或河边砂地。蒙古、俄罗斯均有分布。

本地较常见，生长于河滩、山坡或农田沙地草丛中。榆林市各地均有分布。

早春开花，花色艳丽，可作观赏植物。全草入药，有清火解热和镇咳之功效。

罂粟属 *Papaver* L. 本地常见栽培1种。

虞美人（丽春花）

Papaver rhoeas L.

一年生草本，高25～90cm。全体被伸展的刚毛。茎直立，具分枝，被淡黄色刚毛。叶互生，叶片轮廓披针形或狭卵形，长3～15cm，宽1～6cm，羽状分裂，下部全裂，全裂片披针形和二回羽状浅裂，两面被淡黄色刚毛，叶脉在背面突起，在表面略凹；下部叶具柄，上部叶无柄。花单生于茎和分枝顶端；花梗长10～15cm，被淡黄色平展的刚毛。花蕾长圆状倒卵形，下垂；萼片2，宽椭圆形，长1～1.8cm，绿色，外面被刚毛；花瓣4，圆形、横向宽椭圆形或宽倒卵形，长2.5～4.5cm，全缘，紫红色，基部通常具深紫色斑点；雄蕊多数，花丝长约8mm，深紫红色，花药长圆形，黄色；子房倒卵形，长7～10mm，无毛，柱头5～18，辐射状。蒴果宽倒卵形，长1～2.2cm，具不明显的肋。种子多数，肾状长圆形。花、果期3～8月。

原产于欧洲，可能于唐代传入我国作观赏花卉，现我国各地常见栽培，为著名观赏植物。

本地不多见，栽植于农家院落作观赏。榆林市有零星栽培。

花和全株可入药，含多种生物碱，有镇咳、镇痛、镇静、止泻等功效；种子含油40%以上。

24 十字花科
Brassicaceae (Crucuferae)

本地常见有7属7种1亚种，栽培3属4种3变种。

芸薹属（芸苔属）*Brassica* L. 本地常见栽培2种3变种。

芥菜

Brassica juncea (L.) Czern.

一年生草本，高30～150cm。常无毛，带粉霜，有辣味；茎直立，有分枝。基生叶宽卵形至倒卵形，长15～35cm，大头羽裂，具2～3对裂片，或不裂，边缘均有缺刻或牙齿，叶柄长3～9cm，具小裂片；茎下部叶较小，边缘有缺刻或牙齿，有时具圆钝锯齿，不抱茎；茎上部叶窄披针形，长2.5～5cm，宽4～9mm，边缘具不明显疏齿或全缘。总状花序顶生，花后延长；花黄色，直径7～10mm；花梗长4～9mm；萼片淡黄色，长圆状椭圆形，长4～5mm，直立开展；花瓣倒卵形，长8～10mm，宽4～5mm。长角果线形，长3～5.5cm，宽2～3.5mm，果瓣具1突出中脉；喙长6～12mm；果梗长5～15mm。种子球形，直径约1mm，紫褐色。花期3～5月，果期5～6月。

叶盐腌供食用；种子及全草可药用，具有化痰平喘、消肿止痛之功效；种子磨粉称“芥末”，为调味料；榨出的油称芥子油；本种为优良的蜜源植物。

芥菜栽培历史悠久，形成许多变种，最常见的有如下几种：

雪里蕻（雪里红、雪菜）*Brssica juncea* var. *multiceps* Tsen et Lee，我国南北各省栽培。盐腌作蔬菜食用。

榨菜（菱角菜、羊角儿菜）*Brassica juncea* var. *tumida* Tsen et Lee，榨菜的品种很多，因其形态不同各有名称，盐腌加工可供食用。

大头菜（根用芥）*Brassica juncea* var. *megarrhiza* Tsen et Lee，内蒙古、江苏、云南等省区栽培，块根酱渍供食用；又可作饲料。

油芥菜（高油菜）*Brassica juncea* var. *gracilis* Tsen et Lee，原产于亚洲，我国南北各地均有栽培。种子可榨油，供食用；磨粉可作调味品，又可入药。

擘蓝（球茎甘蓝　苤蓝　且莲）

Brassica oleracea var. *gongylodes* L.
(*Brassica caulorapa* Pasq.)

两年生草本，高 30 ～ 60cm。全体无毛，带粉霜；茎短，在离地面 2 ～ 4cm 处膨大成 1 个实心长圆球体或扁球体，绿色，其上生叶。叶略厚，宽卵形至长圆形，基部在两侧各有 1 裂片，或仅在一侧有 1 裂片，边缘有不规则裂齿；常有少数小裂片；茎生叶长圆形至线状长圆形，边缘具浅波状齿。总状花序顶生；花淡黄色。长角果圆柱形，有短喙，且基部膨大；种子球形，褐色或灰褐色。花期 4 月，果期 6 月。

原产于欧洲，全国大多数省区均有栽培。

本地有栽培，作蔬菜食用。榆林市各地常见栽培。

球茎及嫩叶作蔬菜食用；种子油供食用；叶及种子药用，能消食积。

蔓菁（芜青）

Brassica rapa L.

两年生草本，高达 100cm。块根肉质，球形、扁圆形或长圆形，外皮白色、黄色或红色，根肉质白色或黄色，无辣味；茎直立，有分枝，下部稍有毛，上部无毛。基生叶大头羽裂或为复叶，长 20 ～ 34cm，顶裂片或小叶很大，边缘波状或浅裂，侧裂片或小叶约 5 对，向下渐变小，上面有少数散生刺毛，下面有白色尖锐刺毛；叶柄长 10 ～ 16cm，有小裂片；中部及上部茎生叶长圆披针形，长 3 ～ 12cm，无毛，带粉霜，基部宽心形，至少半抱茎，无柄。总状花序顶生；花直径 4 ～ 5mm；花梗长 10 ～ 15mm；萼片长圆形，长 4 ～ 6mm；花瓣鲜黄色，倒披针形，长 4 ～ 8mm，有短爪。长角果线形，长 3.5 ～ 8cm，果瓣具 1 明显中脉；喙长 10 ～ 20mm；果梗长达 3cm。种子球形，浅黄棕色，近种脐处黑色，有细网状窠穴。花期 3 ～ 4 月，果期 5 ～ 6 月。

本地较常见，栽培作蔬菜食用。榆林市各地均有栽培。

块根煮熟食用或用来泡酸菜，或作饲料。

白菜（大白菜）

Brassica rapa var. *glabra* Regel (*Brassica pekinensis* (Lour.) Rupr.)

两年生草本，高 40 ～ 60cm。全株无毛，有时叶下面中脉上有少数刺毛。基生叶多数，大形，倒卵状长圆形至宽倒卵形，长 30 ～ 60cm，宽不及长的一半，顶端圆钝，边缘皱缩，波状，有时具不明显牙齿，中脉白色，很宽，有多数粗壮侧脉；叶柄白色，扁平，长 5 ～ 9cm，宽 2 ～ 8cm，边缘有具缺刻的宽薄翅；上部茎生叶长圆状卵形、长圆披针形至长披针形，长 2.5 ～ 7cm，顶端圆钝至短急尖，全缘或有裂齿，有柄或抱茎，有粉霜。花鲜黄色，直径 1.2 ～ 1.5cm；花梗长 4 ～ 6mm；萼片长圆形或卵状披针形，长 4 ～ 5mm，直立，淡绿色至黄色；花瓣倒卵形，长 7 ～ 8mm，基部渐窄成爪。长角果较粗短，长 3 ～ 6cm，宽约 3mm，两侧压扁，直立，喙长 4 ～ 10mm，宽约 1mm，顶端圆。种子球形，直径 1 ～ 1.5mm，棕色。花期 5 月，果期 6 月。

原产于我国华北地区，现各地广泛栽培。

本地有栽培，叶作蔬菜食用，是本地冬季主要的蔬菜。榆林市各地均有栽培。

冬、春季主要蔬菜。生食、炒食、盐腌、酱渍均可；外层脱落的叶可作饲料。

油菜（芸薹　芸苔）

Brassica rapa var. *oleifera* DC.
(*Brassica campestris* L.)

两年生草本，高 30 ～ 90cm。茎粗壮，直立，分枝或不分枝，稍带粉霜。基生叶大头羽裂；叶柄宽，长 2 ～ 6cm，基部抱茎；下部茎生叶羽状半裂，长 6 ～ 10cm，基部扩展且抱茎，两面有硬毛及缘毛；上部茎生叶长圆状倒卵形、长圆形或长圆状披针形，长 2.5 ～ 8cm，宽 0.5 ～ 4cm，基部心形，抱茎，两侧有垂耳，全缘或有波状细齿。总状花序在花期成伞房状，以后伸长；花鲜黄色，直径 7 ～ 10mm；萼片长圆形，长 3 ～ 5mm；花瓣倒卵形，长 7 ～ 9mm，基部有爪。长角果线形，长 3 ～ 8cm，宽 2 ～ 4mm，果瓣有中脉及网纹；果梗长 5 ～ 15mm。种子球形，直径约 1.5mm。紫褐色。花期 3 ～ 4 月，果期 5 月。

全国多个省区大量栽培。

本地常见栽培，作蔬菜食用或榨油。榆林市各地均有栽培。

是我国北方重要的油料作物之一，种子含油量 40% 左右，油供食用；嫩茎叶和总花梗作蔬菜；种子药用，具有行血散结消肿之功效；叶可外敷痈肿。

荠菜属 *Capsella* Medik. 本地常见有1种。

荠（荠荠菜　荠菜）

Capsella bursa-pastoris (L.) Medic.

一年或两年生草本，高7～50cm。茎直立，单一或从下部分枝。基生叶丛生呈莲座状，大头羽状分裂，顶裂片卵形至长圆形，侧裂片3～8对，长圆形至卵形，顶端渐尖，浅裂，或有不规则粗锯齿或近全缘；茎生叶披针形，基部箭形，抱茎，边缘有缺刻或锯齿。总状花序顶生及腋生，果期延长达20cm；萼片长圆形；花瓣白色，卵形，有短爪。短角果倒三角形或倒心状三角形，扁平，无毛，顶端微凹，裂瓣具网脉；种子2行，长椭圆形，浅褐色。花、果期4～6月。

分布遍及全国，野生，偶有栽培。生长于山坡、田边及路旁。全世界温带地区广泛分布。

极为常见的田间杂草，生长于农田地边及路旁、山坡草丛中。榆林市各地均有分布。

全草可入药，有利尿、止血、清热、明目、消积之功效；嫩茎叶作蔬菜食用；种子含油20%～30%，属干性油，供制油漆及肥皂用。

播娘蒿属 *Descurainia* Webb & Berthel. 本地常见有 1 种。

播娘蒿

Descurainia sophia (L.) Webb ex Prantl

一年生草本，高 20 ～ 80cm。有毛或无毛，毛为叉状毛。茎直立，分枝多，常于下部成淡紫色。叶为 3 回羽状深裂，末端裂片条形或长圆形，下部叶具柄，上部叶无柄。花序伞房状，果期伸长；萼片直立，早落，长圆条形，背面有分叉细柔毛；花瓣黄色，长圆状倒卵形，稍短于萼片，具爪；雄蕊 6 枚，比花瓣长。长角果圆筒状，稍内曲，果瓣中脉明显。种子每室 1 行，种子多数，长圆形，淡红褐色，表面有细网纹。花期 4 ～ 5 月。

除华南外全国各地均有分布，生长于山坡、田野及农田。亚洲、欧洲、非洲及北美洲均有分布。

本地有分布，不多见，生长于农田、河岸沟谷草丛中。榆林市各地均有分布。

种子含油 40%，可作工业用，并可食用；种子可药用，习称“南葶苈子”，是《中国药典》指定的中药材“葶苈子”的原植物之一，入药具有利尿消肿、祛痰定喘之功效。

葶苈属 *Draba* L. 本地常见有1种。

葶苈（葶苈子）

Draba nemorosa L.

一年或两年生草本，高5～45cm。茎直立，单一或分枝，疏生叶片或无叶，但分枝茎有叶片；下部密生单毛、叉状毛和星状毛，上部渐稀至无毛。基生叶莲座状，长倒卵形，顶端稍钝；茎生叶长卵形或卵形，顶端尖，基部楔形或渐圆，边缘有细齿，上面被单毛和叉状毛，下面以星状毛为多。总状花序有花25～90朵，密集成伞房状，花后显著伸长；萼片椭圆形；花瓣黄色，倒楔形，顶端凹；雄蕊长1.8～2mm；花药短心形；雌蕊椭圆形，花柱几乎不发育。短角果长圆形或长椭圆形。种子椭圆形，褐色，种皮有小疣。花期3～4月上旬，果期5～6月。

分布于我国多个省区，生长于田边路旁，山坡草地及河谷湿地。北温带其他地区也有分布。

本地见于庙沟门，生长于苗圃地中。榆林市各地常见。

种子可入药。种子油可供制皂工业用。

芝麻菜属 *Eruca* Mill. 本地常见有 1 种。

芝麻菜（臭芥　臭芸芥）

***Eruca vesicaria* subsp. *sativa* (Miller) Thell.**
(*Eruca sativa* Mill.)

一年生草本，高 20 ～ 90cm。茎直立，上部常分枝。基生叶及下部叶大头羽状分裂或不裂，顶裂片近圆形或短卵形，侧裂片卵形或三角状卵形，仅下面脉上疏生柔毛。总状花序有多数疏生花；花直径 1 ～ 1.5cm；萼片长圆形，带棕紫色，外面有蛛丝状长柔毛；花瓣黄色，后变白色，有紫纹，短倒卵形，基部有窄线形长爪。长角果圆柱形，有 1 隆起中脉，喙剑形，扁平，顶端尖，有 5 纵脉；种子近球形或卵形，棕色，有棱角。花期 5 ～ 6 月，果期 7 ～ 8 月。

分布于东北、华北、西北地区以及四川等多个省区，野生或栽培。欧洲、亚洲、非洲均有分布。

本地较常见，生长于河滩湿润草地中，栽培或野生。榆林市有栽培，见于榆阳区、神木市、定边县、靖边县等地。

茎叶作蔬菜食用，亦可作饲料；种子可榨油，供食用及医药用。

独行菜属 *Lepidium* L. 本地常见有3种。

独行菜（腺茎独行菜 辣辣根）

Lepidium apetalum Willd.

一年或两年生草本，高5～30cm。茎直立，有分枝，无毛或具微小头状毛。基生叶匙形，一回羽状浅裂或深裂；茎上部叶线形，有疏齿或全缘。总状花序在果期可延长至5cm；萼片早落，卵形，外面有柔毛；花瓣缺如或退化成丝状，比萼片短；雄蕊2或4。短角果近圆形或宽椭圆形，扁平，顶端微缺，上部有短翅；果梗弧形。种子椭圆形，平滑，棕红色。花、果期5～7月。

分布于全国多个省区，生长于山坡、山沟、路旁及村庄附近。俄罗斯，亚洲，喜马拉雅地区均有分布。

本地常见杂草，生长于村落、田边、路旁草丛中。榆林市各地均有分布。

嫩叶作野菜食用；种子可入药，习称“北葶苈子”，是《中国药典》指定的中药材“葶苈子”的原植物之一，入药具有利尿、止咳、化痰之功效；种子可榨油。

宽叶独行菜

Lepidium latifolium L.

多年生草本，高 30 ～ 150cm。茎直立，上部多分枝，基部稍木质化，无毛或疏生单毛。基生叶及茎下部叶革质，长圆状披针形或卵形，长 3 ～ 6cm，宽 3 ～ 5cm，顶端急尖或圆钝，基部楔形，全缘或有牙齿，两面有柔毛；叶柄长 1 ～ 3cm，茎上部叶披针形或长圆状椭圆形，长 2 ～ 5cm，宽 5 ～ 15mm，无柄。总状花序圆锥状；萼片脱落，卵状长圆形或近圆形；花瓣白色，倒卵形，长约 2mm，顶端圆形，爪明显或不明显；雄蕊 6。短角果宽卵形或近圆形，长 1.5 ～ 3mm，顶端全缘，基部圆钝，无翅，有柔毛或近无毛。种子宽椭圆形，长约 1mm，压扁，浅棕色，无翅。花期 5 ～ 7 月，果期 7 ～ 9 月。

分布于东北、华北、西北多个省区。生长在含盐质的沙滩、田边及路旁。亚洲北部及西部也有分布。

本地有分布，见于县城附近孤山川河口。榆林市榆阳区也有分布。

陕西北部和甘肃有些地方，用本种的种子作“葶苈子”入药。

北美独行菜（独行菜　辣辣菜　星星菜　麻麻）

Lepidium virginicum L.

一年或两年生草本。茎单一，直立，上部多分枝，具柱状腺毛。基生叶倒披针形，长 1 ～ 5cm，羽状分裂或大头羽裂，裂片边缘有锯齿，两面被短伏毛，叶柄长 1 ～ 1.5cm；茎生叶倒披针形或线形，长 1.5 ～ 5cm，宽 2 ～ 10mm，先端急尖，基部渐狭，近全缘或有尖锯齿，有短柄。总状花序顶生，萼片卵形或椭圆形，长约 1mm；具 4 枚白色花瓣，有时退化，花瓣倒卵形，比萼片稍长；雄蕊 2 或 4，花丝扁平。短角果近圆形，长 2 ～ 3mm，宽 1 ～ 2mm，扁平，顶端微凹，边缘有狭翅，花柱极短；果梗长 2 ～ 3mm。种子卵形，光滑，红棕色，边缘有白色狭翅，子叶缘倚胚根。花期 4 ～ 5 月，果期 6 ～ 8 月。

原产于北美洲，现世界热带至温带地区均有分布。国内除东北，西藏、内蒙古和新疆外其他地区都有分布。

本地有分布，较常见，生长于田边地头，村落附近及路旁草丛中。榆林市榆阳区及其他地区有分布。

北美独行菜已被列为二级外来入侵植物，其危害性应予以重视。

刘翠英　摄

诸葛菜属 *Orychophragmus* Bunge 本地常见栽培 1 种。

诸葛菜（二月兰）

Orychophragmus hupehensis (Pamp.) Z. M. Tan & X. Liang Zhang (*Orychophragmus violaceus* var. *hupehensis* (Pamp.) O. E. Schulz)

一年或两年生草本，高 10 ～ 50cm。无毛，茎单一，直立，基部或上部稍有分枝，浅绿色或带紫色。基生叶及下部茎生叶大头羽状全裂，顶裂片近圆形或短卵形，顶端钝，基部心形，有钝齿，侧裂片 2 ～ 6 对，卵形或三角状卵形，越向下越小，全缘或有牙齿；上部叶长圆形或窄卵形，顶端急尖，基部耳状，抱茎，边缘有不整齐牙齿。花紫色、浅红色或褪成白色；花萼筒状，紫色；花瓣宽倒卵形，密生细脉纹，有爪。长角果线形。具 4 棱，喙长 1.5 ～ 2.5cm。种子卵形至长圆形，黑棕色，有纵条纹。花期 4 ～ 5 月，果期 5 ～ 6 月。

分布于全国多个省区，生长于平原、山地、路旁或地边。朝鲜也有分布。

本地不常见，古城等地有栽培供观赏。榆林市南部绥德县、吴堡县等地均有分布，栽培或野生。

常栽植于庭园、公园花圃中供观赏。嫩茎叶用开水焯过后可食用。种子可榨油。

萝卜属 *Raphanus* L. 本地常见栽培有1种。

萝卜（白萝卜　水萝卜　莱菔子）

Raphanus sativus L.

一年或两年生草本，高20～100cm。直根肉质，长圆形、球形或圆锥形，外皮绿色、白色或红色；茎有分枝，无毛，稍具粉霜。基生叶和下部茎生叶大头羽状半裂，顶裂片卵形，侧裂片4～6对，长圆形，有钝齿，疏生粗毛，上部叶长圆形，有锯齿或近全缘。总状花序顶生及腋生；花白色或粉红色；萼片长圆形；花瓣倒卵形，具紫纹，下部有爪。长角果圆柱形，在种子间处有缢缩，并形成海绵质横隔；顶端有长喙。种子1～6个，卵形，微扁，红棕色，有细网纹。花期4～5月，果期5～6月。

原产于地中海东南欧、西亚部分地区，在我国已有近2000年的栽培历史，现全国各地普遍栽培。

本地常见栽培，作冬季蔬菜食用。榆林市各地普遍栽培。

根和叶作蔬菜食用；种子、鲜根、枯根、叶皆可入药。种子入药，是《中国药典》指定的中药材“莱菔子”的原植物。入药具有消食除胀，降气化痰之功效。种子榨油可供工业用及食用。

蔊菜属 *Rorippa* Scop. 本地常见有1种。

沼生蔊菜（风花菜）

Rorippa palustris **(Linnaeus) Besser**
(*Rorippa islandica* (Oed.) Borb.)

一年或两年生草本，高10～50cm。茎直立，单一或分枝，下部常带紫色，具棱。基生叶多数，具柄；叶片羽状深裂或大头羽裂，长圆形至狭长圆形，裂片3～7对，边缘不规则浅裂或呈深波状，顶端裂片较大，基部耳状抱茎；茎生叶向上渐小，叶片羽状深裂或具齿，基部耳状抱茎。总状花序顶生或腋生，果期伸长，花小，多数，黄色或淡黄色；萼片长椭圆形；花瓣长倒卵形至楔形；雄蕊6，近等长，花丝线状。短角果椭圆形或近圆柱形，果瓣肿胀。种子每室2行，褐色，近卵形而扁，表面具细网纹；子叶缘倚胚根。花期4～7月，果期6～8月。

分布于全国多个省区，生长于潮湿环境或近水处、溪岸、路旁、田边、山坡草地及草场。北半球温暖地区皆有分布。

本地较常见，生长于河岸、沟谷或田边路旁草丛中。榆林市各地均有分布。

大蒜芥属 *Sisymbrium* L. 本地常见有 1 种。

垂果大蒜芥（弯果大蒜芥）

Sisymbrium heteromallum C. A. Mey.

一年或两年生草本，高 30 ～ 90cm。茎直立，不分枝或分枝，具疏毛。基生叶为羽状深裂或全裂，顶端裂片大，长圆状三角形或长圆状披针形，渐尖，基部常与侧裂片汇合，全缘或具齿，侧裂片 2 ～ 6 对，长圆状椭圆形或卵圆状披针形；上部的叶无柄，叶片羽状浅裂，裂片披针形或宽条形，总状花序密集成伞房状，果期伸长；萼片淡黄色，长圆形，内轮的基部略成囊状；花瓣黄色，长圆形，顶端钝圆，具爪。长角果线形，纤细，常下垂。种子长圆形，黄棕色。花期 4 ～ 5 月，果期 6 ～ 7 月。

分布于全国多个省区，生长于林下、阴坡、河边。蒙古、俄罗斯、印度，欧洲多国均有分布。

本地较常见，生长于山坡、地边、河滩草甸、路旁草丛中。榆林市各地均有分布。

种子具辛辣味，可作调味品。

25 景天科 Crassulaceae

本地常见有 2 属 2 种，栽培 1 属 1 种。

八宝属 *Hylotelephium* H. Ohba　本地常见栽培 1 种。

长药八宝（八宝景天　长药景天）

***Hylotelephium spectabile* (Boreall) H. Ohba**

多年生草本，高 30 ～ 70cm。茎直立，叶肉质，对生或 3 叶轮生，卵形至宽卵形，或长圆状卵形，长 4 ～ 10cm，宽 2 ～ 5cm，先端急尖或钝，基部渐狭，全缘或多少有波状牙齿。伞房状聚伞花序顶生，花序大形，直径 7 ～ 11cm；花密生，直径约 1cm，萼片 5，线状披针形至宽披针形，渐尖；花瓣 5，淡紫红色至紫红色，披针形至宽披针形，雄蕊 10，花药紫色；鳞片 5，长方形，先端有微缺；心皮 5，狭椭圆形。蓇葖果直立。花期 8 ～ 9 月，果期 9 ～ 10 月。

分布于全国多个省区，生长于低山多石山坡上。朝鲜也有分布。

本地有栽培，见于公园、路旁花圃中或庭园内。榆林市各地均有栽培。

观赏植物。

费菜属 *Phedimus* Raf. 本地常见有 1 种。

费菜（景天三七）

Phedimus aizoon (Linnaeus) 't Hart (*Sedum aizoon* L.)

多年生草本，茎高 20 ~ 50cm。根状茎短粗，有 1 ~ 3 条茎，直立，无毛，不分枝。叶互生，肉质，椭圆状披针形至卵状倒披针形，长 3.5 ~ 8cm，宽 1.2 ~ 2cm，先端渐尖，基部楔形，边缘有不整齐的锯齿。聚伞花序有多花，水平分枝，平展，下托以苞叶。萼片 5，线形，肉质，不等长，长 3 ~ 5mm，先端钝；花瓣 5，黄色，长圆形至椭圆状披针形，长 6 ~ 10mm，有短尖；雄蕊 10，较花瓣短；鳞片 5，近正方形，心皮 5，卵状长圆形，基部合生，腹面凸出，花柱长钻形。蓇葖果星芒状排列，长 7mm；种子椭圆形，长约 1mm。花期 6 ~ 7 月，果期 8 ~ 9 月。

分布于东北、华北、西北地区以及四川、湖北、江西、安徽、浙江、江苏、河南、山东等多个省区。俄罗斯、蒙古、日本、朝鲜也有分布。

本地有分布，见于山石土坡石缝中，近年来城市道路花圃中大量栽培观赏。榆林市榆阳区、横山区、靖边县、绥德县、清涧县、神木市等地都有栽培或野生。

花色金黄，花期长，耐干旱，是一种很好的观赏植物；根或全草可药用，有止血散瘀、安神镇痛之效。

瓦松属 *Orostachys* (DC.) Fisch. 本地常见有1种。

瓦松（瓦花　瓦塔）

Orostachys fimbriata (Turczaninow) A. Berger
(*Orostachys fimbriatus* (Turcz.) Berger)

两年生草本。一年生莲座丛的叶短；莲座叶线形，为白色软骨质，半圆形，有齿；两年生花茎高5～20cm，有时可达40cm；叶互生，疏生，有刺，线形至披针形，长可达3cm，宽2～5mm。花序总状，紧密，或下部分枝，可呈宽20cm的金字塔形；苞片线状渐尖；花梗长达1cm，萼片5，长圆形，长1～3mm；花瓣5，红色，披针状椭圆形，长5～6mm，宽1.2～1.5mm，先端渐尖，基部合生；雄蕊10，与花瓣同长或稍短，花药紫色；鳞片5，近四方形，先端稍凹。蓇葖5，长圆形，长5mm。种子多数，卵形，细小。花期8～9月，果期9～10月。

分布于全国多个省区，生长在山坡石上或屋瓦上。朝鲜、日本、蒙古、俄罗斯也有分布。

本地有分布，见于黄河边土石山坡石头上。榆林市各地均有分布。

全草可供药用，是《中国药典》指定的中药材“瓦松”的原植物，入药具有凉血、止血、解毒、敛疮之功效。

26 蔷薇科 Rosaceae

本地常见有 11 属 16 种 1 变型，栽培 7 属 16 种 1 栽培变种。

龙芽草属 *Agrimonia* L. 本地常见有 1 种。

龙牙草（仙鹤草）

***Agrimonia pilosa* Ldb.**

多年生草本，茎高 30 ～ 120cm。根多呈块茎状，根茎短，基部常有 1 至数个地下芽。被疏柔毛及短柔毛。叶为间断奇数羽状复叶，通常有小叶 3 ～ 4 对，向上减少至 3 小叶，叶柄被稀疏柔毛或短柔毛；小叶片倒卵形、倒卵椭圆形或倒卵披针形，长 1.5 ～ 5cm，宽 1 ～ 2.5cm，顶端急尖至圆钝，基部楔形至宽楔形，边缘有锯齿，上面被疏柔毛，下面通常脉上伏生疏柔毛，有显著腺点；托叶绿色，镰形，顶端急尖或渐尖，边缘有尖锐锯齿或裂片。花序穗状总状顶生，分枝或不分枝，花序轴被柔毛，花梗长 1 ～ 5mm，被柔毛；苞片通常深 3 裂，小苞片对生，卵形，全缘或边缘分裂；花直径 6 ～ 9mm；萼片 5，三角卵形；花瓣黄色，长圆形；雄蕊 5 ～ 8（15）枚；花柱 2，丝状，柱头头状。果实倒卵圆锥形，外面有 10 条肋，被疏柔毛，顶端有数层钩刺，幼时直立，成熟时靠合。花、果期 5 ～ 12 月。

我国南北各省区均有分布，常生长于溪边、路旁、草地、灌丛、林缘及疏林下。欧洲及亚洲多国均有分布。

本地有分布，不多见，仅在武家庄镇高庄则采到标本。榆林市靖边县有标本采集记录。

全草供药用，是《中国药典》指定的中药材“仙鹤草”的原植物，入药具有收敛止血、截疟，止痢、解毒，补虚的功效。市售止血剂“仙鹤草素”即自本品提取。全株富含鞣质，可提制栲胶，可作农药，捣烂水浸液喷洒，可防治蚜虫及小麦锈病。

木瓜海棠属 *Chaenomeles* Lindl. 本地常见栽培1种。

贴梗海棠（贴梗木瓜　皱皮木瓜）

Chaenomeles speciosa (Sweet) Nakai

落叶灌木，高达2m，枝条有刺；小枝圆柱形，紫褐色或黑褐色，有疏生浅褐色皮孔。叶片卵形至椭圆形，长3～9cm，宽1.5～5cm，先端急尖稀圆钝，基部楔形至宽楔形，边缘具有尖锐锯齿，无毛；叶柄长约1cm；托叶大形，草质，肾形或半圆形，长5～10mm，宽12～20mm，边缘有尖锐重锯齿。花先叶开放，3～5朵簇生长于两年生老枝上；花梗短粗或近于无柄；花直径3～5cm；萼筒钟状；萼片直立，半圆形稀卵形，长3～4mm。宽4～5mm，长约萼筒的一半，先端圆钝，全缘或有波状齿及黄褐色睫毛；花瓣倒卵形或近圆形，长10～15mm，宽8～13mm，猩红色；雄蕊45～50；花柱5，基部合生，柱头头状，约与雄蕊等长。果实球形或卵球形，直径4～6cm，黄色或黄绿色，有稀疏不显明斑点，味芳香；萼片脱落。花期3～5月，果期9～10月。

分布于陕西、甘肃、四川、贵州、云南、广东等省区。缅甸亦有分布。

本地有栽培，常见观赏花卉。榆林市各地均有栽培。

本种花色大红、粉红、乳白且有重瓣及半重瓣品种。早春先花后叶，十分美丽，枝密多刺可作绿篱。果实含苹果酸、酒石酸、枸橼酸及多种维生素，干制后入药，是《中国药典》指定的中药材“木瓜”的原植物，入药具有舒筋活络，和胃化湿之功效。

地蔷薇属 *Chamaerhodos* Bunge 本地常见有1种。

地蔷薇（追风蒿 直立地蔷薇）

Chamaerhodos erecta (L.) Bge.

一年或两年生草本，高20～50cm。具长柔毛及腺毛；茎单一，直立或弧曲上升，基部稍木质化，常在上部分枝。基生叶莲座状，二回羽状三深裂，侧裂片二深裂，中央裂片常三深裂，小裂片条形，先端圆钝，基部楔形，全缘，果期枯萎；托叶形状似叶，三至多回深裂；茎生叶似基生叶，三深裂。聚伞花序顶生，具多花，二歧分枝形成圆锥花序；苞片及小苞片2～3裂，裂片条形；花白色或粉红色，花较小，直径2～3mm；萼筒倒圆锥形或钟形，萼片卵状披针形，先端渐尖；花瓣倒卵形，先端圆钝，基部有短爪；雄蕊5，与花瓣对生；心皮10～15，离生，花柱侧基生，子房卵形或长圆形。瘦果深褐色，先端具尖头。花、果期6～8月。

分布于全国多个省区，生长于山坡、丘陵或干旱河滩。朝鲜、蒙古、俄罗斯均有分布。

本地较常见，生长于山坡或干旱河滩草丛中。榆林市各地均有分布。

全草可供药用，有祛风湿之功效。

栒子属 *Cotoneaster* Medik. 本地常见有1种。

西北栒子（札氏栒子　土兰条）

Cotoneaster zabelii C. K. Schneid.

落叶灌木，高达3m。枝条细瘦开张，小枝圆柱形，深红褐色，幼时密被带黄色柔毛，老时无毛。叶片椭圆形至卵形，长1.2～3cm，宽1～2cm，先端多数圆钝，稀微缺，基部圆形或宽楔形，全缘，上面具稀疏柔毛，下面密被带黄色或带灰色绒毛；叶柄长1～3mm，被绒毛；托叶披针形，有毛，在果期多数脱落。花3～13朵成下垂聚伞花序，总花梗和花梗被柔毛；花梗长2～4mm；萼筒钟状，外面被柔毛；萼片三角形，先端稍钝或具短尖头，外面具柔毛，内面几无毛或仅沿边缘有少数柔毛；花瓣直立，倒卵形或近圆形，直径2～3mm，先端圆钝，浅红色；雄蕊18～20，较花瓣短；花柱2，离生，短于雄蕊，子房先端具柔毛。果实倒卵形至卵球形，直径7～8mm，鲜红色，常具2小核。花期5～6月，果期8～9月。

分布于河北、山西、山东、河南、陕西、甘肃、宁夏、青海、湖北、湖南等多个省区，生长于石灰岩山地、山坡阴处、沟谷边、灌木丛中，陕西北部为本种模式标本产地。

本地有分布，见于大昌汗、田家寨等地。榆林市部分地区有栽培。

花白色，艳丽，果实红色，极具观赏价值，可植于公园，庭园作观赏植物。

苹果属 *Malus* Mill. 本地常见有 1 种，栽培 4 种。

沙果（林檎　花红）

Malus asiatica Nakai.

落叶小乔木，高 4 ～ 6m。小枝粗壮，圆柱形，嫩枝密被柔毛，老枝暗紫褐色，无毛；冬芽卵形，灰红色。叶片卵形或椭圆形，长 5 ～ 11cm，宽 4 ～ 5.5cm，先端急尖或渐尖，基部圆形或宽楔形，边缘有细锐锯齿，上面有短柔毛，逐渐脱落，下面密被短柔毛；叶柄长 1.5 ～ 5cm，具短柔毛；托叶小，早落。伞房花序，具花 4 ～ 7 朵，集生在小枝顶端；花梗长 1.5 ～ 2cm，密被柔毛；花直径 3 ～ 4cm；萼筒钟状，外面密被柔毛；萼片三角状披针形，长 4 ～ 5mm，先端渐尖，全缘，两面密被柔毛；花瓣倒卵形或长圆倒卵形，长 8 ～ 13mm，宽 4 ～ 7mm，基部有短爪，淡粉色；雄蕊 17 ～ 20，花丝长短不等；花柱 4 或 5，基部具长绒毛，比雄蕊较长。果实卵形或近球形，直径 4 ～ 5cm，黄色或红色，先端渐狭，不具隆起，基部陷入，宿存萼肥厚隆起。花期 4 ～ 5 月，果期 8 ～ 9 月。

分布于全国多个省区，适宜生长在山坡阳处、平原沙地。因长期栽培，品种很多，果形、颜色、香味、成熟期差别较大。

本地较常见，栽培或野生，果实作水果食用。榆林市各地常见栽培或有野生。

果实不耐储藏，可供鲜食，并可加工制成果干，果丹皮及酿果酒之用。

山荆子（山定子　夫莱）

Malus baccata **(L.) Borkh.**

落叶乔木，高可达 14m。树冠广圆形，幼枝红褐色，老枝暗褐色。叶片椭圆形或卵形，先端渐尖，基部楔形或圆形，边缘有细锐锯齿；叶柄长 2 ～ 5cm，无毛；托叶膜质，披针形，早落。伞形花序，具花 4 ～ 6 朵，集生在小枝顶端，花梗细长；苞片膜质，线状披针形，早落；花白色，有时微带粉色；萼筒外面无毛；萼片披针形，先端渐尖，外面无毛，内面被绒毛，长于萼筒；花瓣倒卵形，先端圆钝，基部有短爪；雄蕊 15 ～ 20，长短不齐；花柱 5 或 4，基部有长柔毛，较雄蕊长。果实近球形，红色或黄色，萼片脱落。花期 4 ～ 6 月，果期 9 ～ 10 月。

分布于东北、华北地区以及山东、陕西、甘肃等多个省区，生长于山坡杂木林中及山谷阴处灌木丛中。蒙古、朝鲜、俄罗斯也有分布。

本地较常见，生长于山坡、沟谷或村落路旁。榆林市各地均有分布。

早春开白色花朵，秋季结成小球形红黄色果实，经久不落，极具观赏价值，可作庭园观赏树种。繁殖容易，耐寒力强，我国多地用作苹果和花红等嫁接的砧木。根系深长，结果早而丰产。各种山荆子，尤其是大果型变种，可作培育耐寒苹果品种的原始材料。

海红果（西府海棠　子母海棠　小果海棠）

Malus × *micromalus* Makino
(*Malus micromalus* Makino)

落叶小乔木，高达 5m。树枝直立性强；小枝圆柱形，紫红色或暗褐色，具稀疏皮孔。叶片长椭圆形或椭圆形，长 5 ～ 10cm，宽 2.5 ～ 5cm，先端急尖或渐尖，基部楔形稀近圆形，边缘有尖锐锯齿；托叶膜质，线状披针形，早落。伞形总状花序，有花 4 ～ 7 朵，集生于小枝顶端；苞片膜质早落；花直径约 4cm；萼筒外面密被白色长绒毛；萼片三角卵形，三角披针形至长卵形，长 5 ～ 8mm，先端急尖或渐尖，全缘，内面被白色绒毛，外面较稀疏，萼片与萼筒等长或稍长；花瓣粉红色，近圆形或长椭圆形，长约 1.5cm，基部有短爪；雄蕊约 20 枚，花丝比花瓣稍短；花柱 5，基部具绒毛。果实近球形，直径 1 ～ 1.5cm，红色，萼片脱落，少有宿存。花期 4 ～ 5 月，果期 8 ～ 9 月。

分布于辽宁、河北、山西、山东、陕西、甘肃、云南等省区。

本地极为常见，多栽培。近年来将果实加工成饮料已形成一定规模。榆林市南部各县均有栽培。

为常见栽培的果树及观赏树，树姿直立、花朵密集、果实鲜红、果味酸甜，可供鲜食及加工用。栽培品种很多。亦可用作苹果或花红的砧木，本地生长良好。

苹果

Malus pumila Mill.

落叶乔木，高可达 15m。小枝圆柱形，幼嫩时密被绒毛，老枝无毛。叶片椭圆形、卵形至宽椭圆形，长 4.5 ～ 10cm，宽 3 ～ 5.5cm，先端急尖，基部宽楔形或圆形，边缘具有圆钝锯齿，叶背常有毛；叶柄粗壮，长 1.5 ～ 3cm，被短柔毛；托叶早落。伞房花序，具花 3 ～ 7 朵，集生于小枝顶端，花梗长 1 ～ 2.5cm，密被绒毛；苞片膜质，线状披针形，被绒毛；花直径 3 ～ 4cm；萼筒外面密被绒毛；萼片三角状披针形或三角状卵形，长 6 ～ 8mm，先端渐尖，全缘，两面均密被绒毛，萼片比萼筒长；花瓣倒卵形，长 15 ～ 18mm，基部具短爪，白色，初时带粉红色；雄蕊 20，花丝长短不齐；花柱 5，下半部密被灰白色绒毛，较雄蕊稍长。果实扁球形，直径在 2cm 以上，萼洼下陷，萼片宿存。花期 5 月，果期 7 ～ 10 月。

原产于欧洲及亚洲中部，栽培历史悠久，全世界温带地区均有种植，我国北方及西南多个省区常见栽培。适合生长于山坡梯田、平原旷野以及黄土丘陵等处。

本地常见栽培。榆林市各地常见栽培。

本种是有名的果树，经济价值较高。全世界栽培品种总数在 1000 个以上。

海棠花（海棠）

***Malus spectabilis* (Ait.) Borkh.**

落叶乔木，高可达8m。小枝粗壮，幼时具短柔毛，老时红褐色或紫褐色，无毛；冬芽卵形，有数枚外露鳞片。叶片椭圆形至长椭圆形，长5～8cm，宽2～3cm，先端短渐尖或圆钝，基部宽楔形或近圆形，边缘有紧贴细锯齿，幼嫩具稀疏短柔毛，老叶无毛；叶柄长1.5～2cm，具短柔毛；托叶膜质，窄披针形，先端渐尖，全缘，内面具长柔毛。花序近伞形，有花4～6朵，花梗长2～3cm，具柔毛；苞片早落；花直径4～5cm；萼筒外面无毛或有白色绒毛；萼片三角卵形，全缘，外面无毛，内面密被白色绒毛；花瓣卵形，长2～2.5cm，宽1.5～2cm，基部有短爪，白色，在芽中呈粉红色；雄蕊20～25，花丝长短不等；花柱5，基部有白色绒毛，比雄蕊稍长。果实近球形，直径2cm，黄色，萼片宿存，基部不下陷，梗洼隆起；果梗细长。花期4～5月，果期8～9月。

分布于河北、山东、陕西、江苏、浙江、云南等省区。生长于平原或山地。

本地均有分布，栽培或野生。榆林市以神木市、府谷县较多。府谷县已将其列为开发项目。

本种为我国有名观赏树种，华北、华东各地习见栽培，有多个不同品种。

风箱果属 *Physocarpus* (Cambess.) Raf. 本地常见栽培1种。

风箱果

Physocarpus amurensis (Maxim.) Maxim.

落叶灌木，高达3m。小枝圆柱形，幼时紫红色，老时灰褐色，树皮成纵向剥裂。叶片三角卵形至宽卵形，长3.5～5.5cm，宽3～5cm，先端急尖或渐尖，基部心形，通常基部3裂，边缘有重锯齿，下面微被星状毛与短柔毛，沿叶脉较密；叶柄长1.2～2.5cm；托叶线状披针形，顶端渐尖，边缘有不规则尖锐锯齿，长6～7mm，早落。花序伞形总状，直径3～4cm，花梗长1～1.8cm，总花梗和花梗密被星状柔毛；苞片披针形，顶端有锯齿，两面微被星状毛，早落；花直径8～13mm；萼筒杯状，外面被星状绒毛；萼片三角形，长3～4mm，宽约2mm，先端急尖，全缘，内外两面均被星状绒毛；花瓣倒卵形，长约4mm，宽约2mm，先端圆钝，白色；雄蕊20～30，着生在萼筒边缘，花药紫色；心皮2～4，外被星状柔毛，花柱顶生。蓇葖果卵形，熟时沿背腹两缝开裂，外面微被星状柔毛，种子2～5枚，黄色。花期6月，果期7～8月。

分布于黑龙江、河北等地。生长于山沟中，在阔叶林边常丛生。朝鲜北部及俄罗斯远东地区均有分布。

本地常见有两个园艺栽培品种“金叶风箱果”和“紫叶风箱果”。前者叶呈金黄色，后者叶为紫色。见于河滨公园，部分住宅小区内，常栽植为绿篱。榆林市各地常见栽培。

委陵菜属 *Potentilla* L. 本地常见有4种。

委陵菜

Potentilla chinensis Ser.

多年生草本，高 20 ～ 70cm。根粗壮。花茎直立或上升，被稀疏短柔毛及白色绢状长柔毛。基生叶为羽状复叶，连叶柄长 4 ～ 25cm，叶柄被短柔毛及绢状长柔毛；小叶片对生或互生，无柄，长圆形、倒卵形或长圆披针形，长 1 ～ 5cm，宽 0.5 ～ 1.5cm，边缘羽状中裂，裂片三角状卵形，三角状披针形或长圆披针形，顶端急尖或圆钝，边缘向下反卷，上面绿色，被短柔毛或脱落几无毛，下面被白色绒毛，沿脉被白色绢状长柔毛，茎生叶与基生叶相似，唯叶片对数较少；基生叶托叶褐色，外面被白色绢状长柔毛，茎生叶托叶绿色，边缘锐裂。伞房状聚伞花序，花梗长 0.5 ～ 1.5cm，基部有披针形苞片，外面密被短柔毛；花直径通常 0.8 ～ 1cm，稀达 1.3cm；萼片三角卵形，副萼片带形或披针形，比萼片短，外面被短柔毛及少数绢状柔毛；花瓣黄色，宽倒卵形，顶端微凹，比萼片稍长；花柱近顶生，柱头扩大。瘦果卵球形，深褐色，有明显皱纹。花、果期 4 ～ 10 月。

分布于我国南北多个省区，生长于山坡草地、沟谷、林缘、灌丛或疏林下。俄罗斯、日本、朝鲜也有分布。

本地较常见，生长于河滩、沟谷、山坡或路旁草丛中。榆林市各地均有分布。

根含鞣质，可提制栲胶；全草入药，是《中国药典》指定的中药材“委陵菜”的原植物，入药具有清热解毒、止血、止痢之功效。嫩苗可食并可作猪饲料。

多裂委陵菜（细叶委陵菜）

Potentilla multifida L.

多年生草本，高 12 ～ 40cm。根圆柱形。花茎上升，被紧贴或开展短柔毛或绢状柔毛。基生羽状复叶有小叶 3 ～ 5 对，连叶柄长 5 ～ 17cm，叶柄被短柔毛；小叶片对生，羽状深裂几达中脉，长椭圆形或宽卵形，长 1 ～ 5cm，宽 0.8 ～ 2cm，向基部逐渐减小，裂片带形或带状披针形，顶端舌状或急尖，边缘向下反卷，上面伏生短柔毛，中脉侧脉下陷，下面被白色绒毛，沿脉伏生绢状长柔毛；茎生叶 2 ～ 3，与基生叶形状相似，唯小叶对数向上逐渐减少；基生叶托叶膜质；茎生叶托叶草质。花序为伞房状聚伞花序；花梗长 1.5 ～ 2.5cm，被短柔毛；花直径 1.2 ～ 1.5cm；萼片三角状卵形，副萼片披针形或椭圆披针形，先端圆钝或急尖，外面被伏长柔毛；花瓣黄色，倒卵形，顶端微凹；花柱圆锥形，近顶生，基部具乳头膨大，柱头稍扩大。瘦果平滑或具皱纹。花期 5 ～ 8 月。

分布于东北、华北、西北及西南各省区，生长于山坡草地、沟谷及林缘。欧洲、亚洲、美洲广泛分布。

本地有分布，生长于山坡草地或林缘草丛中。榆林市绥德县、神木市等地均有分布。

带根全草入药，具有清热利湿、止血、杀虫等功效。

朝天委陵菜

Potentilla supina L.

一年或两年生草本。主根细长。茎平展，上升或直立，叉状分枝，长 20 ～ 50cm，被疏柔毛。基生叶羽状复叶，有小叶 2 ～ 5 对，连叶柄长 4 ～ 15cm，叶柄被疏柔毛；小叶互生或对生，无柄，小叶片长圆形或倒卵状长圆形，通常长 1 ～ 2.5cm，宽 0.5 ～ 1.5cm，顶端圆钝或急尖，基部楔形或宽楔形，边缘有圆钝或缺刻状锯齿，两面绿色，被稀疏柔毛或脱落几无毛；茎生叶与基生叶相似，向上小叶对数逐渐减少；基生叶托叶褐色，外面被疏柔毛或几无毛，茎生叶托叶草质，绿色，全缘，有齿或分裂。花茎上多叶，下部花自叶腋生，顶端呈伞房状聚伞花序；花梗常密被短柔毛；花直径 0.6 ～ 0.8cm；萼片三角卵形，副萼片长椭圆形或椭圆披针形，比萼片稍长或近等长；花瓣黄色，倒卵形，顶端微凹，与萼片近等长或较短；花柱近顶生，基部乳头状膨大，花柱扩大。瘦果长圆形，先端尖，表面具脉纹。花、果期 3 ～ 10 月。

分布于我国南北多个省区，生长于田边、荒地、河岸沙地、草甸、山坡湿地。广布于北半球温带及部分亚热带地区。

本地有分布，生长于田边、路旁或湿润草地上。榆林市各地均有分布。

常见杂草，亦可植于花坛、草坪观赏。

菊叶委陵菜

Potentilla tanacetifolia D. F. K. Schltdl.

多年生草本，高 15 ～ 65cm。根粗壮。花茎直立或上升，被长柔毛、短柔毛或卷曲柔毛。基生叶羽状复叶，有小叶 5 ～ 8 对，叶柄被长柔毛，短柔毛或卷曲柔毛，有稀疏腺体，稀脱落；小叶互生或对生，最上面 1 ～ 3 对小叶基部下延与叶轴汇合，小叶片长圆形、长圆披针形或长圆倒卵披针形，长 1 ～ 5cm，宽 0.5 ～ 1.5cm，顶端圆钝，基部楔形，边缘有缺刻状锯齿，上面伏生疏柔毛或密被长柔毛，或脱落几无毛，下面被短柔毛，叶脉伏生柔毛；茎生叶与基生叶相似，唯小叶对数较少；基生叶托叶膜质，茎生叶托叶革质。伞房状聚伞花序，多花，花梗长 0.5 ～ 2cm，被短柔毛；花直径 1 ～ 1.5cm；萼片三角卵形，顶端渐尖或急尖，副萼片披针形或椭圆披针形，顶端圆钝或急尖，比萼片短或近等长，外被短柔毛和腺毛；花瓣黄色，倒卵形，顶端微凹，比萼片长约 1 倍；花柱近顶生，圆锥形，柱头稍扩大。瘦果卵球形，长 2.5mm，具脉纹。花、果期 5 ～ 10 月。

分布于东北、华北地区以及陕西、甘肃、山东等多个省区，生长于山坡草地、低洼地、沙地、草原、丛林边。俄罗斯、蒙古也有分布。

本地有分布，常见于河滩草甸、山坡、河谷草丛中。榆林市各地均有分布。

全草入药，有清热解毒、消炎止血之效，根含鞣质。

李属 *Prunus* L. 本地常见有2种，栽培6种1栽培变种。

杏（杏树）

Prunus armeniaca L.
(*Armeniaca vulgaris* Lam.)

落叶乔木，高5～10m。树冠圆形；多年生枝浅褐色，皮孔大而横生，一年生枝浅红褐色，无毛，具多数小皮孔。叶片宽卵形或圆卵形，长5～9cm，宽4～8cm，先端急尖至短渐尖，基部圆形至近心形，叶缘有圆钝锯齿，两面无毛或下面脉腋间具柔毛；叶柄长2～3.5cm，无毛，基部常具1～6腺体。花单生，直径2～3cm，先于叶开放；花梗短，被短柔毛；花萼紫绿色；萼筒圆筒形，外面基部被短柔毛；萼片卵形至卵状长圆形，先端急尖或圆钝，花后反折；花瓣圆形至倒卵形，白色或带红色，具短爪；雄蕊20～45，稍短于花瓣；子房被短柔毛。果实球形，稀倒卵形，直径2.5cm以上，黄色至黄红色，常具红晕，微被短柔毛；果肉多汁，成熟时不开裂；核卵形或椭圆形，两侧扁平，表面稍粗糙或平滑；种仁味苦或甜。花期3～4月，果期6～7月。

分布于全国各地，多数为栽培，尤以华北、西北和华东地区种植较多，少数地区逸为野生。杏久经栽培，我国杏的主要栽培品种多达数百个。世界各地均有栽培。

本地极为常见的果树，多为栽培，生长于山坡、村落或房前屋后。榆林市各地常见栽培。

杏的树形及花极具观赏价值，是有名的观赏树种；果实可直接食用，亦可加工成果脯；种仁可食，亦可入药，有止咳祛痰、定喘润肠之效。

红叶李（紫叶李）

Prunus cerasifera* Ehrhart cv. *Atropurpurea

落叶灌木或小乔木，高可达 8m。多分枝，有时有棘刺；小枝暗红色；冬芽卵圆形，紫红色。叶片椭圆形、卵形或倒卵形，长 2 ～ 6cm，宽 2 ～ 6cm，常年紫色，除沿中脉有柔毛或脉腋有髯毛外，其余部分无毛；叶柄长 6 ～ 12mm；托叶早落。花单生或几朵簇生；花梗长 1 ～ 2.2cm，无毛或微被短柔毛；花直径 2 ～ 2.5cm；萼筒钟状，萼片长卵形，先端圆钝，边有疏浅锯齿，萼筒和萼片外面无毛，萼筒内面有疏生短柔毛；花瓣白色，长圆形或匙形，边缘波状，基部楔形，着生在萼筒边缘；雄蕊 25 ～ 30，排成 2 轮，比花瓣稍短；雌蕊 1，心皮被长柔毛，柱头盘状，花柱比雄蕊稍长，基部被稀长柔毛。核果近球形或椭圆形，直径 2 ～ 3cm，黄色、红色或黑色，微被蜡粉，具有浅侧沟，黏核；核椭圆形或卵球形。花期 4 月，果期 8 月。

红叶李为原产于新疆和中亚、伊朗、小亚细亚、巴尔干半岛的樱桃李 *Prunus cerasifera* Ehrhart 的栽培品种，《中国植物志》将其作为变型处理。因其叶常年呈紫色，我国多个城市广泛栽培作为观赏植物，深受人们喜爱。

本地常见栽培于公园、庭园或住宅小区作观赏。榆林市各地有零星栽培。

叶和花可供观赏，果可食。

山桃（毛桃　毛桃子）

Prunus davidiana (Carrière) Franch.
(*Amygdalus davidiana* (Carr.) C. de Vos)

落叶乔木，高可达10m。树冠开展，树皮暗紫色，光滑；小枝细长，直立，幼时无毛，老时褐色。叶片卵状披针形，长5～13cm，宽1.5～4cm，先端渐尖，基部楔形，两面无毛，叶边具细锐锯齿；叶柄常具腺体。花单生，粉红色，先于叶开放；直径2～3cm；花萼无毛；萼筒钟形；萼片卵形至卵状长圆形，紫色，先端圆钝；花瓣倒卵形或近圆形，长10～15mm，宽8～12mm，先端圆钝；雄蕊多数，几与花瓣等长或稍短；子房被柔毛，花柱长于雄蕊或近等长。果实近球形，直径2.5～3.5cm，淡黄色，外面密被短柔毛；果肉薄而干，不可食，成熟时不开裂；核球形或近球形，表面具纵、横沟纹和孔穴，与果肉分离。花期3～4月，果期7～8月。

分布于全国多个省区，生长于山坡、山谷沟底或荒野疏林及灌丛内。

本地较常见，生长于山坡、沟谷或荒野树林中。榆林市各地有分布或零星栽植。

本种抗旱耐寒，又耐盐碱土壤，在很多地区主要作桃、梅、李等果树的砧木，可供观赏。木材质硬而重，可做各种细工及手杖；果核可做玩具或念珠；山桃和桃的种仁均可入药，是《中国药典》指定的中药材“桃仁”的原植物，入药具有活血祛瘀、润肠通便、止咳平喘之功效。

稠李（臭李子）

Prunus padus L.
(*Padus racemosa* (Lam.) Gilib.)

落叶乔木，高可达15m。树皮粗糙而多斑纹，老枝紫褐色或灰褐色，有浅色皮孔；小枝红褐色或带黄褐色。叶片椭圆形、长圆形或长圆倒卵形，先端尾尖，基部圆形或宽楔形，边缘有不规则锐锯齿，有时混有重锯齿，上面深绿色，下面淡绿色，两面无毛；下面中脉和侧脉均凸起；叶柄长1～1.5cm，顶端两侧各具1腺体；托叶膜质，早落。总状花序具有多花，基部通常有2～3叶，叶片与枝生叶同形，通常较小；花白色，萼筒钟状，萼片三角状卵形，先端急尖或圆钝，边有带腺细锯齿；花瓣长圆形，先端波状，基部楔形；雄蕊多数，花丝长短不等，排成紧密不规则2轮；雌蕊1，心皮无毛，柱头盘状。核果卵球形，顶端有尖头，红褐色至黑色，光滑；萼片脱落；果核有褶皱。花期4～5月，果期5～10月。

分布于东北、华北地区以及河南、山东等多个省区，生长于山坡、山谷或灌丛中。朝鲜、日本、俄罗斯也有分布。

本地有栽培，见于县城新府山住宅小区等处。榆林市有零星栽培。

果可食，种子可榨油供制肥皂和工业用。

桃

Prunus persica (L.) Batsch
(*Amygdalus persica* L.)

油桃

落叶乔木，高 3 ～ 8m。树冠宽广而平展；树皮暗红褐色，老时粗糙呈鳞片状；小枝细长，有光泽，具大量小皮孔；冬芽常 2 ～ 3 个簇生，中间为叶芽，两侧为花芽。叶片长圆披针形、椭圆披针形或倒卵状披针形，长 7 ～ 15cm，宽 2 ～ 3.5cm，先端渐尖，基部宽楔形，叶边具细锯齿或粗锯齿；叶柄粗壮，常具 1 至数枚腺体。花单生，先于叶开放，直径 2.5 ～ 3.5cm；粉红色；萼筒钟形，被短柔毛，绿色而具红色斑点；萼片卵形至长圆形，顶端圆钝，外被短柔毛；花瓣长圆状椭圆形至宽倒卵形；雄蕊 20 ～ 30，花药绯红色；花柱几与雄蕊等长或稍短；子房被短柔毛。果实形状和大小均有变异，色泽变化多样；核大，椭圆形或近圆形，两侧扁平，顶端渐尖，表面具纵、横沟纹和孔穴。花期 3 ～ 4 月，果实成熟期通常为 8 ～ 9 月。

原产于我国，全国各省区广泛栽培。世界各地均有栽植。

本地较常见，零星栽培于房前屋后或培植为果园，为本地夏季重要的食用水果。榆林市各地常见栽培。

树干上分泌的胶质，俗称桃胶，可用作黏结剂等，为一种聚糖类物质，水解能生成阿拉伯糖、半乳糖、木糖、鼠李糖、葡糖醛酸等，可食用，也供药用，有破血、益气之效。桃和山桃的种子均可入药，是《中国药典》指定的中药材“桃仁”的原植物。

李（玉皇李　山李子）

Prunus salicina Lindl.

落叶乔木，高 9 ～ 12m。树冠广圆形，树皮灰褐色；老枝紫褐色或红褐色；小枝黄红色。叶片长圆状倒卵形、长椭圆形，长 6 ～ 8cm，宽 3 ～ 5cm，先端渐尖、急尖或短尾尖，基部楔形，边缘有圆钝重锯齿；托叶早落；叶柄顶端有 2 个腺体，有时在叶片基部边缘有腺体。花通常 3 朵并生；花直径 1.5 ～ 2.2cm；花萼筒钟状；萼片长圆卵形，先端急尖或圆钝，边有疏齿，与萼筒近等长；花瓣白色，长圆倒卵形，先端啮蚀状，基部楔形，有明显带紫色脉纹，着生在萼筒边缘；雄蕊多数，花丝长短不等，排成不规则 2 轮；雌蕊 1，柱头盘状。核果球形、卵球形或近圆锥形，直径 3.5 ～ 5cm，黄色或红色，有时为绿色或紫色，基部有纵沟，外被蜡粉；核卵圆形或长圆形，有皱纹。花期 4 月，果期 7 ～ 8 月。

分布于全国多个省区，生长于山坡中、山谷疏林中或沟底、路旁等处。世界各地均有栽培。

本地较常见，在黄河沿岸栽培较多，是本地夏季常见的水果。榆林市各地常见栽培。

果味酸甜，为重要的温带果树之一。

山杏

Prunus sibirica L.
(*Armeniaca sibirica* (L.) Lam.)

落叶灌木或小乔木，高 2 ～ 5m；树皮暗灰色。叶片卵形或近圆形，长 3 ～ 10cm，宽 4 ～ 7cm，先端长渐尖至尾尖，基部圆形至近心形，叶边有细钝锯齿。花单生，直径 1.5 ～ 2cm，先于叶开放，白色或粉红色；花萼紫红色；萼筒钟形，基部微被短柔毛或无毛；萼片长圆状椭圆形，先端尖，花后反折；花瓣近圆形或倒卵形，雄蕊几与花瓣近等长；子房被短柔毛。果实扁球形，直径 1.5 ～ 2.5cm，黄色或橘红色，有时具红晕，被短柔毛；果肉薄而干燥，成熟时开裂，味酸涩，成熟时沿腹缝线开裂；果核扁球形；种仁味苦。花期 3 ～ 4 月，果期 6 ～ 7 月。

分布于东北、华北地区以及陕西、甘肃等多个省区，生长于干燥向阳山坡、丘陵草原或与落叶乔灌木混生。蒙古、俄罗斯也有分布。

本地有分布，生长于干燥山坡上，也见于村落附近。榆林市各地均有分布，以南部较多。

本种耐寒（可耐 -50℃低温）又抗旱，可作杏的嫁接砧木，是选育耐寒杏品种的优良原始材料。种子可榨油。山杏和杏的种仁均可入药，是《中国药典》指定的中药材“苦杏仁”的原植物。入药具有降气、止咳平喘、润肠通便的功效。

榆叶梅

Prunus triloba Lindl.
(*Amygdalus triloba* (Lindl.) Ricker)

落叶灌木，高 2 ～ 3m。枝条开展，具多数短小枝；小枝灰色，一年生枝灰褐色；短枝上的叶常簇生，一年生枝上的叶互生；叶片宽椭圆形至倒卵形，先端短渐尖，常 3 裂，基部宽楔形，叶边具粗锯齿或重锯齿。花 1 ～ 2 朵腋生，先于叶开放，粉红色；萼筒宽钟形，无毛或幼时微具毛；萼片卵形或卵状披针形，无毛，近先端疏生小锯齿；花瓣近圆形或宽倒卵形，先端圆钝，有时微凹；雄蕊 25 ～ 30，短于花瓣；子房密被短柔毛，花柱稍长于雄蕊。果实近球形，顶端具短小尖头，红色，外被短柔毛；果肉薄，成熟时开裂；果核近球形，具厚硬壳，两侧几不压扁，顶端圆钝，表面具不整齐的网纹。花期 4 ～ 5 月，果期 5 ～ 7 月。

分布于全国多个省区，生长于坡地或沟旁乔、灌木林下或林缘。目前全国各地多数公园内均有栽植。俄罗斯，中亚也有分布。

本地较常见，县城河滨公园、神龙山景区及部分住宅小区、机关庭园中均有栽培。榆林市各地常见栽培。

本种开花早，花色艳丽，主要供观赏。本地常见栽培的还有另一个栽培变种重瓣榆叶梅 *Prunus triloba* cv. '*Multiplex*' 花重瓣，粉红色，萼片通常 10 枚。

日本樱花（东京樱花　樱花）

Prunus yedoensis Matsum.
(*Cerasus yedoensis* (Matsum.) Yu et Li)

落叶乔木，高 4 ～ 16m。树皮灰色。小枝淡紫褐色，无毛，嫩枝绿色，被疏柔毛。冬芽卵圆形，无毛。叶片椭圆卵形或倒卵形，长 5 ～ 12cm，宽 2.5 ～ 7cm，先端渐尖或骤尾尖，基部圆形，稀楔形，叶缘有尖锐重锯齿，齿端有小腺体，上面深绿色，下面淡绿色，沿脉被稀疏柔毛，有侧脉 7 ～ 10 对；叶柄长 1.3 ～ 1.5cm，密被柔毛，顶端有 1 ～ 2 个腺体或有时无腺体；托叶披针形，早落。花序伞形总状，总梗极短，有花 3 ～ 4 朵，先叶开放，花直径 3 ～ 3.5cm；总苞片椭圆状卵形，长 6 ～ 7mm，宽 4 ～ 5mm，两面被疏柔毛；苞片褐色，匙状长圆形，长约 5mm，宽 2 ～ 3mm，边有腺体；花梗长 2 ～ 2.5cm，被短柔毛；萼筒管状，长 7 ～ 8mm，宽约 3mm，被疏柔毛；萼片三角状长卵形，长约 5mm，先端渐尖，边有腺齿；花瓣白色或粉红色，椭圆卵形，先端下凹，二裂；雄蕊约 32 枚，短于花瓣；花柱基部有疏柔毛。核果近球形，直径 0.7 ～ 1cm，黑色，核表面略具棱纹。花期 4 月，果期 5 月。

原产于日本，为日本的国花。我国多个城市有栽培。园艺品种很多，供观赏用。

本地有栽培，见于河滨公园、机关庭园或住宅小区内。榆林市各地均有栽培。

梨属 *Pyrus* L. 本地常见有1种，栽培1种。

杜梨（野梨子　灰梨）

Pyrus betulifolia **Bunge**

落叶乔木，高达10m。枝常具刺；叶片菱状卵形至长圆卵形，长4～8cm，宽2.5～3.5cm，先端渐尖，基部宽楔形，边缘有粗锐锯齿，老叶上面无毛而有光泽；托叶膜质，两面均被绒毛，早落。伞形总状花序，有花10～15朵，总花梗和花梗均被灰白色绒毛；苞片膜质，早落；花直径1.5～2cm；萼筒外密被灰白色绒毛；萼片三角卵形，长约3mm，先端急尖，全缘，内外两面均密被绒毛，花瓣宽卵形，长5～8mm，宽3～4mm，先端圆钝，基部具有短爪。白色；雄蕊20，花药紫色，长约花瓣之半；花柱2～3，基部微具毛。果实近球形，较小，直径5～10mm，2～3室，褐色，有淡色斑点，萼片脱落，基部具带绒毛果梗。花期4月，果期8～9月。

分布于全国多个省区，生长于平原或山坡向阳处。

本地极为常见的树种，生长于山坡或沟谷，也见于村落附近。榆林市各地均有分布。

本种抗干旱，耐寒凉，通常作各种栽培梨的砧木，结果期早，寿命很长。木材致密可作各种器物。树皮含鞣质，可提制栲胶并入药。

褐梨

Pyrus phaeocarpa Rehd.

乔木，高达 5 ～ 8m。小枝幼时具白色绒毛，两年生枝条紫褐色，无毛；冬芽长卵形。叶片椭圆卵形至长卵形，长 6 ～ 10cm，宽 3.5 ～ 5cm，先端具长渐尖头，基部宽楔形，边缘有尖锐锯齿；叶柄长 2 ～ 6cm；托叶膜质，线状披针形，早落。伞形总状花序，有花 5 ～ 8 朵，总花梗和花梗嫩时具绒毛，逐渐脱落，花梗长 2 ～ 2.5cm；苞片膜质，很早脱落。花直径约 3cm；萼筒外面具白色绒毛；萼片三角披针形，长 2 ～ 3mm，内面密被绒毛；花瓣卵形，长 1 ～ 1.5cm，宽 0.8 ～ 1.2cm，基部具有短爪，白色；雄蕊 20，长约花瓣之半；花柱 3 ～ 4，稀 2，基部无毛。果实球形或卵形，直径 2 ～ 2.5cm，褐色，有斑点，萼片脱落；果梗长 2 ～ 4cm。花期 4 月，果期 8 ～ 9 月。

分布于河北、山东、山西、陕西、甘肃等省区，生长于山坡或黄土丘陵地杂木林中。

本地较常见，栽培或野生，果实是本地常见食用的水果。榆林市各地常见零星栽培。

本种有少数栽培品种，常作梨的砧木。

蔷薇属 *Rosa* L. 本地常见有1变型，栽培2种。

月季花（月月红 月月花）

Rosa chinensis Jacq.

落叶灌木，高1～2m。小枝粗壮，圆柱形，有短粗的钩状皮刺或无刺。小叶3～5，连叶柄长5～11cm，小叶片宽卵形至卵状长圆形，长2.5～6cm，宽1～3cm，先端长渐尖或渐尖，基部近圆形或宽楔形，边缘有锐锯齿，上面暗绿色，常带光泽，下面颜色较浅，顶生小叶片有柄，侧生小叶片近无柄，总叶柄较长，有散生皮刺和腺毛；托叶大部贴生于叶柄，仅顶端分离部分成耳状，边缘常有腺毛。花几朵集生，直径4～5cm；花梗长2.5～6cm，近无毛或有腺毛，萼片卵形，先端尾状渐尖，边缘常有羽状裂片，外面无毛，内面密被长柔毛；花瓣多种颜色，重瓣至半重瓣，倒卵形，先端有凹缺，基部楔形；花柱离生，伸出萼筒口外，约与雄蕊等长。果卵球形或梨形，长1～2cm，红色，萼片脱落。花期4～9月，果期6～11月。

原产于中国，各地普遍栽培。世界多国引种栽培，园艺品种很多。

本地有栽培，供观赏。榆林市各地常见栽培。

著名观赏花卉，花期长，花色艳丽，与唐菖蒲（剑兰）、康乃馨和菊花并称世界四大切花材料，广受世人喜爱。花、根、叶均可入药。

玫瑰

Rosa rugosa Thunb.

落叶灌木，高可达 2m。茎粗壮，丛生；小枝密被绒毛，并有针刺和腺毛，有直立或弯曲、淡黄色的皮刺，皮刺外被绒毛。小叶 5 ～ 9；小叶片椭圆形或椭圆状倒卵形，长 1.5 ～ 4.5cm，宽 1 ～ 2.5cm，先端急尖或圆钝，基部圆形或宽楔形，边缘有尖锐锯齿，上面深绿色，叶脉下陷，有褶皱，下面灰绿色；托叶大部贴生于叶柄，边缘有带腺锯齿，下面被绒毛。花单生于叶腋，或数朵簇生，苞片卵形，边缘有腺毛，外被绒毛；花大，直径 4 ～ 5.5cm；萼片卵状披针形，先端尾状渐尖，常有羽状裂片而扩展成叶状，上面有稀疏柔毛，下面密被柔毛和腺毛；花瓣倒卵形，重瓣至半重瓣，芳香，紫红色至白色；花柱离生，被毛，比雄蕊短很多。果扁球形，肉质，平滑，萼片宿存。花期 5 ～ 6 月，果期 8 ～ 9 月。

原产于我国华北以及日本和朝鲜。我国各地均有栽培，世界多国引种栽培，园艺品种很多，观赏或提取玫瑰香精。

本地有栽培，见于县城部分住宅小区内，也有住户栽植于庭园中作观赏。榆林市各地常见栽培。

鲜花可以蒸制芳香油，油的主要成分为左旋芳香醇，含量最高可达 6/1000，供食用及化妆品用，花瓣可以制饼馅、玫瑰酒、玫瑰糖浆；干制后可以泡茶，花蕾可入药，是《中国药典》指定的中药材“玫瑰花”的原植物。入药具有行气解郁，活血、止痛之功效。果实含有丰富的维生素 C 及多种微量元素。

单瓣黄刺玫（黄刺玫　马茹茹）

Rosa xanthina Lindl. f. *normalis* Rehd. et Wils.

直立灌木，高 2 ～ 3m。小枝无毛，有散生皮刺，无针刺。小叶 7 ～ 13；小叶片宽卵形或近圆形，先端圆钝，基部宽楔形或近圆形，边缘有圆钝锯齿；托叶带状披针形，大部贴生于叶柄，离生部分呈耳状，边缘有锯齿和腺。花单生于叶腋，无苞片；花直径 3 ～ 4cm；萼筒、萼片外面无毛，萼片披针形，全缘，先端渐尖，内面有稀疏柔毛，边缘较密；花瓣 5，黄色，宽倒卵形，先端微凹，基部宽楔形；花柱离生，被长柔毛，稍伸出萼筒口外，比雄蕊短很多。果近球形或倒卵圆形，紫褐色或黑褐色，无毛，花后萼片反折。花期 4 ～ 6 月，果期 7 ～ 8 月。

分布于全国多个省区，生长于向阳山坡或灌木丛中。

本地在黄河沿岸土石山区极为常见，生长于山坡、河谷灌丛中。榆林市横山区、靖边县、神木市各地均有分布。

本种为栽培黄刺玫的原始种，早春繁花满枝，颜色金黄，颇为美观，是极好的观赏植物和水土保持植物。

毛霉草属 *Sibbaldianthe* Juz. 本地常见有1种。

鸡冠茶（二裂委陵菜　瓜香草　痔疮草）

Sibbaldianthe bifurca (L.) Kurtto & T. Erikss.
(*Potentilla bifurca* L.)

多年生草本或亚灌木。根圆柱形，纤细，木质。花茎直立或上升，高5～20cm，密被疏柔毛或微硬毛。羽状复叶，有小叶5～8对，最上面2～3对小叶基部下延与叶轴汇合；小叶片无柄，对生，椭圆形或倒卵椭圆形，顶端常2裂，稀3裂，基部楔形或宽楔形，两面绿色，伏生疏柔毛；下部叶托叶膜质，褐色，上部茎生叶托叶草质，绿色，卵状椭圆形，常全缘稀有齿。近伞房状聚伞花序，顶生；萼片卵圆形，顶端急尖，副萼片椭圆形，顶端急尖或钝，外面被疏柔毛；花瓣黄色，倒卵形，顶端圆钝；花柱侧生，棒形，基部较细，顶端缢缩，柱头扩大。瘦果表面光滑。花、果期5～9月。

分布于华北、西北地区以及黑龙江、四川等多个省区，生长于地边、沙滩、山坡草地、黄土坡上、半干旱荒漠草原及疏林。蒙古、俄罗斯、朝鲜也有分布。

本地极为常见，生长于路旁、地边或山坡草丛中。榆林市榆阳区、绥德县、清涧县、横山区、靖边县、定边县、神木市均有分布。

本种植物幼芽密集簇生而形成紫红色的垫状丛，俗称“地红花”，可入药，具有止血的功效。亦可作饲料，羊和骆驼喜食。

珍珠梅属 *Sorbaria* (Ser.) A. Braun 本地常见有 1 种。

华北珍珠梅（珍珠梅 吉氏珍珠梅）

Sorbaria kirilowii **(Regel) Maxim.**

落叶灌木，高达 3m；小枝圆柱形，幼时绿色，老时红褐色。羽状复叶，具小叶片 13 ～ 21，连叶柄长 21 ～ 25cm，宽 7 ～ 9cm；小叶片对生，披针形至长圆披针形，长 4 ～ 7cm，宽 1.5 ～ 2cm，先端渐尖，基部圆形至宽楔形，边缘有尖锐重锯齿，两面均无毛或在脉腋间具短柔毛，羽状网脉，侧脉 15 ～ 23 对近平行，下面显著；托叶膜质，线状披针形，长 8 ～ 15mm，先端钝或尖，全缘或顶端稍有锯齿。顶生大型密集的圆锥花序，直径 7 ～ 11cm。长 15 ～ 20cm，微被白粉；花梗长 3 ～ 4mm；苞片线状披针形，先端渐尖，全缘；花直径 5 ～ 7mm；萼筒浅钟状，无毛；萼片长圆形，先端圆钝或截形，全缘，萼片与萼筒近等长；花瓣倒卵形或宽卵形，先端圆钝，基部宽楔形，长 4 ～ 5mm，白色；雄蕊 20，与花瓣等长或稍短于花瓣，着生在花盘边缘；花盘圆杯状；心皮 5，无毛，花柱稍短于雄蕊。蓇葖果长圆柱形，长约 3mm，花柱稍侧生，向外弯曲，萼片宿存，反折。花期 6 ～ 7 月，果期 9 ～ 10 月。

分布于华北地区以及河南、山东、陕西、甘肃、青海等省区。生长于山坡阳处、杂木林中。

本地有栽培，见于河滨公园及部分住宅小区内。榆林市有零星栽培。

花序巨大，花小、繁多，颜色洁白如雪，极具观赏价值。是很好的观赏植物。

绣线菊属 *Spiraea* L. 本地常见有3种，栽培1种。

麻叶绣线菊（麻叶绣球）

Spiraea cantoniensis Lour.

落叶灌木，高可达1.5m。小枝细瘦，呈拱形弯曲。叶片菱状披针形至菱状长圆形，长3～5cm，宽1.5～2cm，先端急尖，基部楔形，边缘自近中部以上有缺刻状锯齿，上面深绿色，下面灰蓝色，两面无毛，有羽状叶脉。伞形花序具多数花；苞片线形，无毛；花白色，花直径5～7mm；花萼筒钟状，外面无毛，内面被短柔毛；萼片三角形或卵状三角形；花瓣近圆形或倒卵形，长与宽各2.5～4mm，先端微凹或圆钝；雄蕊20～28；花盘由大小不等的近圆形裂片组成，裂片先端有时微凹，排列成圆环形；子房近无毛，花柱短于雄蕊。蓇葖果直立开张，花柱顶生，具直立开张萼片。花期4～5月，果期7～9月。

全国南北多个省区均有分布。日本也有分布。

本地有栽培，见于县城部分住宅小区内，栽培作观赏。榆林市有零星栽培。

庭园栽培供观赏。花序密集，花色洁白，春夏盛开如积雪，甚美丽。枝叶可入药。

蒙古绣线菊

Spiraea lasiocarpa Karelin & Kirilov (*Spiraea mongolica* Maxim.)

落叶灌木，高达 3m；小枝细瘦，有棱角，红褐色，老时灰褐色。叶片长圆形或椭圆形，长 8 ～ 20mm，宽 3.5 ～ 7mm，先端圆钝或微尖，基部楔形，全缘，有羽状脉；无毛。伞形总状花序具总梗，有花 8 ～ 15 朵。苞片线形，无毛；花直径 5 ～ 7mm；花白色，萼筒近钟状，外面无毛，内面有短柔毛；萼片三角形，先端急尖，内面具短柔毛；花瓣近圆形，长与宽各为 2 ～ 4mm，先端钝，稀微凹；雄蕊 18 ～ 25，几与花瓣等长；花盘具有 10 个圆形裂片，排列成环形；子房具短柔毛，花柱短于雄蕊。蓇葖果直立开张，花柱位于背部先端，具直立或反折萼片。花期 5 ～ 7 月，果期 7 ～ 9 月。

产于全国多个省区，生长于山坡灌丛中或山顶及山谷多石砾地。

本地有分布，见于庙沟门等地山坡、沟谷及路旁石质山坡灌丛中。榆林市榆阳区、横山区、神木市等地均有分布。

花小且多，洁白如雪，可作观赏植物。

土庄绣线菊

Spiraea ouensanensis H. Lév.
(*Spiraea pubescens* Turcz.)

落叶灌木，高 1 ～ 2m。小枝开展，嫩时褐黄色，老时灰褐色。叶片菱状卵形至椭圆形，长 2 ～ 4.5cm，宽 1.3 ～ 2.5cm，先端急尖，基部宽楔形，边缘自中部以上有深刻锯齿，有时 3 裂，上面有稀疏柔毛，下面被灰色短柔毛。伞形花序具总梗，有花 15 ～ 20 朵；苞片线形，被短柔毛；花白色，花直径 5 ～ 7mm；萼筒钟状，外面无毛，内面有灰白色短柔毛；萼片卵状三角形，先端急尖；花瓣卵形、宽倒卵形或近圆形，长与宽各 2 ～ 3mm，先端圆钝或微凹；雄蕊 25 ～ 30；花盘圆环形，具 10 个裂片；子房无毛或仅在腹部及基部有短柔毛，花柱短于雄蕊。蓇葖果开张，仅在腹缝微被短柔毛，花柱顶生，稍倾斜开展或几直立，多数具直立萼片。花期 5 ～ 6 月，果期 7 ～ 8 月。

分布于全国多个省区，生长于干燥岩石坡地、向阳或半阴处、杂木林内。蒙古、俄罗斯和朝鲜均有分布。

本地较常见，生长于山坡、沟谷岩石旁灌丛中。榆林市靖边县、神木市均有分布。

春季开花，花白色艳丽，可作庭园观赏植物。

三裂绣线菊（三桠绣线菊）

Spiraea trilobata L.

落叶灌木，高 1 ～ 2m。小枝细瘦，稍呈之字形弯曲，嫩时褐黄色，老时暗灰褐色。叶片近圆形，长 1.7 ～ 3cm，宽 1.5 ～ 3cm，先端钝，常 3 裂，基部圆形、楔形或亚心形，边缘自中部以上有少数圆钝锯齿，基部具显著 3 ～ 5 脉。伞形花序具总梗，有花 15 ～ 30 朵；苞片线形或倒披针形，上部深裂成细裂片；花白色，花直径 6 ～ 8mm；萼筒钟状，萼片三角形，先端急尖，内面具稀疏短柔毛；花瓣宽倒卵形，长与宽各 2.5 ～ 4mm；先端常微凹；雄蕊 18 ～ 20，比花瓣短；花盘约有 10 个大小不等的裂片，排列成圆环形；子房被短柔毛，花柱比雄蕊短。蓇葖果开张，花柱顶生稍倾斜，具直立萼片。花期 5 ～ 6 月，果期 7 ～ 8 月。

分布于全国多个省区，生长于多岩石向阳坡地或灌木丛中。俄罗斯也有分布。

本地较常见，生长于黄河沿岸土石山区山坡灌丛中。榆林市榆阳区、神木市、横山区、绥德县、清涧县等地均有分布。

花小且多，色白艳丽，是很好的庭园观赏植物。根茎含单宁，可提取栲胶。

27 豆科 Fabaceae (Leguminosae)

本地常见有17属31种1变种，栽培14属15种1亚种1栽培变种1变型。

紫穗槐属 *Amorpha* L. 本地常见栽培1种。

紫穗槐（苕条）

***Amorpha fruticosa* L.**

落叶灌木，高1～4m。丛生，小枝灰褐色，嫩枝密被短柔毛。叶互生，奇数羽状复叶，长10～15cm，有小叶11～25片，基部有线形托叶；小叶卵形或椭圆形，长1～4cm，宽0.6～2.0cm，先端圆形，锐尖或微凹，基部宽楔形或圆形，上面无毛或被疏毛，下面有白色短柔毛，具黑色腺点。穗状花序常1至数个顶生和枝端腋生，密被短柔毛；花萼长2～3mm，萼齿三角形，较萼筒短；旗瓣心形，紫色，无翼瓣和龙骨瓣；雄蕊10，下部合生成鞘，上部分裂，包于旗瓣之中，伸出花冠外。荚果下垂，棕褐色，表面有凸起的疣状腺点。花、果期5～10月。

原产于美国，20世纪初引入我国。现我国南北多个省区均有栽培。

本地较常见，在县城河滨公园、多条干线公路沿线都有栽培。榆林市各地常见栽培。

枝叶作绿肥、家畜饲料；花期长，是很好的蜜源植物；耐瘠薄，耐水湿和轻度盐碱土，根可固氮；茎皮可提取栲胶，枝条编制篓筐；种子含油率10%，可作油漆、甘油和润滑油的原料。

落花生属 *Arachis* L. 本地常见栽培1种。

落花生（花生　长生果）

Arachis hypogaea L.

一年生草本。根部有丰富的根瘤；茎直立或匍匐，长30～80cm，茎和分枝均有棱，被黄色长柔毛。叶通常具小叶2对；托叶大，长2～4cm，条状披针形，被毛；叶柄基部抱茎，长5～10cm，被毛；小叶卵状长圆形至倒卵形，长2～4cm，宽0.5～2cm，先端钝圆，有时微凹，具小刺尖头，基部近圆形，全缘，两面被毛，边缘具睫毛；花单生或少数簇生于叶腋；苞片2，披针形；小苞片披针形，花萼筒管状细长；花冠黄色或金黄色，旗瓣圆形或近圆形，先端凹入；翼瓣与龙骨瓣分离，翼瓣长圆形或斜卵形，细长；龙骨瓣长卵圆形，内弯，先端渐狭成喙状，较翼瓣短；二体雄蕊；花柱延伸于萼管咽部之外，柱头顶生，疏被柔毛。胚珠受精后子房柄逐渐伸长，将子房送入地下发育。荚果膨胀，荚厚，具网纹。种子1～3粒。花、果期6～8月。

原产于巴西，现世界各地广泛栽培。可能于16世纪引入我国，花生宜气候温暖，生长季节较长，雨量适中的沙质土地区，在我国以山东种植的为最佳。

本地普遍栽培，沿黄河及皇甫川、清水川、石马川等河滩沙地种植较多。榆林市各地常见栽培。

落花生为重要经济作物，种子富含油脂和蛋白质，营养丰富，种子含油量可达45%，除食用外，亦是制皂和生发油等化妆品的原料；油麸为肥料和饲料；茎、叶为良好绿肥。

黄耆属（黄芪属）*Astragalus* L. 本地常见有 5 种，栽培 1 变种。

达乌里黄芪（兴安黄芪）

Astragalus dahuricus (Pall.) DC.

一年或两年生草本，被白色柔毛。茎直立，高达 80cm，分枝，有细棱。羽状复叶有 11 ～ 19 片小叶，长 4 ～ 8cm；托叶分离，狭披针形或钻形，长 4 ～ 8mm；小叶长圆形、倒卵状长圆形或长圆状椭圆形，长 5 ～ 20mm，宽 2 ～ 6mm，先端圆或略尖，基部钝或近楔形，小叶柄极短。总状花序较密，生 10 ～ 20 朵花；总花梗长 2 ～ 5cm；苞片线形或刚毛状，长 3 ～ 4.5mm。花萼斜钟状，长 5 ～ 5.5mm，萼筒长 1.5 ～ 2mm，萼齿线形或刚毛状，上边 2 齿较萼部短，下边 3 齿较长；花冠紫色，旗瓣近倒卵形，长 12 ～ 14mm，宽 6 ～ 8mm，先端微缺，基部宽楔形，翼瓣长约 10mm，瓣片弯长圆形，先端钝，龙骨瓣长约 13mm，瓣片近倒卵形；子房有柄，被毛。荚果线形，长 1.5 ～ 2.5cm，宽 2 ～ 2.5mm，先端凸尖喙状，含 20 ～ 30 粒种子。种子淡褐色或褐色，肾形，有斑点，平滑。花期 7 ～ 9 月，果期 8 ～ 10 月。

产于全国南北多个省区，生长于山坡和河滩草地。俄罗斯、蒙古、朝鲜也有分布。

本地较常见，生长于山沟、山坡或路旁草丛中。榆林市各地均有分布。

全株可作饲料，大牲畜特别喜食，故有“驴干粮”之称。

灰叶黄芪

Astragalus discolor Bunge ex Maxim.

多年生草本，高 30 ～ 50cm，全株灰绿色。根直伸，颈部增粗，数茎生出。茎直立或斜上，上部有分枝，具条棱，密被灰白色伏贴毛。羽状复叶有 9 ～ 25 片小叶；叶柄较叶轴短；托叶三角形；小叶椭圆形或狭椭圆形，长 4 ～ 13mm，宽 1 ～ 4mm，先端钝或微凹，基部宽楔形，上面疏被白色伏贴毛，下面较密，灰绿色。总状花序较叶长；苞片小，卵圆形；花萼管状钟形，长 4 ～ 5mm，被白色或黑色伏贴毛，萼齿极短，三角形；花冠蓝紫色，旗瓣匙形，长 12 ～ 14mm，先端微缺，翼瓣较旗瓣稍短，瓣片狭长圆形，龙骨瓣较翼瓣短，瓣片半圆形；子房有柄，被伏贴毛。荚果扁平，线状长圆形，长 17 ～ 30mm，基部有长的果颈，被黑白色混生的伏贴毛。花期 7 ～ 8 月，果期 8 ～ 9 月。

分布于华北地区以及陕西北部、宁夏等省区。生长于荒漠草原地带砂质土上。蒙古也有分布。

本地极为常见，生长于山坡、路旁草丛中。榆林市各地均有分布。

斜茎黄芪（直立黄芪　沙打旺）

Astragalus laxmannii Jacq.
(*Astragalus adsurgens* Pall.)

多年生草本，高 20 ～ 100cm。根较粗壮。茎多数或数个丛生，直立或斜上，有毛或近无毛。羽状复叶有 9 ～ 25 片小叶；托叶三角形，渐尖；小叶长圆形、近椭圆形或狭长圆形，长 10 ～ 25mm，宽 2 ～ 8mm，基部圆形或近圆形，上面疏被伏贴毛，下面较密。总状花序长圆柱状、穗状、生多数花，排列密集；总花梗生长于茎的上部；花梗极短；苞片狭披针形至三角形，先端尖；花萼管状钟形，长 5 ～ 6mm，被黑褐色或白色毛，或有时被黑白混生毛，萼齿狭披针形；花冠近蓝色或红紫色，旗瓣长 11 ～ 15mm，倒卵圆形，先端微凹，翼瓣较旗瓣短，瓣片长圆形，龙骨瓣长 7 ～ 10mm；子房被密毛，有极短的柄。荚果长圆形，长 7 ～ 18mm，背缝凹入成沟槽，顶端具下弯的短喙，被黑色、褐色或白色混生毛，假 2 室。花期 6 ～ 8 月，果期 8 ～ 10 月。

分布于东北、华北、西北、西南地区多个省区，生长于向阳山坡灌丛及林缘地带。俄罗斯、蒙古、日本、朝鲜和北美温带地区都有分布。

本地极为常见，生长于山坡林缘草丛中。榆林市各地均有分布。

种子可入药，为强壮剂，治疗神经衰弱，又为优良牧草和保土植物。

草木樨状黄芪（岑头）

Astragalus melilotoides Pall.

多年生草本，高 30 ～ 80cm。主根粗壮。茎直立或斜生。多分枝，被白色短柔毛或近无毛。羽状复叶有 5 ～ 7 片小叶，长 1 ～ 3cm；叶柄与叶轴近等长；托叶离生，三角形或披针形；小叶长圆状楔形或线状长圆形，长 7 ～ 20mm，宽 1.5 ～ 3mm，先端截形或微凹，基部渐狭，两面均被白色细伏贴柔毛。总状花序生多数花；总花梗长；花小；苞片小，披针形；花梗长 1 ～ 2mm，连同花序轴均被白色短伏贴柔毛；花萼短钟状，长约 1.5mm，被白色短伏贴柔毛，萼齿三角形，较萼筒短；花冠白色或带粉红色，旗瓣近圆形或宽椭圆形，翼瓣较旗瓣稍短，先端有不等的 2 裂或微凹，龙骨瓣较翼瓣短，先端带紫色；子房无毛。荚果宽倒卵状球形或椭圆形，具短喙，背部具稍深的沟，有横纹。种子 4 ～ 5 颗，肾形，暗褐色。花期 7 ～ 8 月，果期 8 ～ 9 月。

分布于长江以北各省区，生长于向阳山坡、路旁草地或草甸草地。俄罗斯、蒙古亦有分布。

本地较常见，生长于山坡、路旁、河岸草丛中。榆林市各地均有分布。

在本地农村常用来扎扫帚。

蒙古黄芪（黄芪　膜荚黄耆）

Astragalus membranaceus var. *mongholicus* (Bunge)P.K.Hsiao

多年生草本，高 50 ～ 100cm。主根肥厚，木质。茎直立，上部多分枝，被白色柔毛。羽状复叶有 13 ～ 27 片小叶；托叶离生，卵形，披针形或线状披针形；小叶椭圆形或长圆状卵形，小叶较小，长 5 ～ 10mm，宽 3 ～ 5mm，先端钝圆或微凹，基部圆形，上面绿色，下面被伏贴白色柔毛。总状花序有 10 ～ 20 朵花；总花梗与叶近等长或较长，至果期显著伸长；苞片线状披针形，背面被白色柔毛；小苞片 2；花萼钟状，长 5 ～ 7mm，外面被白色或黑色柔毛，萼齿三角形至钻形；花冠黄色或淡黄色，旗瓣倒卵形，长 12 ～ 20mm，顶端微凹，翼瓣较旗瓣稍短，龙骨瓣与翼瓣近等长；子房有柄，被细柔毛。荚果薄膜质，稍膨胀，半椭圆形，顶端具刺尖，无毛。果颈超出萼外；种子 3 ～ 8 颗。花期 6 ～ 8 月，果期 7 ～ 9 月。

分布于东北、华北及西北各省区，生长于林缘、灌丛或疏林下，亦见于山坡草地或草甸中，全国各地多有栽培。俄罗斯也有分布。

本地区不多见，仅见少数地方有零星栽培，可用种子繁殖。榆林市各地见有零星栽培。

根可入药，为重要的中药材，是《中国药典》指定的中药材“黄芪”的原植物之一。入药具有补气升阳、固表止汗、利水消肿、生津养血、经滞通痹、托毒排脓、敛疮生肌之功效。

糙叶黄芪

Astragalus scaberrimus Bunge

多年生草本。密被白色伏贴毛。根状茎短缩，多分枝，木质化；地上茎不明显或极短，有时伸长而匍匐。羽状复叶有 7 ～ 15 片小叶，长 5 ～ 17cm；叶柄与叶轴等长或稍长；托叶下部与叶柄贴生；小叶椭圆形或近圆形，有时披针形，长 7 ～ 20mm，宽 3 ～ 8mm，两面密被伏贴毛。总状花序有 3 ～ 5 朵花，排列紧密或稍稀疏；苞片披针形，较花梗长；花萼管状，长 7 ～ 9mm，被细伏贴毛，萼齿线状披针形；花冠淡黄色或白色，旗瓣倒卵状椭圆形，先端微凹，中部稍缢缩，下部稍狭成不明显的瓣柄，翼瓣较旗瓣短，瓣片长圆形，先端微凹；龙骨瓣较翼瓣短，瓣片半长圆形；子房有短毛。荚果披针状长圆形，革质，长 8 ～ 13mm，宽 2 ～ 4mm，具短喙，密被白色伏贴毛。花期 4 ～ 8 月，果期 5 ～ 9 月。

分布于东北、华北、西北各省区，生长于山坡石砾质草地、草原、沙丘及沿河流两岸的砂地。俄罗斯、蒙古也有分布。

本地较常见，生长于路旁、山坡沙地草丛中。榆林市各地均有分布。

可作牧草及水土保持植物。

锦鸡儿属 *Caragana* Fabr. 本地常见有2种。

拧条锦鸡儿（拧条）

Caragana korshinskii Kom.

落叶灌木，高1～4m。老枝金黄色，有光泽；嫩枝被白色柔毛。羽状复叶有6～8对小叶；托叶在长枝者硬化成针刺，长3～7mm，宿存；叶轴长3～5cm，脱落；小叶披针形或狭长圆形，长7～8mm，宽2～7mm，先端锐尖或稍钝，有刺尖，基部宽楔形，灰绿色，两面密被白色伏贴柔毛。花梗长6～15mm，密被柔毛，关节在中上部；花萼管状钟形，长8～9mm，宽4～6mm，密被伏贴短柔毛，萼齿三角形或披针状三角形；花冠长20～23mm，旗瓣宽卵形或近圆形，先端截平而稍凹，宽约16mm，具短瓣柄；翼瓣瓣柄细窄，稍短于瓣片，耳短小，齿状；龙骨瓣具长瓣柄，耳极短；子房披针形，无毛。荚果扁，披针形，长2～2.5cm，宽6～7mm，深红褐色。花期5月，果期6月。

分布于内蒙古、宁夏、甘肃、陕西北部等地。生长于半固定和固定沙地，常为优势种。

本地较常见，生长于山坡、河谷灌丛中。榆林市各地均有分布。

优良的固沙植物和水土保持植物，亦可作牧草，春季和秋霜之后羊喜食其枝叶。

中间锦鸡儿

Caragana liouana Zhao Y. Chang & Yakovlev (*Caragana intermedia* Kuang et H. C. Fu)

落叶灌木，高 0.7 ～ 1.5（2）m。老枝黄灰色或灰绿色，幼枝被柔毛。羽状复叶有 3 ～ 8 对小叶；托叶在长枝者硬化成针刺，长 4 ～ 7mm，宿存；叶轴长 1 ～ 5cm，密被白色长柔毛，脱落；小叶椭圆形成倒卵状椭圆形，长 3 ～ 10mm，宽 4 ～ 6mm，先端圆或锐尖，有短刺尖，基部宽楔形，两面密被长柔毛。花梗长 10 ～ 16mm，关节在中部以上，很少在中下部；花萼管状钟形，长 7 ～ 12mm，宽 5 ～ 6mm，密被短柔毛，萼齿三角状；花冠黄色，长 20 ～ 25mm，旗瓣宽卵形或近圆形，瓣柄为瓣片的 1/4 ～ 1/3，翼瓣长圆形，先端稍尖，瓣柄与瓣片近等长，耳不明显；子房无毛。荚果披针形或长圆状披针形，扁，长 2.5 ～ 3.5cm，宽 5 ～ 6mm，先端短渐尖。花期 5 月，果期 6 月。

分布于内蒙古、陕西北部、宁夏（盐池）等地。生长于半固定和固定沙地、黄土丘陵。

本地有分布，生长于山坡、沟岸或黄土丘陵崖畔上。榆林市榆阳区、横山区、神木市、靖边县、绥德县等地均有分布。

优良的固沙和绿化荒山植物。

羊柴属（山竹子属）*Corethrodendron* Fisch. & Basiner

本地常见有1种1变种。

塔落木羊柴（塔郎　山竹子　塔落山竹子　塔落岩黄芪）

***Corethrodendron lignosum* var. *laeve* (Maxim.) L. R. Xu & B. H. Choi**
(*Hedysarum fruticosum* Pall. var. *laeve* (Maxim.) H. C. Fu)

落叶半灌木或小半灌木，高40～80cm。根系发达，茎直立，多分枝，树皮灰黄色或灰褐色，常呈纤维状剥离。小枝黄绿色或带紫红色，嫩枝灰绿色。托叶卵状披针形，早落；小叶11～19，被短柔毛；小叶椭圆形或长圆形，长14～22mm，宽3～6mm，先端钝圆或急尖，基部楔形，两面被毛。总状花序腋生，具4～14朵花；花长15～21mm，疏散排列；苞片三角状卵形；花萼钟状，被短柔毛，萼齿短，短三角状，先端锐尖；花冠紫红色，旗瓣倒卵圆形，长14～20mm，先端圆形，微凹，基部渐狭为瓣柄，翼瓣三角状披针形，等于或稍短于龙骨瓣，龙骨瓣等于或稍短于旗瓣；雄蕊二体；子房线形，被短柔毛。荚果2～3节；节荚椭圆形，具细网纹，幼果被短柔毛，成熟荚果无毛，无刺。种子肾形，黄褐色。花期7～8月，果期8～9月。

分布于宁夏东部、陕西北部、内蒙古南部和山西最北部的草原地区。生长于流沙地或半固定沙丘和沙地。俄罗斯和蒙古均有分布。

本地有分布，见于大昌汗、古城一带沙地林下或路旁灌丛中，栽培或有野生。榆林市北部风沙区较常见，栽培或逸为野生。

本种根系发达，耐干旱，繁殖力强，是干旱沙地良好的固沙植物和优良饲料。用于固定沿河、沿湖移动沙丘的优良水保植物。

细枝羊柴（花棒　细枝岩黄芪　细枝山竹子）

Corethrodendron scoparium Fisch. et Basiner (*Hedysarum scoparium* Fisch. et Mey.)

落叶半灌木，高 80 ～ 300cm。茎直立，多分枝，茎皮亮黄色，呈纤维状剥落。托叶早落。茎下部叶具小叶 7 ～ 11，上部的叶具少数小叶，最上部的叶轴无小叶或仅具 1 枚顶生小叶；小叶线状长圆形或狭披针形，长 15 ～ 30mm，宽 3 ～ 6mm，先端锐尖或渐尖，基部楔形，上面被短柔毛，下面被密的长柔毛。总状花序腋生，花序梗比叶长；花少数，疏散排列；苞片三角状卵形，密被柔毛；花萼钟状，长 5 ～ 6mm，萼齿长为萼筒的 2/3，上萼齿稍短于下萼齿；花冠紫红色，旗瓣宽倒卵形，长 14 ～ 19mm，顶端钝圆，微凹，翼瓣线形，长为旗瓣的 1/2，龙骨瓣稍短于旗瓣；雄蕊二体；子房线形，被短柔毛。荚果 2 ～ 4 节，膨胀，具细网纹和白色密毡毛；种子圆肾形，淡棕黄色，光滑。花期 6 ～ 9 月，果期 8 ～ 10 月。

分布于新疆、青海、甘肃、内蒙古、宁夏等省区，生长于半荒漠的沙丘或沙地。哈萨克斯坦和蒙古南部也有分布。

本地有分布，见于大昌汗、古城等地路旁或沙地林下灌丛中。榆林北部风沙区常见栽培或逸为野生。

本种为优良防风的固沙植物，西北地区普遍栽培，可直播或飞播造林；幼嫩枝叶为优良饲料；花为优良的蜜源。

皂荚属 *Gleditsia* L. 本地常见栽培1种。

皂荚（皂角 皂角树）

Gleditsia sinensis Lam.

落叶乔木，高可达30m。枝灰色至深褐色；刺粗壮，圆柱形，常分枝，多呈圆锥状，长达16cm。叶为一回羽状复叶，长10～18cm；小叶2～9对，纸质，卵状披针形至长圆形，长2～8.5cm，宽1～6cm，先端急尖或渐尖，顶端圆钝，具小尖头，基部圆形或楔形，有时稍歪斜，边缘具细锯齿，上面被短柔毛，下面中脉上稍被柔毛；网脉明显，在两面凸起；小叶柄长1～5mm，被短柔毛。花杂性，黄白色，组成总状花序；花序腋生或顶生，长5～14cm，被短柔毛；雄花直径9～10mm；花托长2.5～3mm，外面被柔毛；萼片4，三角状披针形，长3mm，两面被柔毛；花瓣4，长圆形，长4～5mm，被微柔毛；雄蕊8（6）；退化雌蕊长2.5mm；两性花：直径10～12mm；萼、花瓣与雄花的相似，唯萼片长4～5mm，花瓣长5～6mm；雄蕊8；子房缝线上及基部被毛，柱头浅2裂；胚珠多数。荚果带状，劲直或扭曲，果肉稍厚，两面臌起；果瓣革质，褐棕色或红褐色，常被白色粉霜；种子多颗。不育果实通常称猪牙皂，内无种子。花期3～5月，果期5～12月。

除东北、西北部分省区外，分布几乎遍布全国。生长于山坡林中或谷地、路旁，常栽培于庭园或宅旁。

本地有零星栽培，见于河滨公园等地。榆林市有零星栽培。

本种木材坚硬，为车辆、家具用材；荚果煎汁可代肥皂用；荚、种子均可入药。刺可药用，是《中国药典》指定的中药材“皂角刺”的原植物，入药具有消肿托毒，排脓，杀虫之功效。

大豆属 *Glycine* Willd. 本地常见有1种栽培1种。

大豆（黄豆 毛豆）

Glycine max (L.) Merr.

一年生草本，高30～90cm。茎粗壮，直立，具条棱，密被褐色长硬毛。叶通常具3小叶；托叶宽卵形，被黄色柔毛；小叶宽卵形，近圆形或椭圆状披针形，顶生一枚较大，侧生小叶较小，长5～12cm，宽2.5～8cm。总状花序腋生，通常5～8朵花，苞片及小苞片披针形，被伏贴的刚毛；花萼长4～6mm，花萼钟状，密被黄色长硬毛，萼齿披针形，花小，紫色、淡紫色或白色，长4.5～8mm，旗瓣近圆形，先端微凹并通常外反，基部具瓣柄，翼瓣蓖状，具瓣柄和耳，龙骨瓣斜倒卵形，具短瓣柄；二体雄蕊；子房被毛。荚果肥大，长4～7.5cm，宽8～15mm，长圆形，稍弯，下垂，黄绿色，密被褐黄色长毛；种子2～5颗，种皮光滑，淡绿、黄、褐和黑色等多色，因品种而异。花期6～7月，果期7～9月。

原产于我国，全国各地均有栽培，以东北最著名，亦广泛栽培于世界各地。

大豆是我国重要油料作物之一，已有5000年栽培历史，通常被认为是由野大豆 *Glycine soja* Sieb. et Zucc. 驯化而来，现知约有1000多个栽培品种。

大豆含脂肪约20%，蛋白质约40%，还含有丰富的维生素，富含营养，除供直接食用外，可做酱、酱油和各种豆制食品；茎、叶、豆粕及粗豆粉作肥料和优良的牲畜饲料。豆粕经加工制成的组织蛋白、浓缩蛋白、分离蛋白和纤维蛋白可为多种食品，如人造肉、干酪素、味精及造纸、塑胶工业、人造纤维、火药等的原料。豆油除主要供食用外，亦为重要的工业原料。榨油后的下脚料可作为其他食品工业和医药工业的原料。大豆在工业上用途有500种以上。药用有滋补养心、祛风明目、清热利水、活血解毒等功效。

野大豆

Glycine soja Siebold & Zucc.

一年生缠绕草本，长 1 ～ 4m。全体疏被褐色长硬毛。叶具 3 小叶；托叶卵状披针形，被黄色柔毛。小叶卵圆形或卵状披针形，长 3.5 ～ 6cm，宽 1.5 ～ 2.5cm，先端锐尖至钝圆，基部近圆形，全缘，两面均被糙伏毛。总状花序腋生；花小，长约 5mm；花梗密生黄色长硬毛；苞片披针形；花萼钟状，密生长毛；花冠淡红紫色或白色，旗瓣近圆形，先端微凹，基部具短瓣柄，翼瓣斜倒卵形，有明显的耳，龙骨瓣比旗瓣及翼瓣短小，密被长毛；子房有毛。荚果长圆形，长 17 ～ 23mm，宽 4 ～ 5mm，稍弯，两侧稍扁，密被长硬毛；种子 2 ～ 3 颗，褐色至黑色。花期 7 ～ 8 月，果期 8 ～ 10 月。

除新疆、青海和海南外，分布遍及全国，生长于潮湿的田边、沟旁、河岸、湖边、沼泽、草甸、向阳的矮灌木丛或芦苇丛中。

本地较常见，生长于湿润的河岸、河沟、农田地边草丛中。榆林市各地均有分布。

野大豆具有耐寒、耐盐碱、抗病等许多优良性状，是大豆的近缘种，也是一种重要的种质资源，对于改良大豆品质，培育更多优质大豆品种十分重要。因此已被列为国家二级重点保护野生植物。

全株可作家畜饲料，可栽植作牧草、绿肥和水土保持植物。种子含蛋白质 30% ～ 45%，油脂 18% ～ 22%，可供食用、制酱油和豆腐等。全草还可药用，有补气血、强身、利尿等功效。

甘草属 *Glycyrrhiza* L. 本地常见有1种。

甘草（甜根子　甜草　国老）

Glycyrrhiza uralensis Fisch.

多年生草本，高30～120cm。根与根状茎粗壮，直径1～3cm，外皮褐色，里面淡黄色，具甜味。茎直立，多分枝，密被鳞片状腺点、刺毛状腺体及白色或褐色的绒毛，叶长5～20cm；托叶三角状披针形，两面密被白色短柔毛；叶柄密被褐色腺点和短柔毛；小叶5～17枚，卵形、长卵形或近圆形，长1.5～5cm，宽0.8～3cm，两面均密被黄褐色腺点及短柔毛，顶端钝，基部圆，边缘多少反卷。总状花序腋生，具多数花；苞片长圆状披针形，长3～4mm，褐色，膜质，外面被黄色腺点和短柔毛；花萼钟状，长7～14mm，密被黄色腺点及短柔毛，基部偏斜并膨大呈囊状，萼齿5，上部2齿大部分连合；花冠紫色、白色或黄色，长10～24mm，旗瓣长圆形，顶端微凹，基部具短瓣柄，翼瓣短于旗瓣，龙骨瓣短于翼瓣；子房密被刺毛状腺体。荚果弯曲呈镰刀状或呈环状，密集成球，密生瘤状凸起和刺毛状腺体。种子3～11，暗绿色，圆形或肾形。花期6～8月，果期7～10月。

分布于东北、华北、西北地区及山东等多个省区，常生长于干旱沙地、河岸砂质地、山坡草地及盐渍化土壤中。蒙古、俄罗斯也有分布。

本地较常见，生长于河岸、山坡草丛中。榆林市各地均有分布。

根和根状茎供药用，为《中国药典》指定的著名中药材“甘草”的原植物之一。入药具有补脾益气、清热解毒、祛痰止咳、缓急止痛、调和诸药等功效。由于药用需求量大，野生资源有限，被列为国家二级重点保护野生植物。

米口袋属 *Gueldenstaedtia* Fisch. 本地常见有2种。

狭叶米口袋

Gueldenstaedtia stenophylla Bunge

刘翠英 摄

多年生草本。主根细长，分茎较缩短，具宿存托叶。叶长1.5～15cm，被疏柔毛；叶柄约为叶长的2/5；托叶宽三角形至三角形，被稀疏长柔毛，基部合生；小叶7～19片，早春生的小叶卵形，夏秋的线形，长0.2～3.5cm，宽1～6mm，先端急尖，钝头或截形，顶端具细尖，两面被疏柔毛。伞形花序具2～3朵花，有时4朵；总花梗纤细，被白色疏柔毛，在花期较叶为长；花梗极短或近无梗；苞片及小苞片披针形，密被长柔毛；萼筒钟状，长4～5mm，上2萼齿最大，长1.5～2.3mm，下3萼齿较狭小；花冠粉红色；旗瓣近圆形，长6～8mm，先端微缺，基部渐狭成瓣柄，翼瓣狭楔形具斜截头，长7mm，龙骨瓣长4.5mm，被疏柔毛。种子肾形，直径1.5mm，具凹点。花期4月，果期5～6月。

分布于华北地区以及陕西、甘肃、浙江、河南及江西北部等省区，生长于向阳的山坡、草地等处。

本地有分布，生长于田边地头、山坡路旁草丛中。榆林市各地均有分布。

可作牧草，嫩叶及果实绵羊、山羊喜食。

少花米口袋（米口袋　米布袋）

Gueldenstaedtia verna (Georgi) Boriss.
(*Gueldenstaedtia vernus* Georgi)

多年生草本，高10～20cm。全株被白色长柔毛。主根圆锥形，粗壮，不分枝或少分枝。茎缩短，在根茎上丛生。奇数羽状复叶，小叶9～21；托叶卵形至披针形，外面被长柔毛，基部合生；小叶长卵形至披针形，长4～15mm，宽2～8mm，先端钝或稍尖，基部圆形或稍楔形，全缘，两面被白色长柔毛；或上面毛较少以至近于无毛。总花梗数个自叶丛间发出，花期之初较叶长，后则与叶近等长；伞形花序具花2～4朵；花梗极短或近无梗；苞片及小苞片披针形至条形；花萼钟状，长6～8mm，密被长柔毛，萼齿不等长，上2萼齿较大，其长与萼筒相等，下3萼齿较小。花蓝紫色或紫红色；旗瓣宽卵形，长12～14mm，顶端微凹，基部渐狭成爪；翼瓣矩圆形，较旗瓣短，长8～11mm，上端稍宽，具斜截头，基部有爪；龙骨瓣长5～6mm。子房密被柔毛，花柱顶端卷曲。荚果圆筒形状，长13～20mm，宽3～4mm，被长柔毛；种子肾形，具浅的蜂窝状凹点，有光泽。花期4～5月，果期5～7月。

分布于东北、华北、西北、华东等多个省区，生长于向阳山坡、草地、路旁沙石地。

本地有分布，见于平缓向阳山坡，草地等处。榆林市各地均有分布。

为良好的牧草，牲畜喜食；全草可入药，具有清热解毒之功效。

鸡眼草属 *Kummerowia* Schindl. 本地常见有 1 种。

长萼鸡眼草（掐不齐）

Kummerowia stipulacea (Maxim.) Makino

一年生草本，高 7 ～ 15cm。茎平伏，多分枝，茎和枝上被疏生向上的白毛。叶为三出羽状复叶；托叶 2，卵形；小叶倒卵形、宽倒卵形或倒卵状楔形，长 5 ～ 18mm，宽 3 ～ 12mm，先端微凹或近截形，基部楔形，全缘；下面中脉及边缘有毛，侧脉多而密。花常 1 ～ 2 朵腋生；小苞片 4，生长于萼下；花萼膜质，阔钟形，5 裂；花冠上部暗紫色，旗瓣椭圆形，先端微凹，下部渐狭成瓣柄，较龙骨瓣短，翼瓣狭披针形，与旗瓣近等长，龙骨瓣钝，上面有暗紫色斑点；雄蕊二体。子房有 1 胚珠。荚果扁平，具 1 种子，不开裂。花、果期 7 ～ 10 月。

分布于我国南北各省区，生长于路旁、草地、山坡、固定或半固定沙丘等处。日本、朝鲜、西伯利亚也有分布。

本地较常见，生长于山坡、路旁或沟边草丛中。榆林市各地均有分布。

可作牧草，亦可作绿肥；全草药用，具有清热解毒，健脾利湿之功效。

扁豆属 *Lablab* Adans. 本地常见栽培 1 种。

扁豆

Lablab purpureus (L.) Sweet

多年生、缠绕藤本，茎长可达 6m。全株几无毛，常呈淡紫色。羽状复叶具 3 小叶；托叶基着，披针形；小托叶线形；小叶宽三角状卵形，长 6 ～ 10cm，宽约与长相等，侧生小叶两边不等大，偏斜，先端急尖或渐尖，基部近截平。总状花序直立，长 15 ～ 25cm，花序轴粗壮，总花梗长 8 ～ 14cm；花 2 至多朵簇生于每一节上；花萼钟状，长约 6mm，上方 2 裂齿几完全合生，下方的 3 枚近相等；花冠白色或紫色，旗瓣圆形，基部两侧具 2 枚长而直立的小附属体，附属体下有 2 耳，翼瓣宽倒卵形，具截平的耳，龙骨瓣呈直角弯曲，基部渐狭成瓣柄；子房线形，无毛，花柱比子房长，弯曲不逾 90°，近顶部内缘被白色髯毛。荚果长圆状镰形，扁平；种子 3 ～ 5 颗，扁平，长椭圆形，在白花品种中为白色，在紫花品种中为紫黑色。花、果期 4 ～ 10 月。

我国各地广泛栽培，原产地不详，可能原产于印度，今全世界各地区均有栽培。

本地有栽培，作蔬菜食用。榆林市各地常见栽培。

本种花有红、白两种，豆荚有绿白、浅绿、粉红或紫红等色。嫩荚作蔬食，白花和白色种子入药，有消暑除湿、健脾止泻之效。

胡枝子属 *Lespedeza* Michx. 本地常见有 3 种。

兴安胡枝子（达呼尔胡枝子　达呼里胡枝子）

***Lespedeza davurica* (Laxmann) Schindler**
(*Lespedeza daurica* (Laxm.) Schindl.)

落叶小灌木，高达 1m。茎通常稍斜升，单一或数个簇生；老枝黄褐色或赤褐色，幼枝绿褐色，被白色短柔毛。羽状复叶具 3 小叶；托叶线形，长 2 ～ 4mm；叶柄长 1 ～ 2cm；小叶长圆形或狭长圆形，长 2 ～ 5cm，宽 5 ～ 16mm，先端圆形或微凹，有小刺尖，基部圆形，上面无毛，下面被贴伏的短柔毛；顶生小叶较大。总状花序腋生。较叶短或与叶等长；总花梗密生短柔毛；小苞片披针状线形，有毛；花萼 5 深裂，外面被白毛，萼裂片披针形，先端长渐尖，成刺芒状，与花冠近等长；花冠白色或黄白色，旗瓣长圆形，长约 1cm，中央稍带紫色，翼瓣长圆形，先端钝，龙骨瓣比翼瓣长，先端圆形；闭锁花生长于叶腋，结实。荚果小，倒卵形或长倒卵形，先端有刺尖，两面凸起，有毛，包于宿存花萼内。花期 7 ～ 8 月，果期 9 ～ 10 月。

分布于东北、华北经秦岭淮河以北至西南各省区，生长于干山坡、草地、路旁及沙质地上。朝鲜、日本、俄罗斯也有分布。

本地有分布，生长于河岸、沟谷、山坡路旁灌丛中。榆林市各地均有分布。

为优良的饲用植物，幼嫩枝条各种家畜均喜食，亦可作绿肥。

多花胡枝子（铁鞭草　牛筋齿）

Lespedeza floribunda Bunge.

落叶小灌木，高 30 ～ 60cm。茎常近基部分枝；枝有条棱，被灰白色绒毛。羽状复叶具 3 小叶；小叶具柄，倒卵形，宽倒卵形或长圆形，长 1 ～ 1.5cm，宽 6 ～ 9mm，先端微凹、钝圆或近截形，具小刺尖，基部楔形，上面被疏伏毛，下面密被白色伏柔毛；侧生小叶较小。总状花序腋生；总花梗细长，显著超出叶；花多数；花萼长 4 ～ 5mm，花萼杯状，被柔毛，5 裂，裂片披针形，先端渐尖；花冠紫色或紫红色；旗瓣椭圆形，长 8mm，先端圆形，基部有柄，翼瓣稍短，龙骨瓣长于旗瓣，子房被毛。荚果宽卵形，长约 7mm，密被柔毛。花期 6 ～ 9 月，果期 9 ～ 10 月。

分布于我国南北各省区，生长于石质山坡灌丛中。印度、巴基斯坦、日本也有分布。

本地有分布，较常见，见于黄河沿岸土石山坡灌丛中。榆林市靖边县、清涧县也有分布。

水土保持植物，亦可作饲料或绿肥。

牛枝子（牛筋子　牛筋齿）

Lespedeza potaninii Vass.

落叶半灌木，高 20 ～ 60cm。茎斜升或平卧，基部多分枝，被粗硬毛。托叶刺毛状，长 2 ～ 4mm；羽状复叶具 3 小叶，小叶狭长圆形，稀椭圆形至宽椭圆形，长 8 ～ 15mm，宽 3 ～ 5mm，先端钝圆或微凹，具小刺尖，基部稍偏斜，上面苍白绿色，无毛，下面被灰白色粗硬毛。总状花序腋生；总花梗长，明显超出叶；花疏生；小苞片锥形，长 1 ～ 2mm；花萼密被长柔毛，5 深裂，裂片披针形，长 5 ～ 8mm，先端长渐尖，呈刺芒状；花冠黄白色，稍超出萼裂片，旗瓣中央及龙骨瓣先端带紫色，翼瓣较短；闭锁花腋生，无梗或近无梗。荚果倒卵形，长 3 ～ 4mm，双凸镜状，密被粗硬毛，包于宿存萼内。花期 7 ～ 9 月，果期 9 ～ 10 月。

分布于全国多个省区，生长于荒漠草原、草原带的沙质地、砾石地、丘陵地、石质山坡及山麓。

本地较常见，生长于河岸、沟谷、山坡路旁灌丛中。榆林市米脂县、绥德县、横山区、靖边县、定边县、神木市等地均有分布。

为优质饲用植物，耐干旱，可作水土保持及固沙植物。

百脉根属 *Lotus* L. 本地常见有2种。

百脉根

Lotus corniculatus L.

多年生草本，高15～50cm。茎丛生，平卧或上升。羽状复叶小叶5枚；顶端3小叶，基部2小叶，斜卵形至倒披针状卵形，长5～15mm，宽4～8mm，中脉不清晰；小叶柄长约1mm，密被黄色长柔毛。伞形花序；有花3～7朵，集生于总花梗顶端；花梗短，基部有苞片3枚；苞片叶状，宿存；萼钟形，长5～7mm，宽2～3mm，萼齿近等长，狭三角形，与萼筒等长；花冠黄色或金黄色，干后常变蓝色，旗瓣扁圆形，瓣片和瓣柄几等长，长10～15mm，宽6～8mm，翼瓣和龙骨瓣等长，略短于旗瓣，龙骨瓣呈直角三角形弯曲；雄蕊两体；花柱直，等长于子房成直角上指，柱头点状，子房线形，胚珠35～40粒。荚果直，线状圆柱形，长20～25mm，径2～4mm，褐色，二瓣裂，扭曲；种子细小，灰褐色。花期5～9月，果期7～10月。

分布于西北、西南地区和长江中上游各省区。生长于湿润而呈弱碱性的山坡、草地、田野或河滩地。亚洲、欧洲、北美洲和大洋洲均有分布。

本地有分布，见于黄河河滩草丛中。榆林市有零星分布。

本种是良好的牧草或饲料，茎叶柔软多汁，碳水化合物含量丰富，品质超过苜蓿和车轴草。生长期长，能抗寒耐涝，在暖温带地区的豆科牧草中花期较早，到秋季仍能生长，茎叶丰盛，年割草可达4次。花中含有苦味甙和氢氰酸，但干草或经青贮处理后毒性即可消失。具根瘤菌，有改良土壤的功能。花期长，泌蜜丰富，是优良的蜜源植物。

细叶百脉根（地羊鹊）

Lotus tenuis **Waldst. et Kit. ex Willd.**

多年生草本，高 20 ～ 30cm。茎细柔，直立，节间较长，中空。羽状复叶小叶 5 枚；叶轴长 2 ～ 3mm；小叶线形至长圆状线形，长 12 ～ 25mm，宽 2 ～ 4mm，大小略不相等，中脉不清晰；小叶柄短，几无毛。伞形花序；总花梗长 3 ～ 8cm；花 1 ～ 3 朵，顶生，长 8 ～ 13mm；苞片 1 ～ 3 枚，叶状，比萼长；花梗短；萼钟形，长 5 ～ 6mm，宽 3mm，几无毛，萼齿狭三角形渐尖，与萼筒等长；花冠黄色带细红脉纹，旗瓣圆形，稍长于翼瓣和龙骨瓣，翼瓣略短；雄蕊两体，上方离生 1 枚较短，其余 9 枚 5 长 4 短，分列成两组；花柱直，无毛，子房线形，胚珠多数。荚果直，圆柱形，长 2 ～ 4cm；种子球形，橄榄绿色，平滑。花期 5 ～ 8 月，果期 7 ～ 9 月。

分布于西北各省区，生长于潮湿的沼泽地边缘或湖旁草地。欧洲、中东和西伯利亚均有分布。

本地较常见，生长于河滩湿地及池塘边草丛中。榆林市榆阳区、神木市、米脂县等地均有分布。

优良牧草，亦可作蜜源植物；全草还可入药，具有止渴、祛热之功效。

苜蓿属 *Medicago* L. 本地常见有2种，栽培2种。

天蓝苜蓿（野苜蓿　黄花苜蓿）

Medicago lupulina L.

一两年生或多年生草本，高15～60cm。全株被柔毛或有腺毛。主根浅，须根发达。茎平卧或上升，多分枝。羽状三出复叶；托叶卵状披针形，长可达1cm，先端渐尖，基部圆或戟状，常齿裂；小叶倒卵形、阔倒卵形或倒心形，长5～20mm，宽4～16mm，先端多少截平或微凹，基部楔形，两面均被毛，侧脉近10对，平行达叶边，几不分叉；顶生小叶较大，小叶柄长2～6mm，侧生小叶柄甚短。头状花序小，具花10～20朵；总花梗细，挺直，密被贴伏柔毛；苞片刺毛状；花长2～2.2mm；萼钟形，长约2mm，密被毛，萼齿线状披针形；花冠黄色，旗瓣近圆形，顶端微凹，翼瓣和龙骨瓣近等长，均比旗瓣短；子房阔卵形，被毛，花柱弯曲，胚珠1粒。荚果肾形，表面具同心弧形脉纹，熟时变黑；有种子1粒。种子卵形，褐色，平滑。花期7～9月，果期8～10月。

分布于我国南北各地。生长于气候凉爽及水分良好的土壤，但在各种条件下都有野生，常见于河岸、路边、田野及林缘。欧亚大陆广泛分布，世界各地都有归化种。

本地较常见，生长于河滩、村落、屋场及路旁草丛中。榆林市各地均有分布。

优质牧草，营养价值高，适口性好，牲畜喜食。

花苜蓿（扁蓿豆）

Medicago ruthenica (L.) Trautv.

多年生草本，高 20～70cm。根系发达。茎直立或上升，四棱形，基部分枝，丛生，羽状三出复叶；托叶披针形，锥尖，脉纹清晰；叶柄比小叶短，长 2～7mm，被柔毛；小叶形状变化很大，长 10～15mm，宽 3～7mm，边缘具尖齿，上面近无毛，下面被贴伏柔毛，侧脉伸出叶边成尖齿，两面均隆起；顶生小叶稍大。花序伞形，具花 6～9 朵；总花梗腋生，通常比叶长；苞片刺毛状；花梗长 1.5～4mm，被柔毛；花长 6～9mm；萼钟形，长 2～4mm，宽 1.5～2mm，被柔毛，萼齿披针状锥尖，与萼筒等长或短；花冠黄褐色，中央具深红色至紫色条纹，旗瓣倒卵状长圆形、倒心形至匙形，先端凹头，翼瓣稍短，长圆形，龙骨瓣明显短，卵形，均具长瓣柄；子房线形，花柱短，胚珠 4～8 粒。荚果长圆形或卵状长圆形，扁平，长 8～15mm，宽 3.5～5mm，先端具短喙，熟后变黑；有种子 2～6 粒。种子椭圆状卵形，棕色。花期 6～9 月，果期 8～10 月。

分布于东北、华北及甘肃、山东、四川等地。生长于草原、砂地、河岸及砂砾质土壤的山坡旷野。蒙古、俄罗斯也有分布。

本地有分布，生长于山坡路旁或沟谷草丛中。榆林市横山区、靖边县均有分布。

优质牧草，营养价值高，适口性好，牲畜喜食。

苜蓿（紫苜蓿）

***Medicago sativa* L.**

多年生草本，高0.3～1m。根系发达，主根粗而长，入土深度可达2m以上；茎直立、丛生或匍匐，四棱形，无毛或微被柔毛；羽状三出复叶，托叶大，卵状披针形；顶生小叶较大；叶柄比小叶短；小叶长卵形、倒长卵形或线状卵形，长1～4cm，先端钝圆，具小刺尖，基部楔形，叶缘上部有锯齿，上面无毛，下面被贴伏柔毛，花序总状或头状，具5～10朵花；花序梗比叶长；苞片线状锥形；花长0.6～1.2cm；花萼钟形，萼齿5，比萼筒长；花冠紫色，旗瓣倒卵形，明显长于翼瓣和龙骨瓣，龙骨瓣稍短于翼瓣；子房线形，具柔毛，花柱稍向内弯，柱头头状，胚珠多数；荚果螺旋状，紧卷1～2.5圈，密生伏毛；种子肾形，黄褐色。花期5～7月，果期6～8月。

原产于西亚，汉代张骞出使西域时带回，现全国各地都有栽培或呈半野生状态；生长于田边、路旁、旷野、草原、河岸及沟谷等地。世界各国广泛种植为饲料与牧草。

本地极为常见，栽培作牧草或饲料，生长于农田、地边、路旁、山坡草丛中。榆林市各地均有栽培或逸为野生。

幼苗可食用，亦为优良牧草。花期长，是很好的蜜源植物。全草可入药，具有利尿、开胃之功效。

杂交苜蓿（白花苜蓿）

Medicago × *varia* Martyn

多年生草本，高 60 ～ 80cm。茎直立、平卧或上升，具四棱，多分枝，上部微被开展柔毛。羽状三出复叶；托叶披针形，先端渐尖，基部稍具齿裂；下部叶柄较小叶长，上部均比小叶短；小叶长倒卵形至椭圆形，长 10 ～ 25mm，宽 3 ～ 10mm，先端钝圆，具由中脉伸出长齿尖，基部钝圆或阔楔形，叶缘中部以上具浅锯齿，上面无毛，下面微被贴伏柔毛，侧脉 8 对；顶生小叶具小叶柄。花序长圆形，具花 8 ～ 15 朵，初时紧密，花期伸长而疏松；总花梗挺直，腋生比叶长；苞片线状锥形，通常比花梗短；花长 9 ～ 10mm；花梗长 2 ～ 3mm；萼钟形，微被毛，萼齿披针状三角形，与萼筒等长或稍长；花冠各色，花期内逐渐变色由灰黄色转蓝色、紫色至深紫色，也有棕红色的；旗瓣卵状长圆形，常带条状色纹，先端微凹，比翼瓣和龙骨瓣长，翼瓣与龙骨瓣几等长，均钝头，并具瓣柄；子房线形，被柔毛，花柱短，略弯曲，柱头头状，胚珠 6 ～ 8 粒。荚果旋转 1 ～ 1.5 圈，松卷，径 7 ～ 9mm，中央有孔，被贴伏柔毛；有种子 3 ～ 6 粒，种子卵形，棕色。花期 7 ～ 8 月。

本种系苜蓿和野生苜蓿自然杂交产生的类型，性状变化较大，全国大部分省区均有分布。

本地早些年曾有栽培，现逸为野生，见于胡桥沟等地。榆林市有零星分布。

优质牧草，营养价值高，适口性好，牲畜喜食。

草木樨属 *Melilotus* (L.) Mill. 本地常见有 2 种。

白花草木樨

Melilotus albus Desr.

一年或两年生草本，高 70 ～ 200cm。茎圆柱形，中空，多分枝。羽状三出复叶；托叶尖刺状锥形；小叶长圆形或倒披针状长圆形，长 15 ～ 30mm，宽 6 ～ 12mm，先端钝圆，基部楔形，边缘疏生浅锯齿，上面无毛，下面被细柔毛，侧脉 12 ～ 15 对，平行直达叶缘齿尖，顶生小叶稍大。总状花序腋生，具花 40 ～ 100 朵，排列疏松；苞片线形；花长 4 ～ 5mm；花萼钟形，长约 2.5mm，萼齿三角状披针形，短于萼筒；花冠白色，旗瓣椭圆形，稍长于翼瓣，龙骨瓣与翼瓣等长或稍短；子房卵状披针形，胚珠 3 ～ 4 粒。荚果椭圆形至长圆形，长 3 ～ 3.5mm，棕褐色，老熟后变黑褐色；有种子 1 ～ 2 粒。种子卵形，棕色，表面具细瘤点。花期 5 ～ 7 月，果期 7 ～ 9 月。

原产于欧洲大陆，20 世纪 40 年代作为牧草引入中国，分布于东北、华北、西北及西南各省区，生长于田边、路旁荒地及湿润的砂地。欧洲、中东、西南亚、中亚及西伯利亚均有分布。现已广泛引种到北美洲。

本地较常见，生长于路旁、农田地边或山坡草丛中。榆林市各地均有分布。

本种适应北方气候，生长旺盛，是优良的饲料植物与绿肥。

草木樨（黄香草木樨　黄花草木樨）

Melilotus suaveolens Ledeb.
(*Melilotus officinalis* (L.) Pall.)

两年生草本，高 40 ～ 100cm。茎直立，多分枝，具纵棱，微被柔毛。羽状三出复叶；托叶镰状线形，中央有 1 条脉纹，全缘或基部有 1 尖齿；小叶倒卵形、阔卵形、倒披针形至线形，长 15 ～ 25mm，宽 5 ～ 15mm，先端钝圆或截形，基部阔楔形，边缘具不整齐疏浅齿，上面无毛，粗糙，下面散生短柔毛，侧脉 8 ～ 12 对，平行直达齿尖。总状花序腋生，具花 30 ～ 70 朵；苞片刺毛状；花长 3.5 ～ 7mm；萼钟形，脉纹 5 条，萼齿三角状披针形，比萼筒短；花冠黄色，旗瓣倒卵形，与翼瓣近等长，龙骨瓣稍短或三者均近等长；雄蕊筒在花后常宿存；子房卵状披针形。荚果卵形，长 3 ～ 5mm，宽约 2mm，先端具宿存花柱，表面具横向细网纹，棕黑色；有种子 1 ～ 2 粒。种子卵形，黄褐色。花期 5 ～ 9 月，果期 6 ～ 10 月。

原产于欧洲，清代引入中国。分布于东北、华南、西南各地，全国各省常见栽培。生长于山坡、河岸、路旁、砂质草地及林缘。欧洲、中东、中亚、东亚均有分布。

本地极为常见，生长于山坡、农田地边、路旁草丛中。栽培或逸为野生。榆林市各地均有分布。

为优良牧草或作绿肥，耐盐碱，亦可作为水土保持植物和蜜源植物。全草可入药，具有止咳平喘、散结止痛之功效。

棘豆属 *Oxytropis* DC. 本地常见有2种。

二色棘豆（地角儿苗　地丁　鸡嘴嘴）

Oxytropis bicolor Bunge

多年生草本，高5～20cm。外倾，植株各部密被开展的白色绢状长柔毛，淡灰色。主根发达，暗褐色。茎缩短，簇生。轮生羽状复叶长4～20cm；托叶膜质，卵状披针形，与叶柄基部合生，先端分离而渐尖，密被白色绢状长柔毛；叶轴有时微具腺体；小叶7～17轮（对），对生或4片轮生，条形或条状披针形，长3～23mm，宽1.5～6.5mm，先端急尖，基部圆形，边缘常反卷，两面密被绢状长柔毛。花葶与叶等长或稍长，直立或平卧，被开展长硬毛；苞片披针形，疏被白色柔毛；花萼筒状，长9～12mm，宽2.5～4mm，密被长柔毛，萼齿线状披针形，长3～5mm；花冠紫红色、蓝紫色，旗瓣菱状卵形，长14～20mm，宽7～9mm，干后有黄绿色斑，翼瓣长圆形，先端斜宽，微凹，龙骨瓣有喙；子房有短柄，密被长柔毛。荚果几革质，卵状长圆形，膨胀，先端具长喙，密被长柔毛。种子宽肾形，暗褐色。花、果期4～9月。

分布于华北、西北及河南等省区，生长于山坡、砂地、路旁及荒地上。蒙古东部也有分布。

本地有分布，见于胡桥沟、郝家寨等地河谷山坡草丛中。榆林市各地均有分布。

冬季和春季可作牧草。

砂珍棘豆（泡泡草　泡泡豆）

Oxytropis racemosa Turcz.

多年生草本，高 5 ～ 30cm。根圆柱形。茎缩短，多头。轮生羽状复叶长 5 ～ 14cm；托叶膜质，大部与叶柄贴生，被柔毛；叶柄与叶轴密被长柔毛；小叶轮生，6 ～ 12 轮，每轮 4 ～ 6 片，或有时为 2 小叶对生，长圆形、线形或披针形，长 5 ～ 10mm，宽 1 ～ 2mm，先端尖，基部楔形，两面密被贴伏长柔毛。顶生总状花序呈头状；总花梗长 6 ～ 15cm，被绒毛；苞片披针形，比花萼短而宿存；花长 8 ～ 12mm；花萼管状钟形，萼齿线形，被短柔毛；花冠红紫色或淡紫红色，旗瓣匙形，长 12mm，先端圆或微凹，基部渐狭成瓣柄，翼瓣卵状长圆形，长 11mm，龙骨瓣长 9.5mm；雄蕊二体；子房微被毛或无毛，花柱先端弯曲。荚果膜质，卵状球形，膨胀，先端具钩状短喙，被短柔毛。种子肾状圆形，暗褐色。花期 5 ～ 7 月，果期 6 ～ 10 月。

分布于东北、华北及陕西（北部）、宁夏等多个省区，生长于沙滩、沙丘、沙质坡地及丘陵地区阳坡，为草原带的沙生植物。蒙古和朝鲜也有分布。

本地有分布，见于大昌汗、古城等地薄层片沙区道路旁、沙地及灌丛下。榆林市各地均有分布，以北部沙区最常见。

饲用植物，全草可入药，具有消食健脾之功效。

菜豆属 *Phaseolus* L. 本地常见栽培 2 种。

荷包豆（红花菜豆　多花菜豆　看花豆）

Phaseolus coccineus L.

多年生缠绕草本。在温带地区通常作一年生作物栽培，具块根；茎长 2 ～ 4m 或更长，被毛或无毛。羽状复叶具 3 小叶；托叶小，不显著；小叶卵形或卵状菱形，长 7.5 ～ 12.5cm，宽有时过于长，先端渐尖或稍钝，两面被柔毛或无毛。花数朵生长于较叶为长的总花梗上，排成总状花序；苞片长圆状披针形，通常和花梗等长，多少宿存，小苞片长圆状披针形，与花萼等长或较萼为长；花萼阔钟形，无毛或疏被长柔毛，萼齿远较萼管为短；花冠通常鲜红色，偶为白色，长 1.5 ～ 2cm。荚果镰状长圆形，长 5 ～ 16cm，宽约 1.5cm；种子阔长圆形，长 1.8 ～ 2.5cm，宽 1.2 ～ 1.4cm，深紫色而具红斑、黑色或红色，稀为白色。

原产于中美洲，全世界温带地区广泛栽培。我国东北、华北至西南多个省区均有栽培。

本地有栽培，嫩荚及种子可食用，或栽培作观赏。榆林市各地有零星栽培。

菜豆（四季豆　芸豆　云扁豆　豆角）

Phaseolus vulgaris L.

一年生缠绕或近直立草本。茎被短柔毛或老时无毛。羽状复叶具 3 小叶；托叶披针形，小叶宽卵形或卵状菱形，侧生的偏斜，长 4 ~ 16cm，宽 2.5 ~ 11cm，先端长渐尖，有细尖，基部圆形或宽楔形，全缘，被短柔毛。总状花序比叶短，有数朵生长于花序顶部的花；小苞片卵形，宿存；花萼杯状，长 3 ~ 4mm，上方的 2 枚裂片连合成一微凹的裂片；花冠白色、黄色、紫堇色或红色；旗瓣近方形，宽 9 ~ 12mm，翼瓣倒卵形，龙骨瓣长约 1cm，先端旋卷，子房被短柔毛，花柱压扁。荚果带形，长 10 ~ 15cm，宽 1 ~ 1.5cm，稍弯曲，略肿胀，通常无毛，顶有喙；种子 4 ~ 6，长椭圆形或肾形，白色、褐色、蓝色或有花斑，种脐通常白色。花期春夏。

全国均有栽培，原产美洲，现广植于各热带至温带地区。

本地常见栽培作蔬菜食用。榆林市各地普遍栽培。

本种是栽培最广的一种作物，嫩荚供蔬食，品种逾 500 个，故植株的形态，花的颜色和大小，荚果及种子的形状和颜色均有较大的变异。资料显示，新鲜的豆含水分 85.2%，蛋白质 6.1%，脂肪 0.2%，碳水化合物 6.3%，纤维 1.4%，灰分 0.8%。

豌豆属 *Pisum* L. 本地常见栽培1种。

豌豆（荷兰豆）

Pisum sativum L.

一年生攀援草本，高0.5～2m。全株绿色，光滑无毛，被粉霜。叶具小叶4～6片，托叶比小叶大，叶状，心形，下缘具细牙齿。小叶卵圆形，长2～5cm，宽1～2.5cm；花单生长于叶腋或数朵排列为总状花序；花萼钟状，深5裂，裂片披针形；花冠颜色多样，随品种而异，但多为白色和紫色，雄蕊二体。子房无毛，花柱扁，内面有髯毛。荚果肿胀，长椭圆形，长2.5～10cm，宽7～14mm，顶端斜急尖，背部近于伸直，内侧有坚硬纸质的内皮；种子2～10颗，圆形，青绿色，有皱纹或无，干后变为黄色。花期6～7月，果期7～9月。

原产于欧洲，现世界多国引种。我国至少在汉代已引入栽培，现全国各地均有栽培。

本地常见栽培作蔬菜食用。榆林市各地均有栽培。

种子及嫩荚、嫩苗（茎尖）均可食用；种子含淀粉、油脂，用豌豆淀粉做成的凉粉是很好的食品；种子亦可作药用，有强身、利尿、止泻之功效；茎叶能清凉解暑，并可作绿肥或饲料。

刺槐属 *Robinia* L. 本地常见有1种，栽培有1栽培变种。

刺槐（洋槐）

Robinia pseudoacacia L.

落叶乔木，高可达25m；树皮灰褐色至黑褐色，浅裂至深纵裂。具托叶刺，长达2cm。羽状复叶长10～25cm；小叶2～12对，常对生，椭圆形、长椭圆形或卵形。总状花序腋生，长10～20cm，下垂，花多数，芳香；花萼斜钟状，萼齿5，密被柔毛；花冠白色，各瓣均具瓣柄，旗瓣近圆形，长16mm，宽约19mm，先端凹缺，基部圆，反折，内有黄斑，翼瓣斜倒卵形，与旗瓣几等长，长约16mm，龙骨瓣镰状，三角形，与翼瓣等长或稍短，前缘合生；雄蕊二体；子房线形，无毛，花柱钻形，上弯，顶端具毛，柱头顶生。荚果褐色，或具红褐色斑纹，线状长圆形，扁平，先端上弯，具尖头；花萼宿存，有种子2～15粒；种子褐色至黑褐色。花期4～6月，果期8～9月。

原产于美国东部，我国于18世纪末从欧洲引入青岛栽培，现全国各地广泛栽植或逸为野生。

本地较为常见，栽植于各公园、机关，村落四旁或道路旁。榆林市各地常见栽培或逸为野生。

材质硬重，宜作枕木、车辆、建筑等多种用材；花芳香，可食，亦是优良的蜜源植物。

香花槐

Robinia × ambigua 'idahoensis'

落叶乔木，株高 10 ～ 12m。树干褐色至灰褐色，小枝无托叶形成的刺。叶互生，羽状复叶，由 7 ～ 19 片小叶组成，叶椭圆形至卵状长圆形，长 3 ～ 6cm，光滑，深绿色有光泽。总状花序具多数花，最多可达 200 ～ 500 朵小花，花红色，有芳香气，花萼钟状，具 5 齿，花冠呈蝶形，旗瓣大，反折，翼瓣弯曲，龙骨瓣沿连接处合生，雄蕊 10 枚，二体，子房具柄，柱头钻状。果实未见。花期 5 ～ 6 月。

原产于西班牙，1992 年引入中国试种成功。各地多栽培。

香花槐枝繁叶茂，全株树形自然开张，树冠开阔，树干笔直，树态苍劲挺拔，树景壮观，观赏价值极佳。是公园、庭园、街道、花坛等园林绿化的上选树种。

本地较常见，县城河滨公园、部分机关院落及公路沿线常见栽培。榆林市有零星栽培。

苦马豆属 *Sphaerophysa* DC. 本地常见有1种。

苦马豆（泡泡豆　羊尿泡　羊卵泡草）

Sphaerophysa salsula (Pall.) DC.

半灌木或多年生草本，茎直立或下部匍匐，高30～60cm或更高。全株被灰白色丁字毛；羽状复叶具小叶11～21片，托叶线状披针形，三角形至钻形。小叶倒卵形至倒卵状长圆形，长5～15mm，宽3～6mm，先端微凹至圆形，基部圆至宽楔形；两面被柔毛。总状花序腋生，长6～17cm，有花6～16朵；苞片卵状披针形；花萼钟状，萼齿三角形；花冠鲜红色，后变紫红色，旗瓣近圆形，向外反折，长12～13mm，宽12～16mm，先端微凹，基部具短柄，翼瓣较龙骨瓣短，先端圆，基部具爪和耳，龙骨瓣与翼瓣近等长。雄蕊二体；子房近线形，被柔毛，花柱弯曲，柱头近球形。荚果膨胀，果瓣膜质，膀胱状；种子肾形，褐色。花期5～8月，果期6～9月。

产于东北、华北及西北各省区，生长于山坡、草原、荒地、沙滩、沟渠旁及盐池周围，较耐干旱，习见于盐化草甸、强度钙质性灰钙土上。蒙古、俄罗斯也有分布。

本地较常见，生长于山谷沟底，山坡草地或河滩湿润草甸中。榆林市各地均有分布。

植株作绿肥及饲草。地上部分含球豆碱，入药可用于产后出血、子宫松弛及降低血压等；亦可代替麦角。花色艳丽，果形奇特，亦可作城市绿化观赏植物。

苦参属 *Sophora* L. 本地常见有1种。

苦豆子

Sophora alopecuroides L.

多年生草本，高可达1m。枝被灰白色长柔毛或贴伏柔毛。羽状复叶有小叶7～13对，对生或近互生，披针状长圆形或椭圆状长圆形，长15～30mm，宽约10mm，先端钝圆或急尖，基部宽楔形或圆形，上面被疏柔毛，下面毛被较密。总状花序顶生；具多花；花萼斜钟状，萼齿5，不等大，三角状卵形；花冠白色或淡黄色，旗瓣形状多变，通常为长圆状倒披针形，长15～20mm，宽3～4mm，先端圆或微缺，或明显呈倒心形，翼瓣常单侧生，稀近双侧生，卵状长圆形，具三角形耳，龙骨瓣与翼瓣相似，先端明显具突尖，背部明显呈龙骨状盖叠；雄蕊10，花丝不同程度连合，有时近二体雄蕊，子房密被白色柔毛，柱头圆点状，被稀少柔毛。荚果串珠状，具多数种子；种子卵球形，褐色或黄褐色。花期5～6月，果期8～10月。

分布于西北地区及内蒙古、山西、河南、西藏等省区。多生长于干旱沙漠和草原边缘地带。俄罗斯、阿富汗、伊朗、土耳其、巴基斯坦和印度北部也有分布。

本地有分布，见于黄河沿岸、西部、北部沙土地草丛中。榆林市各地均有分布。

本种耐旱、耐碱性强，生长快，在黄河两岸常栽培以固定土沙；有毒植物，青鲜状态下牲畜不可食。根可入药。

槐属 *Styphnolobium* Schott　本地常见栽培1种变型。

槐（国槐　中国槐　老槐）

Styphnolobium japonicum **(L.) Schott**
(*Sophora japonica* Linn.)

落叶乔木，高达25m。树皮灰褐色，具纵裂纹。当年生枝绿色，无毛。羽状复叶长达25cm；托叶早落；小叶4～7对，对生或近互生，卵状披针形或卵状长圆形，长2.5～6cm，宽1.5～3cm，先端渐尖，基部宽楔形或近圆形；小托叶2枚，钻状。圆锥花序顶生，常呈金字塔形，长达30cm；小苞片2枚，形似小托叶；花萼浅钟状，萼齿5，近等大，圆形或钝三角形，被灰白色短柔毛，萼管近无毛；花冠白色或淡黄色，旗瓣近圆形，有紫色脉纹，先端微缺，基部浅心形，翼瓣卵状长圆形，先端浑圆，基部斜戟形，龙骨瓣阔卵状长圆形，与翼瓣等长；雄蕊近分离，宿存；子房近无毛。荚果串珠状，成熟后不开裂；种子卵球形，淡黄绿色，干后黑褐色。花期7～8月，果期8～10月。

原产于我国，现南北各省区广泛栽培，华北和黄土高原地区尤为多见。日本、越南也有分布，朝鲜见有野生，欧洲、美洲各国有引种。

本地各公园、旅游景点、城镇街道随处可见作行道树、景观树。槐也是西安市的市树。榆林市各地均有栽培。

树冠优美，花芳香，是优良的行道树和蜜源植物；花蕾及花可入药，是《中国药典》指定的中药材“槐花”的原植物，入药具有凉血止血，清肝泻火的功效。木材供建筑用。

龙爪槐

龙爪槐（倒栽槐　垂枝槐）

***Styphnolobium japonicum* f. *pendula*.**

龙爪槐是槐在长期栽培过程中产生的一个变型（form）与槐的区别在于本变型枝和小枝均下垂，并向不同方向弯曲盘旋，形似龙爪，极具观赏价值。

公园、庭园栽培供观赏。

野决明属 *Thermopsis* R. Br. 本地常见有1种。

披针叶野决明（披针叶黄华 面人眼睛草）

Thermopsis lanceolata R. Br.

多年生草本，高 12 ～ 30cm。茎直立，分枝或单一，被黄白色贴伏或伸展柔毛。掌状复叶具 3 小叶；叶柄短；托叶 2，卵状披针形，先端渐尖，基部楔形，上面近无毛，下面被贴伏柔毛；小叶狭长圆形、倒披针形，长 2.5 ～ 7.5cm，宽 5 ～ 16mm，上面通常无毛，下面多少被贴伏柔毛。总状花序顶生，花于花序轴每节 2 ～ 6 朵轮生；苞片线状卵形或卵形，先端渐尖，宿存；花萼钟形，长 1.5 ～ 2.2cm，萼齿披针形，密被毛。花冠黄色，旗瓣近圆形，长 2.5 ～ 2.8cm，宽 1.7 ～ 2.1cm，先端微凹，基部渐狭成瓣柄，翼瓣和龙骨瓣较旗瓣短；子房密被柔毛。荚果线形，扁平，黄褐色，种子位于中央。种子圆肾形，黑褐色。花期 5 ～ 7 月，果期 6 ～ 10 月。

分布于华北地区及陕西、宁夏、甘肃等省区，生长于草原沙丘、河岸和沙滩。蒙古及中亚各国也有分布。

本地较常见，生长于河滩、山坡草丛中。榆林市榆阳区、神木市、横山区、米脂县、子洲县、靖边县、定边县等地均有分布。

有毒植物，少量供药用，有祛痰止咳之功效。

野豌豆属 *Vicia* L. 本地常见有2种，栽培1种。

大花野豌豆（三齿草藤　野豌豆　三齿萼野豌豆　三齿野豌豆）

Vicia bungei Ohwi

一年或两年生缠绕或匍匐状草本，高15～40cm。茎有棱，多分枝。偶数羽状复叶顶端卷须有分枝；托叶半箭头形，长0.3～0.7cm，有锯齿；小叶3～5对，长圆形或狭倒卵长圆形，长1～2.5cm，宽0.2～0.8cm，先端平截微凹，下面叶脉明显，被疏柔毛。总状花序长于叶或与叶轴近等长；具花2～4（5）朵，着生于花序轴顶端，长2～2.5cm，萼钟形，被疏柔毛，萼齿披针形；花冠红紫色或金蓝紫色，旗瓣倒卵状披针形，先端微缺，翼瓣短于旗瓣，长于龙骨瓣；子房柄细长，沿腹缝线被金色绢毛，花柱上部被长柔毛。荚果扁长圆形，长2.5～3.5cm，宽约7mm。种子2～8粒，球形，直径约3mm。花期4～5月，果期6～7月。

分布于全国多个省区。生长于山坡、谷地、草丛、田边及路旁。

本地较常见，生长于田边地头，村落附近及路旁草丛中。榆林市有分布，以南部较多。

本种为水土保持或绿肥作物；嫩时做饲料；早春开花，为重要的蜜源植物。

广布野豌豆（毛苕子 野豌豆 草藤 鸡蔓 羊齿齿草）

***Vicia cracca* L.**

多年生草本，高 40 ～ 150cm。根细长，多分支。茎攀援或蔓生，有棱，被柔毛。偶数羽状复叶，叶轴顶端卷须有 2 ～ 3 分支；托叶半箭头形或戟形，上部 2 深裂；小叶 5 ～ 12 对互生，线形、长圆或披针状线形，长 1.1 ～ 3cm，宽 2 ～ 4mm，先端锐尖或圆形，具短尖头，基部近圆形或近楔形，全缘；叶脉稀疏，呈三出脉状，不甚清晰。总状花序与叶轴近等长，花多数，10 ～ 40 朵密集一面，着生于总花序轴上部；花萼钟状，萼齿 5，近三角状披针形；花冠紫色、蓝紫色或紫红色，长 0.8 ～ 1.5cm；旗瓣长圆形，中部缢缩呈提琴形，先端微缺，瓣柄与瓣片近等长；翼瓣与旗瓣近等长，明显长于龙骨瓣，先端钝；子房有柄，胚珠 4 ～ 7，花柱弯与子房连接处呈大于 90° 夹角，上部四周被毛。荚果长圆形或长圆菱形，长 2 ～ 2.5cm，宽约 0.5cm，先端有喙。种子 3 ～ 6，扁圆球形，种皮黑褐色。花、果期 5 ～ 9 月。

广泛分布于我国各省区的草甸、林缘、山坡、河滩草地及灌丛。欧亚、北美洲也有分布。

本地较常见，生长于农田地边，河沟及山坡草丛中。榆林市各地均有分布，栽培或为野生。

本种为水土保持和绿肥作物，嫩时为牛羊等牲畜喜食饲料，为早春蜜源植物之一。

蚕豆（胡豆　竖豆　大豆）

Vicia faba L.

一年生草本，高 30 ～ 100cm。主根短粗，多须根，根瘤粉红色。茎粗壮，具四棱，中空。偶数羽状复叶，叶轴顶端为短尖头；托叶戟头形或近三角状卵形；小叶通常 1 ～ 3 对，互生，小叶椭圆形，长圆形或倒卵形，长 4 ～ 10cm，宽 2 ～ 4cm，先端圆钝，基部楔形，全缘，两面均无毛。总状花序腋生；具花 2 ～ 4 朵，花萼钟形，萼齿披针形，上萼齿比下萼齿短；花冠白色，具紫色脉纹及黑色斑晕，长 2 ～ 3.5cm，旗瓣中部缢缩，基部渐狭，翼瓣短于旗瓣，长于龙骨瓣；雄蕊二体，子房线形无柄，花柱密被白柔毛，顶端远轴面有一束髯毛。荚果肥厚，长 5 ～ 10cm，宽 2 ～ 3cm；内面有白色海绵状横膈膜，成熟后表皮变为黑色。种子大，椭圆形，略扁。嫩时绿色，熟后灰绿色至棕褐色。花期 4 ～ 5 月，果期 5 ～ 6 月。

原产于欧洲至北非，至少宋代传入中国。世界上有 40 多个国家种植蚕豆，我国各地均有栽培，以长江流域以南为多。

本地常见栽培作蔬菜或代粮食用。榆林市多地有栽培。

蚕豆是人类最早栽培的豆类作物之一，种子含蛋白质 22.35%，淀粉 43%，作为粮食磨粉制作糕点、小吃，亦可制酱，是川蜀著名豆酱制品“郫县豆瓣酱”的主要原料。嫩果（种子）作为时新蔬菜或饲料。

豇豆属 *Vigna* Savi 本地常见栽培3种1亚种。

赤豆（红小豆 红豆 小豆）

Vigna angularis (Willd.) Ohwi et H. Ohashi

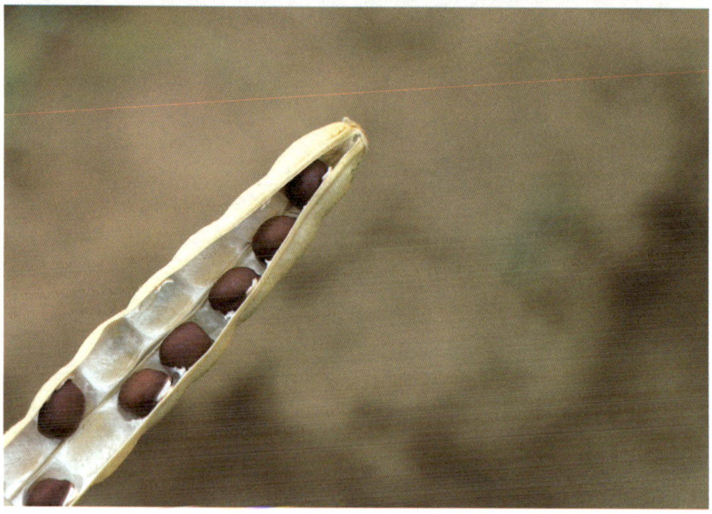

一年生直立或缠绕草本，高30～90cm。植株被疏长毛。羽状复叶具3小叶；托叶盾状着生，箭头形；小叶卵形至菱状卵形，长5～10cm，宽5～8cm，先端宽三角形或近圆形，侧生的偏斜，全缘或浅三裂，两面均稍被疏长毛。花黄色，5或6朵生长于短的总花梗顶端；花梗极短；小苞片披针形，长6～8mm；花萼钟状，长3～4mm；花冠长约9mm，旗瓣扁圆形或近肾形，顶端凹，翼瓣比龙骨瓣宽，龙骨瓣顶端弯曲近半圈，其中一片的中下部有一角状凸起；子房线形，花柱弯曲，近先端有毛。荚果圆柱状，长5～8cm，宽5～6mm，平展或下弯，无毛；种子通常暗红色或其他颜色，长圆形，长5～6mm，宽4～5mm，两头截平或近浑圆，种脐不凹陷。花期夏季，果期9～10月。

我国南北均有栽培。美洲及非洲的刚果、乌干达亦有引种。

本地较常见，为本地重要的杂粮作物。榆林市各地普遍栽培。

种子供食用，熬粥、制豆沙均可。干豆含蛋白质21%～23%、脂肪0.3%、碳水化合物65%。

红色赤豆入药具有清热解毒，祛湿利尿之功效。

绿豆

Vigna radiata (L.) Wilczek

一年生草本，高 20 ～ 60cm。茎被褐色长硬毛。羽状复叶具 3 小叶；托叶盾状着生，卵形；小托叶显著，披针形；小叶卵形，长 5 ～ 16cm，宽 3 ～ 12cm，侧生小叶多少偏斜，全缘，两面多少被疏长毛，基部三脉明显；叶柄长 5 ～ 21cm；叶轴长 1.5 ～ 4cm；小叶柄长 3 ～ 6mm。总状花序腋生，有花 4 至数朵；总花梗长 2.5 ～ 9.5cm；花梗长 2 ～ 3mm；小苞片线状披针形或长圆形；萼管无毛，长 3 ～ 4mm，裂片狭三角形，具缘毛，上方的一对合生成一先端 2 裂的裂片；旗瓣近方形，长 1.2cm，宽 1.6cm，外面黄绿色，里面有时粉红，顶端微凹，无毛；翼瓣卵形，黄色；龙骨瓣镰刀状，绿色而染粉红，右侧有显著的囊。荚果线状圆柱形，平展，长 4 ～ 9cm，宽 5 ～ 6mm，被长硬毛；种子 8 ～ 14 颗，淡绿色或黄褐色，熟时黑色，短圆柱形，种脐白色。花期初夏，果期 6 ～ 8 月。

我国南北各地均有栽培。世界各热带、亚热带地区广泛栽培。

本地较常见，栽培作杂粮食用。榆林市各地普遍栽培。

种子供食用，可提取淀粉，制作豆沙、凉粉、粉丝等；亦可制成豆芽，供蔬食。入药有清凉解毒、利尿明目之效。全株是很好的夏季绿肥。

豇豆

Vigna unguiculata (L.) Walp.

一年生缠绕、草质藤本或近直立草本，有时顶端缠绕状。茎近无毛。羽状复叶具 3 小叶；托叶披针形，着生处下延成一短距，有线纹；小叶卵状菱形，长 5 ～ 15cm，宽 4 ～ 6cm，先端急尖，边全缘或近全缘，有时淡紫色，无毛。总状花序腋生，具长梗；花 2 ～ 6 朵聚生于花序的顶端，花梗间常有肉质密腺；花萼浅绿色，长 6 ～ 10mm，钟状，裂齿披针形；花冠黄白色而略带青紫，长约 2cm，各瓣均具瓣柄，旗瓣扁圆形，顶端微凹，基部稍有耳，翼瓣略呈三角形，龙骨瓣稍弯；子房线形，被毛。荚果下垂，直立或斜展，线形，长 20 ～ 30cm，稍肉质而膨胀或坚实，有种子多颗；种子长椭圆形或圆柱形，黄白色、暗红色或其他颜色。花、果期 5 ～ 8 月。

我国各地常见栽培。全球热带、亚热带地区广泛栽培。

本地较常见，栽培作夏季蔬菜食用。榆林市各地均有栽培。

短豇豆（饭豇豆）

Vigna unguiculata subsp. *cylindrica* (L.) Verdc.

一年生直立草本，高 20 ~ 40cm。茎近无毛。羽状复叶具 3 小叶；托叶披针形，着生处下延成一短距，有线纹；小叶卵状菱形，长 5 ~ 15cm，宽 4 ~ 6cm，先端急尖，边全缘或近全缘，有时淡紫色，无毛。总状花序腋生，具长梗；花 2 ~ 6 朵聚生于花序的顶端，花梗间常有肉质密腺；花萼浅绿色，长 6 ~ 10mm，钟状，裂齿披针形；花冠黄白色而略带青紫，长约 2cm，各瓣均具瓣柄，旗瓣扁圆形，顶端微凹，基部稍有耳，翼瓣略呈三角形，龙骨瓣稍弯；子房线形，稍被毛。荚果圆柱状线形，直立或斜展，长 10 ~ 16cm，稍肉质或干燥，有种子多颗；种子长椭圆形或圆柱形，有多种颜色。花期 7 ~ 8 月，果期 9 月。

我国各省均有栽培。日本、朝鲜、美国亦有栽培。

本地较常见，为当地重要的粮食作物，栽培作杂粮食用。榆林市各地均有栽培。

种子供食用，可掺入米中做豆饭、煮汤、熬粥或磨粉用。

紫藤属 *Wisteria* Nutt. 本地常见栽培 1 种。

紫藤（紫藤萝）

Wisteria sinensis (Sims) Sweet

落叶藤本，枝较粗壮。奇数羽状复叶有小叶 3 ～ 6 对，卵状椭圆形至卵状披针形，长 5 ～ 8cm，宽 2 ～ 4cm，先端渐尖至尾尖，基部钝圆或楔形；小叶柄长 3 ～ 4mm，被柔毛；小托叶刺毛状，长 4 ～ 5mm，宿存。总状花序发自上年生短枝，长 15 ～ 30cm，花序轴被白色柔毛；花长 2 ～ 2.5cm，芳香；花萼杯状，密被细绢毛，上方 2 齿甚钝，下方 3 齿卵状三角形；花冠蓝紫色，旗瓣圆形，先端略凹陷，花开后反折，基部有 2 胼胝体，翼瓣长圆形，基部圆，龙骨瓣较翼瓣短，子房密被绒毛，花柱无毛，上弯。荚果倒披针形，密被绒毛。种子褐色，具光泽，圆形，扁平。花期 4 ～ 5 月，果期 5 ～ 8 月。

分布于河北以南，黄河长江流域及陕西、河南、广西、贵州、云南等全国大部分省区。

本地有栽培，见于县城河滨公园广场等处。榆林市有零星栽培。

本种在我国自古即栽培作庭园棚架植物，先叶开花，花芳香，紫穗满垂，缀以稀疏嫩叶，十分优美，是理想的立体垂直绿化植物，深受人们喜爱。

28 酢浆草科 Oxalidaceae

本地常见有 1 属 1 种。

酢浆草属 *Oxalis* L. 本地常见有 1 种。

酢浆草（酸溜溜　酸浆草　三叶草）

***Oxalis corniculata* L.**

多年生草本，高 10 ～ 35cm。全株被柔毛。根茎稍肥厚。茎细弱，多分枝，直立或匍匐。叶互生；托叶小，长圆形或卵形，边缘被密长柔毛，基部与叶柄合生；叶柄长 1 ～ 13cm，基部具关节；小叶 3，无柄，倒心形，长 4 ～ 16mm，宽 4 ～ 22mm，先端凹入，基部宽楔形，两面被柔毛或表面无毛，沿脉被毛较密，边缘具贴伏缘毛。花单生或数朵集为伞形花序状，腋生，总花梗淡红色，与叶近等长；花梗长 4 ～ 15mm，果后延伸；小苞片 2，披针形；萼片 5，披针形或长圆状披针形，长 3 ～ 5mm，背面和边缘被柔毛，宿存；花瓣 5，黄色，长圆状倒卵形，长 6 ～ 8mm，宽 4 ～ 5mm，雄蕊 10，花丝白色半透明，基部合生，长、短互间，长者花药较大且早熟；子房长圆形，5 室，被短伏毛，花柱 5，柱头头状。蒴果长圆柱形，长 1 ～ 2.5cm，5 棱。种子长卵形，褐色或红棕色，具横向肋状网纹。花、果期 2 ～ 9 月。

全国广泛分布，生长于山坡草池、河谷沿岸、路边、田边、荒地或林下阴湿处。亚洲亚热带和温带、欧洲、地中海和北美皆有分布。

本地有分布，见于河滨公园草坪等处。榆林市有零星分布。

全草可入药，具有解热利尿、消肿散瘀之功效；茎叶含草酸，可用以磨镜或擦铜器，使其具有光泽。牛羊食其过多可中毒致死。

29 牻牛儿苗科 Geraniaceae

本地常见有2属2种。

牻牛儿苗属 *Erodium* L'Hér. ex Aiton　本地常见有1种。

牻牛儿苗（太阳花　爬琅琅）

***Erodium stephanianum* Willd.**

多年生草本，高15～50cm。根为直根。茎多数，仰卧或蔓生，具节，被柔毛。叶对生；托叶三角状披针形，被疏柔毛，边缘具缘毛；基生叶和茎下部叶具长柄，被开展的长柔毛和倒向短柔毛；叶片轮廓卵形或三角状卵形，基部心形，长5～10cm，宽3～5cm，二回羽状深裂，小裂片卵状条形，两面被毛。伞形花序腋生，总花梗被开展长柔毛和倒向短柔毛，每梗具2～5花；苞片狭披针形，分离；花梗在花期直立，果期开展，上部向上弯曲；萼片5，矩圆状卵形，长6～8mm，宽2～3mm，先端具长芒，被长糙毛，花瓣5，紫红色，倒卵形，先端圆形或微凹；雄蕊10，排成2轮，花丝紫色，下部扩展，被柔毛；雌蕊被糙毛，花柱紫红色。蒴果密被短糙毛，蒴果成熟时由基部向顶端螺旋状卷曲或扭曲。种子褐色，具斑点。花期6～8月，果期8～9月。

分布于全国多个省区，生长于山坡、农田边、沙质河滩地和草原凹地等处。俄罗斯、日本、蒙古，中亚各国亦广泛分布。

本地十分常见，生长于农田地边或山坡、河滩湿地。榆林市各地均有分布。

全草供药用，是《中国药典》指定的中药材“老鹳草”的原植物之一，入药具有祛风湿、通经络、止泻痢的功效。

老鹳草属 *Geranium* L. 本地常见有1种。

鼠掌老鹳草（雀嘴草　挑牙签）

Geranium sibiricum L.

一年或多年生草本，高30～70cm。根为直根。茎纤细，仰卧或近直立，多分枝，被倒向疏柔毛。叶对生；肾状五角形，基部宽心形，掌状5深裂，裂片倒卵形、菱形或长椭圆形，中部以上齿状羽裂或齿状深缺刻，下部楔形，两面被疏伏毛；上部叶3～5裂。花单生于叶腋，花梗被倒向柔毛或伏毛，具1花或偶具2花；苞片对生，棕褐色、钻状、膜质，生长于花梗中部或基部；萼片卵状椭圆形或卵状披针形，先端急尖，具短尖头，背面沿脉被疏柔毛；花瓣倒卵形，淡紫色或白色，长于萼片，先端微凹，基部具短爪；花丝基部扩大，具缘毛，花药蓝色；花柱不明显。蒴果被疏柔毛，具长喙，成熟时5果瓣沿主轴从基部向上端反卷开裂。种子肾状椭圆形，黑色。花期6～7月，果期8～9月。

分布于东北、华北、西北、西南地区及湖北等省区。生长于林缘、灌丛、河谷草甸或为杂草。欧洲、中亚、俄罗斯、蒙古、朝鲜和日本北部均有分布。

本地较常见，生长于山坡、农田地边或路旁。榆林市各地均有分布。

全草可入药，具有明目、活血调经之功效。

30 亚麻科 Linaceae

本地常见有1属1种。

亚麻属 *Linum* L. 本地常见有1种。

垂果亚麻（贝加尔亚麻　野胡麻）

Linum nutans **Maxim.**

多年生草本，高20～40cm。直根系，根颈木质化。茎多数丛生，直立，中部以上叉状分枝，基部木质化，具鳞片状叶；不育枝通常不发育。茎生叶互生或散生，狭条形或条状披针形，长10～25mm，宽1～3mm，边缘稍卷，无毛。聚伞花序，花蓝色或紫蓝色，直径约2cm；花梗纤细，直立或稍偏向一侧弯曲；萼片5，卵形，长3～5mm，宽2～3mm，基部有5脉，边缘膜质，先端锐尖；花瓣5，倒卵形，先端圆形，基部楔形；雄蕊5，与雌蕊近等长或短于雌蕊，花丝中部以下稍宽，基部合生成环；退化雄蕊5，锥状，与雄蕊互生；子房5室，卵形；花柱5，分离，柱头头状。蒴果近球形，草黄色，开裂。种子长圆形，褐色。花期6～7月，果期7～8月。

分布于东北西部草原区，内蒙古、宁夏、陕西和甘肃等省区，生长于沙质草原和干山坡。蒙古、俄罗斯也有分布。

本地有分布，不多见，在庙沟门引正通、孤山李家渠等地采到标本。生长于黄土丘陵梁峁干燥草丛中。榆林市绥德县、靖边县、横山区、定边县、神木市等地均有分布。

茎皮纤维可用，种子可榨油。

31 蒺藜科 Zygophyllaceae

本地常见有2属3种。

骆驼蓬属 *Peganum* L. 本地常见有2种。

骆驼蓬

***Peganum harmala* L.**

多年生草本，高30～70cm。无毛。根多数，粗达2cm。茎直立或开展，由基部多分枝。叶互生，卵形，全裂为3～5条形或披针状条形裂片，裂片长1～3.5cm，宽1.5～3mm。花单生于枝端，与叶对生；萼片5，裂片条形，长1.5～2cm，有时仅顶端分裂；花瓣黄白色，倒卵状矩圆形，长1.5～2cm，宽6～9mm；雄蕊15，花丝近基部宽展；子房3室，花柱3。蒴果近球形，种子三棱形，稍弯，黑褐色、表面被小瘤状突起。花期5～6月，果期7～9月。

分布于宁夏、内蒙古、甘肃、新疆、西藏等省区。生长于荒漠地带干旱草地、绿洲边缘轻盐渍化沙地、壤质低山坡或河谷沙丘。蒙古、伊朗、印度，非洲也有分布。

本地有分布，见于大昌汗、老高川、麻镇、碛塄、府谷镇土崖地畔或干燥山坡草丛中。榆林市见于北部定边县、靖边县、横山区以及吴堡县等地。

种子可作红色染料；榨油可供轻工业用；全草入药治关节炎，又可作杀虫剂。叶子含有皂素，揉碎能洗涤泥垢，代肥皂用。

骆驼蒿（水沙蓬）

Peganum nigellastrum Bunge

多年生草本，高 10 ～ 25cm。密被短硬毛。茎直立或开展，由基部多分枝。叶 2 ～ 3 回深裂，裂片条形，长 0.7 ～ 10mm，宽不到 1mm，先端渐尖。花单生于茎端或叶腋，花梗被硬毛；萼片 5，披针形，长达 1.5cm，5 ～ 7 条状深裂，裂片长约 1cm，宽约 1mm，宿存；花瓣淡黄色，倒披针形，长 1.2 ～ 1.5cm；雄蕊 15，花丝基部扩展；子房 3 室。蒴果近球形，黄褐色。种子多数，纺锤形，黑褐色，表面有瘤状突起。花期 5 ～ 7 月，果期 7 ～ 9 月。

分布于内蒙古、陕西北部、甘肃、宁夏等省区，生长于沙质或砾质地、山前平原、丘间低地、固定或半固定沙地。蒙古也有分布。

本地有分布，见于古城、大昌汗等地山坡沙地草丛中。榆林市见于北部定边县、靖边县、横山区，神木市等地。

有毒植物。全草入药具有祛湿解毒、活血止痛、宣肺止咳的功效。

蒺藜属 *Tribulus* L. 本地常见有 1 种。

蒺藜（则藜）

Tribulus terrestris Linnaeus
(*Tribulus terrester* L.)

一年生草本。茎由基部分枝，平铺地面，被长柔毛或长硬毛，枝长 20 ～ 60cm，偶数羽状复叶，长 1.5 ～ 5cm；小叶对生，3 ～ 8 对，矩圆形或斜短圆形，长 5 ～ 10mm，宽 2 ～ 5mm，先端锐尖或钝，基部稍偏斜，被柔毛，全缘。花腋生，黄色；萼片 5，宿存；花瓣 5；雄蕊 10，生长于花盘基部，基部有鳞片状腺体，子房 5 棱，柱头 5 裂，每室 3 ～ 4 胚珠。果有分果瓣 5，硬，长 4 ～ 6mm，无毛或被毛，中部边缘有锐刺 2 枚，下部常有小锐刺 2 枚，其余部位常有小瘤体。花期 5 ～ 8 月，果期 6 ～ 9 月。

全国各地均有分布，生长于沙地、荒地、山坡、居民点附近。全球温带都有。

本地较常见，生长于村落附近或农田地边草丛中。榆林市各地均有分布。

青鲜时可作饲料，果可入药，是《中国药典》指定的中药材“蒺藜”的原植物，入药具有平肝解郁，活血、祛风、明目，止痒的功效。果刺易黏附家畜毛上，有损皮毛质量，为草场有害植物。

32 芸香科 Rutaceae

本地常见栽培1属1种。

花椒属 *Zanthoxylum* L. 本地常见栽培1种。

花椒（秦椒　蜀椒）

Zanthoxylum bungeanum Maxim.

落叶灌木或小乔木，高3～7m。茎干上的刺常早落，枝有短刺，小枝上的刺基部宽而扁，长三角形，当年生枝被短柔毛。羽状复叶有小叶5～13片，叶轴常有甚狭窄的叶翼；小叶对生，卵形，椭圆形，稀披针形，位于叶轴顶部的较大，近基部的有时圆形，长2～7cm，宽1～3.5cm，叶缘有细裂齿，齿缝有油点。花序顶生或生长于侧枝之顶，花序轴及花梗密被短柔毛或无毛；花单性，花被片6～8片，黄绿色，形状及大小大致相同；雄花的雄蕊5～8枚；退化雌蕊顶端叉状浅裂；雌花很少有发育雄蕊，有心皮3或2个，间有4个，花柱斜向背弯。蓇葖果紫红色，单个分果瓣径4～5mm，散生微凸起的油点；种子长3.5～4.5mm，黑色。花期4～5月，果期8～10月。

除台湾省、海南及广东外，全国都有分布，见于平原至海拔较高的山地，多为栽培者。耐旱，喜阳光，各地多栽种。

本地黄河沿岸多栽培，其他地方也有分布栽培。榆林市黄河沿线佳县、吴堡县栽培较多，其他各地零星栽培。

花椒果实入药，是《中国药典》指定的中药材“花椒”的原植物，入药具有温中行气、逐寒、止痛、杀虫等功效。又作表皮麻醉剂。花椒在日常生活中常作为调味品用于多种菜肴或食品中，著名的川菜菜系中使用最多。我国利用花椒的历史长达2000多年，除药用、食用之外，古人还用来防腐、辟邪、防虫等，并一直延续至今。

33 苦木科 Simaroubaceae

本地常见有1属1种。

臭椿属 *Ailanthus* Desf.　本地常见有1种。

臭椿（樗　崔树）

Ailanthus altissima **(Mill.) Swingle**

落叶乔木，高可达20m。树皮平滑而有直纹；嫩枝有髓，幼时被黄色或黄褐色柔毛，后脱落。叶为奇数羽状复叶，有小叶13～27；小叶对生或近对生，纸质，卵状披针形，先端长渐尖，基部偏斜，截形或稍圆，两侧各具1或2个粗锯齿，齿背有1个腺体，叶面深绿色，背面灰绿色，揉碎后具臭味。圆锥花序长10～30cm；花杂性，淡绿色；萼片5，覆瓦状排列；花瓣5，基部两侧被硬粗毛；雄蕊10，花丝基部密被硬粗毛，雄花中的花丝长于花瓣，雌花中的花丝短于花瓣；花药长圆形；心皮5，花柱黏合，柱头5裂。翅果长椭圆形；种子位于翅的中间，扁圆形。花期4～5月，果期8～10月。

我国除黑龙江、吉林、新疆、青海、宁夏、甘肃和海南外，各地均产。世界各地均有栽培。

本地极为常见的树种，遍布全县各地，生长于山坡、沟谷、河岸及村落四旁等处，栽培或野生。榆林市主要分布在绥德县、清涧县、神木市、横山区、米脂县等靠近南部的沟壑丘陵区。

本种在石灰岩地区生长良好，可作园林风景树和行道树。木材可制作农具车辆等；树皮、根皮、果实均可入药，有清热利湿、收敛止痢之效。

34 远志科 Polygalaceae

本地常见有1属2种。

远志属 *Polygala* L. 本地常见有2种。

西伯利亚远志（卵叶远志　瓜子金）

Polygala sibirica L.

多年生草本，高10～30cm。根木质。茎丛生，通常直立，被短柔毛。叶互生，下部叶较小，长约6mm，宽约4mm，上部者大，披针形或椭圆状披针形，长1～2cm，宽3～6mm，先端钝，具骨质短尖头，基部楔形，全缘，两面被短柔毛，具短柄。总状花序腋外生或假顶生，通常高出茎顶，具少数花；花长6～10mm，具3枚小苞片，钻状披针形，被短柔毛；萼片5，宿存，背面被短柔毛，具缘毛，外面3枚披针形，长约3mm，里面2枚花瓣状，长约7.5mm，宽约3mm，先端具突尖，基部具爪，淡绿色；花瓣3，蓝紫色，侧瓣倒卵形，长5～6mm，2/5以下与龙骨瓣合生，先端圆形，龙骨瓣较侧瓣长，背面被柔毛，具流苏状附属物；雄蕊8，花丝长5～6mm，2/3以下合生成鞘，且具缘毛，花药卵形，顶孔开裂；子房倒卵形，花柱肥厚，柱头2，间隔排列。蒴果近倒心形，顶端微缺，具狭翅及短缘毛。种子长圆形，扁，黑色，密被白色柔毛，具白色种阜。花期4～7月，果期5～8月。

分布于全国各地，生长于砂质土、石砾和石灰岩山地灌丛、林缘或草地。欧洲东部、俄罗斯、尼泊尔、印度、蒙古和朝鲜也有分布。

本地有分布，但不多见，仅见于哈镇阴尔崖林区山坡草丛中。榆林市有零星分布。

本种的根皮入药，是《中国药典》指定的中药材“远志”的原植物之一，称之为“卵叶远志”。含有与远志 *P. tenuifolia* Willd. 相同的化学成分，药用功效与远志相同。

远志（细芯草　野扁豆根　山扁豆根）

Polygala tenuifolia Willd.

多年生草本，高 15 ～ 50cm。主根粗壮，韧皮部肉质，浅黄色，长达 10 余 cm。茎多数丛生，直立或倾斜，被短柔毛。单叶互生，线形至线状披针形，长 1 ～ 3cm，宽 0.5 ～ 3mm，先端渐尖，基部楔形，全缘，反卷，近无柄。总状花序生于小枝顶端，长 5 ～ 7cm，通常略俯垂，少花；苞片 3，早落；萼片 5，宿存，外面 3 枚线状披针形，长约 2.5mm，急尖，里面 2 枚花瓣状，倒卵形或长圆形，长约 5mm，宽约 2.5mm，先端圆形，具短尖头，沿中脉绿色，周围膜质；花瓣 3，紫色，侧瓣斜长圆形，长约 4mm，基部与龙骨瓣合生，基部内侧具柔毛，龙骨瓣较侧瓣长，具流苏状附属物；雄蕊 8，花丝 3/4 以下合生成鞘，具缘毛，3/4 以上两侧各 3 枚合生，花药无柄，中间 2 枚分离，花丝丝状，花药长卵形；子房扁圆形，花柱弯曲，柱头内藏。蒴果圆形，具狭翅；种子卵形，黑色，密被白色柔毛。花、果期 5 ～ 9 月。

分布于东北、华北、西北和华中地区以及四川等省区，生长于草原、山坡草地、灌丛中及杂木林下。朝鲜、蒙古和俄罗斯也有分布。

本地较常见，生长于山坡、林缘及草地中。榆林市各地均有分布。

根皮入药，是《中国药典》指定的中药材“远志”的原植物。入药具有益智安神、散瘀化痰的功效。并有治疗痈疽疮毒、乳房肿痛等作用。可用种子繁殖，是本地有推广价值的中药材。

35 大戟科 Euphorbiaceae

本地常见有 3 属 5 种。

铁苋菜属 *Acalypha* L. 本地常见有 1 种。

铁苋菜（海蚌含珠　蚌壳草）

***Acalypha australis* L.**

一年生草本，高 20 ～ 50cm。被贴伏柔毛。叶长卵形、近菱状卵形或阔披针形，长 3 ～ 9cm，宽 1 ～ 5cm，顶端短渐尖，基部楔形，边缘具圆锯齿，上面无毛，下面沿中脉具柔毛；基出脉 3 条，侧脉 3 对；叶柄长 2 ～ 6cm，具短柔毛；托叶披针形，长 1.5 ～ 2mm，具短柔毛。花单性，雌雄花同花序，花序腋生，长 1.5 ～ 5cm，花序梗长 0.5 ～ 3cm，花序轴具短毛，雌花苞片 1 ～ 2（4）枚，卵状心形，花后增大，长 1.4 ～ 2.5cm，宽 1 ～ 2cm，边缘具三角形齿，苞腋具雌花 1 ～ 3 朵；雄花生长于花序上部，排列呈穗状或头状，雄花苞片卵形，长约 0.5mm，苞腋具雄花 5 ～ 7 朵，簇生；雄花花蕾时近球形，花萼裂片 4，卵形，长约 0.5mm；雄蕊 7 ～ 8 枚；雌花萼片 3，长卵形，具疏毛；子房具疏毛，花柱 3，长约 2mm，撕裂 5 ～ 7 条。蒴果直径 4mm，具 3 个分果爿，果皮具疏生毛和毛基变厚的小瘤体；种子近卵状，种皮平滑，假种阜细长。花、果期 4 ～ 12 月。

广泛分布的杂草，我国除西部高原或干燥地区外，大部分省区均有分布。生长于平原或山坡较湿润耕地和空旷草地，有时生石灰岩山地疏林下。俄罗斯及亚洲多国也有分布。

本地有分布，生长于农田地边、村落附近及路旁、沟边草丛中。榆林市各地有零星分布。

全草可入药，具有清热解毒、利水消肿之功效。

大戟属 *Euphorbia* L. 本地常见有 3 种。

乳浆大戟（华北大戟　猫儿眼　乳浆草　烂疮眼）
Euphorbia esula L.

多年生草本。根圆柱状，褐色或黑褐色。茎单生或自基部多分枝，高 30 ～ 60cm；叶线形至卵形，变化极不稳定，长 2 ～ 7cm，宽 4 ～ 7mm，先端尖或钝尖，基部楔形至平截；无叶柄；花序顶生，总苞叶 3 ～ 5 枚，与茎生叶同形；伞幅 3 ～ 5，长 2 ～ 4（5）cm；苞叶 2 枚，常为肾形，先端渐尖或近圆，基部近平截。花序单生于二歧分枝的顶端，基部无柄；总苞钟状，高约 3mm，直径 2.5 ～ 3.0mm，边缘 5 裂，裂片半圆形至三角形，边缘及内侧被毛；腺体 4，新月形，两端具角，褐色。雄花多枚，苞片宽线形；雌花 1 枚，子房柄明显伸出总苞之外；子房光滑无毛；花柱 3，柱头 2 裂。蒴果三棱状球形，具 3 个纵沟；熟时分裂为 3 个分果爿。种子卵球状，黄褐色。花、果期 4 ～ 10 月。

除海南、贵州、云南和西藏外，全国都有分布。生长于路旁、杂草丛、山坡、林下、河沟边、荒山、沙丘及草地。广布于欧亚大陆，且归化于北美。

本地较为常见，生长于山坡路旁、河沟边、农田地边杂草丛中。榆林市各地均有分布。

种子含油量达 30%，可作工业用油；全草有毒，可入药，具拔毒止痒之效。

地锦草（地锦　血见愁　雀脑瓜盖草）

Euphorbia humifusa Willd.

一年生草本，长 10 ～ 18cm。根纤细。茎匍匐，自基部以上多分枝，偶尔先端斜向上伸展，基部常红色或淡红色，被柔毛或疏柔毛。叶对生，矩圆形或椭圆形，先端钝圆，基部偏斜，略渐狭，边缘常于中部以上具细锯齿；叶面绿色，叶背淡绿色，有时淡红色，两面被疏柔毛；叶柄极短。花序单生于叶腋；总苞陀螺状，边缘 4 裂，裂片三角形；腺体 4，矩圆形，边缘具白色或淡红色附属物。雄花数枚，近与总苞边缘等长；雌花 1 枚，子房柄伸出至总苞边缘；子房三棱状卵形，光滑无毛；花柱 3，分离；柱头 2 裂。蒴果三棱状卵球形，成熟时分裂为 3 个分果爿，花柱宿存。种子三棱状卵球形，灰色。花、果期 5 ～ 10 月。

除海南外，分布几乎遍布全国，特别是长江以北地区最为常见。生长于原野荒地、路旁、田间、沙丘、海滩、山坡等地。广布于欧亚大陆温带。

本地较常见，生长于农田地边、路旁或河滩沙地草丛中，在河滨公园常见与斑地锦混生。榆林市各地均有分布。

全草入药，有清热解毒、利尿、通乳、止血及杀虫等功效。

斑地锦（斑地锦草）

Euphorbia maculata L.

一年生草本，长 10 ～ 17cm。根纤细。茎匍匐，被白色疏柔毛。叶对生，长椭圆形至肾状长圆形，长 6 ～ 12mm，宽 2 ～ 4mm，先端钝，基部偏斜，边缘中部以下全缘，中部以上常具细小疏锯齿；叶面绿色，中部常具有一个长圆形的紫色斑点，叶背淡绿色或灰绿色，新鲜时可见紫色斑，两面无毛；托叶钻状，边缘具睫毛。花序单生于叶腋；总苞狭杯状，外部具白色疏柔毛，边缘 5 裂，裂片三角状圆形；腺体 4，黄绿色，边缘具白色附属物。雄花 4 ～ 5，微伸出总苞外；雌花 1，子房柄伸出总苞外，且被柔毛；子房被疏柔毛；花柱短，近基部合生；柱头 2 裂。蒴果三角状卵形，被稀疏柔毛，成熟时易分裂为 3 个分果爿。种子卵状四棱形，灰色或灰棕色，每个棱面具 5 个横沟，无种阜。花、果期 4 ～ 9 月。

原产于美国和加拿大，现归化于全球。20 世纪 40 年代传入我国，我国多个省区均有分布，生长于平原或低山坡路旁。已被列为三级外来入侵物种，需要予以重点关注。

本地目前仅在河滨公园等处见有生长，疑似由外地无意带入。榆林市有零星分布。

地锦草和斑地锦两种植物全草均可入药，是《中国药典》指定的中药材“地锦草”的原植物。具有清热解毒，凉血止血的功效。

地构叶属 *Speranskia* Baill. 本地常见有1种。

地构叶（珍珠透骨草　瘤果地构叶　竹葛叉）

***Speranskia tuberculata* (Bunge) Baill.**

多年生草本，高25～50cm。茎直立，分枝较多，被伏贴短柔毛。叶纸质，披针形或卵状披针形，长1.8～5.5cm，宽0.5～2.5cm，顶端渐尖，尖头钝，基部阔楔形或圆形，边缘具疏离圆齿，齿端具腺体，上面疏被短柔毛，下面被柔毛或仅叶脉被毛；叶无柄或近无柄。花单性，雌雄同株，总状花序长6～15cm，上部有雄花20～30朵，下部有雌花6～10朵；苞片卵状披针形；雄花萼片5，花瓣5，膜质，长不及花萼一半；雄蕊8～12（15）枚，花丝被毛；雌花1～2朵生长于苞腋；花萼裂片卵状披针形，疏被长柔毛，花瓣与雄花相似，但较短，疏被柔毛和缘毛；花柱3，各2深裂，裂片呈羽状撕裂。蒴果扁球形，被柔毛和具瘤状凸起；种子卵形，灰褐色。花、果期5～9月。

我国特有植物，分布于东北、华北、西北及山东、江苏、安徽、四川等多个省区。生长于山坡草丛或灌丛中。

本地有分布，见于胡桥沟、木瓜镇等地的山坡草丛中。榆林市横山区、靖边县、定边县、绥德县、米脂县、吴堡县等地均有分布。

地上部分入药称“透骨草”，有散风祛湿，活血止痛之功效；根有毒，入药能泻下逐水。

36 黄杨科 Buxaceae

本地常见栽培1属1种。

黄杨属 *Buxus* L. 本地常见栽培1种。

黄杨（瓜子黄杨　小叶黄杨　黄杨木）

Buxus sinica **(Rehder & E. H. Wilson) M. Cheng**

灌木或小乔木，高1～6m。枝圆柱形，有纵棱，灰白色；小枝四棱形，叶厚革质，阔椭圆形、阔倒卵形、卵状椭圆形或长圆形，先端圆或钝，常有小凹口，基部圆或急尖或楔形，叶面光亮，中脉凸出，侧脉明显，叶背中脉平坦或稍凸出，中脉上常密被白色短线状钟乳体。花单性，雌雄同株，花序腋生，头状，花密集，苞片阔卵形，背部多少有毛；雄花约10朵，无花梗，外萼片卵状椭圆形，内萼片近圆形，无毛，雄蕊连花药长4mm，不育雌蕊有棒状柄，末端膨大，高2mm左右；雌花萼片长3mm，子房较花柱稍长，无毛，花柱粗扁，柱头倒心形，下延达花柱中部。蒴果近球形，有宿存花柱。花期3月，果期5～6月。

分布于全国多个省区，有部分属于栽培，多生长于山谷、溪边、林下。

本地有栽培，见于河滨公园、部分住宅小区及机关庭园内，栽培作绿篱。榆林市有零星栽培。

37 漆树科 Anacardiaceae

本地常见栽培2属1种1变种。

黄栌属 *Cotinus* (Tourn.) Mill. 本地常见栽培有1变种。

毛黄栌（红叶 红叶黄栌）

***Cotinus coggygria* Scop. var. *pubescens* Engl.**

落叶灌木或小乔木，高3～5m。叶多为阔椭圆形，稀圆形，长3～8cm，宽2.5～6cm，先端圆形或微凹，基部圆形或阔楔形，全缘，叶背尤其沿脉上和叶柄密被柔毛。圆锥花序被柔毛；花杂性；花萼无毛，裂片卵状三角形；花瓣卵形或卵状披针形，无毛；雄蕊5，花药卵形，与花丝等长，花盘5裂，紫褐色；子房近球形，花柱3，分离，不等长，果肾形，无毛。花期4～5月，果期7月。

分布于全国多个省区，生长于向阳山坡林中。间断分布于东南欧。

本地有栽培，见于县城附近公园、机关庭园内。榆林市有零星栽培。

木材黄色，古代作黄色染料；树皮和叶可提栲胶；叶含芳香油，为调香原料；嫩芽可炸食。叶秋季变红色，极美观，是构成北京“西山红叶”的主要树种之一。

盐肤木属 *Rhus* Tourn. ex L. 本地常见栽培1种。

火炬树

Rhus typhina L.

落叶灌木或小乔木，高可达10m。小枝、叶轴、花序轴皆密被淡褐色绒毛和腺体。单数羽状复叶互生，小叶11～31，叶片矩圆状披针形，先端渐尖或长渐尖，基部倒心形或近圆形，边缘具锯齿。花单性，雌雄异株；圆锥花序密集，鼎盛，苞片密被长柔毛；雄花萼片条状披针形，具毛，花瓣矩圆形，先端兜状，具退化雌蕊。雌花萼片条形或条状披针形，被深红色长柔毛，宿存；花瓣条状矩圆形，先端兜状，早落；子房圆球形，花柱3，柱头头状，有退化雄蕊。核果球形，外面密被深红色长单毛和腺点，含种子1粒。花、果期5～9月。

原产于北美洲。20世纪50年代末引入我国，目前在我国大部分地区均有栽培。

本地县城河滨公园、沿高速路旁和部分干线公路旁有栽培。榆林市多地有栽培。

火炬树是一种速生树种，入秋后叶色转为红色或橙黄色，雌花序发育过程中逐渐变为深红色，状如火炬，故得名“火炬树”，是十分美观的观赏植物。除作观赏外，其根系发达，生长快，萌蘖性强，种子多，易萌发，是固堤护坡的优良树种。其根、茎、皮和叶内均含有单宁，以叶的含量为最高，生长3～5年植株的叶提取栲胶最好。由于其适应性强，繁殖能力强，对土著物种有一定的影响。已被列为三级外来入侵物种，应予密切关注。

38 卫矛科 Celastraceae

本地常见有1属1种，栽培1属1种。

卫矛属 *Euonymus* L. 本地常见有1种，栽培1种。

冬青卫矛（大叶黄杨　正木　日本正木　冬青）

***Euonymus japonicus* Thunb.**

常绿灌木，高可达3m。小枝四棱，具细微皱突。叶革质，有光泽，倒卵形或椭圆形，长3～5cm，宽2～3cm，先端圆阔或急尖，基部楔形，边缘具有浅细钝齿；叶柄长约1cm。聚伞花序有花5～12朵，花序梗长2～5cm，2～3次分枝，分枝及花序梗均扁壮，第三次分枝常与小花梗等长或较短；小花梗长3～5mm；花白绿色，直径5～7mm；花瓣近卵圆形，长宽各约2mm，雄蕊花药长圆状，内向；花丝长2～4mm；子房每室2胚珠，着生中轴顶部。蒴果近球状，直径约8mm，淡红色；种子每室1，顶生，椭圆状，假种皮橘红色，全包种子。花期6～7月，果期9～10月。

本种最先于日本发现，引入栽培，单植、作灌球或作绿篱，我国南北各省区均有栽培。

本地有栽培，见于公园、住宅小区、机关庭园内。榆林市多地均有栽培。

白杜（丝棉木　明开夜合　桃叶卫矛　月芽木）

Euonymus maackii Rupr

落叶小乔木，高达 6m。叶卵状椭圆形、卵圆形或窄椭圆形，长 4 ~ 8cm，宽 2 ~ 5cm，先端长渐尖，基部阔楔形或近圆形，边缘具细锯齿。聚伞花序 3 至多花，花序梗略扁；花两性，4 数，直径约 8mm；萼片 4，近圆形，花瓣 4，矩圆形，淡绿色或黄绿色；雄蕊 4，花药紫红色，花丝细长，着生于肉质花盘上。花盘发达，肥厚扁平，子房上位，花柱单一。蒴果倒圆心状，4 浅裂，长 6 ~ 8mm，直径 9 ~ 10mm，成熟后果皮粉红色；种子长椭圆状，种皮棕黄色，假种皮橙红色，全包种子，成熟后顶端常有小口。花期 5 ~ 6 月，果期 9 月。

我国大部分省区均有分布，但长江以南常以栽培为主。俄罗斯和朝鲜半岛也有分布。

本地较常见，栽培于公园、庭园或路旁作观赏植物。部分乡镇有野生。榆林市有分布，榆阳区、神木市较常见。

39 槭树科 Aceraceae

本地常见栽培1属2种。

槭属 *Acer* L. 本地常见栽培2种。

梣叶槭（复叶槭　美国槭　白蜡槭）

***Acer negundo* L.**

落叶乔木，高达20m。树皮黄褐色或灰褐色。当年生枝绿色，多年生枝黄褐色。羽状复叶，长10～25cm，有3～7枚小叶；小叶纸质，卵形或椭圆状披针形，先端渐尖，基部钝形或阔楔形，边缘常有3～5个粗锯齿，稀全缘。花单性，雌雄异株。雄花的花序聚伞状，雌花的花序总状，均由无叶的小枝旁边生出，常下垂，花小，黄绿色，先叶开花，无花瓣及花盘，雄花具4～6枚雄蕊，花丝很长；雌花子房无毛，花柱2裂，柱头反卷。小坚果凸起，近于长圆形或长圆卵形，无毛；翅宽8～10mm，稍向内弯，张开成锐角或近于直角。花期4～5月，果期9月。

原产于北美洲，我国已有近百年引种历史，在全国多个省区均有栽培。

本地也有栽培，见于河滨公园及其他城镇街道或院落。榆林市多地有栽培。

本种早春开花，花蜜很丰富，是很好的蜜源植物。生长迅速，树冠广阔，夏季遮阴条件良好，可作行道树或庭园观赏树。

元宝槭（五角枫　平基槭）

Acer truncatum Bunge

落叶乔木，高 8 ～ 10m。树皮灰褐色或深褐色，深纵裂。小枝无毛，具圆形皮孔。冬芽小，卵圆形，鳞片锐尖。叶纸质，长 5 ～ 10cm，宽 8 ～ 12cm，常 5 裂，基部截形稀近于心形；裂片三角卵形或披针形，先端锐尖或尾状锐尖，边缘全缘，长 3 ～ 5cm，宽 1.5 ～ 2cm；上面深绿色，下面淡绿色，嫩时脉腋被丛毛，渐老全部无毛；主脉 5 条；叶柄长 3 ～ 5cm。花杂性，黄绿色，雄花与两性花同株，常成伞房花序，长 5cm，直径 8cm；总花梗长 1 ～ 2cm；萼片 5，黄绿色，长圆形，先端钝形，长 4 ～ 5mm；花瓣 5，淡黄色或淡白色，长圆倒卵形，长 5 ～ 7mm；雄蕊 8，生于雄花者长 2 ～ 3mm，生于两性花者较短，着生于花盘的内缘，花药黄色，花丝无毛；花盘微裂；子房嫩时有黏性，无毛，花柱短，仅长 1mm，无毛，2 裂，柱头反卷，微弯曲。翅果嫩时淡绿色，成熟时淡黄色或淡褐色；小坚果压扁状，长 1.3 ～ 1.8cm，宽 1 ～ 1.2cm；翅长圆形，两侧平行，常与小坚果等长，张开成锐角或钝角。花期 4 月，果期 8 月。

分布于我国北方多个省区，生长于疏林中。

本地有栽培，见于公园、道路或城市街心花园，作行道树或景观树。榆林市多地有栽培。

种子含油丰富，可作工业原料，木材细密可制造各种特殊用具，并可作建筑材料。

40 无患子科 Sapindaceae

本地常见有 1 属 1 种。

文冠果属 *Xanthoceras* Bunge　本地常见有 1 种。

文冠果（木瓜　文官果）

***Xanthoceras sorbifolium* Bunge**

落叶灌木或小乔木，高 2 ～ 5m。小枝粗壮，褐红色。奇数羽状复叶，小叶 4 ～ 8 对，披针形或近卵形，长 2.5 ～ 6mm，宽 1.2 ～ 2cm，顶端渐尖，基部楔形，边缘有锐利锯齿。总状花序，先叶抽出或与叶同时抽出，花杂性，雄花和两性花同株，但不在同一花序上；两性花的花序顶生，雄花序腋生，长 12 ～ 20cm，萼片 5，长 6 ～ 7mm，长圆形，两面被灰色绒毛；花瓣 5，长约 2cm，宽 7 ～ 10mm，阔倒卵形，具短爪，白色，基部紫红色或黄色，有清晰的脉纹；花盘 5 裂，橙黄色；雄蕊 8；子房上位，椭圆形，3 室，被灰色绒毛。蒴果球形或椭圆形，长达 6cm；果皮厚；种子长达 1.8cm，黑色而有光泽。花期春季，果期秋初。

分布于我国北部和东北部各省区，生长于丘陵山坡等处，各地常见栽培。朝鲜也有分布。

本地较常见，多生长于黄土丘陵、黄土崖上或山坡上。木瓜镇较多，有生长百年以上的大树。榆林市有分布，主要分布于榆阳区、神木市和府谷县。

种子可食，风味似板栗。种仁含脂肪 57.18%、蛋白质 29.69%、淀粉 9.04%、灰分 2.65%，营养价值很高，是我国北方很有发展前途的木本油料植物，近年来已开始大量推广栽培。

两性花序

雄花序

41 凤仙花科 Balsaminaceae

本地常见栽培1属1种。

凤仙花属 *Impatiens* L. 本地常见栽培1种。

凤仙花（指甲花　急性子　凤仙透骨草）

***Impatiens balsamina* L.**

一年生草本，高60～100cm。茎直立，肉质，不分枝或有分枝，下部节常膨大。叶互生；叶片披针形、狭椭圆形或倒披针形，长4～12cm、宽1.5～3cm，先端尖或渐尖，基部楔形，边缘有锐锯齿，侧脉4～7对；叶柄长1～3cm，两侧具数对具柄的腺体。花单生或2～3朵簇生长于叶腋，白色、粉红色或紫色，单瓣或重瓣；花梗长2～2.5cm，密被柔毛；苞片线形；侧生萼片2，卵形或卵状披针形，长2～3mm，旗瓣圆形，兜状，先端微凹，背面中肋具狭龙骨状凸起，顶端具小尖；翼瓣具短柄，长23～35mm，2裂，下部裂片小，倒卵状长圆形，上部裂片近圆形，先端2浅裂，外缘近基部具小耳；唇瓣舟状，长13～19mm，宽4～8mm，被柔毛，基部急尖成长1～2.5cm内弯的距；雄蕊5，花药卵球形，顶端钝；子房纺锤形，密被柔毛；蒴果宽纺锤形，长10～20mm，两端尖，密被柔毛；种子多数，圆球形，黑褐色。花、果期7～10月。

原产于伊朗，宋代时传入我国。全国各地庭园广泛栽培，为习见的观赏花卉。

本地各处栽培作观赏植物。榆林市各地常见栽培。

民间常用其花及叶染指甲，茎入药称“凤仙透骨草”，有祛风湿、活血、止痛之效；种子入药，是《中国药典》指定的中药材“急性子”的原植物，入药具有破血、软坚、消积之功效。

42 鼠李科 Rhamnaceae

本地常见2属3种1变种。

鼠李属 *Rhamnus* L. 本地常见有2种。

柳叶鼠李（黑疙瘩 黑格铃 黑格兰 茶叶树）

***Rhamnus erythroxylum* Pallas**
(*Rhamnus erythroxylon* Pall.)

落叶灌木，高达2m。幼枝红褐色或红紫色，顶端具针刺。叶互生或在短枝上簇生，条形或条状披针形，长3～8cm，宽3～10mm，顶端锐尖或钝，基部楔形，边缘有疏细锯齿，两面无毛，中脉上面平，下面明显凸起。花单性，雌雄异株，黄绿色，4基数，有花瓣；雄花数个至20余个簇生于短枝端，宽钟状，萼片三角形；雌花萼片狭披针形，长约为萼筒的2倍，有退化雄蕊，子房2～3室，每室有1胚珠，花柱长，2浅裂或近半裂。核果球形，直径5～6mm，成熟时黑色，基部有宿存的萼筒；种子倒卵圆形，淡褐色。花期5月，果期6～7月。

产于华北地区以及陕西北部、甘肃和青海等省区。生长于干旱沙丘、荒坡或乱石中或山坡灌丛中。俄罗斯西伯利亚及蒙古也有分布。

本地较常见，生长于干燥山坡灌丛中。榆林市有分布，见于榆阳区、神木市等地。

柳叶鼠李叶有浓香味，在陕西民间用以代茶饮。亦可入药，有健胃消食、清热祛火之功效。

小叶鼠李（黑格铃）

Rhamnus parvifolia Bunge

落叶灌木，高 1.5 ～ 2m。小枝对生或近对生，紫褐色，枝端及分叉处有针刺。叶纸质，对生或近对生，菱状倒卵形或菱状椭圆形，长 1.2 ～ 4cm，宽 0.8 ～ 2cm，顶端钝尖或近圆形，基部楔形或近圆形，边缘具圆齿状细锯齿，上面深绿色，下面浅绿色；托叶钻状，有微毛。花单性，雌雄异株，黄绿色，4 基数，有花瓣，通常数个簇生于短枝上；雄花雄蕊 4；雌花花柱 2 半裂。核果倒卵状球形，直径 4 ～ 5mm，成熟时黑色，具 2 分核；种子矩圆状倒卵圆形，褐色。花期 4 ～ 5 月，果期 6 ～ 9 月。

分布于东北、华北地区及山东、河南、陕西等多个省区，常生长于向阳山坡、草丛或灌丛中。蒙古、朝鲜、俄罗斯也有分布。

本地较常见，生长于黄河沿岸土石山坡灌丛中。榆林市有零星分布。

果实入药，有清热泻下之功效。亦可作固沙，水土保持和园林绿化树种。

枣属 *Ziziphus* Mill. 本地常见有1变种栽培1种。

枣（大枣 枣树 红枣）

Ziziphus jujuba (L.) Lam.

落叶小乔木，高达10m。树皮灰褐色；小枝紫红色或灰褐色，具2个托叶刺，长刺可达3cm，粗直，短刺下弯。叶卵形，卵状椭圆形，或卵状矩圆形；长3～7cm，宽1.5～4cm，顶端钝或圆形，基部近圆形，边缘具圆齿状锯齿，上面深绿色，下面浅绿色，基生三出脉；托叶刺纤细，后期常脱落。花黄绿色，两性，5基数，单生或2～8个密集成腋生聚伞花序；萼片卵状三角形；花瓣倒卵圆形，基部有爪；雄蕊5，与花瓣对生；花盘厚，肉质，5裂；子房下部藏于花盘内，与花盘合生，2室，每室有1胚珠，花柱2半裂。核果矩圆形或长卵圆形，长2～3.5cm，直径1.5～2cm，成熟时红色，后变红紫色，果核顶端锐尖，基部锐尖或钝。花期5～7月，果期8～9月。

原产于我国，我国大部分省区广为栽培。现在亚洲、欧洲和美洲常有栽培。

本地十分常见，黄河沿岸碛塄盛产“黄河滩枣”，其他乡镇也广为栽培。榆林市各地均有分布，以黄河沿岸的吴堡县、佳县、神木市、府谷县、清涧县等地为多。

枣的果实味甜，含有丰富的维生素C和P，除供鲜食外，可用以制成蜜枣、红枣、熏枣、黑枣、酒枣及牙枣等蜜饯和果脯，还可以做枣泥、枣面、枣酒、枣醋等，为重要的食品工业原料。枣又可供药用，是《中国药典》指定的中药材“大枣”的原植物，有养胃、健脾、益血、滋补、强身之效。枣仁和根均可入药，枣仁可以安神，为常用中药。枣树花期长，芳香多蜜，为优良的蜜源植物，“枣花蜜”深受人们青睐。

酸枣

Ziziphus jujuba var. *spinosa* (Bunge) Hu ex H.F.Chow.

常为落叶灌木，高达 2m。小枝紫红色或灰褐色，呈之字形曲折，具 2 个托叶刺，长刺可达 3cm，粗直，短刺下弯。叶较小，卵形，卵状椭圆形或卵状矩圆形，顶端钝或圆形，基部近圆形，边缘具圆齿状锯齿，上面深绿色，下面浅绿色，基生三出脉；托叶刺纤细，后期常脱落。花小，黄绿色，两性，5 基数，单生或 2 ～ 8 个密集成腋生聚伞花序；萼片卵状三角形；花瓣倒卵圆形，基部有爪；花盘厚，肉质，圆形，5 裂；子房下部藏于花盘内，与花盘合生，2 室，每室有 1 胚珠，花柱 2 半裂。核果小，近球形或短矩圆形，直径 0.7 ～ 1.2cm，具薄的中果皮，味酸，核两端钝，成熟时红色，后变红紫色。花期 5 ～ 7 月，果期 8 ～ 9 月。

分布于华北、西北地区及辽宁、山东、河南、江苏、安徽等多个省区。常生长于向阳、干燥山坡、丘陵、岗地或平原。朝鲜及俄罗斯也有分布。

本地十分常见，生长于黄土丘陵崖畔、山坡、路旁灌丛中。榆林市全市均有分布，以佳县、神木市、吴堡县等地为优。

酸枣的种子入药，是《中国药典》指定的中药材“酸枣仁”的原植物，入药具有镇定安神之功效；果实肉薄，但含有丰富的维生素 C，生食或制作果酱；花芳香多蜜，为重要的蜜源植物。

43 葡萄科 Vitaceae

本地常见1属1种1变种，栽培2属2种。

蛇葡萄属 *Ampelopsis* Michx. 本地常见有1种1变种。

乌头叶蛇葡萄（过山龙　马葡萄　草白蔹　乌头叶白蔹　牯辘蔓）

***Ampelopsis aconitifolia* Bge.**

木质藤本。小枝有纵棱纹，被疏柔毛。卷须2～3叉分枝，相隔2节间断与叶对生。叶为掌状5小叶，小叶3～5羽裂，披针形或菱状披针形，长4～9cm，宽1.5～6cm，顶端渐尖，基部楔形；小叶有侧脉3～6对，网脉不明显；叶柄长1.5～2.5cm，无毛或被疏柔毛；托叶膜质，褐色，卵状披针形，无毛或被疏柔毛。花序为疏散的伞房状复二歧聚伞花序，通常与叶对生或假顶生；花序梗长1.5～4cm，无毛或被疏柔毛，花梗长1.5～2.5mm；花蕾卵圆形，高2～3mm，顶端圆形；萼碟形，波状浅裂或几全缘，无毛；花瓣5，卵圆形，高1.7～2.7mm，无毛；雄蕊5，花药卵圆形，长宽近相等；花盘发达，边缘呈波状；子房下部与花盘合生，花柱钻形。浆果近球形，直径0.6～0.8cm，熟时红色。有种子2～3颗，种子倒卵圆形，顶端圆形，基部有短喙。花期5～6月，果期8～9月。

分布于内蒙古、河北、山西、甘肃、陕西、河南等省区，生长于沟边或山坡灌丛或草地中。

本地较常见，生长于山坡、山沟灌丛中及路旁。榆林市各地均有分布。

掌裂草葡萄（野葡萄）

Ampelopsis aconitifolia Bge. var. *palmiloba* (Carr.) Rehd.

掌裂草葡萄为一变种，与原变种乌头叶蛇葡萄的区别在于小叶大多不分裂，边缘锯齿通常较深而粗，或混生有浅裂叶者，光滑无毛或叶下面微被柔毛。花期 5 ～ 8 月，果期 7 ～ 9 月。

分布于东北、华北以及宁夏、山东、甘肃、陕西、四川等多个省区，生长于沟谷水边或山坡灌丛中。

本地较常见，生长于山坡、沟岸或路旁灌丛中。榆林市各地均有分布。

地锦属 *Parthenocissus* Planch. 本地常见栽培1种。

五叶地锦（爬墙虎 爬山虎 美国爬山虎）

Parthenocissus quinquefolia (L.) Planch.

落叶木质藤本。小枝圆柱形。卷须5～9分枝，相隔2节间断与叶对生，卷须顶端常扩大成吸盘。叶为掌状5小叶，小叶倒卵圆形、倒卵椭圆形，长5.5～15cm，宽3～9cm，顶端短尾尖，基部楔形或阔楔形，边缘有粗锯齿，两面均无毛或下面脉上微被疏柔毛；侧脉5～7对，网脉两面均不明显凸出；叶柄长5～14.5cm，小叶有短柄或几无柄。圆锥状多歧聚伞花序，长8～20cm；花序梗长3～5cm；花梗长1.5～2.5mm；花蕾椭圆形，高2～3mm，顶端圆形；萼碟形，边缘全缘；花瓣5，长椭圆形，高1.7～2.7mm；雄蕊5，花丝长0.6～0.8mm，花药长椭圆形，长1.2～1.8mm；花盘不明显；子房卵锥形，柱头不扩大。果实球形，直径1～1.2cm，有种子1～4颗；种子倒卵形，顶端圆形，基部急尖成短喙。花期6～7月，果期8～10月。

原产于北美。20世纪50年代引入我国东北地区。现全国多地引种栽培。

本地有栽培，见于公路旁护坡、公园或机关院落内。是一种很好的垂直绿化植物。榆林市各地常见栽培，常见于公路护坡上或庭园棚架上。

葡萄属 *Vitis* L. 本地常见栽培1种。

葡萄

Vitis vinifera L.

落叶的木质藤本。小枝圆柱形，有纵棱纹。卷须2叉分枝，每隔2节间断与叶对生。叶卵圆形，显著3～5浅裂或中裂，长7～18cm，宽6～16cm，边缘锯齿深而粗大；基生脉5出，中脉有侧脉4～5对，网脉不明显凸出；叶柄长4～9cm；托叶早落。花杂性、异株，圆锥花序与叶对生，基部分枝发达，长10～20cm，花序梗长2～4cm，几无毛或疏生蛛丝状绒毛；花梗长1.5～2.5mm；花蕾倒卵圆形，高2～3mm，顶端近圆形；萼浅碟形，边缘呈波状，外面无毛；花瓣5，呈帽状黏合脱落；雄蕊5，花丝丝状，长0.6～1mm，花药黄色，卵圆形，在雌花内显著短而败育或完全退化；花盘发达，5浅裂；雌蕊1，在雄花中完全退化，子房卵圆形，花柱短，柱头扩大。果实球形或椭圆形，直径1.5～2cm；种子倒卵椭圆形。花期4～5月，果期8～9月。

原产于亚洲西部，现世界各地栽培。我国各地亦普遍栽培，在我国已有几千年的栽培历史，以新疆最为有名，栽培历史悠久，品种繁多。

本地有栽培，见于田家寨等地农户院内。榆林市各地有零星栽培。

果实为著名水果，生食或制葡萄干，或酿酒，酿酒后的酒脚料可提取酒石酸；根和藤可入药，具有止呕、安胎之功效。

44 锦葵科 Malvaceae

本地常见有 3 属 3 种，栽培 3 属 5 种。

秋葵属 *Abelmoschus* Medik. 本地常见栽培 1 种。

咖啡黄葵（秋葵　黄秋葵）

***Abelmoschus esculentus* (L.) Moench**

一年生草本，高 1 ～ 2m。茎圆柱形，疏生散刺。叶掌状 3 ～ 7 裂，直径 10 ～ 30cm，裂片边缘具粗齿及凹缺，两面均被疏硬毛；叶柄长 7 ～ 15cm，被长硬毛；托叶线形，长 7 ～ 10mm，被疏硬毛。花单生于叶腋，花梗长 1 ～ 2cm，疏被糙硬毛；小苞片 8 ～ 10，线形，长约 1.5cm，疏被硬毛；花萼钟形，较长于小苞片，密被星状短绒毛；花黄色，内面基部紫色，直径 5 ～ 7cm，花瓣倒卵形，长 4 ～ 5cm。蒴果筒状尖塔形，有棱，长 10 ～ 25cm，直径 1 ～ 5（2）cm，顶端具长喙，疏被糙硬毛；种子球形，多数，直径 4 ～ 5mm，具毛脉纹。花期 5 ～ 9 月，果期 8 ～ 10 月。

原产于印度，我国多地引入栽培。由于生长周期短，耐干热，已广泛栽培于热带和亚热带地区。

本地有栽培，嫩果作蔬菜食用或观赏。榆林市多地有栽培。

种子含油达 15% ～ 20%，油内含少量的棉酚，有小毒，但经高温处理后可供食用或供工业用。嫩果可作蔬菜食用，俗称“秋葵”。

苘麻属 *Abutilon* Mill. 本地常见有1种。

苘麻（桐麻　磨盘草）

Abutilon theophrasti Medicus

一年生亚灌木状草本，高达1～2m。茎枝被柔毛。叶互生，圆心形，长5～10cm，先端长渐尖，基部心形，边缘具细圆锯齿，两面均密被星状柔毛；叶柄长3～12cm，被星状细柔毛；托叶早落。花单生于叶腋，花梗长1～13cm，被柔毛，近顶端具节；花萼杯状，密被短绒毛，裂片5，卵形，长约6mm；花黄色，花瓣倒卵形，长约1cm；单体雄蕊，雄蕊柱平滑无毛，心皮15～20，长1～1.5cm，顶端平截，具扩展、被毛的长芒2，排列成轮状，密被软毛。蒴果半球形，直径约2cm，长约1.2cm，分果爿15～20，被粗毛，顶端具长芒2；种子肾形，褐色，被星状柔毛。花、果期7～9月。

我国除青藏高原外，其他各省区均有分布，东北各地有栽培。常见于路旁、荒地和田野间。分布于越南、印度、日本以及欧洲、北美洲等地区。

本地有分布，生长于河滩、农田地边及村落附近空地上。榆林市各地较常见。

本种的茎皮纤维色白、具光泽，可作编织、纺织材料；种子含油，供工业用；种子入药，是《中国药典》指定的中药材“苘麻子”的原植物，入药具有清热解毒、利湿、退翳的功效。

蜀葵属 *Alcea* L. 本地常见栽培 1 种。

蜀葵（端阳花 棋盘花 斗篷花 大出奇）

Alcea rosea **Linnaeus**
(*Althaea rosea* (Linn.) Cavan.)

两年生直立草本，高达 2m，茎枝密被刺毛。叶近圆心形，直径 6 ～ 16cm，掌状 5 ～ 7 浅裂，裂片三角形或圆形，中裂片长约 3cm，宽 4 ～ 6cm，上面疏被星状柔毛，粗糙，下面被星状长硬毛或绒毛；叶柄长 5 ～ 15cm，被星状长硬毛；托叶卵形，长约 8mm，先端具 3 尖。花腋生，单生或近簇生，排列成总状花序式，具叶状苞片，花梗长约 5mm，果时延长，被星状长硬毛；小苞片杯状，常 6 ～ 7 裂，裂片卵状披针形，密被星状粗硬毛；萼钟状，直径 2 ～ 3cm，5 齿裂，裂片卵状三角形，长 1.2 ～ 1.5cm，密被星状粗硬毛；花大，直径 6 ～ 10cm，有多种颜色，单瓣或重瓣，花瓣倒卵状三角形，长约 4cm，先端凹缺，基部狭，爪被长髯毛；雄蕊多数，呈单体雄蕊，雄蕊柱长约 2cm，花丝纤细，长约 2mm，花药黄色；花柱分枝多数，微被细毛。分果盘状，直径约 2cm，被短柔毛，分果爿近圆形，多数，具纵槽。花期 6 ～ 8 月，果期 8 ～ 9 月。

原产于我国西南地区，全国各地广泛栽培供观赏用。世界多国有栽培。

本地极为常见的花卉。常见于村落、房前屋后、地边、路旁等处。榆林市各地常见栽培。

除用作观赏外，全草可入药，有清热止血、消肿解毒之功效。茎皮含纤维可代麻用。

棉属 *Gossypium* L. 本地常见栽培 1 种。

陆地棉（棉花）

Gossypium hirsutum L.

一年生草本，高 0.6 ～ 1.5m。小枝疏被长毛。叶阔卵形，直径 5 ～ 12cm，长、宽近相等或较宽，基部心形或心状截头形，常 3 浅裂，很少为 5 裂，中裂片常深裂达叶片之半，裂片先端突渐尖，基部宽，上面近无毛，沿脉被粗毛，下面疏被长柔毛；叶柄疏被柔毛；托叶早落。花单生于叶腋，花梗通常较叶柄略短；小苞片 3，分离，基部心形，具腺体 1 个，边缘具 7 ～ 9 齿，连齿长达 4cm，宽约 2.5cm，被长硬毛和纤毛；花萼杯状，裂片 5，三角形，具缘毛；花白色或淡黄色，后变淡红色或紫色；雄蕊柱长 1.2cm。蒴果卵圆形，具喙，3 ～ 4 室；种子分离，卵圆形，具白色长棉毛和灰白色不易剥离的短棉毛。花期夏秋季。

原产于墨西哥，19 世纪末传入我国栽培，已广泛栽培于全国各产棉区。在我国栽培历史悠久，有很多品种，新疆是我国主要的棉花产区。

本地清水川、孤山川等河谷地带农田见有栽培。榆林市各地常见栽培。

种子可榨油，作工业用油。种子毛（棉花）是重要的纺织工业原料。亦可制造硝酸炸药、赛璐珞材料等。

木槿属 *Hibiscus* L. 本地常见有1种，栽培1种。

木槿（荆条 搅荆条）

Hibiscus syriacus L.

落叶灌木，高3～4m。小枝密被黄色星状绒毛。叶菱形至三角状卵形，长3～10cm，宽2～4cm，具深浅不同的3裂或不裂，先端钝，基部楔形，边缘具不整齐齿缺；叶柄长5～25mm，上面被星状柔毛；托叶线形，长约6mm，疏被柔毛。花单生于枝端叶腋间，花梗长4～14mm，被星状短绒毛；小苞片6～8，线形，长6～15mm，宽1～2mm，密被星状疏绒毛；花萼钟形，长14～20mm，密被星状短绒毛，裂片5，三角形；花钟形，淡紫色，直径5～6cm，花瓣倒卵形，长3.5～4.5cm，外面疏被纤毛和星状长柔毛；雄蕊柱长约3cm；花柱枝无毛。蒴果卵圆形，直径约12mm，密被黄色星状绒毛；种子肾形，背部被黄白色长柔毛。花、果期7～10月。

原产于我国中部各省，现全国多个省区均有栽培。

本地有栽培，见于公园、机关院落、住宅小区内。榆林市各地常见栽培。

花色艳丽、花期长，供园林观赏或作绿篱；茎皮富含纤维，供造纸原料；亦可入药。

野西瓜苗（香铃草　野棉花　灯笼花）

Hibiscus trionum L.

一年生直立或平卧草本，高25～70cm。茎柔软，被白色星状粗毛，植株各部分均被粗硬毛或星状粗毛。叶二型，下部的叶圆形，不分裂，上部的叶掌状3～5深裂，直径3～6cm，中裂片较长，两侧裂片较短，裂片倒卵形至长圆形，通常羽状全裂；叶柄长2～4cm；托叶线形，长约7mm。花单生于叶腋，花梗长约2.5cm，果时延长达4cm；小苞片12，线形，长约8mm，基部合生；花萼钟形，淡绿色，长1.5～2cm，裂片5，膜质，三角形，具纵向紫色条纹，中部以上合生；花淡黄色，内面基部紫色，直径2～3cm，花瓣5，倒卵形，长约2cm，外面疏被极细柔毛；雄蕊柱长约5mm，花丝纤细，长约3mm，花药黄色；花柱枝5，无毛。蒴果长圆状球形，直径约1cm，被粗硬毛，果爿5，果皮薄，黑色；种子肾形，黑色，具腺状突起。花、果期7～10月。

原产于非洲中部，于明代引入中国，现全国各地均有分布，是常见的田间杂草。分布于欧洲至亚洲各地。

本地也有分布，常见于农田地边、山坡路旁草丛中。榆林市各地均有分布。

花形奇特，可供观赏。全草和果实、种子可作药用，治烫伤、烧伤、急性关节炎等。

锦葵属 *Malva* L. 本地常见有1种，栽培1种。

锦葵（棋盘花 小钱花 小出奇）

Malva cathayensis **M. G. Gilbert, Y. Tang & Dorr**
(*Malva sinensis* Cav.)

两年生或多年生直立草本，高50～90cm，多分枝，疏被粗毛。叶圆心形或肾形，具5～7圆齿状钝裂片，长5～12cm，宽几相等，基部近心形至圆形，边缘具圆锯齿，两面均无毛或仅脉上疏被短糙伏毛；叶柄长4～8cm，近无毛，但上面槽内被长硬毛；托叶偏斜，卵形，具锯齿，先端渐尖。花3～11朵簇生，花梗长1～2cm，无毛或疏被粗毛；小苞片3，长圆形，长3～4mm，宽1～2mm，先端圆形，疏被柔毛；花萼状，长6～7mm，萼裂片5，宽三角形，两面均被星状疏柔毛；花紫红色或白色，直径3.5～4cm，花瓣5，匙形，长2cm，先端微缺，爪具髯毛；雄蕊柱长8～10mm，被刺毛，花丝无毛；花柱分枝9～11，被微细毛。果扁圆形，径5～7mm，分果爿9～11，肾形，被柔毛；种子黑褐色，肾形，长2mm。花、果期5～10月。

我国南北各城市常见的栽培植物，偶有逸生。印度也有分布。

本地有栽培，见于公园、庭园或住户房前屋后。榆林市各地常见栽培。

花供园林观赏，地植或盆栽均可；其花为白色的常可作药用。

野葵

Malva verticillata Linn.

两年生草本，高 50 ～ 100cm。茎干被星状长柔毛。叶肾形或圆形，通常为掌状 5 ～ 7 裂，裂片三角形，具钝尖头，边缘具钝齿，两面被极疏糙伏毛或近无毛；叶柄长 2 ～ 8cm，近无毛，上面槽内被绒毛；托叶卵状披针形，被星状柔毛。花 3 或多朵簇生于叶腋，具极短柄至近无柄；小苞片 3，线状披针形，被纤毛；萼杯状，萼裂 5，广三角形，疏被星状长硬毛；花冠淡白色至淡红色，花瓣 5，先端凹入；雄蕊柱长约 4mm，被毛；花柱分枝 10 ～ 11。果扁球形；分果片 10 ～ 11，背面平滑，两侧具网纹；种子肾形，紫褐色。花、果期 3 ～ 11 月。

产于全国多个省区。朝鲜也有分布。

本地有分布，见于庙沟门、清水川、石马川等河谷滩地或农田中。榆林市各地均有分布。

种子、根和叶作中草药，能利水滑窍、润便利尿、下乳汁；鲜茎叶和根可拔毒排脓，治疗疔疮疖痈。嫩苗也可供蔬食。

45 柽柳科 Tamaricaceae

本地常见有2属2种。

柽柳属 *Tamarix* L. 本地常见有1种。

柽柳（红柳　三春柳　红条子）

Tamarix chinensis **Lour.**

落叶乔木或灌木，高3～6m。老枝暗褐红色，光亮，幼枝稠密细弱，红紫色或暗紫红色，有光泽；嫩枝繁密纤细，悬垂。叶小，鲜绿色，长圆状披针形或长卵形，稍开展或平贴于枝上，先端渐尖而内弯，基部变窄。每年开花两三次。春季开花，总状花序侧生在上年生小枝上，长3～6cm，有短总花梗；苞片线状长圆形，与花梗等长或稍长；花小，5出数；萼片5，狭长卵形，具短尖头；花瓣5，粉红色，通常卵状椭圆形或椭圆状倒卵形，果时宿存；花盘5裂，裂片先端圆或微凹，紫红色，肉质；雄蕊5，花丝着生在花盘裂片间；子房圆锥状，花柱3。蒴果圆锥形。夏、秋季开花，总状花序长3.5cm，较春生者细，生长于当年生幼枝顶端，组成顶生大圆锥花序，疏松而通常下弯；花5出，较春季者略小；苞片绿色，草质，较春季花的苞片狭细；花萼三角状卵形；花瓣粉红色，远比花萼长；花盘5裂，或每一裂片再2裂成10裂片状；雄蕊5，花丝着生在花盘主裂片间；花柱棍棒状。花、果期4～9月。

分布于辽宁、河北、河南、山东、江苏、安徽等省区，喜生长于河流冲积平原，海滨、滩头、潮湿盐碱地和沙荒地。日本、美国也有栽培。

本地区较常见，生长于黄河沿岸滩地及其他河流岸边。榆林市各地均有分布。

本种适于湿润盐碱地，沙荒地造林之用。其细枝多用来编筐或做农具。一年三次开花，花色艳丽，可栽植于庭园、公园等处作观赏用。枝、叶均可入药，有解表发汗之功效。

水柏枝属 *Myricaria* Desv. 本地常见有1种。

宽苞水柏枝（河柏　水柽柳）

Myricaria bracteata Royle

落叶灌木，高0.5～3m。多分枝，老枝灰褐色或紫褐色，幼嫩枝黄绿色。叶小，密生于当年生绿色小枝上，长2～4mm，宽0.5～2mm，先端钝或锐尖，基部略扩展或不扩展。总状花序顶生于当年生枝条上，密集呈穗状；长5～20cm，直径约1.5cm；苞片宽卵形或椭圆形，长7～8mm，宽4～5mm，先端渐尖，边缘为膜质，具圆齿；花梗长约1mm；萼片5，披针形或矩圆形，长4mm，宽1～2mm，具膜质边缘；花瓣5，倒卵形或倒卵状长圆形，长5～6mm，宽2～2.5mm，粉红色、淡红色或淡紫色；雄蕊8～10，花丝中下部合生；子房圆锥形，长4～6mm，柱头头状。蒴果狭圆锥形，长8～10mm。种子具有柄的簇生毛。花期6～7月，果期8～9月。

分布于西北、华北及西藏等多个省区。生长于河谷砂砾质河滩、湖边砂地以及山前冲积扇砂砾质戈壁上。印度、巴基斯坦、阿富汗、俄罗斯、蒙古也有分布。

本地有分布，不多见，生长于河滩，河谷砂砾地草丛中。榆林市有分布，多见于北部沙区。

枝含单宁，嫩枝可入药，具有补阳发散、解毒透疹之功效。

46 堇菜科 Violaceae

本地常见有 1 属 3 种。

堇菜属 *Viola* L.　本地常见有 3 种。

裂叶堇菜（深裂叶堇菜）

Viola dissecta **Ledeb.**

多年生草本，无地上茎，植株高度变化大，高 3 ～ 17cm。根状茎缩短，根数条。叶基生，叶片轮廓呈圆形、肾形或宽卵形，长 1.2 ～ 9cm，宽 1.5 ～ 10cm，通常 3 裂，两侧裂片具短柄，常 2 深裂，中裂片 3 深裂，托叶近膜质，边缘疏生细齿。花较大，淡紫色至紫堇色；花梗有毛或无毛；在花梗中部以下有 2 枚线形小苞片；萼片卵形，长圆状卵形或披针形，长 4 ～ 7mm，具 3 脉，基部附属物短；上方花瓣长倒卵形，长 8 ～ 13mm，宽 6 ～ 9mm，上部微向上反曲，侧方花瓣长圆状倒卵形，长 7 ～ 10mm，宽约 6mm，里面基部有长须毛，下方花瓣连距长 1.4 ～ 2.2cm；距明显，圆筒形，末端钝而稍膨胀；花药药隔顶端附属物长 1.5 ～ 2mm，下方雄蕊之距细长；子房卵球形，花柱棍棒状。蒴果长圆形或椭圆形，果皮坚硬。花期 4 ～ 9 月，果期 5 ～ 10 月。

分布于全国多个省区，生长于山坡草地、灌丛下及田边、路旁等地。朝鲜、蒙古、俄罗斯及中亚地区均有分布。

本地有分布，常见于山坡灌丛下、河岸草丛中。榆林市见于榆阳区、横山区、神木市等地。

全草可入药，具有清热解毒之功效。

紫花地丁

Viola philippica Cav.

多年生草本，无地上茎，高 4 ～ 14cm，果期高可达 20cm。根状茎短，垂直。叶多数，基生，莲座状；叶片下部者通常较小，上部者较长，果期叶片增大，长可达 10cm，宽可达 4cm；叶柄上部具极狭的翅，果期长可达 10 余 cm；托叶膜质，苍白色或淡绿色。花中等大，紫堇色或淡紫色，喉部色较淡并带有紫色条纹；花梗通常多数，细弱，中部有 2 枚线形小苞片；萼片卵状披针形或披针形，长 5 ～ 7mm，先端渐尖，基部附属物短，末端圆形或截形，边缘具膜质白边；花瓣倒卵形或长圆状倒卵形，侧方花瓣长 1 ～ 1.2cm，下方花瓣连距长 1.3 ～ 2cm，里面有紫色脉纹；距细管状，长 4 ～ 8mm，末端圆；花药长约 2mm，药隔顶部的附属物长约 1.5mm，下方 2 枚雄蕊背部的距细管状，长 4 ～ 6mm；子房卵形，花柱棍棒状，柱头三角形。蒴果长圆形；种子卵球形，淡黄色。花、果期 4 ～ 9 月。

分布于全国多个省区，生长于庭园、田间、荒地、山坡草丛、林缘或灌丛中。在庭园较湿润处常形成小群落。朝鲜、日本、俄罗斯远东地区也有分布。

本地较常见，生长于公园、庭园及村落四旁阴湿处。榆林市各地均有分布。

全草可入药，是《中国药典》指定的中药材“紫花地丁”的原植物。入药具有清热解毒、凉血消肿之功效。嫩叶可作野菜，可作早春观赏花卉。

早开堇菜

Viola prionantha Bunge

多年生草本，花期高 3 ～ 10cm，果期高可达 20cm。根状茎垂直，短而较粗壮。根数条，粗而长。叶多数，基生；叶片长圆状卵形、卵状披针形或狭卵形，长 1 ～ 4.5cm，宽 6 ～ 20mm，先端稍尖或钝，基部微心形、截形或宽楔形；果期叶片显著增大，三角状卵形，基部通常宽心形；叶柄较粗壮，上部有狭翅；托叶 2/3 与叶柄合生，离生部分线状披针形，边缘疏生细齿。花大，直径 1.2 ～ 1.6cm，紫堇色或淡紫色，喉部色淡并有紫色条纹；花梗较粗壮，在近中部处有 2 枚线形小苞片；萼片披针形或卵状披针形，长 6 ～ 8mm，基部附属物长 1 ～ 2mm，末端具不整齐牙齿或近全缘；上方花瓣倒卵形，长 8 ～ 11mm，向上方反曲，侧方花瓣长圆状倒卵形，长 8 ～ 12mm，里面基部通常有须毛，下方花瓣连距长 14 ～ 21mm，距长 5 ～ 9mm，粗 1.5 ～ 2.5mm，末端钝圆且微向上弯；药隔顶端附属物长约 1.5mm，下方 2 枚雄蕊背方的距长约 4.5mm，末端尖；子房长椭圆形，花柱棍棒状，柱头顶部平或微凹。蒴果长椭圆形，常具宿存的花柱。种子多数，卵球形，深褐色常有棕色斑点。花、果期 4 ～ 9 月。

分布于我国南北多个省区，生长于山坡草地、沟边、宅旁等向阳处。朝鲜、俄罗斯也有分布。

本地有分布，见于公园草坪内，山坡灌丛下或河岸草丛中。榆林市各地均有分布。

全草供药用，有清热解毒之功效；本种花形较大，花色艳丽，早春 3 月下旬开始开花，4 月中旬进入盛花期，点缀于花圃、草坪之中，观赏效果极佳，是一种很好的早春观赏植物。

47 瑞香科 Thymelaeaceae

本地常见有 3 属 3 种。

草瑞香属 *Diarthron* Turcz. 本地常见有 1 种。

草瑞香（栗麻 野扁豆）

***Diarthron linifolium* Turcz.**

一年生草本，高 10 ～ 40cm。多分枝，扫帚状，小枝纤细，淡绿色，无毛，茎下部淡紫色。叶互生，散生于小枝上，线形至线状披针形或狭披针形，长 7 ～ 15mm，宽 1 ～ 3mm，先端钝圆形，基部楔形或钝形，边缘全缘，两面无毛，中脉在下面显著，上面不甚明显，无侧脉或不明显；叶柄极短。花绿色，顶生总状花序；无苞片；花梗短，长约 1mm，顶端膨大，花萼筒细小，筒状，长 2.2 ～ 3mm，裂片 4，卵状椭圆形，长约 0.8mm，渐尖，直立或微开展；雄蕊 4，稀 5，一轮，着生长于花萼筒中部以上，不伸出，花丝长约 0.5mm，花药极小，宽卵形；花盘不明显；子房具柄，椭圆形，花柱纤细，长 0.8 ～ 1mm，柱头棒状略膨大。果实卵形或圆锥状，黑色，花萼筒宿存，基部具关节；果皮膜质，无毛。花期 5 ～ 7 月，果期 6 ～ 8 月。

分布于吉林、河北、山西、陕西、甘肃、新疆、江苏等省区，生长于沙质荒地。俄罗斯也有分布。

本地有分布，见于河谷湿地、山坡草丛中。榆林市有分布，见于榆阳区、神木市、米脂县、横山区、靖边县等地。

植株韧皮纤维发达，根和茎皮可作造纸原料。

狼毒属 *Stellera* L. 本地常见有1种。

狼毒（断肠草　燕子花　馒头花）

Stellera chamaejasme L.

多年生草本，高20～50cm。根茎木质，圆柱形，不分枝或分枝；茎直立，丛生，不分枝，绿色，有时带紫色，无毛，基部木质化。叶散生，稀对生或近轮生，薄纸质，披针形或长圆状披针形，长12～28mm，宽3～10mm，先端渐尖或急尖，基部圆形至钝形或楔形，上面绿色，下面淡绿色至灰绿色，边缘全缘，中脉下面隆起，侧脉4～6对，两面均明显；叶柄短，基部具关节。花白色、黄色至带紫色，芳香，头状花序多花，顶生，圆球形；具绿色叶状总苞片；无花梗；花萼筒细瘦，长9～11mm，具明显纵脉，裂片5，卵状长圆形；雄蕊10，2轮，下轮着生于花萼筒的中部以上，上轮着生于花萼筒的喉部，花药微伸出，花丝极短，花药黄色，线状椭圆形；花盘一侧发达，线形，顶端微2裂；子房椭圆形，几无柄，长约2mm，直径1.2mm，上部被淡黄色丝状柔毛，花柱短，柱头头状。果实圆锥形，长5mm，直径约2mm，上部或顶部有灰白色柔毛，为宿存的花萼筒所包围；种皮膜质，淡紫色。花期4～6月，果期7～9月。

分布于我国北方各省区及西南地区。生长于干燥而向阳的高山草坡、草坪或河滩台地。俄罗斯西伯利亚也有分布。

本地有分布，见于皇甫川河口湿地草丛中。榆林市见于榆阳区、横山区、神木市等地。

狼毒的毒性较大，可以制作天然的农药或杀虫剂；根入药，有祛痰、消积、止痛之功效。根还可提取工业用酒精，根及茎皮可造纸。

荛花属 *Wikstroemia* Endl. 本地常见有 1 种。

河朔荛花（羊厌厌　云花钵　羊眼眼柴　黄芫花）

Wikstroemia chamaedaphne Meisn.

多为落叶灌木，高约 1m。分枝多而纤细，无毛；幼枝近四棱形。叶对生，披针形，长 2.5 ～ 5.5cm，宽 0.2 ～ 1cm，先端尖，基部楔形，上面绿色，下面灰绿色。花序穗状或由穗状花序组成的圆锥花序，顶生或腋生，花黄色，花萼长 8 ～ 10mm，密被灰色短柔毛，裂片 4，2 大 2 小，卵形至长圆形，约等于花萼长的 1/3，先端圆；雄蕊 8，2 轮排列，着生于花萼筒的中部以上；花药长圆形，花丝短；子房棒状，具柄，顶部被短柔毛，花柱短，柱头圆珠形，顶基稍压扁，具乳突；花盘鳞片 1 枚，线状披针形。果卵形，干燥。花期 6 ～ 8 月，果期 9 月。

分布于全国多个省区，生长于山坡及路旁。蒙古也有分布。

本地有分布，生长于山坡或路旁灌丛中。榆林市各地均有分布。

纤维可造纸，做人造棉，茎叶可做土农药毒杀害虫。

48 胡颓子科 Elaeagnaceae

本地常见有 2 属 1 种 1 亚种。

胡颓子属 *Elaeagnus* L. 本地常见有 1 种。

沙枣（银柳）

***Elaeagnus angustifolia* L.**

落叶乔木或小乔木，高 5 ~ 10m，无刺或具刺，刺长 3 ~ 4cm，棕红色，发亮。幼枝密被银白色鳞片，老枝鳞片脱落，红棕色，光亮。叶矩圆状披针形至线状披针形，长 3 ~ 7cm，宽 1 ~ 1.3cm，顶端钝尖或钝形，基部楔形，全缘，上面幼时具银白色圆形鳞片，成熟后部分脱落，带绿色，下面灰白色，密被白色鳞片，有光泽；叶柄纤细，银白色，长 5 ~ 10mm。花常 1 ~ 3 朵簇生新枝基部叶腋，芳香；花梗长 2 ~ 3mm；花无花瓣，花萼筒钟形，长 4 ~ 5mm，内面黄色，外面银白色，顶端 4 裂，在子房上骤收缩，萼裂片宽卵形或卵状矩圆形，长 3 ~ 4mm，顶端钝渐尖，内面被白色星状柔毛；雄蕊几无花丝，花药淡黄色，矩圆形，长 2.2mm；花柱直立，上端甚弯曲；花盘包围花柱的基部，无毛。果实椭圆形，长 9 ~ 12mm，直径 6 ~ 10mm，橙黄色、黄色或粉红色，密被银白色鳞片；果肉乳白色，粉质。花期 5 ~ 6 月，果期 9 月。

分布于西北、华北地区及辽宁、河南等多个省区。中东、近东至欧洲也有分布。

本地有分布，见于清水川、木瓜镇等地河滩、山坡上。榆林市有分布，以定边县、靖边县为多。

沙枣果实可食，果肉含有糖分、淀粉、蛋白质、脂肪和维生素，亦可酿酒、制醋酱、糕点等食品。果实和叶可作牲畜饲料，花可提芳香油，亦是很好的蜜源植物。沙枣根蘖性强，能保持水土，抗风沙，常用来营造防护林。果实、叶、根均可入药。

沙棘属 *Hippophae* L. 本地常见有 1 亚种。

中国沙棘（酸刺 酸刺葛针 黑刺 酸刺柳 黄酸刺 醋柳）

Hippophae rhamnoides subsp. *sinensis* Rousi

落叶灌木或乔木，高 1 ～ 5m。棘刺较多，粗壮；嫩枝褐绿色，密被银白色而带褐色鳞片或有时具白色星状柔毛，老枝灰黑色。单叶通常近对生，狭披针形或矩圆状披针形，长 3 ～ 8cm，宽 0.4 ～ 1.2cm，基部最宽。花单性，雌雄异株；雌株花序轴发育成小枝或棘刺，雄株花序轴花后脱落；雄花先开放，生长于早落苞片腋内，无花梗，花萼 2 裂，雄蕊 4，花丝短，花药矩圆形。雌花单生于叶腋，具短梗，花萼囊状，顶端 2 齿裂，子房上位，1 心皮，1 室，1 胚珠，花柱短，微伸出花外，急尖。果实为坚果，为肉质化的萼管包围，核果状，近圆形或长矩圆形，长 5 ～ 12mm；种子 1 枚，倒卵形或椭圆形，骨质。种子卵形，黑褐色，种皮坚硬，有光泽。花期 5 月，果期 9 ～ 10 月。

分布于华北地区及陕西、甘肃、青海、四川等省区，常生长于向阳的山脊、谷地、干涸河床地或山坡，多砾石或沙质土壤或黄土上。我国黄土高原极为普遍。

本地较常见，生长于山坡、山谷河沟灌丛中。榆林市各地均有分布。

果实富含维生素 C 和有机酸等，可制饮料及酿酒；果实可入药，是《中国药典》指定的中药材“沙棘”的原植物。入药具有健脾消食、祛痰止咳、活血散瘀的功效。

49 千屈菜科 Lythraceae

本地常见有 1 属 1 种。

千屈菜属 *Lythrum* L. 本地常见有 1 种。

千屈菜（水菠菜）

***Lythrum salicaria* L.**

多年生草本，高 30 ～ 100cm。根茎横卧于地下，粗壮；茎直立，多分枝，全株青绿色，略被粗毛或密被绒毛，枝通常具 4 棱。叶对生或三叶轮生，披针形或阔披针形，长 4 ～ 10cm，宽 8 ～ 15mm，顶端钝或短尖，基部圆形或心形，有时略抱茎，全缘，无柄。花组成小聚伞花序，簇生，因花梗及总梗极短，因此花枝全形似一大型穗状花序；苞片阔披针形至三角状卵形，长 5 ～ 12mm；萼筒长 5 ～ 8mm，有纵棱 12 条，稍被粗毛，裂片 6，三角形；附属体针状，直立，长 1.5 ～ 2mm；花瓣 6，红紫色或淡紫色，倒披针状长椭圆形，基部楔形，长 7 ～ 8mm，着生于萼筒上部，有短爪，稍皱缩；雄蕊 12，6 长 6 短，伸出萼筒之外；子房 2 室，花柱长短不一。蒴果扁圆形。

分布于全国各地，亦有栽培者，生长于河岸、湖畔、溪沟边和潮湿草地。分布于世界各大洲。

本地较常见，生长于河边湿草地中或浅水池塘中。榆林市各地均有分布。

本种为花卉植物，常栽培于水边或作盆栽供观赏，亦称水枝锦、水芝锦或水柳。全草可入药，治肠炎、痢疾、便血，外用治外伤出血。

50 柳叶菜科 Onagraceae

本地常见有2属3种。

柳叶菜属 *Epilobium* L. 本地常见有2种。

柳叶菜（水朝阳花）

***Epilobium hirsutum* L.**

多年生粗壮草本，茎高25～120cm。有时近基部木质化，常在中上部多分枝，周围密被伸展长柔毛，常混生腺毛。叶草质，对生，茎上部的互生，无柄，并多少抱茎；茎生叶披针状椭圆形至狭倒卵形或椭圆形，长4～12cm，宽0.3～3.5cm，先端锐尖至渐尖，基部近楔形，边缘具细锯齿，两面被长柔毛，有时在背面混生短腺毛。总状花序直立；苞片叶状。花直立，花蕾卵状长圆形，长4.5～9mm，径2.5～5mm；子房灰绿色至紫色，长2～5cm，密被长柔毛与短腺毛；花梗长0.3～1.5cm；花管长1.3～2mm，径2～3mm，在喉部有一圈长白毛；萼片长圆线形，长6～12mm，宽1～2mm，背面隆起成龙骨状，被毛；花瓣4，常玫瑰红色，或粉红、紫红色，宽倒心形，长9～20mm，宽7～15mm，先端凹缺；花药乳黄色；花丝外轮的长5～10mm，内轮的长3～6mm；花柱直立，无毛；柱头白色，4深裂，裂片长圆形，初时直立，彼此合生，开放时展开，长稍高过雄蕊。蒴果长2.5～9cm，被毛；果梗长0.5～2cm。种子倒卵状，顶端具很短的喙，深褐色；种缨长7～10mm，黄褐色或灰白色，易脱落。花期6～8月，果期7～9月。

分布于我国东北至西南以及广东等多个省区，生长于河谷、溪流河床沙地、石砾地或沟边、湖边向阳湿润处，常成片生长。广布于欧亚大陆与非洲温带，北美有野化与栽培。

本地有分布，生长于河沟、池塘渠边湿地草丛中。榆林市见于榆阳区、神木市、横山区等地。

嫩苗嫩叶可作沙拉凉菜；根或全草入药，具有消炎止痛、祛风除湿、活血止血、生肌之效。

沼生柳叶菜（沼泽柳叶菜）

Epilobium palustre L.

多年生直立草本，茎高 15 ～ 70cm。不分枝或分枝。叶对生，花序上的互生，近线形至狭披针形，长 1.2 ～ 7cm，宽 0.3 ～ 1.2cm，先端锐尖或渐尖，基部近圆形或楔形，边缘全缘或有不明显浅齿，侧脉不明显，下面脉上与边缘疏生曲柔毛；叶柄缺或极短。花序花前直立或稍下垂，密被曲柔毛，有时混生腺毛。花近直立；花蕾椭圆状卵形，长 2 ～ 3mm，径 1.8 ～ 2.2mm；子房长 1.6 ～ 2.5（3）cm；密被曲柔毛与稀疏的腺毛；花柄长 0.8 ～ 1.5cm；花管长 1 ～ 1.2mm，径 1.3 ～ 2mm，喉部近无毛；萼片长圆状披针形，长 2.5 ～ 4.5mm，宽 1 ～ 1.2mm，先端锐尖，密被曲柔毛与腺毛；花瓣白色至粉红色或玫瑰紫色，倒心形，长 5 ～ 7mm，宽 2 ～ 3mm，先端凹缺；花药长圆状；花丝外轮的长 2 ～ 2.8mm，内轮的长 1.2 ～ 1.5mm；花柱直立，无毛；柱头棍棒状至近圆柱状，长 1 ～ 1.8mm，径 0.4 ～ 0.7mm，开花时稍伸出外轮花药。蒴果长 3 ～ 9cm，被曲柔毛；果梗长 1 ～ 5cm。种子棱形至狭倒卵状，顶端具长喙，褐色；种缨灰白色或褐黄色，不易脱落。花期 6 ～ 8 月，果期 8 ～ 9 月。

分布于东北、华北、西北地区及四川、云南、西藏等多个省区，生长于湖塘、沼泽、河谷、溪沟旁、亚高山与高山草地湿润处。广布于北半球温带与寒带地区湿地，欧洲与北美也有分布。

本地有分布，见于沟谷、河滩湿草地中。榆林市见于榆阳区、横山区、神木市、绥德县等地。

全草可入药，具有清热消炎、镇咳、疏风之功效。

月见草属 *Oenothera* L. 本地常见有 1 种。

月见草（夜来香 待宵草 山芝麻）

Oenothera biennis L.

两年生草本，茎高 50 ～ 200cm。基生叶紧贴地面；不分枝或分枝，被曲柔毛与伸展长毛，在茎枝上端常混生有腺毛。基生叶倒披针形，长 10 ～ 25cm，宽 2 ～ 4.5cm，先端锐尖，基部楔形，两面被曲柔毛与长毛。茎生叶椭圆形至倒披针形，长 7 ～ 20cm，宽 1 ～ 5cm，先端锐尖至短渐尖，基部楔形，花序穗状，不分枝；苞片叶状，果时宿存，花蕾锥状长圆形；花两性，黄绿色或开花时带红色，被毛；萼片绿色，有时带红色，长圆状披针形，先端骤缩成尾状；花瓣黄色，宽倒卵形，长 2.5 ～ 3cm，宽 2 ～ 2.8cm，先端微凹缺；花丝近等长；花粉约 50% 发育；子房圆柱状，具 4 棱，密被伸展长毛与短腺毛，有时混生曲柔毛；花柱柱头围以花药。开花时花粉直接授在柱头裂片上。蒴果锥状圆柱形，直立，绿色，被毛，具明显的棱。种子暗褐色，棱形，具棱角，各面具不整齐洼点。

原产于北美，早期引入欧洲，后迅速传播世界温带与亚热带地区。在我国东北、华北、华东（含台湾省）、西南（四川、贵州）有栽培，并早已沦为逸生，常生长于开旷荒坡路旁。

本地有分布，见于清水川入黄河河口湿地草丛中。

本种作为观赏花卉，17 世纪由欧洲传入我国东北地区，在我国东北与华北地区常有成片野化种群。适应力强、耐寒旱、耐酸、耐瘠薄、喜光，种群扩散速度快，在我国许多地方逸为野生。目前已被列为二级外来入侵物种，应加以重点关注。

种子可榨油，根可入药，花可提取芳香油。

51 伞形科 Apiaceae (Umbelliferae)

本地常见有5属7种，栽培4属3种1变种。

芹属 *Apium* L. 本地常见栽培1种。

旱芹（芹菜）

Apium graveolens L.

两年或多年生草本，高15～150cm。有强烈香气。根圆锥形。茎直立，光滑，有少数分枝，并有棱角和直槽。根生叶有柄，柄长2～26cm，基部略扩大成膜质叶鞘；叶片轮廓为长圆形至倒卵形，长7～18cm，宽3.5～8cm，通常3裂达中部或3全裂，裂片近菱形，边缘有圆锯齿或锯齿，叶脉两面隆起；较上部的茎生叶有短柄，叶片轮廓为阔三角形，通常分裂为3小叶，小叶倒卵形，中部以上边缘疏生钝锯齿以至缺刻。复伞形花序顶生或与叶对生，花序梗长短不一；伞辐细弱，3～16，长0.5～2.5cm；小伞形花序有花7～29朵，花柄长1～1.5mm，萼齿小或不明显；花瓣白色或黄绿色，圆卵形，顶端有内折的小舌片；花丝与花瓣等长或稍长于花瓣，花药卵圆形；花柱基扁压，花柱向外反曲。分生果圆形或长椭圆形，果棱尖锐；每棱槽内有油管1，合生面油管2，胚乳腹面平直。花期4～7月，果期7～8月。

原产于欧洲、亚洲、非洲及美洲。我国自汉代引入至今已有2000多年的栽培历史，现南北各省区均有栽培，供作蔬菜食用。

本地常见栽培，是本地最为常见的蔬菜之一。榆林市各地常见栽培。

除食用外，果实可提取芳香油，作调和香精。

柴胡属 *Bupleurum* L. 本地常见有3种。

北柴胡（龙状柴）

Bupleurum chinense DC.

多年生草本，高50～85cm。主根较粗大，棕褐色，质坚硬。茎单一或数茎，表面有细纵槽纹，上部多回分枝，微作之字形曲折。基生叶倒披针形或狭椭圆形，早枯落；茎中部叶倒披针形或广线状披针形，长4～12cm，宽6～18mm，顶端渐尖或急尖，有短芒尖头，基部收缩成叶鞘抱茎，脉7～9；茎顶部叶同形，但更小。复伞形花序很多，花序梗细，常水平伸出，形成疏松的圆锥状；总苞片2～3，甚小，狭披针形，长1～5mm，宽0.5～1mm，3脉；伞辐3～8，纤细，不等长，长1～3cm；小总苞片5，披针形，长3～3.5mm，宽0.6～1mm，顶端尖锐，3脉，向叶背凸出；小伞直径4～6mm，花5～10；花柄长1mm；花直径1.2～1.8mm；花瓣鲜黄色，上部向内折，中肋隆起，小舌片矩圆形，顶端2浅裂；花柱基深黄色，宽于子房。果广椭圆形，棕色，两侧略扁，长约3mm，宽约2mm，棱狭翼状，淡棕色，每棱槽油管3，很少4，合生面4条。花期9月，果期10月。

分布于我国东北、华北、西北、华东和华中各地，生长于向阳山坡路边、岸旁或草丛中。

本地有分布，生长于向阳山坡或路旁草丛中。榆林市各地均有分布。

根入药称“柴胡”或“北柴胡”，是《中国药典》指定的中药材“柴胡”的原植物之一。入药具有清热解毒之功效，医药上应用很广泛。

红柴胡（软柴胡　狭叶柴胡）

Bupleurum scorzonerifolium Willd.

多年生草本，高 30 ～ 60cm。主根发达，圆锥形，支根少，深红棕色，表面略皱缩，上端有横环纹，下部有纵纹，质疏松而脆。茎单一或 2 ～ 3，基部密覆叶柄残余纤维，有细纵槽纹，茎上部有多回分枝，略呈“之”字形弯曲，并成圆锥状。叶细线形，基生叶下部略收缩成叶柄，其他均无柄，叶长 6 ～ 16cm，宽 2 ～ 7mm，顶端长渐尖，基部稍变窄抱茎，质厚，稍硬挺，常对折或内卷，3 ～ 5 脉，向叶背凸出，两脉间有隐约平行的细脉，叶缘白色，上部叶小，同形。伞形花序自叶腋间抽出，花序多，直径 1.2 ～ 4cm，形成较疏松的圆锥花序；伞辐 3 ～ 8，长 1 ～ 2cm，弧形弯曲；总苞片 1 ～ 3，极细小，常早落；小伞形花序直径 4 ～ 6mm，小总苞片 5，紧贴小伞，细而尖锐；小伞形花序有花 6 ～ 15；花瓣黄色，顶端 2 浅裂；花柱基厚垫状，深黄色，柱头向两侧弯曲；子房主棱明显，表面常有白霜。果广椭圆形，长 2.5mm，宽 2mm，深褐色，油管每棱槽中 5 ～ 6，合生面 4 ～ 6。花期 7 ～ 8 月，果期 8 ～ 9 月。

分布于全国多个省区，生长于干燥的草原及向阳山坡上、灌木林边缘。俄罗斯、朝鲜、蒙古、日本也有分布。

本地有分布，生长于山坡草丛中。榆林市各地均有分布。

本种根可入药，称“红柴胡”或“南柴胡”，是《中国药典》指定的中药材“柴胡”的原植物之一。《图经本草》所载柴胡的一种曰：“生丹州，结青子，与他处者不类。根赤色，似前胡而强，芦头有赤毛，如鼠尾，独窠（kē）长者好”，可能即指陕西所产的红柴胡，丹州即今陕北宜川县。

银州柴胡（红柴胡　软柴胡　卧银花）

Bupleurum yinchowense Shan et Y. Li

多年生草本，高 25 ～ 50cm。主根极发达，长圆柱形，稍增粗，淡红棕色或橙黄棕色。茎纤细，略呈“之”字形弯曲或不明显，有细纵槽纹，基部常带紫色，中部以上常分枝。叶小，薄纸质。基生叶常早落，倒披针形，顶端圆或急尖，中部以下收缩成长柄，脉 3 ～ 5；中部茎生叶倒披针形，顶端长圆或急尖，基部很快收缩几成短叶柄。复伞形花序小而多，花序梗纤细；总苞片无或 1 ～ 2，针形，顶端尖锐，1 ～ 3 脉；伞辐（3）4 ～ 6（9），极细；小总苞片 5，线形，很小，紧贴花柄，顶端尖锐，1 ～ 3 脉，短于果柄；小伞形花序具花 6 ～ 9；花柄略不等长；花很小；花瓣黄色，中肋棕色；花柱基淡黄色。果广卵形，深褐色。每棱槽中油管 3，合生面 4。花期 8 月，果期 9 月。

分布于陕西北部、甘肃、宁夏及内蒙古等地。生长于干燥山坡及多沙地带瘠薄的土壤中。

本地较常见，生长于干燥山坡草丛中。榆林市见于榆阳区、定边县、横山区、清涧县等地。

本种的根作药用，是《中国药典》认定的中药材“柴胡”的原植物之一。在陕西称“红柴胡”或“软柴胡”，“红”是形容其根的色泽呈红棕色，“软”是指根的质地较软，并被认为是各种柴胡中品质最好的一种。

毒芹属 *Cicuta* L. 本地常见有1种。

毒芹

Cicuta virosa L.

多年生粗壮草本，高 70 ～ 100cm。主根短缩，支根多数，肉质或纤维状，根状茎有节，内有横膈膜，褐色。茎单生，圆筒形，中空，上部有分枝，枝条上升开展。基生叶柄长 15 ～ 30cm，叶鞘膜质，抱茎；叶片轮廓呈三角形，长 12 ～ 20cm，2 ～ 3 回羽状分裂；最下部的一对羽片有长柄，羽片 3 裂至羽裂，裂片线状披针形，长 1.5 ～ 6cm，宽 3 ～ 10mm，表面绿色，背面淡绿色，边缘疏生锯齿；较上部的茎生叶有短柄，叶片的分裂形状如同基生叶；最上部的茎生叶 1 ～ 2 回羽状分裂，末回裂片狭披针形，长 1 ～ 2cm，宽 2 ～ 5mm，边缘疏生锯齿。复伞形花序顶生或腋生，花序梗长 2.5 ～ 10cm，无毛；伞辐 6 ～ 25，近等长；小总苞片多数，线状披针形，长 3 ～ 5mm，宽 0.5 ～ 0.7mm，顶端长尖，中脉 1 条。小伞形花序有花 15 ～ 35，花柄长 4 ～ 7mm；萼齿明显，卵状三角形；花瓣白色，倒卵形或近圆形，长 1.5 ～ 2mm，宽 1 ～ 1.5mm，顶端有内折的小舌片，中脉 1 条；雄蕊 5，花药近卵圆形；花柱基幼时扁压，光滑；花柱短，向外反折。分生果近卵圆形，合生面收缩，主棱阔，木栓质，每棱槽内油管 1，合生面油管 2；胚乳腹面微凹。花、果期 7 ～ 8 月。

分布于东北、华北地区及陕西、甘肃、四川、新疆等多个省区，生长于杂木林下、湿地或水沟边。分布于俄罗斯的远东地区、蒙古、朝鲜、日本等国。

本地有分布，生长于河滩湿地及沟谷、池塘、水渠边湿草地中。榆林市各地均有分布。

植物体含有毒物质毒芹素（Cicutoxin）和毒芹碱（Cicutine），牲畜误食会引起中毒。

蛇床属 *Cnidium* Cusson　本地常见有1种。

蛇床（蛇床子）

Cnidium monnieri (L.) Cuss.

一年生草本，高10～60cm。根圆锥状。茎直立或斜上，多分枝，中空，表面具深条棱。下部叶具短柄，叶鞘短宽，边缘膜质，上部叶柄全部鞘状；叶片轮廓卵形至三角状卵形，长3～8cm，宽2～5cm，2～3回三出式羽状全裂，羽片轮廓卵形至卵状披针形，长1～3cm，宽0.5～1cm，先端常略呈尾状，末回裂片线形至线状披针形，长3～10mm，宽1～1.5mm。复伞形花序直径2～3cm；总苞片6～10，线形至线状披针形，长约5mm，边缘膜质；伞辐8～20，不等长，长0.5～2cm，棱上粗糙；小总苞片多数，线形，长3～5mm，边缘具细睫毛；小伞形花序具花15～20，萼齿无；花瓣白色，先端具内折小舌片；花柱基略隆起，花柱长1～1.5mm，向下反曲。分生果长圆状，长1.5～3mm，宽1～2mm，横剖面近五角形，主棱5，均扩大成翅；每棱槽内油管1，合生面油管2；胚乳腹面平直。花期4～7月，果期6～10月。

分布于华东、中南、西南、西北、华北、东北等全国多个省区，生长于田边、路旁、草地及河边湿地。俄罗斯、朝鲜、越南、北美及欧洲也有分布。

本地有分布，生长于荒坡，农田地边及河滩湿地草丛中。榆林市各地均有分布。

果实入药，是《中国药典》指定的中药材“蛇床子”的原植物。入药具有燥湿祛风、杀虫止痒、温肾壮阳之功效。

芫荽属 *Coriandrum* L. 本地常见栽培1种。

芫荽（香菜　胡荽）

Coriandrum sativum L.

一年或两年生草本，有强烈气味，高20～100cm。根纺锤形，有多数纤细的支根。茎光滑，多分枝。基生叶有柄，柄长2～8cm；叶片1或2回羽状全裂，羽片广卵形或扇形半裂，长1～2cm，宽1～1.5cm，边缘有钝锯齿、缺刻或深裂，茎上部的叶3回以至多回羽状分裂，末回裂片狭线形，长5～10mm，宽0.5～1mm，顶端钝，全缘。伞形花序顶生或与叶对生，花序梗长2～8cm；伞辐3～7，长1～2.5cm；小总苞片2～5，线形，全缘；小伞形花序有孕花3～9，花白色或带淡紫色；萼齿大小不等，小的卵状三角形，大的长卵形；花瓣倒卵形，长1～1.2mm，宽约1mm，顶端有内凹的小舌片，辐射瓣长2～3.5mm，宽1～2mm，通常全缘，有3～5脉；花丝长1～2mm，花药卵形，长约0.7mm；花柱幼时直立，果熟时向外反曲。果实圆球形，背面主棱及相邻的次棱明显。胚乳腹面内凹。油管不明显。花、果期4～11月。

原产于欧洲地中海地区，我国自西汉时张骞从西域带回，现全国多个省区有栽培。

本地较常见，栽培作蔬菜或调香料。榆林市各地常见栽培。

茎叶作蔬菜和调香料，并有健胃消食的作用；果实可提芳香油；种子含油约20%；嫩苗及果入药，有祛风、透疹、健胃、祛痰之效。

胡萝卜属 *Daucus* L. 本地常见栽培1变种。

胡萝卜（红萝卜）

Daucus carota L. var. *sativa* Hoffm.

两年生草本，高15～120cm。根肉质，长圆锥形，粗肥，呈红色或橙黄色。茎单生，全体有白色粗硬毛。基生叶薄膜质，长圆形，二至三回羽状全裂，末回裂片线形或披针形顶端尖锐，长2～15mm，宽0.5～4mm，有小尖头；茎生叶近无柄，有叶鞘，末回裂片小或细长。复伞形花序，花序梗长10～55cm，有糙硬毛；总苞有多数苞片，呈叶状，羽状分裂，裂片线形；伞辐多数，长2～7.5cm，结果时外缘的伞辐向内弯曲；小总苞片5～7，线形，边缘膜质，具纤毛；花通常白色，有时带淡红色；花柄不等长。果实圆卵形，棱上有白色刺毛。花期5～7月，果期7～9月。

原产于亚洲西南部，13世纪由伊朗传入中国。现全国各地广泛栽培。根作蔬菜食用。世界各地广为栽培。

本地极为常见，栽培作蔬菜食用。榆林市各地常见栽培。

根含多量维生素A、B、C及胡萝卜素，是常用蔬菜。果实入药，有驱虫作用，又可提取芳香油。

阿魏属 *Ferula* L. 本地常见有 1 种。

硬阿魏（花条 沙椒 砂茴香）

Ferula bungeana Kitagawa

多年生草本，高 30 ～ 60cm。根圆柱形，根茎上残存有枯萎的棕黄色叶鞘纤维。茎直立，蓝绿色。单一，从下部向上分枝成伞房状。基生叶莲座状，有短柄，柄的基部扩展成鞘；叶片轮廓为广卵形至三角形，二至三回羽状全裂；末回裂片再羽状深裂，小裂片楔形至倒卵形，长 1 ～ 3mm，宽 1 ～ 2mm，常 3 裂，形似角状齿，顶端被短柔毛，灰蓝色，肥厚，不早枯；茎生叶少，向上简化，叶片一至二回羽状全裂，至上部无叶片。复伞形花序生长于茎、枝顶端，直径 4 ～ 12cm，至果期达 25cm，总苞片缺或有 1 ～ 3 片；伞辐 4 ～ 15，不等长；小伞形花序有花 5 ～ 12，小总苞片 3 ～ 5，不等长；萼齿卵形；花瓣黄色，椭圆形或广椭圆形，顶端渐尖，向内弯曲，沿中脉稍凹入；花柱基扁圆锥形，花柱延长，柱头增粗。分生果广椭圆形，背腹扁压，果棱凸起，长 10 ～ 15mm，宽 4 ～ 6mm。果梗不等长，长可达 3cm；每棱槽中有油管 1，合生面油管 2。花期 5 ～ 6 月，果期 6 ～ 7 月。

原产于我国北方多个省区，生长于沙丘、沙地、戈壁滩冲沟、旱田、路边以及砾石质山坡上。

本地分布于西部，北部薄层沙土山坡、沙梁上。榆林市榆阳区、神木市、横山区、靖边县、定边县、绥德县、吴堡县、清涧县、子洲县等地均有分布。

根可供药用，民间用以清热解毒、消肿、止痛；又用于养阴清肺、除虚热、祛痰止咳。

茴香属 *Foeniculum* Mill. 本地常见栽培1种。

茴香（小茴香 莳萝）

Foeniculum vulgare Mill.

多年生草本，高0.4～2m。茎直立，光滑，灰绿色或苍白色，多分枝。较下部的茎生叶的叶柄较长，中部或上部的叶柄部分或全部成为鞘状，叶鞘边缘膜质；叶片轮廓为阔三角形，长4～30cm，宽5～40cm，4～5回羽状全裂，末回裂片线形。复伞形花序顶生与侧生；伞辐6～29，不等长，长1.5～10cm；小伞形花序有花14～39；花柄纤细，不等长；无萼齿；花瓣黄色，倒卵形或近倒卵圆形，先端有内折的小舌片，中脉1条；花丝略长于花瓣，花药卵圆形，淡黄色；花柱基圆锥形，花柱极短，向外叉开或贴伏在花柱基上。果实长圆形，长4～6mm，宽1.5～2.2mm，主棱5条；每棱槽内有油管1，合生面油管2；胚乳腹面近平直或微凹。花期5～6月，果期7～9月。

原产于地中海地区，自汉代传入中国作为辛香料和蔬菜在我国各地广泛栽培。

本地常见栽培，主要作蔬菜或香料食用。榆林市各地有零星栽培。

嫩叶可作蔬菜食用或作调味品。果实入药称“小茴香”，是《中国药典》指定的中药材“小茴香”的原植物。有祛风、祛痰、散寒、健胃和止痛之效。

防风属 *Saposhnikovia* Schischk. 本地常见有1种。

防风（北防风 关防风）

Saposhnikovia divaricata (Turcz.) Schischk.

多年生草本，高30～80cm。根粗壮，细长圆柱形，分歧，淡黄棕色。根头处被有纤维状叶残基及明显的环纹。茎单生，自基部分枝较多，斜上升，与主茎近于等长，基生叶丛生，有扁长的叶柄，基部有宽叶鞘。叶片卵形或长圆形，长14～35cm，宽6～8cm，二回或近于三回羽状分裂，第一回裂片卵形或长圆形，有柄，长5～8cm，第二回裂片下部具短柄，末回裂片狭楔形，长2.5～5cm，宽1～2.5cm。茎生叶与基生叶相似，但较小，顶生叶简化，有宽叶鞘。复伞形花序多数，生长于茎和分枝顶端、花序梗长2～5cm；伞辐5～7，长3～5cm，无毛；小伞形花序有花4～10；无总苞片；小总苞片4～6，线形或披针形，长约3mm，萼齿短三角形；花瓣倒卵形，白色，长约1.5mm，无毛，先端微凹，具内折小舌片。双悬果狭圆形或椭圆形，长4～5mm，宽2～3mm，幼时有疣状凸起，成熟时渐平滑；每棱槽内通常有油管1，合生面油管2；胚乳腹面平坦。花期8～9月，果期9～10月。

分布于东北、华北地区及宁夏、甘肃、陕西、山东等多个省区，生长于草原、丘陵、多砾石山坡。

本地有分布，生长于多石山坡或沟谷草丛中。榆林市有零星栽培。

根可药用，是《中国药典》指定的中药材“防风”的原植物，为东北地区著名药材之一。有发汗、祛痰、祛风、发表、镇痛的功效，常用于治感冒、头痛、周身关节痛、神经痛等症。

52 山茱萸科（四照花科）
Cornaceae

本地常见栽培1属1种。

梾木属（山茱萸属）*Cornus* L. 本地常见栽培1种。

红瑞木

Cornus alba **Linnaeus**
(*Swida alba* Opiz)

落叶灌木，高达3m。树皮紫红色；幼枝被蜡状白粉，老枝红白色，散生灰白色圆形皮孔及略为凸起的环形叶痕。叶对生，椭圆形，长5～8.5cm，宽1.8～5.5cm，先端凸尖，基部楔形或阔楔形，边缘全缘或波状反卷，上面暗绿色，下面粉绿色。伞房状聚伞花序顶生，较密；花小，长5～6mm，直径6～8.2mm，白色或淡黄白色，花萼裂片4，尖三角形；花瓣4，卵状椭圆形，长3～3.8mm，宽1.1～1.8mm，先端急尖或短渐尖；雄蕊4，着生长于花盘外侧，花药淡黄色，2室，卵状椭圆形，丁字形着生；花盘垫状；花柱圆柱形，柱头盘状，子房下位。核果长圆形，微扁，成熟时乳白色或蓝白色，花柱宿存；果核棱形。花期6～7月，果期8～10月。

分布于全国多个省区，生长于杂木林或针阔叶混交林中。朝鲜、俄罗斯及欧洲也有分布。

本地较常见，栽培于各公园、庭园、道路旁。榆林市多地有零星栽培。

种子含油量约为30%，可供工业用；常引种栽培作庭园观赏植物。

53 报春花科 Primulaceae

本地常见有2属3种。

点地梅属 *Androsace* L. 本地常见有2种。

大苞点地梅

***Androsace maxima* L.**

一年生草本，主根细长，具少数支根。叶丛莲座状；叶片狭倒卵形、椭圆形或倒披针形，长5～15mm，宽2～5mm，先端锐尖或稍钝，基部渐狭，质地较厚，两面近于无毛或疏被柔毛。花葶2～4自叶丛中抽出，高2～7.5cm，被白色卷曲柔毛和短腺毛；伞形花序多花；苞片大，椭圆形或倒卵状长圆形，长5～7mm，宽1～2.5mm，先端钝或微尖；花白色，花萼杯状，长3～4mm，果时增大，长可达9mm，分裂约达全长的2/5，被稀疏柔毛和短腺毛；裂片三角状披针形，先端渐尖，质地稍厚，老时黄褐色；花冠白色或淡粉红色，直径3～4mm，筒部长约为花萼的2/3，裂片长圆形，先端钝圆。雄蕊5，花丝极短，贴生于花冠筒上；子房上位，花柱短，不伸出冠筒。蒴果近球形，与宿存花萼等长或稍短。花期4～5月，果期8月。

分布于新疆北部、内蒙古、甘肃、宁夏、陕西、山西等省区。生长于山谷草地、山坡砾石地、固定沙地及丘间低地。广布于北非、欧洲、中亚至西伯利亚。

本地有分布，生长于黄河沿岸碛塄、武家庄及庙沟门等地农田、滩地及河谷砂质草地中。榆林市榆阳区、绥德县，神木市等地均有分布。

易繁殖，可作早春草坪观赏植物。

点地梅（喉咙草　仙牛桃　报春花）

Androsace umbellata (Lour.) Merr.

一年或两年生草本。主根不明显，具多数须根。叶全部基生，叶片近圆形或卵圆形，直径 5 ～ 20mm，先端钝圆，基部浅心形至近圆形，边缘具三角状钝牙齿，两面均被贴伏的短柔毛。花葶通常数枚自叶丛中抽出，高 4 ～ 15cm，伞形花序 4 ～ 15 花；苞片卵形至披针形，长 3.5 ～ 4mm；花梗纤细，长 1 ～ 3cm，果时伸长可达 6cm，被柔毛并杂生短柄腺体；花萼杯状，长 3 ～ 4mm，密被短柔毛，分裂近达基部，裂片菱状卵圆形，果期增大，呈星状展开；花冠白色，直径 4 ～ 6mm，筒部长约 2mm，短于花萼，喉部黄色，裂片倒卵状长圆形；雄蕊 5，花丝极短，贴生于花冠筒上；子房上位，花柱短，不伸出冠筒。蒴果近球形，果皮白色，近膜质。花期 2 ～ 4 月，果期 5 ～ 6 月。

分布于东北、华北地区和秦岭以南各省区，生长于林缘、草地和疏林下。朝鲜、日本、菲律宾、越南、缅甸、印度均有分布。

本地有分布，生长于县城河滨公园草坪中。榆林市各地均有分布。

民间用全草治扁桃体炎、咽喉炎、口腔炎和跌打损伤等。

珍珠菜属 *Lysimachia* L. 本地常见有1种。

海乳草

Lysimachia maritima (L.) Galasso, Banfi & Soldano (*Glaux maritima* L.)

多年生草本，茎高3～25cm。直立或下部匍匐状，节间短，通常有分枝。叶近于无柄，交互对生或有时互生，间距极短，近茎基部的3～4对鳞片状，膜质，上部叶肉质，线形、线状长圆形或近匙形，长4～15mm，宽1.5～3.5mm，先端钝或稍锐尖，基部楔形，全缘。花单生于茎中上部叶腋；花梗长可达1.5mm，有时极短，不明显；花无花冠；花萼钟形，白色或粉红色，花冠状，长约4mm，分裂达中部，裂片倒卵状长圆形，宽1.5～2mm，先端圆形；雄蕊5，稍短于花萼；子房卵球形，上半部密被小腺点，花柱与雄蕊等长或稍短。蒴果卵状球形，长2.5～3mm，先端稍尖，略呈喙状。花期6月，果期7～8月。

分布于全国多个省区，生长于海边及内陆河漫滩盐碱地和沼泽草甸中。日本、俄罗斯以及欧洲、北美洲也有分布。

本地有分布，生长于河滩碱性湿地草丛中。榆林市各地均有分布。

54 白花丹科（矶松科）
Plumbaginaceae

本地常见有1属1种。

补血草属 *Limonium* Mill. 本地常见有1种。

二色补血草（二色矶松　蝇子架）
Limonium bicolor **(Bunge) Kuntze**

多年生草本，高20～50cm。全株无毛。叶基生，偶可见花序轴下部1～3节上有叶，花期叶常存在，匙形至长圆状匙形，长3～15cm，宽0.5～3cm，先端通常圆或钝，基部渐狭成平扁的柄。花序圆锥状；花序轴单生，或2～5枚各由不同的叶丛中生出；穗状花序有柄至无柄，由3～5个小穗组成；小穗含2～3花；外苞长2.5～3.5mm，长圆状宽卵形，第一内苞长6～6.5mm。萼长6～7mm，漏斗状，萼筒径约1mm，萼檐初时淡紫红或粉红色，后来变白；花冠黄色，由5个基部联合的花瓣组成；雄蕊5，着生长于花冠基部；子房倒卵圆形，花柱5，柱头伸长，丝状圆柱形或圆柱形。蒴果倒卵圆形。花期5～7月，果期6～8月。

分布于东北、黄河流域各省区和江苏北部等地，主要生长于平原地区，也见于山坡下部、丘陵和海滨，喜生长于含盐的钙质土上或沙地。蒙古也有分布。

本地较常见，生长于山坡或路旁草丛中。榆林市各地均有分布。

全草药用，有收敛、止血、利水的作用。补血草属的花干后不变色、不脱落，是很好的干花材料。

55 木樨科 Oleaceae

本地常见1属1亚种，栽培5属5种1变种。

连翘属 *Forsythia* Vahl 本地常见栽培1种。

连翘

***Forsythia suspensa* (Thunb.) Vahl**

落叶灌木。枝开展或下垂，节间中空，节部具实心髓。叶通常为单叶，对生，叶片卵形、宽卵形或椭圆状卵形至椭圆形，长2～10cm，宽1.5～5cm，先端锐尖，基部圆形，叶缘除基部外具锐锯齿或粗锯齿，两面无毛。花通常单生或2至数朵着生于叶腋，先于叶开放；花萼绿色，长5～7mm，裂片长圆形或长圆状椭圆形，先端钝或锐尖，边缘具睫毛，与花冠管近等长；花冠黄色，4裂，裂片倒卵状长圆形或长圆形，长1.2～2cm，宽6～10mm；雄蕊2，在一部分花中雄蕊长于花柱；在一部分花中雄蕊比花柱短。雌蕊由2心皮组成，蒴果卵球形、卵状椭圆形或长椭圆形，长1.2～2.5cm，宽0.6～1.2cm，先端喙状渐尖，表面疏生皮孔；果梗长0.7～1.5cm。花期3～4月，果期7～9月。

分布于全国多个省区，生长于山坡灌丛、林下或草丛中，或山谷、山沟疏林中。我国除华南外，其他各地均有栽培。日本也有栽培。

本地有栽培，见于河滨公园、住宅小区及机关院落中。榆林市有零星栽培。

果实为著名的中药材，是《中国药典》指定的中药材“连翘”的原植物。入药具有清热解毒、消结排脓之功效；幼叶可制作茶饮。早春开花，花色艳丽，是一种很好的观赏植物。

梣属 *Fraxinus* L. 本地常见栽培1种。

美国白蜡（美国红梣 白蜡树）

Fraxinus americana L.

落叶乔木，高10～20m。树皮灰色，粗糙，皱裂。顶芽圆锥形，尖头，被褐色糠秕状毛。小枝红棕色，圆柱形，被黄色柔毛或秃净，老枝红褐色，光滑无毛。羽状复叶长18～44cm；叶柄长2～5cm，基部几不膨大；叶轴圆柱形，上面具较宽的浅沟，密被灰黄色柔毛；小叶7～9枚，薄革质，长圆状披针形、狭卵形或椭圆形，长4～13cm，宽2～8cm，顶生小叶与侧生小叶几等大，先端渐尖或急尖，基部阔楔形，叶缘具不明显钝锯齿或近全缘，上面黄绿色，无毛，下面淡绿色，疏被绢毛，脉上较密，中脉在上面凹入，侧脉7～9对，与细脉在下面凸起；小叶无柄或下方1对小叶具短柄。圆锥花序生长于上年生枝上，长5～20cm；花密集，雄花与两性花异株，与叶同时开放；花序梗短；花梗纤细，被短柔毛；雄花花萼小，萼齿不规则深裂，花药大，长圆形，花丝短；两性花花萼较宽，萼齿浅裂，花柱细，柱头2裂。翅果狭倒披针形，长3～5cm，宽0.4～0.7cm，上中部最宽，先端钝圆或具短尖头，翅下延近坚果中部，坚果圆柱形，长1.5～2cm，宽约2mm，脉棱明显。花期4月，果期8～10月。

原产于美国东部和加拿大东南部，生长于河湖岸边湿润地段，树姿美丽。我国引种栽培已久，分布遍及全国各地，多见于庭园或作行道树。

本地有栽培，见于县城城区街道旁，树形优美，作行道树或景观树。榆林市有零星栽培。

本种树皮不含七叶苷和七叶素等有效成分，故不能当秦皮作药用。

雄花

雌花

素馨属 *Jasminum* L. 本地常见栽培1种。

迎春花（素馨）

Jasminum nudiflorum Lindl.

落叶灌木，高0.3～5m。直立或匍匐，枝条下垂。枝稍扭曲，光滑无毛，小枝四棱形，棱上多少具狭翼。叶对生，三出复叶，小枝基部常具单叶；叶轴具狭翼，叶柄长3～10mm，无毛；叶片和小叶片幼时两面稍被毛，老时仅叶缘具睫毛；小叶片中脉在上面微凹入，下面凸起，侧脉不明显；顶生小叶片较大，长1～3cm，宽0.3～1.1cm，侧生小叶片长0.6～2.3cm，宽0.2～1.1cm。花单生于上年生小枝的叶腋，稀生于小枝顶端；苞片小叶状，披针形、卵形或椭圆形，长3～8mm，宽1.5～4mm；花梗长2～3mm；花萼绿色，裂片5～6枚，窄披针形，长4～6mm，宽1.5～2.5mm，先端锐尖；花冠黄色，径2～2.5cm，花冠管长0.8～2cm，基部直径1.5～2mm，向上渐扩大，裂片5～6枚，长圆形或椭圆形，长0.8～1.3cm，宽3～6mm，先端锐尖或圆钝。花期6月，果期7～8月。

分布于甘肃、陕西、四川、云南西北部，西藏东南部等地，生长于山坡灌丛中。我国及世界各地普遍栽培。

本地常见栽培，见于公园、住宅小区、机关院落或渠岸护坡上。榆林市有零星栽培。

早春开花，花色金黄，是很好的观赏植物。

女贞属 *Ligustrum* L. 本地常见栽培1种。

小蜡（水蜡）

Ligustrum sinense Lour.

落叶灌木或小乔木，高2～4m。小枝圆柱形，幼时被毛，老时近无毛。叶片纸质或薄革质，卵形、长圆形、长圆状椭圆形至披针形，长2～7cm，宽1～3.5cm，先端尖或微凹，基部宽楔形至近圆形，上面深绿色，下面淡绿色，常沿中脉被短柔毛，侧脉4～8对，上面微凹入，下面略凸起；叶柄长28mm，被短柔毛。圆锥花序顶生或腋生，塔形，长4～11cm，宽3～8cm；花序轴被较密淡黄色短柔毛或柔毛以至近无毛；花梗长1～3mm；花萼无毛，长1～1.5mm，先端呈截形或呈浅波状齿；花冠长3.5～5.5mm，花冠管长1.5～2.5mm，裂片长圆状椭圆形或卵状椭圆形，长2～4mm；花丝与裂片近等长或长于裂片，花药长圆形。果近球形。花期3～6月，果期9～12月。

分布于长江流域以南各省区，生长于山坡、山谷、溪边、河旁、路边的密林、疏林或混交林中。其他各地多有栽培。越南、马来西亚也有分布。

本地有栽培，见于县城河滨公园、住宅小区及机关院落内，常用作绿篱或造型灌球等。榆林市各地有零星栽培。

果实可酿酒；种子榨油供制肥皂；树皮和叶入药，具有清热降火等功效；各地普遍栽培作绿篱。

丁香属 *Syringa* L. 本地常见有1亚种，栽培1种1变种。

紫丁香

Syringa oblata Lindl.

落叶灌木或小乔木，高可达5m。树皮灰褐色或灰色。小枝较粗，疏生皮孔。单叶对生，叶片革质或厚纸质，卵圆形至肾形，长2～14cm，宽2～15cm，先端渐尖，基部心形、上面深绿色，下面淡绿色。圆锥花序直立，近球形或长圆形，长2～14cm，宽2～15cm，花萼钟状，长约3mm，先端4裂；花冠紫红色，长1.1～2cm，花冠管圆柱形，长0.8～1.7cm，裂片呈直角开展，卵圆形、椭圆形至倒卵圆形，先端内弯略呈兜状或不内弯；雄蕊2，着生于花冠管中上部，花药黄色，无花丝。子房2室，花柱2裂。蒴果矩圆形，先端长渐尖，光滑。花期4～5月，果期6～10月。

分布于东北、华北、西北（除新疆）以至西南达四川西北部，生长于山坡丛林、山沟溪边、山谷路旁及滩地水边。长江以北地区普遍栽培。

本地较常见，栽培于公园、庭园及公路旁供观赏。榆林市各地常见栽培。

本种花序具多花，花色艳丽，常栽培作观赏植物。花可提制芳香油；嫩叶可代茶饮。吸收SO_2的能力较强，对SO_2污染空气具有一定的净化作用。

除紫丁香外，本地还栽培有另一变种白丁香 *Syringa oblata* Lindl. var. *alba* Hort. ex Rehd.。它与紫丁香的区别在于：花白色、叶片较小、基部通常为截形、圆楔形至近圆形或近心形。我国长江流域以北普遍栽培。

暴马丁香

Syringa reticulata subsp. *amurensis* (Rupr.) P.S. Green & M.C.Chang (*Syringa reticulata* (Blume) Hara var. *amurensis* (Rupr.) Pringle)

落叶灌木或小乔木，高 4 ～ 10m，具直立或开展枝条；树皮紫灰褐色，具细裂纹。单叶对生，宽卵形、卵形，长 2.5 ～ 13cm，宽 1 ～ 8cm，先端渐尖或锐尖，基部圆形或楔形、上面黄绿色，下面淡黄绿色，无毛，圆锥花序长 10 ～ 20cm；花萼钟状，长 1.5 ～ 2mm，萼齿钝、凸尖或截平；花冠白色，长 4 ～ 5mm，花冠管长约 1.5mm，先端 4 裂，裂片卵形，长 2 ～ 3mm，先端锐尖；雄蕊 2，花丝与花冠裂片近等长或长于裂片，花药黄色。蒴果长椭圆形，长 1.5 ～ 2.5cm，先端常钝或锐尖，光滑或具细小皮孔。花期 6 ～ 7 月，果期 8 ～ 10 月。

分布于黑龙江、吉林、辽宁等地，生长在山坡灌丛或林边、草地、沟边，或针阔叶混交林中。俄罗斯远东地区和朝鲜也有分布。

本地县城新区、高速路口见有栽培。榆林市有零星栽培。

本种花色洁白，极具观赏价值；树皮、树干及茎枝入药，具有消炎、镇咳、利水之功效；花的浸膏质地优良，可广泛用于调制各种香精，是一种使用价值较高的天然香料。

56 龙胆科 Gentianaceae

本地常见有 3 属 3 种 1 变种。

百金花属 *Centaurium* Hill　本地常见有 1 变种。

百金花（埃蕾）

***Centaurium pulchellum* var. *altaicum* (Griseb.) Kitag.et Hara**

一年生草本，高 4 ～ 15cm，或更高。全株无毛。茎直立，近四棱形，多分枝。叶无柄，叶脉 1 ～ 3 条，在下面明显；中下部叶椭圆形或卵状椭圆形，长 6 ～ 17mm，宽 3 ～ 6mm，先端钝；上部叶椭圆状披针形，长 6 ～ 13mm，宽 2 ～ 4mm。花多数，排列成疏散的二歧式或总状复聚伞花序；花具明显花梗，直立；花萼 5 深裂，裂片钻形，长 2.5 ～ 3mm，有小尖头，边缘膜质，中脉在背面高高凸起呈脊状；花冠白色或粉红色，漏斗形，长 13 ～ 15mm，冠筒狭长，圆柱形，喉部突然膨大，顶端 5 裂，狭矩圆形，长 2.7 ～ 3.2mm，先端钝，全缘；雄蕊 5，着生于冠筒喉部，花丝短，花药矩圆形，初时直立，后卷作螺旋形；子房椭圆形，长 7 ～ 8mm，花柱细，柱头 2 裂。蒴果无柄，椭圆形，先端具长的宿存花柱；种子黑褐色，球形，表面具浅蜂窝状网隙。花、果期 5 ～ 7 月。

分布于我国西北、华北、东北、华东至华南沿海等地区，生长于潮湿的田野、草地、水边、沙滩地，特别在海边最多。俄罗斯、印度也有分布。

本地有分布，生长于河沟、河谷湿草地中。榆林市榆阳区、横山区、神木市、靖边县等地均有分布。

湿地常见植物，可植于公园水塘边作观赏。

龙胆属 *Gentiana* (Tourn.) L. 本地常见有2种。

达乌里秦艽（小秦艽　小叶秦艽　达乌里龙胆）

Gentiana dahurica **Fisch.**

多年生草本，高10～25cm。全株光滑无毛，基部被枯存的纤维状叶鞘包裹。须根多条，向左扭结成一个圆锥形的根。黄绿色或紫红色，近圆形，光滑。莲座丛叶披针形或线状椭圆形。长5～15cm，宽0.8～1.4cm，先端渐尖，基部渐狭，叶脉3～5条，叶柄宽，扁平，膜质，长2～4cm，包被于枯存的纤维状叶鞘中；茎生叶少数，线状披针形至线形，长2～5cm，宽0.2～0.4cm，先端渐尖，基部渐狭，叶脉1～3条，叶柄宽，长0.5～10cm，愈向茎上部叶愈小，柄愈短。聚伞花序顶生及腋生，排列成疏松的花序；花梗斜伸，极不等长，总花梗长至5.5cm，小花梗长至3cm；花萼筒膜质，长7～10mm；花冠深蓝色，筒形或漏斗形，长3.5～4.5cm，裂片卵形或卵状椭圆形，长5～7mm，褶整齐，三角形或卵形，长1.5～2mm，先端钝；雄蕊着生于冠筒中下部，花丝线状钻形，长1～1.2cm，花药矩圆形，长2～3mm；子房无柄，披针形或线形，长18～23mm，先端渐尖，花柱线形，柱头2裂。蒴果狭椭圆形；种子淡褐色，有光泽，矩圆形，表面有细网纹。花、果期7～9月。

分布于西北、华北、东北地区及四川等多个省区，生长于田边、路旁、河滩、湖边沙地、水沟边、向阳山坡及干草原等地。俄罗斯、蒙古也有分布。

本地有分布，见于哈镇阴尔崖附近山坡草丛中。榆林市各地有分布。

根入药称“小秦艽”，是《中国药典》指定的中药材“秦艽”的原植物之一，具有祛风湿、清湿热、止痹痛、退虚热之功效。花色艳丽，可栽培观赏。

鳞叶龙胆（小龙胆 石龙胆）

Gentiana squarrosa Ledeb.

一年生小草本，高 2 ～ 8cm。茎细弱，自基部起多分枝，被短腺毛，节间短或较叶为长。基生叶莲座状，卵圆形或卵状椭圆形；茎生叶对生，匙形或卵状椭圆形，粗糙，先端具芒刺，反卷，基部联合，缘软骨质。花单生于枝顶，具短梗或近无梗；花萼钟状，裂片卵圆形，反卷，先端有芒刺，背面有棱；花冠钟状，浅蓝紫色，长 6 ～ 10mm，裂片卵状三角形，先端钝，褶卵形；雄蕊 5，着生于冠筒中部，花药矩圆形；子房上位，宽椭圆形，花柱短，柱状，柱头 2 裂。花萼宿存，蒴果倒卵形，具长柄，外露；种子小，多数，黑褐色，椭圆形或矩圆形，表面有白色光亮的细网纹。花、果期 4 ～ 9 月。

分布于西南（除西藏）、西北、华北及东北等多个省区，生长于山坡、山谷、山顶、干草原、河滩、荒地、路边、灌丛中及高山草甸。锡金、俄罗斯、蒙古、朝鲜、日本也有分布。

本地有分布，见于哈镇阴尔崖附近山坡草丛中。榆林市榆阳区、靖边县、神木市、佳县、米脂县等地有分布。

獐牙菜属 *Swertia* L. 本地常见有1种。

北方獐牙菜（当药 中国当药 獐牙菜）

Swertia diluta (Turcz.) Benth. & Hook. f.

一年生草本，高20～70cm。根黄色。茎直立，四棱形，棱上具窄翅，多分枝，枝细瘦，斜升。叶无柄，线状披针形至线形，长10～45mm，宽1.5～9mm，两端渐狭，下面中脉明显凸起。圆锥状复聚伞花序具多数花；花梗直立，四棱形，长至1.5cm；花5数，直径1～1.5cm；花萼绿色，长于或等于花冠，裂片线形，长6～12mm，先端锐尖，背面中脉明显；花冠浅蓝色，裂片椭圆状披针形，长6～11mm，先端急尖，基部有2个腺窝，腺窝窄矩圆形，沟状，周缘具长柔毛状流苏；花丝线形，长达6mm，花药狭矩圆形；子房无柄，椭圆状卵形至卵状披针形，花柱粗短，柱头2裂，裂片半圆形。蒴果卵形，长至1.2cm；种子深褐色，矩圆形，表面具小瘤状凸起。花、果期8～10月。

分布于全国多个省区，生长于阴湿山坡、山坡林下、田边、谷地草丛中。俄罗斯、蒙古、朝鲜、日本也有分布。

本地较常见，生长于山坡、谷地、林下草丛中。榆林市靖边县、清涧县、神木市等地均有分布。

57 萝藦科 Asclepiadaceae

本地常见有 3 属 5 种。

鹅绒藤属 *Cynanchum* L. 本地常见有 3 种。

鹅绒藤（罗汉草　羊奶奶）

Cynanchum chinense R. Br.

缠绕草本。主根圆柱状；全株被短柔毛。叶对生，宽三角状心形，长 4 ～ 9cm，宽 4 ～ 7cm，顶端锐尖，基部心形，叶面深绿色，叶背苍白色，两面均被短柔毛；侧脉约 10 对，在叶背略为隆起。伞形聚伞花序腋生，着花约 20 朵；花萼外面被柔毛；花冠白色，裂片长圆状披针形；副花冠二形，杯状，上端裂成 10 个丝状体，分为两轮，外轮约与花冠裂片等长，内轮略短；花粉块每室 1 个，下垂；子房上位，由 2 个离生心皮所组成，花柱 2，合生，柱头基部具 5 棱，花柱顶端 2 裂。蓇葖双生或仅有 1 个发育，细圆柱状，向端部渐尖，长 11cm，直径 5mm；种子长圆形；种毛白色绢质。花期 6 ～ 8 月，果期 8 ～ 10 月。

分布于全国多个省区，生长于向阳山坡灌木丛中或路旁、河畔、田埂边。

本地极为常见，生长于路旁、地边林缘灌丛或山坡草丛中。榆林市各地均有分布。

全株可入药，具有祛风化湿之功效。

萝藦（老鸹瓢　羊奶婆）

Cynanchum rostellatum (Turcz.) Liede & Khanum (*Metaplexis japonica* (Thunb.) Makino)

多年生草质藤本，长达 8m，具乳汁；茎圆柱状。叶膜质，卵状心形，长 5 ～ 12cm，宽 4 ～ 7cm，顶端短渐尖，基部心形，叶耳圆，长 1 ～ 2cm，两叶耳展开或紧接，叶面绿色，叶背粉绿色，两面无毛；叶柄长 3 ～ 6cm，顶端具丛生腺体。总状式聚伞花序腋生或腋外生，总花梗长 6 ～ 12cm，被短柔毛；花梗长 8mm，被短柔毛，着花通常 13 ～ 15 朵；小苞片膜质，披针形；花蕾圆锥状，顶端尖；花萼裂片披针形，长 5 ～ 7mm，宽 2mm，外面被微毛；花冠白色，有淡紫红色斑纹，近辐状，花冠筒短，花冠裂片披针形，顶端反折，基部向左覆盖，内面被柔毛；副花冠环状，着生于合蕊冠上，短 5 裂，裂片兜状；雄蕊连生成圆锥状，并包围雌蕊在其中，花药顶端具白色膜片；花粉块卵圆形，下垂；子房无毛，柱头延伸成 1 长喙，顶端 2 裂。蓇葖叉生，纺锤形，平滑无毛，长 8 ～ 9cm，直径 2cm，顶端急尖，基部膨大；种子扁平，长 5mm，宽 3mm，褐色，顶端具长 1.5cm 的白色绢质种毛。花期 7 ～ 8 月，果期 9 ～ 12 月。

分布于东北、华北、华东地区及甘肃、陕西、贵州、河南和湖北等多个省区，生长于林边荒地、山脚、河边、路旁灌木丛中。日本、朝鲜和俄罗斯也有分布。

本地有分布，见于沟边、荒坡及路旁草丛中。榆林市有零星分布。

全株可药用。茎皮纤维坚韧，可造人造棉。

地梢瓜（老瓜头　沙奶奶）

Cynanchum thesioides (Freyn) K. Schum.

直立半灌木。地下茎单轴横生；茎自基部多分枝。叶对生或近对生，线形，长 3 ～ 5cm，宽 2 ～ 5mm，叶背中脉隆起。伞形聚伞花序腋生；花萼外面被柔毛；花冠绿白色；副花冠杯状，裂片三角状披针形，渐尖，高过药隔的膜片。蓇葖纺锤形，先端渐尖，中部膨大，长 5 ～ 6cm，直径 2cm；种子扁平，暗褐色，长 8mm；种毛白色绢质，长 2cm。花期 5 ～ 8 月，果期 8 ～ 10 月。

分布于东北、华北及河南、山东、陕西、甘肃、新疆和江苏等省区，生长于山坡、沙丘或干旱山谷、荒地、田边等处。朝鲜、蒙古和俄罗斯也有分布。

本地较常见，生长于山坡、山沟谷地及荒草坡上。榆林市各地均有分布。

幼果可食；全株含橡胶 1.5%，树脂 3.6%，可作工业原料；种毛可作填充料。

杠柳属 *Periploca* L. 本地常见有1种。

杠柳（北五加皮 羊奶子 羊奶梢 杨条蔓）

Periploca sepium Bunge

落叶蔓性灌木，长可达1.5m。主根圆柱状。具乳汁，除花外，全株无毛；茎皮灰褐色；小枝通常对生，具皮孔。叶卵状长圆形，长5～9cm，宽1.5～2.5cm，顶端渐尖，基部楔形，叶面深绿色，叶背淡绿色；聚伞花序腋生，着花数朵；花两性，花萼裂片卵圆形，长3mm，宽2mm，顶端钝，花萼内面基部有10个小腺体；花冠紫红色，辐状，张开直径1.5cm，花冠筒短，长8mm，宽4mm，裂片长圆状披针形，中间加厚呈纺锤形，反折，内面被长柔毛，外面无毛；副花冠环状，10裂，其中5裂延伸成丝状，顶端向内弯；雄蕊5，着生在副花冠内面，并与其合生，花药彼此粘连并包围着柱头，背面被长柔毛；心皮2，离生，每心皮有胚珠多个，柱头盘状凸起；花粉器匙形，四合花粉藏在载粉器内，粘盘粘连在柱头上。蓇葖2，圆柱状，长7～12cm，直径约5mm，无毛；种子长圆形，黑褐色，顶端具白色绢质种毛。花期5～6月，果期7～9月。

我国除华南地区及新疆外，全国大部分省区均有分布，生长于平原及低山林缘、沟坡、河边沙质地或地埂等处。

本地很常见，生长于山坡林缘及河滩、路旁灌丛中。榆林市各地均有分布。

根皮、茎皮可入药，具有祛风湿、壮筋骨强腰膝的功效；我国北方地区以杠柳的根皮“北五加皮”泡酒，功用与五加皮略似，但有毒，不宜过量和久服，以免中毒。

白前属 *Vincetoxicum* Wolf 本地常见有 1 种。

华北白前（牛心朴子）

***Vincetoxicum mongolicum* Maxim.**
(*Cynanchum hancockianum* (Maxim.) Al.)

多年生直立草本，高达 50cm。根须状；茎被有单列柔毛及幼嫩部分有微毛外，余皆无毛，单茎或略有分枝。叶对生，卵状披针形，长 3 ～ 10cm，宽 1 ～ 3cm，顶端渐尖，基部宽楔形；侧脉约 4 对，在边缘网结，有时有边毛；叶柄长约 5mm，顶端腺体成群。伞形聚伞花序腋生，长约 2cm，着花不到 10 朵；花萼 5 深裂，内面基部有 5 个小腺体；花冠紫红色，裂片卵状长圆形；花粉块每室 1 个，下垂；副花冠肉质、裂片龙骨状，在花药基部贴生；柱头圆形，略为凸起。蓇葖双生，狭披针形，向端部长渐尖，长约 7cm，直径 5mm；种子黄褐色，扁平，长圆形，长约 5mm，宽 3mm；种毛白色绢质，长 2cm。花期 5 ～ 7 月，果期 6 ～ 8 月。

分布于四川、甘肃、陕西、河北、山西、内蒙古等省区，内蒙古北部高原和黄土高原的南缘、即秦岭山脉及太行山一带也有分布。

本地较常见，生长在西部干山坡、沙地山坡草丛中。榆林市榆阳区、神木市、横山区、靖边县、定边县、绥德县、米脂县、吴堡县等地也有分布。

沙地常见植物，具有固沙作用，可做绿肥与杀虫药。

58 旋花科 Convolvulaceae

本地常见有3属5种，栽培1属3种。

打碗花属 *Calystegia* R.Br. 本地常见有2种。

打碗花（天剑　常春藤叶天剑　小旋花）

***Calystegia hederacea* Wall.**

一年生草本，高8～50cm。全体无毛，植株通常矮小，常自基部分枝，具细长白色的根。茎细，平卧，有细棱。基部叶片长圆形，长2～3cm，宽1～2.5cm，顶端圆，基部戟形，上部叶片3裂，中裂片长圆36形或长圆状披针形，侧裂片近三角形，叶片基部心形或戟形；叶柄长1～5cm。花腋生，1朵，花梗长于叶柄；苞片宽卵形，长0.8～1.6cm，顶端钝或锐尖至渐尖；萼片长圆形，长0.6～1cm，顶端钝，具小短尖头，内萼片稍短；花冠淡紫色或淡红色，钟状，长2～4cm，冠檐近截形或微裂；雄蕊5，近等长，花丝基部扩大，贴生于花冠管基部；子房无毛，柱头2裂。蒴果卵球形，长约1cm，有宿存萼片。种子黑褐色，表面有小疣。

全国各地都有分布，为农田、荒地、路旁常见的杂草。分布于埃塞俄比亚，亚洲东南部。

本地较常见，生长于农田、地边或村落附近路旁草丛中。榆林市各地均有分布。

根可药用，具有健脾益气、调经活血、利尿等功效。

藤长苗（箭叶旋花）

Calystegia pellita (Ledeb.) G. Don

多年生草本。根细长。茎缠绕，圆柱形，有细棱，被灰白色或黄褐色柔毛，有时毛较少。叶长圆形或长圆状线形，长 4 ～ 10cm，宽 0.5 ～ 2.5cm，顶端钝圆或锐尖，具小短尖头，基部圆形、截形或微呈戟形，全缘，两面被柔毛，有时两面毛较少，叶脉在背面稍凸起；叶柄长 0.2 ～ 2cm，毛被同茎。花腋生，单一，花梗短于叶，密被柔毛；苞片卵形，长 1.5 ～ 2.2cm，顶端钝，具小短尖头，外面密被褐黄色短柔毛，有时被毛较少，具有如叶脉的中脉和侧脉；萼片近相等，长 0.9 ～ 1.2cm，长圆状卵形，上部具黄褐色缘毛；花冠淡红色，漏斗状，长 4 ～ 5cm，冠檐于瓣中带顶端被黄褐色短柔毛；雄蕊花丝基部扩大，被小鳞毛；子房无毛，2 室，每室 2 胚珠，柱头 2 裂，裂片长圆形，扁平。蒴果近球形，径约 6mm。种子卵圆形，无毛。

全国大部分省区均有分布，生长于路边、田边或山坡杂草丛中。俄罗斯、蒙古、朝鲜、日本也有分布。

本地有分布，生长于田边地头或房前屋后杂草丛中。榆林市榆阳区、横山区、绥德县、米脂县、清涧县等地均有分布。

常见杂草，根可药用。

旋花属 *Convolvulus* L. 本地常见有1种。

田旋花（箭叶旋花　小旋花　打碗花）

Convolvulus arvensis L.

多年生草本。根状茎横走，茎平卧或缠绕。叶卵状长圆形至披针形，长1.5～5cm，宽1～3cm，先端钝或具小短尖头，基部大多戟形，箭形或心形，全缘或3裂，侧裂片展开，中裂片卵状椭圆形，狭三角形或披针状长圆形；叶柄长1～2cm；叶脉羽状，基部掌状。花序腋生，总梗长3～8cm，1朵或有时2朵至多花；苞片2，线形，长约3mm；萼片有毛，长3.5～5mm，2个外萼片稍短，长圆状椭圆形，具短缘毛，内萼片近圆形，边缘膜质；花冠宽漏斗形，长15～26mm，白色或粉红色，5浅裂；雄蕊5，较花冠短一半，花丝基部扩大，具小鳞毛；雌蕊较雄蕊稍长，子房有毛，2室，每室2胚珠，柱头2裂，线形。蒴果卵状球形，或圆锥形，无毛，长5～8mm。种子4，卵圆形，暗褐色或黑色。

分布于全国多个省区，生长于耕地及荒坡草地上。广布全世界温带地区。

本地较常见，生长于农田、地边、山坡、河谷草丛中。榆林市各地均有分布。

全草可入药，具有调经活血，滋阴补虚之效。

菟丝子属 *Cuscuta* L. 本地常见有 2 种。

菟丝子（无根藤　无娘藤　中国菟丝子　黄丝丝草）

Cuscuta chinensis Lam.

一年生寄生草本。茎缠绕，黄色，纤细，直径约 1mm，无叶。花序侧生，少花或多花簇生成小伞形或小团伞花序；苞片及小苞片小，鳞片状；花梗稍粗壮，极短；花两性，较小，花萼杯状，中部以下连合，裂片三角状，顶端钝；花冠白色，壶形，裂片三角状卵形，顶端锐尖或钝，向外反折，宿存；雄蕊 5，着生于花冠裂片弯缺微下处；鳞片长圆形，边缘长流苏状；子房近球形，花柱 2，柱头球形。蒴果球形，几乎全为宿存的花冠所包围，成熟时整齐地周裂。种子 2 ～ 4，淡褐色，卵形，表面粗糙。花期 7 ～ 8 月，果期 8 ～ 10 月。

除广东、广西、海南、台湾省外，全国大部分省区有分布。生长于田边、山坡向阳处、路边灌丛上，通常寄生于豆科、菊科、蒺藜科等多种植物上。亚洲多国及澳大利亚也有分布。

本地极为常见，生长于田边、路旁、山坡草丛中。榆林市各地均有分布。

本种为大豆产区的有害杂草，并对胡麻、苧麻、花生、马铃薯等农作物也有危害。种子药用，是《中国药典》指定的中药材“菟丝子”的原植物之一。入药具有补益肝肾、固精缩尿、安胎、明目、止泻之功效。外用可祛斑。

金灯藤（日本菟丝子　无娘藤　大菟丝子）

Cuscuta japonica Choisy

一年生寄生缠绕草本。茎较粗壮，肉质，黄色，常带紫红色瘤状斑点，无毛，多分枝，无叶。花无柄或几无柄，形成穗状花序，长达 3cm；苞片及小苞片鳞片状，长约 2mm，卵圆形，顶端尖，全缘，沿背部增厚；花两性，花萼碗状，长约 2mm，肉质，5 深裂，裂片卵圆形或近圆形，顶端尖，背面常有紫红色瘤状凸起；花冠钟状，淡红色或绿白色，长 3～5mm，顶端 5 浅裂，裂片卵状三角形，直立或稍反折，短于花冠筒；雄蕊 5，着生于花冠喉部裂片之间，花药卵圆形，黄色，无花丝；鳞片 5，长圆形，边缘流苏状，着生于花冠筒基部；子房球状，2 室，花柱细长，合生为 1，柱头 2 裂。蒴果卵圆形，近基部周裂。种子 1～2 个，光滑，褐色。花、果期 8～9 月。

分布于我国南北各省区，寄生于草本或灌木上。越南、朝鲜、日本也有分布。

本地较常见，常寄生在豆科、菊科（主要是蒿属）等草本植物和一些灌木上。榆林市各地均有分布。

本种常寄生于部分灌木之上，对寄主危害较大。种子可药用，有补肝肾、益精壮阳、止泻之功效。

番薯属 *Ipomoea* L. 本地常见栽培3种。

番薯（红薯 红苕 地瓜 甘薯）

Ipomoea batatas (L.) Lamarck

一年生草本，地下具块根。茎平卧或上升，偶有缠绕，绿或紫色，茎节易生不定根。叶片形状、颜色常因品种不同而异，通常为宽卵形，长4～13cm，宽3～13cm，全缘或3～5裂，叶片基部心形或近于平截，顶端渐尖；聚伞花序腋生，有1～3（7）朵花；花两性，萼片长圆形或椭圆形；花冠粉红色、白色、淡紫色或紫色，钟状或漏斗状；雄蕊5，花丝基部被毛；子房2～4室。开花习性随品种和生长条件而不同，有的品种容易开花，有的品种在气候干旱时会开花，在气温高、日照短的地区常见开花。蒴果卵形或扁圆形。种子通常2粒。由于番薯属于异花授粉，自花授粉常不结实，所以有时只见开花不见结果。

原产于南美洲，现已广泛栽培在热带、亚热带地区（主产于北纬40°以南），可能在明朝万历年间由吕宋岛（今菲律宾）传入我国福建一带，在我国已有400多年的栽培历史，我国大部分地区都有栽培。

本地多见栽培，以地下块根食用。榆林市各地常见栽培。

番薯是一种高产而适应性强的作物。块根除作主粮外，也是食品加工、淀粉和酒精制造工业的重要原料，根、茎、叶又是优良的饲料。

牵牛（牵牛花　喇叭花　裂叶牵牛　二丑）

Ipomoea nil (Linnaeus) Roth (*Pharbitis nil* (Linn.) Choisy)

一年生缠绕草本，茎上被毛。叶宽卵形或近圆形，深或浅的 3 裂，偶 5 裂，长 4 ～ 15cm，宽 4.5 ～ 14cm，基部圆心形，中裂片长圆形或卵圆形，侧裂片三角形，裂口锐或圆，叶面被柔毛；叶柄长 2 ～ 15cm，被毛。花腋生，单一或通常 2 朵着生于花序梗顶端，花序梗长 1.5 ～ 18.5cm，通常短于叶柄，被毛；苞片线形或叶状，被开展的微硬毛；花梗长 2 ～ 7mm；小苞片线形；萼片长 2 ～ 2.5cm，披针状线形，内面 2 片稍狭，外面被开展的刚毛；花冠漏斗状，长 5 ～ 8（10）cm，蓝紫色或紫红色，花冠管色淡；雄蕊及花柱内藏；雄蕊不等长；花丝基部被柔毛；子房无毛，柱头头状。蒴果近球形，直径 0.8 ～ 1.3cm，3 瓣裂。种子卵状三棱形，长约 6mm，黑褐色或米黄色，被褐色短绒毛。花期 8 ～ 9 月，果期 9 ～ 11 月。

原产于热带美洲，现已广植于全世界热带和亚热带地区，我国除西北和东北少数省区外，大部分地区都有分布。生长于山坡灌丛、干燥河谷路边、园边宅旁、山地路边等处，栽培或逸为野生。

本地有分布，常见栽培作观赏，或逸生于村落、宅旁地边。榆林市多地有栽培或逸为野生。

除栽培供观赏外，种子为常用中药，名“黑丑”“白丑”“二丑”（黑、白种子混合），入药多用黑丑，白丑较少用。有泻水利尿、逐痰、杀虫之功效。

圆叶牵牛（牵牛花 喇叭花 二丑）

Ipomoea purpurea Lam.
(*Pharbitis purpurea* (L.) Voigt)

一年生缠绕草本，茎上被倒向的短柔毛或长硬毛。叶圆心形或宽卵状心形，长 4 ～ 18cm，宽 3.5 ～ 16.5cm，基部圆心形，顶端锐尖、骤尖或渐尖，两面疏或密被刚伏毛。花腋生，两性，单一或 2 ～ 5 朵着生于花序梗顶端成伞形聚伞花序；苞片线形，长 6 ～ 7mm，被开展的长硬毛；萼片近等长，长 1.1 ～ 1.6cm，外面 3 片长椭圆形，渐尖，内面 2 片线状披针形，外面均被开展的硬毛；花冠漏斗状，长 4 ～ 6cm，紫红色、红色或白色，花冠管通常白色；雄蕊 5，花丝不等长，基部被柔毛；子房无毛，3 室，每室 2 胚珠，柱头头状；花盘环状。蒴果近球形，3 瓣裂。种子卵状三棱形，黑褐色或米黄色。花期 7 ～ 9 月，果期 9 ～ 11 月。

原产于热带美洲，广泛引植于世界各地，或已成为归化植物。我国大部分地区均有分布，生长于田边、路边、宅旁或山谷林内，栽培或逸为野生。

本地十分常见，生长于田边、路旁或村落，常作为观赏花卉栽植于住宅附近或逸为野生。榆林市各地均有栽培或逸为野生的种群。

除作观赏植物外，本种和牵牛的种子均可入药，是《中国药典》指定的中药材“牵牛子”的原植物。入药具有泻水通便、消痰涤饮、去积杀虫等功效。

59 紫草科 Boraginaceae

本地常见有6属5种1变种，栽培1属1种。

斑种草属 *Bothriospermum* Bunge 本地常见有1种。

狭苞斑种草

***Bothriospermum kusnetzowii* Bunge ex A. DC.**
(*Bothriospermum kusnezowii* Bunge ex DC.)

一年生草本，高15～40cm。茎数条丛生，直立或平卧，被开展的硬毛及短伏毛，由下部多分枝。基生叶莲座状，倒披针形或匙形，长4～7cm，宽0.5～1cm，先端钝，基部渐狭成柄，边缘有波状小齿。两面疏生硬毛及伏毛，茎生叶无柄，长2～5cm，宽0.5～1cm，长圆形或线状倒披针形。花序长5～20cm，苞片线形或线状披针形，密生硬毛及伏毛。花萼5裂，果期增大，裂片线状披针形或卵状披针形，先端尖，裂至近基部。花冠淡蓝色、蓝色或紫色，钟状，长3.5～4mm，5裂，檐部直径约5mm，裂片圆形，有明显的网脉，喉部有5个梯形附属物，先端浅2裂。雄蕊5，花药椭圆形或卵圆形，花丝极短，着生长于花冠筒基部。花柱短，柱头头状。小坚果椭圆形，密生疣状凸起，腹面的环状凹陷圆形，边缘增厚。花、果期5～7月。

分布于华北、西北地区及吉林、黑龙江等地。生长于山坡道旁、干旱农田及山谷林缘。

本地很常见，生长于农田地边及山坡草丛中。榆林市榆阳区、神木市、横山区、绥德县、清涧县、子洲县等地均有分布。

为农田常见杂草。

琉璃草属 *Cynoglossum* L. 本地常见有 1 种。

大果琉璃草

Cynoglossum divaricatum Stephan ex Lehmann

多年生草本，高 25 ～ 100cm。根红褐色。茎直立，由上部分枝，被向下贴伏的短柔毛。基生叶和茎下部叶长圆状披针形或披针形，长 7 ～ 15cm，宽 2 ～ 4cm，先端钝或渐尖，基部渐狭成柄，两面均密生贴伏的短柔毛；茎中部及上部叶无柄，狭披针形，被灰色短柔毛。花序顶生及腋生，长约 10cm，花稀疏，集为疏松的圆锥状花序；苞片狭披针形或线形；花萼 5 裂，外面密生短柔毛，裂片向下反折；花冠蓝紫色，长约 3mm，檐部直径 3 ～ 5mm，花冠 5 裂，裂片卵圆形，先端微凹，喉部有 5 个梯形附属物；花药卵球形，着生于花冠筒中部以上；子房 4 裂，花柱圆锥状，果期宿存，柱头头状。小坚果卵形，密生锚状刺，背面平，腹面中部以上有卵圆形的着生面。花期 6 ～ 7 月，果实 8 月成熟。

分布于新疆、甘肃、陕西以及华北和东北各省区；生长于山坡、草地、沙丘、石滩及路边。蒙古及俄罗斯也有分布。

本地有分布，生长于村落旁、路旁、山坡草丛中。榆林市榆阳区、横山区、靖边县、定边县、神木市等地均有分布。

果和根入药，具有清热解毒，收敛止泻的功效。

鹤虱属 *Lappula* Moench 本地常见有 1 种。

鹤虱

Lappula myosotis Moench

一年或两年生草本，高 30 ～ 60cm。茎直立，中部以上多分枝，密被白色短糙毛。基生叶长圆状匙形，全缘，先端钝，长达 7cm，宽 3 ～ 9mm，基部渐狭成长柄，两面密被长糙毛；茎生叶较短而狭，披针形或线形，扁平或沿中肋纵折，先端尖，基部渐狭，无叶柄。花序在花期短，果期伸长达 10 ～ 17cm；苞片线形；花萼 5 深裂，裂片线形，急尖，有毛，果期增大呈狭披针形，星状开展或反折；花冠淡蓝色，漏斗状至钟状，裂片长圆状卵形，喉部附属物梯形。小坚果卵状，背面狭卵形或长圆状披针形，通常有颗粒状疣突，边缘有两行近等长的锚状刺，内行刺基部不连合，外行刺较内行刺稍短，通常直立。小坚果腹面通常具棘状凸起或有小疣状凸起；花柱伸出小坚果但不超过小坚果上方的刺。花、果期 6 ～ 9 月。

分布于华北、西北地区及内蒙古等省区。生长于荒地、山坡草地等处。欧洲、北美洲，阿富汗、巴基斯坦也有分布。

本地较常见，生长于农田、地边及山坡草丛中。榆林市各地均有分布。

果实入药，有消炎杀虫之功效。

紫丹属 *Tournefortia* L. 本地常见有1变种。

细叶砂引草（紫丹草 细叶西伯利亚紫丹）

***Tournefortia sibirica* var. *angustior* G.L.Chu & M.G.Gilbert**
(*Messerschmidia sibirica* L.var. *angustior* (DC.) W.T.Wang)

多年生草本，高10～30cm。有细长的根状茎。茎单一或数条丛生，直立或斜升，通常分枝，密生糙伏毛或白色长柔毛。叶披针形、倒披针形或长圆形，长1～5cm，宽6～10mm，先端渐尖或钝，基部楔形或圆，密生糙伏毛或长柔毛，中脉上面凹陷，下面凸起，无柄或近无柄。花序顶生，长1.5～4cm；萼片披针形，长3～4mm，密生向上的糙伏毛；花冠黄白色，钟状，长1～1.3cm，裂片卵形或长圆形，外弯，花冠筒较裂片长，外面密生向上的糙伏毛；雄蕊5枚，花药长圆形，着生于花筒中部；子房无毛，略现4裂，花柱细，柱头浅2裂，下部环状膨大。核果椭圆形或卵球形，密生伏毛，先端凹陷，核具纵肋。花期5月，果期7月。

分布于我国北方多个省区，生长于砂地、干旱荒漠及山坡道旁。蒙古、朝鲜及日本均有分布。

本地很常见，生长于黄河沿岸农田地边或山坡路旁草丛中。榆林市榆阳区、横山区、神木市、定边县、绥德县、吴堡县等地均有分布。

不仅是沙地、盐碱地常见植物，也是良好的固沙植物。

紫筒草属 *Stenosolenium* Turcz. 本地常见有1种。

紫筒草（白毛草）

Stenosolenium saxatile (Pallas) Turcz.

多年生草本。根细锥形，根皮紫褐色，稍含紫红色物质。茎通常数条，直立或斜升，高10～25cm，密生开展的长硬毛和短伏毛。基生叶和下部叶匙状线形或倒披针状线形，近花序的叶披针状线形，长1.5～4.5cm，宽3～8mm，两面密生硬毛，先端钝或微钝，无柄。花序顶生，逐渐延长，密生硬毛；苞片叶状。花具短花梗；花萼长约7mm，密生长硬毛，萼裂片钻形，果期直立，基部包围果实；花冠蓝紫色，紫色或白色，长1～1.4cm，外面有稀疏短伏毛，花冠筒细，通常稍弧曲，檐部直径5～7mm，裂片开展；雄蕊螺旋状着生于花冠筒中部之上，内藏；子房4裂，花柱细长，先端2裂，柱头球形。小坚果4枚，卵形，先端尖，有瘤状凸起，腹面基部具短柄。花、果期5～9月。

分布于东北、华北地区及陕西北部、宁夏、甘肃西北部及青海等省区，生长于低山丘陵及平原地区的草地、路旁、田边等处。蒙古及俄罗斯西伯利亚也有分布。

本地较常见，生长于农田地边、山坡路旁草丛中。榆林市榆阳区、米脂县、横山区、神木市、绥德县、靖边县等地均有分布。

全草可入药，具有祛风除湿之功效。

聚合草属 *Symphytum* L. 本地常见栽培1种。

聚合草（友谊草　爱国草）

Symphytum officinale L.

多年生草本，高30～90cm。全株被向下稍弧曲的硬毛和短伏毛。根发达，主根粗壮，淡紫褐色。茎数条，直立或斜升，有分枝。基生叶通常50～80片，具长柄，叶片带状披针形、卵状披针形至卵形，长30～60cm，宽10～20cm，稍肉质，先端渐尖；茎中部和上部叶较小，基部下延。花序含多数花；花萼裂片披针形，先端渐尖；花冠长14～15mm，淡紫色、紫红色至黄白色，裂片三角形，先端外卷，喉部附属物披针形，长约4mm，不伸出花冠檐；花药长约3.5mm，顶端有稍凸出的药隔，花丝长约3mm；子房不育，偶尔个别花内成熟1个小坚果。小坚果歪卵形，长3～4mm，黑色，平滑，有光泽。花期5～10月。

原产于俄罗斯，我国20世纪50年代初引进栽培作饲料，现在全国各地均有分布。

本种由于长期人工栽培，产生很多变异。

本地有少量栽培，在武家庄高家则发现有逸生植株。榆林市有零星栽培或逸为野生。

茎叶可作家畜青饲料。

附地菜属 *Trigonotis* Steven 本地常见有 1 种。

附地菜（伏地菜）

Trigonotis peduncularis (Trev.) Benth. ex Baker et Moore

一年或两年生草本。茎通常多条丛生，密集，铺散，高 5 ～ 30cm，基部多分枝，被短糙伏毛。基生叶呈莲座状，有叶柄，叶片匙形，长 2 ～ 5cm，先端圆钝，基部楔形或渐狭，两面被糙伏毛，茎上部叶长圆形或椭圆形。花序生茎顶，幼时卷曲，后渐次伸长，长 5 ～ 20cm，花萼 5 裂，长 1 ～ 3mm，裂片卵形，先端急尖；花冠 5 裂，淡蓝色或粉色，筒部甚短，裂片平展，倒卵形，檐部直径 1.5 ～ 2.5mm，先端圆钝，喉部附属物 5，白色或带黄色；花药卵形。小坚果 4，四面体形，有短毛或平滑无毛，背面三角状卵形，具 3 锐棱。早春开花，花期甚长。

分布于西藏、云南、广西北部、江西、福建至新疆、甘肃、内蒙古，东北等多个省区，生长于平原、丘陵草地、林缘、田间及荒地。欧洲东部、亚洲温带的其他地区也有分布。

本地较常见，生长于农田地边、路旁草丛中。榆林市各地均有分布。

全草可入药，具有温中健胃、消肿止痛、止血之功效。嫩叶可供食用。

60 马鞭草科 Verbenaceae

本地常见有2属1种1变种。

莸属 *Caryopteris* Bunge　本地常见有1种。

蒙古莸（蒙莸　兰花茶）

Caryopteris mongholica **Bunge**

落叶小灌木，常自基部分枝，高0.3～1.5m；嫩枝紫褐色，圆柱形，有毛，老枝毛渐脱落。叶片厚纸质，线状披针形或线状长圆形，全缘，长0.8～4cm，宽2～7mm，表面深绿色，稍被细毛，背面密生灰白色绒毛。聚伞花序腋生，无苞片和小苞片；花萼钟状，长约3mm，外面密生灰白色绒毛，深5裂，裂片阔线形至线状披针形；花冠蓝紫色，长约1cm，外面被短毛，5裂，下唇中裂片较长大，边缘流苏状，花冠管喉部有细长柔毛；雄蕊4枚，几等长，与花柱均伸出花冠管外；子房长圆形，无毛，柱头2裂。蒴果椭圆状球形，无毛，果瓣具翅。花、果期8～10月。

分布于华北地区及陕西、甘肃等省区，生长于干旱坡地、沙丘荒野及干旱碱质土壤上。蒙古也有分布。

本地较常见，生长于山坡林缘、河谷道旁灌丛中。榆林市各地均有分布。

枝、叶、花可入蒙药，具有消食理气、祛风湿、活血止痛的功效。花和叶可提芳香油；花色艳丽，可作庭园观赏植物。

牡荆属 *Vitex* L. 本地常见有1变种。

荆条（荆柴）

Vitex negundo Linn. var. *heterophylla* (Franch.) Rehd.

落叶灌木或小乔木。小枝四棱形，密生灰白色绒毛。掌状复叶，小叶5片；小叶片长圆状披针形至披针形，顶端渐尖，基部楔形，小叶片边缘有缺刻状锯齿，浅裂以至深裂，表面绿色，背面密被灰白色绒毛。中间小叶长4～13cm，宽1～4cm，两侧小叶依次递小。聚伞花序排成圆锥花序式，顶生，长10～27cm，花序梗密生灰白色绒毛；花两性，花萼钟状，顶端有5裂齿，外有灰白色绒毛；花冠淡紫色，外有微柔毛，顶端5裂，二唇形；雄蕊4枚，伸出花冠管外；子房近无毛。核果近球形；宿萼接近果实的长度。花期4～6月，果期7～10月。

分布于辽宁、河北、山西、山东、河南、陕西、甘肃、江苏、安徽、江西、湖南、贵州、四川等省区；生长于山坡路旁。日本也有分布。

本地较常见，生长于山坡灌丛中。常与单瓣黄刺玫、柠条锦鸡儿混生形成灌丛群落。榆林市米脂县、绥德县、子洲县、佳县、吴堡县等地也有分布。

茎皮可造纸及制人造棉；茎叶、种子、根均可入药；花和枝叶可提取芳香油。

61 唇形科 Lamiaceae (Labiatae)

本地常见有 10 属 12 种。

青兰属 *Dracocephalum* L. 本地常见有 1 种。

香青兰（青兰　野青兰　山薄荷）

***Dracocephalum moldavica* L.**

一年生草本，高 15 ～ 40cm。茎数个，直立，不明显四棱形，常带紫色。叶披针形至线状披针形，先端钝，基部圆形或宽楔形，长 1.4 ～ 4cm，宽 0.4 ～ 1.2cm，两面只在脉上疏被小毛及黄色小腺点，边缘通常具三角形牙齿或疏锯齿，常具长刺。轮伞花序生长于茎或分枝上部，每节通常具 4 花；花梗长 3 ～ 5mm；苞片长圆形，疏被贴伏的小毛，每侧具 2 ～ 3 小齿，齿具长 2.5 ～ 3.5mm 的长刺。花萼长 8 ～ 10mm，被金黄色腺点及短毛，常带紫色，2 裂近中部，二唇形，上唇 3 浅裂，裂片三角状卵形，下唇 2 裂，裂片披针形。花冠淡蓝紫色，长 1.5 ～ 2.5cm，喉部以上宽展，外面被白色短柔毛，冠檐二唇形，上唇短舟形，先端微凹，下唇 3 裂，中裂片 2 裂，具深紫色斑点。雄蕊微伸出，花丝无毛，花药平叉开。花柱无毛，先端 2 裂。小坚果长圆形，光滑。花期 6 ～ 7 月，果于花后渐次成熟。

分布于东北、华北、西北等多个省区，生长于干燥山地、山谷、河滩多石处。东欧、中欧也有分布。本地较常见，生长于山坡、河沟湿地及山谷草丛中。榆林市各地均有分布。

全株含芳香油，主要成分为柠檬醛、香叶醇、橙花醇等。可作香料或入药。

香薷属 *Elsholtzia* Willd. 本地常见有1种。

香薷（山苏子　半边苏）

Elsholtzia ciliata (Thunb.) Hyland.

直立草本，高30～50cm。具密集的须根。茎通常自中部以上分枝，钝四棱形，具槽，无毛或被疏柔毛。叶卵形或椭圆状披针形，长3～9cm，宽1～4cm，先端渐尖，基部楔状下延成狭翅，边缘具锯齿，侧脉6～7对，与中肋两面稍明显；叶柄长0.5～3.5cm，边缘具狭翅，疏被小硬毛。穗状花序长2～7cm，宽达1.3cm，偏向一侧，由多花的轮伞花序组成；苞片宽卵圆形或扁圆形，长、宽约4mm，先端具芒状凸尖，尖头长达2mm，边缘具缘毛；花梗纤细，长1.2mm，近无毛，序轴密被白色短柔毛。花萼钟形，长约1.5mm，外面被疏柔毛，疏生腺点，内面无毛，萼齿5，三角形，前2齿较长，先端具针状尖头，边缘具缘毛。花冠淡紫色，外面被柔毛，喉部被疏柔毛，冠檐二唇形，上唇直立，先端微缺，下唇开展，3裂，中裂片半圆形，侧裂片弧形，较中裂片短。雄蕊4枚，前对较长，外伸，花丝无毛，花药紫黑色。花柱内藏，先端2浅裂。小坚果长圆形，棕黄色，光滑。花期7～10月，果期10月至翌年1月。

除新疆、青海外全国均有分布，生长于路旁、山坡、荒地、林内、河岸等地。俄罗斯、蒙古、朝鲜、日本、印度。中南半岛、欧洲及北美也有分布。

本地有分布，见于田家寨郝家山。榆林市有分布，见于绥德县等地。

全草可入药，具有发汗解表、化湿和中之功效。

夏至草属 *Lagopsis* (Bunge ex Benth.) Bunge 本地常见有1种。

夏至草（风轮草）

Lagopsis supina (Stephan ex Willd.) Ikonn.–Gal.

多年生草本，茎高15～35cm。四棱形，常在基部分枝。叶轮廓为圆形，长、宽1.5～2cm，先端圆形，基部心形，3深裂，裂片有圆齿，两面密被微柔毛。叶柄明显。轮伞花序疏花，径约1cm；小苞片长约4mm，弯曲，刺状，密被微柔毛。花萼管状钟形，长约4mm，外密被微柔毛，内面无毛，具5脉；萼齿5，不等大，三角形，先端刺尖。花冠白色，稀粉红色，稍伸出于萼筒，长约7mm，外面被绵状长柔毛，内面被微柔毛，在花丝基部有短柔毛；冠筒基部靠上处内缢；冠檐二唇形，上唇直伸，比下唇长，下唇斜展，3浅裂。雄蕊4枚，着生于冠筒中部，不伸出，后对较短。花柱先端2浅裂。小坚果长卵形，长约1.5mm，褐色，有鳞粃。花期3～4月，果期5～6月。

分布于我国南北多个省区，为常见杂草，生长于路旁、旷地上。俄罗斯西伯利亚、朝鲜也有分布。

本地常见杂草，生长于农田地边、村落四旁等处。榆林市全市均有分布。

全草可入药，具有养血调经之功效。

益母草属 *Leonurus* L. 本地常见有 2 种。

益母草（坤草　茺蔚　益母蒿）

Leonurus japonicus Houttuyn
(*Leonurus artemisia* (Lour.) S. Y. Hu)

一年或两年生草本，高 30 ～ 120cm。茎直立，钝四棱形，有倒向糙伏毛，多分枝。叶形变化很大，茎下部叶卵形，基部宽楔形，掌状 3 裂，裂片长圆状卵形，通常长 2.5 ～ 6cm，宽 1.5 ～ 4cm，叶柄长 2 ～ 3cm；茎中部叶菱形，基部狭楔形，叶柄长 0.5 ～ 2cm；花序最上部的苞叶线形或线状披针形，长 3 ～ 12cm，宽 2 ～ 8mm，全缘或具稀少牙齿。轮伞花序腋生，具多花，圆球形，径 2 ～ 2.5cm，多数远离而组成长穗状花序；小苞片刺状，比萼筒短；无花梗。花萼管状钟形，长 6 ～ 8mm，外面有贴生微柔毛，具 5 脉，萼齿 5，前 2 齿靠合，较长，后 3 齿较短。花冠粉红至淡紫红色，长 1 ～ 1.2cm，外面伸出萼筒部分被柔毛；冠檐二唇形，上唇直伸，下唇略短于上唇，且 3 裂。雄蕊 4 枚，前对较长，花丝丝状。花柱丝状，无毛。子房褐色，无毛。小坚果长圆状三棱形，淡褐色，光滑。花期 6 ～ 9 月，果期 9 ～ 10 月。

分布于全国各地，为常见杂草，生长于多种生境。俄罗斯，亚洲、非洲及美洲各地均有分布。

本地较常见，生长于河沟边或山坡草丛中。榆林市全市均有分布。

全草含益母草素（Leonurin），入药称“益母草”。用于治疗多种妇科疾病，是《中国药典》指定的中药材“益母草”的原植物。花入药治贫血体弱；种子入药（称茺蔚、三角胡麻、小胡麻），尚有利尿、治眼疾之功效。

细叶益母草（益母草　龙床草）

Leonurus sibiricus L.

一年或两年生草本，茎高 20 ～ 80cm。钝四棱形，有短而贴生的糙伏毛，不分枝，或于茎上部分枝。茎下部的叶早落，中部的叶卵形，长 5cm，宽 4cm，掌状 3 全裂，裂片再羽状分裂成 3 裂的线状小裂片，小裂片宽 1 ～ 3mm。轮伞花序腋生，多花，圆球形，径 3 ～ 3.5cm，向顶渐次密集组成长穗状；小苞片刺状，向下反折，比萼筒短。花萼管状钟形，长 8 ～ 9mm，外面在中部密被疏柔毛，内面无毛；齿 5，前 2 齿靠合，后 3 齿较短。花冠粉红至紫红色，长约 1.8cm。冠檐二唇形，上唇长圆形，直伸，全缘，外面密被长柔毛，内面无毛，下唇比上唇短，外面疏被长柔毛，内面无毛，3 裂。雄蕊 4 枚，前对较长，花丝丝状。花柱丝状，先端 2 浅裂。子房无毛。小坚果长圆状三棱形，褐色。花期 7 ～ 9 月，果期 9 月。

分布于华北地区及陕西北部，生长于石质及砂质草地上及松林中。俄罗斯、蒙古也有分布。

本地很常见，生长于石质及砂质草坡上。榆林市各地均有分布。

全草可入药，具有活血调经、利尿消肿之功效。

地笋属 *Lycopus* L. 本地常见有1种。

地笋（地石蚕 地瘤 得留秧 王环菜 王不留）

Lycopus lucidus Turcz. ex Benth.

多年生草本，高 0.6～1.7m。具多节的地下横走根状茎，其节上生有鳞叶和须根。茎直立不分枝，四棱形，具槽。茎下部叶多脱落，上部叶椭圆形，长圆状披针形，多少弧弯，先端渐尖，基部渐狭，边缘具锐尖锯齿，两面或上面具光泽，无毛，下面具凹陷的腺点，叶柄极短或无。轮伞花序多花，腋生。小苞片卵圆形至披针形，短于或等于花萼，被柔毛；花萼钟形，外面具腺点，萼齿5，披针状三角形，具刺尖头；花冠白色，外面在冠檐上具腺点，冠筒长约3mm，冠檐不明显二唇形，上唇近圆形，下唇3裂，中裂片较大。雄蕊仅2枚能育，花丝丝状，无毛，退化雄蕊丝状，先端棍棒状。花柱伸出花冠，先端2浅裂，花盘平顶。小坚果倒卵圆状四边形，有腺点。花期6～9月，果期8～11月。

分布于全国多个省区，生长于沼泽地、水边、沟边等潮湿处。俄罗斯、日本也有分布。

本地有分布，见于河滩湿地、沼泽地草丛中，也有栽培者。榆林市各地有分布，栽培或野生。

全草可入药，乃《本草经》著录的泽兰正品，亦为《中国药典》指定的中药材“泽兰”的原植物之一。入药具有活血调经、祛瘀消痈、利水消肿之功效，是常用的妇科要药。根可食。

薄荷属 *Mentha* L. 本地常见有 1 种。

薄荷（凉叶叶 人丹草）

Mentha canadensis Linnaeus (*Mentha haplocalyx* Briq.)

多年生草本，高 30 ～ 60cm。茎直立，锐四棱形，具四槽，被微柔毛，多分枝。叶片长圆状披针形、披针形，椭圆形或卵状披针形，长 3 ～ 5cm，宽 0.8 ～ 3cm，先端锐尖，基部楔形至近圆形，边缘在基部以上疏生粗大的牙齿状锯齿，侧脉 5 ～ 6 对；叶柄长 2 ～ 10mm。轮伞花序腋生，轮廓球形，开花时径约 18mm，花梗纤细，长 2.5mm，被微柔毛或近于无毛。花萼管状钟形，长约 2.5mm，外被微柔毛及腺点，萼齿 5，狭三角状钻形，先端长锐尖，长 1mm。花冠淡紫色，长 4mm，冠檐 4 裂，上裂片先端 2 裂，较大，其余 3 裂片近等大。雄蕊 4 枚，前对较长，长约 5mm，均伸出花冠之外，花药卵圆形。花柱略超出雄蕊，先端 2 浅裂，裂片钻形。花盘平顶。小坚果卵珠形，黄褐色。花、果期 7 ～ 10 月。

分布于我国南北各省区，生长于水边潮湿地。热带亚洲，俄罗斯远东地区，朝鲜、日本及北美洲也有分布。

本地较常见，生长于农田地边潮湿地，或沟边湿地草丛中。榆林市全市均有分布。

薄荷主要含薄荷油，薄荷油主要用于提取薄荷脑。薄荷脑直接用于糖果饮料、牙膏以及皮肤黏膜局部镇痛剂的医药制品（如仁丹、清凉油、风油精），提取薄荷脑后的油叫薄荷素油，亦大量用于牙膏、漱口剂、喷雾香精及医药制品等。晒干的薄荷茎叶亦常用作食品的矫味剂和做清凉食品饮料。全草可入药，是《中国药典》指定的中药材“薄荷”的原植物。入药具有疏散风热、清利头目、利咽、透疹、疏肝行气的功效。幼嫩茎尖可蔬食。

糙苏属 *Phlomoides* Moench 本地常见有 1 种。

串铃草（毛尖茶　土洋芋）

***Phlomoides mongolica* (Turcz.) Kamelin & A. L. Budantzev**
(*Phlomis mongolica* Turcz.)

多年生草本，茎高 40 ～ 70cm。根木质，须根常作圆形、长圆形或纺锤形的块根状增粗。不分枝或具少数分枝，被柔毛或刚毛。叶卵状三角形至三角状披针形，长 4 ～ 13cm，宽 2 ～ 7cm，先端钝，基部心形，边缘为圆齿状；苞叶三角形或卵状披针形，叶片上面疏被星状刚毛及单毛，下面被星状柔毛或刚毛。轮伞花序密集；苞片线状钻形，先端刺状，被平展具节缘毛。花萼管状，外面脉上被刚毛，余部被微柔毛，齿圆形，先端微凹，先端具刺尖。花冠紫色，长约 2cm，冠筒外面在中下部无毛，内面具毛环，花冠二唇形，上唇盔状，外面被星状短柔毛，边缘流苏状，内面被髯毛，下唇 3 圆裂，中裂片倒卵形，先端微凹，侧裂片卵形，较小，边缘均为不整齐的细齿状。雄蕊 4 枚，内藏，后对雄蕊基部具附属器。花柱先端不等的 2 裂。小坚果顶端被毛。花期 5 ～ 8 月，果期 7 ～ 9 月。

分布于我国华北地区，陕西北部及甘肃东部等地，生长于山坡或沟谷草地上。

本地有分布，见于黄河沿岸土坡草丛中，也有栽培作观赏用。榆林市见于横山区、靖边县、绥德县、清涧县等地，野生或有栽培。

本种为有毒植物，块根可入药。花色美丽，花期长，可供观赏。

黄芩属 *Scutellaria* L. 本地常见有2种。

黄芩（黄金钗 枯芩）

***Scutellaria baicalensis* Georgi**

多年生草本，茎高30～120cm。根茎肥厚，肉质，径达2cm，伸长而分枝。钝四棱形，具细条纹，多分枝。叶披针形至线状披针形，长1.5～4.5cm，宽0.5～1.2cm，顶端钝，基部圆形，全缘，密被下陷的腺点，侧脉4对，与中脉上面下陷，下面凸出；叶柄短，腹凹背凸，被微柔毛。总状花序顶生，长7～15cm，常于茎顶聚成圆锥花序；花梗长3mm；苞片下部者似叶，上部者远较小，长4～11mm。花萼开花时长4mm，盾片高1.5mm，外面密被微柔毛，果时花萼长5mm，有高4mm的盾片。花冠紫色、紫红色至蓝色，长2.3～3cm，外面密被具腺柔毛，内面在囊状膨大处被短柔毛；冠筒近基部明显膝曲，中部径1.5mm，至喉部宽达6mm；冠檐2唇形，上唇盔状，下唇中裂片三角状卵圆形，宽7.5mm，两侧裂片向上唇靠合。雄蕊4枚，稍露出，前对较长，后对较短。花柱细长，先端锐尖。花盘环状。子房褐色，无毛。小坚果卵球形，黑褐色。花期7～8月，果期8～9月。

分布于全国多个省区，生长于向阳草坡地、休荒地上。俄罗斯、蒙古、朝鲜、日本也有分布。

本地较常见，野生或栽培作药用。榆林市各地可见，野生或有栽培。

根可入药，是《中国药典》指定的中药材“黄芩”的原植物。入药具有清热燥湿、泻火解毒、止血、安胎之效。此外，茎秆可提制芳香油，亦可代茶饮而称为“芩茶”。

并头黄芩

Scutellaria scordiifolia Fisch. ex Schrank (*Scutellaria scordifolia* Fisch. ex Schrank)

多年生草本，高 12 ～ 36cm。根茎斜行或近直伸，节上生须根。茎直立，四棱形，常带紫色，棱上疏被微柔毛，不分枝。叶柄短，长 1 ～ 3mm，被小柔毛；叶片三角状狭卵形，三角状卵形，或披针形，长 1.5 ～ 3.8cm，宽 0.4 ～ 1.4cm，先端钝，基部浅心形，近截形，边缘大多具浅锐牙齿，上面绿色，无毛，下面较淡，沿中脉及侧脉疏被小柔毛，具多数凹点。花单生长于茎上部的叶腋内，偏向一侧；花梗长 2 ～ 4mm，被短柔毛，近基部有一对针状小苞片。花萼长 3 ～ 4mm，被短柔毛及缘毛，盾片高约 1mm。花冠蓝紫色，长 2 ～ 2.2cm，外面被短柔毛，内面无毛；冠檐 2 唇形，上唇盔状，内凹，先端微缺，下唇中裂片圆卵形，先端微缺，最宽处 7mm，2 侧裂片卵圆形，先端微缺，宽 2.5mm。雄蕊 4 枚，均内藏，前对较长，具能育半药，退化半药明显，后对较短，具全药，药室裂口具髯毛；花丝扁平，被疏柔毛。花柱细长，先端锐尖，微裂。花盘前方隆起，后方延伸成短子房柄。子房 4 裂，裂片等大。小坚果黑色，椭圆形，具瘤状突起。花期 6 ～ 8 月，果期 8 ～ 9 月。

分布于华北地区及黑龙江、青海等地，生长于草地或湿草甸。俄罗斯、蒙古、日本均有分布。

本地有分布，生长于沟谷河滩草地中。榆林市榆阳区、靖边县、神木市等地有分布。

山西五台山一带民间用根茎入药，叶可代茶饮。

水苏属 *Stachys* L. 本地常见有1种。

甘露子（地蚕　地钮　宝塔菜　螺丝菜）

Stachys sieboldii **Miquel**

多年生草本，高30～120cm。根茎白色，顶端有念珠状或螺蛳形的肥大块茎。茎四棱形，在棱及节上有平展的硬毛。茎生叶卵圆形或长椭圆状卵圆形，长3～12cm，宽1.5～6cm，先端微锐尖或渐尖，基部平截至浅心形，边缘有规则的圆齿状锯齿，侧脉4～5对，叶柄长1～3cm，被硬毛；苞叶向上渐变小，卵圆状披针形，长约3cm。轮伞花序通常6花，组成长5～15cm顶生穗状花序；小苞片线形，长约1mm，被微柔毛；花梗短，被微柔毛。花萼狭钟形，连齿长9mm，外被具腺柔毛，内面无毛，10脉，萼齿5，正三角形至长三角形，长约4mm，先端具刺尖头。花冠粉红至紫红色，下唇有紫斑，长约1.3cm，冠筒筒状，长约9mm，近等粗，前面在毛环上方略呈囊状膨大，冠檐二唇形，上唇长圆形，下唇3裂，中裂片较大，侧裂片较短小。雄蕊4枚，花药卵圆形。花柱丝状，2浅裂。小坚果卵珠形，黑褐色。花期7～8月，果期9月。

原产于我国，野生于华北及西北各省区，其他地区均多栽培，生长于湿润地及积水处。日本，欧洲、北美等地广为栽培。

本地有分布，亦见栽培于房前屋后，也栽培作观赏。榆林市有零星栽培。

地下肥大块茎供食用，形状珍奇，脆嫩无纤维，最宜做酱菜或泡菜。全草可入药。

百里香属 *Thymus* L. 本地常见有1种。

百里香（地椒叶）

Thymus mongolicus Ronn.

半灌木。茎多数，匍匐或上升；不育枝从茎的末端或基部生出，匍匐或上升，被短柔毛；花枝高2～10cm，在花序下密被向下曲或稍平展的疏柔毛，下部毛变短而疏，具2～4对叶，基部有脱落的先出叶。叶为卵圆形，长4～10mm，宽2～4.5mm，先端钝或稍锐尖，基部楔形或渐狭，全缘或稀有1～2对小锯齿，腺点多少有些明显，靠下部的叶柄长约为叶片的1/2，在上部则较短；苞叶与叶同形，边缘在下部1/3具缘毛。花序头状，多花或少花，花具短梗。花萼管状钟形或狭钟形，长4～4.5mm，下部被疏柔毛，上部近无毛，下唇较上唇长或与上唇近相等，上唇齿短，齿不超过上唇全长的1/3，三角形，具缘毛或无毛。花冠紫红、紫或淡紫、粉红色，长6.5～8mm，被疏短柔毛，冠筒伸长，向上稍增大。小坚果近圆形或卵圆形，压扁状，光滑。花期7～8月。

分布于甘肃、陕西、青海、山西、河北、内蒙古等省区。生长于多石山地、山坡、山谷、山沟、路旁及杂草丛中。

本地有分布，生长于干燥山坡、荒地草丛中。榆林市各地均有分布。

可作牧草；植株含芳香油，本地群众习惯用作香料，用来炖羊肉，以祛除其羊膻味。

62 茄科 Solanaceae

本地常见有5属5种1变种，栽培4属7种3变种。

酸浆属 *Alkekengi* Mill. 本地常见有1变种。

挂金灯（红姑娘　酸浆实　灯笼果）

***Alkekengi officinarum* var. *franchetii* (Mast.) R. J. Wang**
(*Physalis alkekengi* L. var. *francheti* (Mast.) Makino)

多年生草本，茎高40～80cm。粗壮，茎节膨大。叶长5～15cm，宽2～8cm，长卵形至阔卵形，有时菱状卵形，顶端渐尖，基部不对称狭楔形、下延至叶柄，全缘而波状或者有粗牙齿、有时每边具少数不等大的三角形大牙齿，叶缘有短毛。花梗长6～16mm，花萼阔钟状，长约6mm，密生柔毛，萼齿三角形，边缘有硬毛；花冠辐状，白色，直径15～20mm，裂片开展，阔而短，顶端骤然狭窄成三角形尖头，外面有短柔毛，边缘有缘毛；雄蕊及花柱均较花冠为短。果梗长2～3cm，多少被宿存柔毛；果萼卵状，薄革质，网脉显著，有10纵肋，橙色或火红色，光滑无毛，顶端闭合，基部凹陷；浆果球状，橙红色，直径10～15mm，柔软多汁。种子肾脏形，淡黄色，长约2mm。花期5～9月，果期6～10月。

在我国分布广泛，除西藏尚未见到外其他各省区均有分布，常生长于田野、沟边、山坡草地、林下或路旁水边，亦普遍栽培。朝鲜和日本也有分布。

本地有分布，见于城关镇海则庙。榆林市有零星分布。

果可食亦可药用，入药具有清热解毒、消肿之功效。

辣椒属 *Capsicum* L. 本地常见栽培1种2变种。

辣椒（辣子 线辣椒）

Capsicum annuum L.

一年生草本，高40～80cm。分枝稍“之”字形折曲。叶互生，枝顶端节不伸长而成双生或簇生状，矩圆状卵形、卵形或卵状披针形，长4～13cm，全缘，顶端短渐尖或急尖，基部狭楔形；叶柄长4～7cm。花单生，俯垂；花萼杯状，不显著5齿；花冠白色，长约1cm，裂片卵形；花药灰紫色。果梗较粗壮，俯垂；果实长指状，顶端渐尖且常弯曲，长达15cm，未成熟时绿色，成熟后成红色、橙色或紫红色，味辣。种子扁肾形，淡黄色。花、果期5～11月。

原产于热带美洲。16世纪传入我国，我国已有数百年栽培历史。作为重要的蔬菜和调味品，种子油可食用，果亦有驱虫和发汗之药效，现在世界各国普遍栽培。

本地有栽培。榆林市各地普遍种植，横山区有大面积栽培，辣椒远销全国各地。

簇生椒

Capsicum annuum L.var. *fasciculatum* (Sturt.) Irish

植株高可达 1m。叶卵状披针形。花在枝下部常单生，在枝顶端由于节间极短缩而数朵花（可达 8～10 朵和数片叶一起呈簇生状），花梗细瘦，直立或斜升，花稍俯垂。果梗粗壮，直立，浆果指状或圆锥状，长 4～10cm，在梗上直立生，成熟后成红色，味辣。

我国南北方均有栽培，通常作盆景或有少量种植作为菜蔬或调味品。

菜椒（灯笼椒　甜椒）

Capsicum annuum L.var. *grossum* (L.) Sendt.

植株粗壮而高大。叶矩圆形或卵形。果梗直立或俯垂，果实大型，近球状、圆柱状或扁球状，多纵沟，顶端截形或稍内陷，基部截形且常稍向内凹入，味不辣而略带甜味，鲜食或做菜肴。

我国南北方均有栽培，市场上通常出售的菜椒即为此变种。

朝天椒

Capsicum annuum L.var. *conoides* (Mill.) Irish

植株二歧分枝，叶卵形。花常单生于二分叉间，花梗直立，花稍俯垂，花冠白色或带紫色。果梗及果实均直立，果实较小，圆锥状，长约 1.5cm，成熟后红色或紫色，味极辣。

我国南北方均有栽培，通常作为盆景栽培观赏。

本地栽培常见有辣椒、菜椒和簇生椒，朝天椒比较少。

曼陀罗属 *Datura* L. 本地常见有1种。

曼陀罗（野大麻　山老麻）

***Datura stramonium* L.**

一年生草本，高0.5～1.5m。茎粗壮，淡绿色或带紫色。叶广卵形，顶端渐尖，基部不对称楔形，边缘有不规则波状浅裂，裂片顶端急尖，有时亦有波状牙齿，侧脉每边3～5条，直达裂片顶端，长8～17cm，宽4～12cm；叶柄长3～5cm。花单生于枝杈间或叶腋，直立，有短梗；花萼长筒状，长4～5cm，筒部有5棱角，顶端5浅裂，裂片三角形，花后自近基部断裂，宿存部分随果实而增大并向外反折；花冠漏斗状，下半部带绿色，上部白色或淡紫色，檐部5浅裂，裂片有短尖头，长6～10cm，檐部直径3～5cm；雄蕊5枚，不伸出花冠；子房密生柔针毛，2～4室。蒴果直立，卵状，长3～4.5cm，直径2～4cm，表面生有坚硬针刺或有时无刺而近平滑，熟时淡黄色，4瓣裂。种子卵圆形，黑色。花期6～10月，果期7～11月。

原产于墨西哥，分布于世界各大洲。我国自宋代（或更早）作为药用植物引进栽培，现各省区都有分布，并被列为二级外来入侵植物。

本地很常见，生长于村落、住宅旁、道路边或草地上，也有部分作药用或观赏而栽培者。榆林市各地可见。

全株有毒，花中含莨菪碱、东莨菪碱和少量阿托品，可供药用，有镇痉、麻醉的功能。种子油可制肥皂和掺和油漆用。

天仙子属 *Hyoscyamus* L. 本地常见有1种。

天仙子（莨菪 骆驼籽）

Hyoscyamus niger L.

两年生草本，高达1m。全体被黏性腺毛。根较粗壮，肉质而后变纤维质，直径2～3cm。一年生的茎极短，自根茎发出莲座状叶丛，卵状披针形或长矩圆形，长可达30cm，宽达10cm，顶端锐尖，边缘有粗牙齿或羽状浅裂，主脉扁宽，侧脉5～6条直达裂片顶端，有宽而扁平的翼状叶柄，基部半抱根茎；第二年春茎伸长而分枝，下部渐木质化，茎生叶卵形或三角状卵形，顶端钝或渐尖，基部半抱茎或宽楔形，边缘羽状浅裂或深裂。花在茎中部以下单生于叶腋，在茎上端则单生于苞状叶腋内而聚集成蝎尾式总状花序，通常偏向一侧。花萼筒状钟形，5浅裂，花后增大成坛状，基部圆形，有10条纵肋，裂片开张，顶端针刺状；花冠钟状，黄色而脉纹紫堇色；雄蕊5枚，稍伸出花冠；子房直径约3mm。蒴果包藏于宿存萼内，长卵圆状。种子近圆盘形，淡黄棕色。夏季开花、结果。

分布于我国华北、西北及西南各省区，华东有栽培或逸为野生，常生长于山坡、路旁、住宅区及河岸沙地。蒙古、俄罗斯、欧洲、印度亦有分布。

本地有分布，见于河滩、沟谷或山坡路旁草丛中。榆林市见于榆阳区、横山区、靖边县、神木市、绥德县、米脂县等地。

种子可入药，是《中国药典》指定的中药材“天仙子”的原植物。含莨菪碱及东莨菪碱，有镇痉、镇痛之效。根、叶亦均可药用，种子油可供制肥皂。

枸杞属 *Lycium* L. 本地常见有1种。

枸杞（枸杞子 地骨皮）

Lycium chinense Miller

落叶灌木，高0.5～1m。栽培时可达2m；枝条细弱，有棘刺，小枝顶端锐尖成棘刺状。单叶互生或2～4枚簇生，卵形、卵状菱形、长椭圆形或卵状披针形，顶端急尖，基部楔形。花在长枝上单生或双生于叶腋，在短枝上则同叶簇生；花萼通常3中裂或4～5齿裂；花冠漏斗状，淡紫色，筒部向上骤然扩大，5深裂，裂片卵形，顶端圆钝，平展或稍向外反曲，边缘有缘毛；雄蕊5枚，花丝在近基部处密生一圈绒毛并交织成椭圆状的毛丛，与毛丛等高处的花冠筒内壁亦密生一环绒毛；花柱稍伸出雄蕊，柱头绿色。浆果红色，卵状，顶端尖或钝。种子扁肾脏形，黄色。花、果期6～11月。

分布于我国南北各省区，常生长于山坡、荒地、丘陵地、盐碱地、路旁及村边宅旁。朝鲜、日本，欧洲有栽培或逸为野生。

本地较常见，生长于山坡、沟谷、路旁或河滩草地之中。榆林市各地均有分布。

果实入药称枸杞子，药用功能与宁夏枸杞（*Lycium barbarum* L.）相同，根皮可入药，是《中国药典》指定的中药材“地骨皮”的原植物之一，入药具有解热止咳之效用。嫩叶可作蔬菜；种子油可制润滑油或食用油；由于它耐干旱，可生长在沙地，因此可作为保持水土的灌木。

烟草属 *Nicotiana* L. 本地常见栽培 2 种。

黄花烟草（旱烟　小花烟）

Nicotiana rustica L.

一年生草本，高 40 ～ 60cm。有时达 120cm。茎直立，粗壮，生腺毛，分枝较细弱。叶生腺毛，叶片卵形、矩圆形、心脏形，有时近圆形或矩圆状披针形，顶端钝或急尖，基部圆或心形偏斜，长 10 ～ 30cm，叶柄常短于叶片之半。花序圆锥式，顶生，疏散或紧缩；花梗长 3 ～ 7mm。花萼杯状，长 7 ～ 12mm，裂片宽三角形，1 枚显著长；花冠黄绿色，筒部长 1.2 ～ 2cm，檐部宽约 4mm，裂片短，宽而钝；雄蕊 4 枚较长，1 枚显著短。蒴果矩圆状卵形或近球状，长 10 ～ 16mm。种子矩圆形，长约 1mm，通常褐色。花期 7 ～ 8 月，果期 9 ～ 10 月。

原产于南美洲，17 世纪初作为嗜好品引入中国。我国西南、西北部及山西、广东等省均有栽培作烟草工业的原料，全株也作农药杀虫剂。

本地有栽培，可作烟草的原料，或干燥后做嗜好品直接抽吸。榆林市各地有零星栽培。

烟草（烟叶）

Nicotiana tabacum L.

一年或有限多年生草本，茎高 0.7 ～ 2m。全体被腺毛，有特殊气味；根粗壮。基部稍木质化。叶矩圆状披针形、披针形、矩圆形或卵形，顶端渐尖，基部渐狭成耳状而半抱茎，长 10 ～ 70cm，宽 8 ～ 30cm，叶柄不明显或成翅状柄。花序顶生，圆锥状，多花；花梗长 5 ～ 20mm。花萼筒状或筒状钟形，长 20 ～ 25mm，裂片三角状披针形，长短不等；花冠漏斗状，淡红色，筒部色更淡，稍弓曲，长 3.5 ～ 5cm，檐部宽 1 ～ 1.5cm，裂片急尖；雄蕊中 1 枚显著较其余 4 枚短，不伸出花冠喉部，花丝基部有毛。蒴果卵状或矩圆状，长约等于宿存萼。种子圆形或宽矩圆形，褐色。夏秋季开花结果。

原产于南美洲，大约在 17 世纪初作为嗜好品和观赏植物引入我国，我国南北各省区广为栽培，以西南为多。

本地有栽培，作嗜好品使用，亦可观赏。榆林市各地有零星栽培。

叶经加工后可作烟草工业的原料；全株也可作农药杀灭害虫；亦可药用，作麻醉、发汗、镇静和催吐剂。

矮牵牛属（碧冬茄属）*Petunia* Juss. 本地常见栽培1种。

矮牵牛（碧冬茄）

Petunia hybrida (J. D. Hooker) Vilmorin

一年生草本，高30～60cm。全体生腺毛。叶有短柄或近无柄，卵形，顶端急尖，基部阔楔形或楔形，全缘，长3～8cm，宽1.5～4.5cm，侧脉不显著，每边5～7条。花单生于叶腋，花梗长3～5cm。花萼5深裂，裂片条形，长1～1.5cm，宽约3.5mm，顶端钝，果时宿存；花冠白色，红色或紫堇色，有各式条纹，漏斗状，长5～7cm，筒部向上渐扩大，檐部开展，有折襞，5浅裂；雄蕊4长1短；花柱稍超过雄蕊。蒴果圆锥状，长约1cm，2瓣裂，各裂瓣顶端又2浅裂。种子极小，近球形，直径约0.5mm，褐色。

原产于南美洲，20世纪初作为观赏花卉引入中国。本种是一个杂交种，它是由全缘叶碧冬茄 *P.integrifolia* 和腋生碧冬茄 *P. axillaris* 两种杂交培育的。在世界各国花园中普遍栽培。我国已有近百年的栽培历史，南北方城市公园中普遍栽培观赏。

本地有栽培，见于县城城区部分公园、住宅小区及机关院落内。榆林市各地有零星栽培。

茄属 *Solanum* L. 本地常见有 2 种，栽培 3 种。

番茄（西红柿 洋柿子）

***Solanum lycopersicum* L.**
(*Lycopersicon esculentum* Mill.)

一年生草本，高 0.6 ～ 2m。全体生黏质腺毛，有强烈气味。茎易倒伏。叶羽状复叶或羽状深裂，长 10 ～ 40cm，小叶极不规则，大小不等，常 5 ～ 9 枚，卵形或矩圆形，长 5 ～ 7cm，边缘有不规则锯齿或裂片。花两性，常 3 ～ 7 朵花组成总状或聚伞花序，花序总梗长 2 ～ 5cm；花梗长 1 ～ 1.5cm；花萼辐状，裂片披针形，被腺毛，果时增大并宿存；花冠辐状，直径约 2cm，黄色；雄蕊 5 枚，花药靠合成圆锥状，纵裂。浆果扁球状或近球状，肉质而多汁液，橘黄色或鲜红色，光滑；种子黄色，多数。花果期夏秋季。

分布于南美洲，世界各地广泛栽培，我国南北方均有栽培，且栽培历史悠久。果实可作为盛夏的蔬菜和水果。

本地常见栽培，为夏季重要的蔬菜和水果。榆林市各地普遍栽培。

龙葵（野辣椒　野辣子　野茄子　老鸦眼睛草　野葡萄）

Solanum nigrum L.

一年生草本，茎高 0.25 ～ 1m，绿色或紫色。叶卵形，长 2.5 ～ 10cm，宽 1.5 ～ 5.5cm，先端短尖，基部楔形至阔楔形而下延至叶柄，全缘或每边具不规则的波状粗齿，光滑或两面均被稀疏短柔毛，叶脉每边 5 ～ 6 条，叶柄长 1 ～ 2cm。蝎尾状花序腋外生，由 3 ～ 6 花组成，总花梗长 1 ～ 2.5cm，花梗长约 5mm，近无毛或具短柔毛；萼小，浅杯状，直径 1.5 ～ 2mm；花冠白色，筒部隐于萼内，长不及 1mm，冠檐长约 2.5mm，5 深裂，裂片卵圆形，长约 2mm；花丝短，花药黄色，长约 1.2mm，顶孔向内；子房卵形，花柱长约 1.5mm，中部以下被白色绒毛，柱头小，头状。浆果球形，直径约 8mm，熟时黑色。种子多数，近卵形，两侧压扁。

全国均有分布，喜生长于田边、荒地及村庄附近。广泛分布于欧洲、亚洲、美洲的温带至热带地区。

本地很常见，生长于田边地头、村落附近及山坡路旁草丛中。榆林市各地均有分布。

全株可入药，具有散瘀消肿、清热解毒之效。

茄（茄子）

Solanum melongena L.

一年生草本至亚灌木，高可达1m。植株全部被星状绒毛，渐老则毛被逐渐脱落。叶大，卵形至长圆状卵形，长8～18cm，宽5～11cm，先端钝，基部不相等，边缘浅波状或深波状圆裂，侧脉每边4～5条，叶柄长2～4.5cm。能孕花单生，花柄长1～1.8cm，毛被较密，花后常下垂；不孕花蝎尾状；萼近钟形，直径约2.5cm，外面密被星状绒毛及小皮刺，皮刺长约3mm，萼裂片5，披针形，花萼随果实增大而增大；花冠辐状，花冠筒长约2mm，裂片三角形，长约1cm；雄蕊5枚，花丝长约2.5mm，花药长约7.5mm，顶孔开裂；子房圆形，顶端密被星状毛，花柱长4～7mm，柱头浅裂。果的形状、大小变异极大。

原产于亚洲热带，世界各地普遍栽培。我国各地均有栽培，本种因经长期栽培而变异极大，花的颜色及花的各部数目、果的形状等都有不同变异。

本地常见栽培，果实可作为蔬菜食用。榆林市各地普遍栽培。

果可供蔬食，根、茎、叶可入药，为收敛剂，有利尿之效。

青杞（野茄子　白英　野枸杞）

Solanum septemlobum Bunge

直立草本或灌木状，茎具棱角，被白色具节弯卷的短柔毛至近于无毛。叶互生，卵形，长 3 ～ 7cm，宽 2 ～ 5cm，先端钝，基部楔形，通常 7 裂，有时 5 ～ 6 裂或上部的近全缘，裂片卵状长圆形至披针形，全缘或具尖齿。二歧聚伞花序，顶生或腋外生，花萼小，杯状，直径约 2mm，5 裂，萼齿三角形；花冠青紫色，直径约 1cm，花冠筒隐于萼内，长约 1mm，冠檐长约 7mm，先端深 5 裂，裂片长圆形，开放时常向外反折；花丝短，花药黄色，长约 4mm，顶孔向内；子房卵形，花柱丝状，柱头头状，绿色。浆果近球状，熟时红色；种子扁圆形。花期于夏秋间，果熟期于秋末冬初。

分布于我国多个省区，喜生长于山坡向阳处。

本地较常见，生长于路旁、地边、沟谷河岸草丛中。榆林市各地均有分布。

马铃薯（土豆 山药蛋 洋芋）

Solanum tuberosum L.

草本，高 30 ～ 80cm。地下茎块状，扁圆形或长圆形，直径 3 ～ 10cm，外皮白色、淡红色或紫色。叶为奇数羽状复叶，小叶常大小相间，长 10 ～ 20cm；叶柄长 2.5 ～ 5cm；小叶 6 ～ 8 对，卵形至长圆形，先端尖，基部稍不相等，全缘，两面均被白色疏柔毛，侧脉每边 6 ～ 7 条，小叶柄长 1 ～ 8mm。伞房花序顶生，后侧生，花白色或蓝紫色；萼钟形，直径约 1cm，外面被疏柔毛，5 裂，裂片披针形；花冠辐状，直径 2.5 ～ 3cm，花冠筒隐于萼内，长约 2mm，冠檐长约 1.5cm，裂片 5，三角形，长约 5mm；雄蕊长约 6mm；子房卵圆形，无毛，花柱长约 8mm，柱头头状。浆果圆球状，光滑，直径约 1.5cm。花期于夏季。

原产于热带美洲的山地，现广泛种植于全球温带地区。我国大概在明代开始引种，至今已有 400 多年的栽培历史，品种繁多。

本地很常见，栽培马铃薯作为本地重要的粮食作物。榆林市各地广泛栽培。

块茎富含淀粉，可供食用，并为淀粉工业的主要原料。刚抽出的芽条及果实中含有丰富的龙葵碱，为提取龙葵碱的原料。龙葵碱是一种有毒生物碱，马铃薯块茎发芽时，在芽眼周围会聚集大量的龙葵碱。因此，发芽的块茎未经处理不能食用。

63 玄参科 Scrophulariaceae

本地常见有6属7种。

大黄花属（芯芭属）*Cymbaria* L.　本地常见有1种。

光药大黄花（芯芭　蒙古芯芭）

Cymbaria mongolica **Maxim.**

多年生草本，丛生，高5～20cm。茎数条，大都自根茎顶部发出。叶无柄，对生或在茎上部近于互生，被短柔毛，位于茎基者长圆状披针形，长12mm，宽3～4mm，向上逐渐变长成为线状披针形。花少数，生长于叶腋，每茎1～4枚；小苞片2枚，草质。花萼筒状，萼长15～30mm，被柔毛，管内的毛较短，萼齿5枚，基部狭三角形。花冠黄色，长25～35mm，外面被短细毛，二唇形，上唇2裂，略作盔状，裂片向前而外侧反卷，内面口盖上有长柔毛，下唇3裂，倒卵形；雄蕊4枚，二强，花丝着生于管的近基处，花药外露；子房长圆形；花柱细长。蒴果革质，长卵圆形，室背开裂；种子长卵形，扁平，密布小网眼，周围有一圈狭翅。花期4～8月，果于花后渐次成熟。

分布于内蒙古、河北、山西、陕西、甘肃、青海等省区。

本地很常见，生长于黄土丘陵、山坡草丛中。榆林市各地均有分布。

全草可供药用，具有祛风湿、利尿、止血之功效。

通泉草属 *Mazus* Lour. 本地常见有1种。

通泉草（黄瓜香）

***Mazus pumilus* (Burm. f.) Steenis**
(*Mazus japonicus* (Thunb.) O.Kuntze)

一年生草本，高3～30cm。无毛或疏生短柔毛。主根伸长，散生或簇生。体态变化很大，直立，上升或倾卧状上升，着地部分节上常能长出不定根，分枝多而披散。基生叶少到多数，有时成莲座状或早落，倒卵状匙形至卵状倒披针形，长2～6cm，顶端全缘或有不明显的疏齿，基部楔形，下延成带翅的叶柄，边缘具不规则的粗齿或基部有1～2片浅羽裂；茎生叶对生或互生，少数，与基生叶相似。总状花序生长于茎、枝顶端，通常3～20朵，花稀疏；花梗在果期长达10mm，上部的较短；花萼钟状，花期长约6mm，果期增大，卵形；花冠白色、紫色或蓝色，长约10mm，上唇裂片卵状三角形，下唇中裂片较小，倒卵圆形；子房无毛。蒴果球形；种子小而多数，黄色，种皮上有不规则的网纹。花、果期4～10月。

除宁夏、新疆外，分布几乎遍布全国。生长于湿润的草坡、沟边、路旁及林缘。俄罗斯及亚洲多国也有分布。

本地有分布，见于河滨公园草坪中。榆林市有零星分布。

疗齿草属 *Odontites* Ludw. 本地常见有1种。

疗齿草

Odontites vulgaris Moench (*Odontites serotina* (Lam.) Dum.)

一年生草本，高20～60cm。全体被贴伏而倒生的白色细硬毛。茎常在中上部分枝，上部四棱形。叶对生，披针形至条状披针形，长1～4.5cm，宽0.3～1cm，边缘疏生锯齿。穗状花序顶生；下部的苞片叶状；花萼管状，长4～7mm，4裂，裂片狭三角形，果期多少增大；花冠筒状，二唇形，紫色、紫红色或淡红色，长8～10mm，外被白色柔毛。雄蕊4枚，二强。柱头头状。蒴果卵状矩圆形，室背开裂。种子椭圆形。花期7～8月。

分布于西北、华北及东北各省区。多见于湿草地。欧洲至蒙古也有分布。

本地有分布，见于河岸边、沟边湿地草丛中。榆林市多见于北部风沙区。

全草可入药，有小毒，具有清热燥湿、凉血止痛之功效。

地黄属 *Rehmannia* Libosch. ex Fisch. & C. A. Mey.

本地常见有1种。

地黄（生地　五色草　酒壶花　老婆脚后跟）

Rehmannia glutinosa (Gaert.) Libosch. ex Fisch. et Mey.

多年生草本，高10～30cm。根茎肉质，在栽培条件下，直径可达5.5cm，鲜时黄色。茎紫红色，密被灰白色多细胞长柔毛和腺毛。叶片卵形至长椭圆形，长2～13cm，宽1～6cm，上面绿色，下面略带紫色或呈紫红色，边缘具不规则圆齿；基部渐狭成柄。花两性，总状花序，或单生于叶腋；花萼卵状钟形，萼长1～1.5cm，密被长柔毛和白色长毛，具10条隆起的脉；萼齿5，不等长；花冠长3～4.5cm，花冠筒多少弓曲，外面紫红色，被长柔毛；花冠裂片5，先端钝或微凹，内面黄紫色，外面紫红色，两面均被长柔毛；雄蕊4枚；子房上位，2室，花柱顶部扩大成2枚片状柱头。蒴果卵形至长卵形，花、果期4～7月。

分布于华北、辽宁、河南、山东、陕西、甘肃、江苏、湖北等多个省区，生长于砂质壤土、荒山坡、山脚、墙边、路旁等处。国内各地及国外均有栽培。

本地十分常见，生长于山坡、路旁、河岸、村庄四旁等处。榆林市全市均有分布。

根茎入药，是《中国药典》指定的中药材“地黄”的原植物。入药有“鲜地黄”和“生地黄”之分，鲜地黄具有清热生津、凉血、止血的功效；生地黄具有清热凉血、养阴生津之功效。生地黄用酒炮制后即成“熟地黄”，也是《中国药典》指定的常用中药材、入药具有补血滋阴、益精填髓的功效。

阴行草属 *Siphonostegia* Benth. 本地常见有1种。

阴行草（刘寄奴）

Siphonostegia chinensis Benth.

一年生草本，直立，高30～60cm。干时变为黑色，密被锈色短毛。主根不发达，侧根长3～7cm，须根多数，散生。茎多单条，中空，上部多分枝；枝对生，密被短毛。叶对生，全部为茎出，叶片厚纸质，广卵形，长0.8～5.5cm，宽0.4～6cm，两面皆密被短毛，中肋在上面微凹入，背面明显凸出，叶缘作疏远的二回羽状全裂，小裂片1～3枚，外侧者较长，内侧裂片较短或无，线形或线状披针形，锐尖头，全缘。花对生；苞片叶状，羽状深裂或全裂，密被短毛；花梗短，密被短毛，有一对小苞片，线形，长约10mm；花萼管部很长，顶端稍缩紧，长10～15mm，密被短毛，10条主脉质地厚而粗壮，显著凸出，萼齿5枚，密被短毛；花冠上唇红紫色，下唇黄色，长2.2～2.5cm，外面密被长纤毛，内面被短毛，花管伸直，长1.2～1.4cm，顶端略膨大，稍伸出于萼管外，上唇镰状弓曲，下唇顶端3裂，裂片卵形；雄蕊二强，着生于花管的中上部，花药2室；子房长卵形，长约4mm，柱头头状，常伸出于盔外。蒴果包于宿存的萼内，黑褐色，稍具光泽；种子多数，黑色。花期6～8月，果期9～10月。

在我国分布甚广，东北、华北、华中、华南、西南等省区都有。生长于干山坡与草地中。日本、朝鲜、俄罗斯也有分布。

本地有分布，生长于山坡、沟谷、路旁草丛中。榆林市有零星分布。

全草入药，是《中国药典》指定的中药材“北刘寄奴”的原植物。入药具有活血祛瘀、通经止痛、凉血、止血、清热利湿的功效。

婆婆纳属 *Veronica* L. 本地常见有2种。

北水苦荬（仙桃草）

Veronica anagallis-aquatica L.

多年生草本，全体无毛。根茎斜走。茎直立或基部倾斜，不分枝或分枝，高10～100cm。叶无柄，上部的半抱茎，多为椭圆形或长卵形，长2～10cm，宽1～3.5cm，全缘或有疏而小的锯齿。花序比叶长，多花；花梗与苞片近等长，上升，与花序轴成锐角，果期弯曲向上，使蒴果靠近花序轴，花序通常不宽于1cm；花萼裂片卵状披针形，急尖，长约3mm，果期直立或叉开，不紧贴蒴果；花冠浅蓝色，浅紫色或白色，直径4～5mm，裂片宽卵形；雄蕊短于花冠；花柱长约2mm；蒴果近圆形，长宽近相等，顶端圆钝而微凹。花期4～9月，果期7～10月。

广泛分布于长江以北及西南各省区。常见于水边及沼泽地。亚洲温带地区及欧洲也有分布。

本地有分布，常见于河滩、山谷、山沟湿草地上。榆林市榆阳区、神木市、横山区、定边县、绥德县等地有分布。

嫩苗可蔬食，果常因昆虫寄生而异常肿胀，这种具虫瘿的植株名为“仙桃草”，可药用，治跌打损伤。

阿拉伯婆婆纳

Veronica persica Poir.

一年生草本，高 10 ～ 50cm。铺散多分枝，茎密生两列多细胞柔毛。叶 2 ～ 4 对，具短柄，卵形或圆形，长 6 ～ 20mm，宽 5 ～ 18mm，基部浅心形，平截或浑圆，边缘具钝齿，两面疏生柔毛。总状花序很长；苞片互生，与叶同形且几乎等大；花梗比苞片长，有的超过 1 倍；花萼花期长仅 3 ～ 5mm，果期增大达 8mm，裂片卵状披针形，有睫毛，三出脉；花冠蓝色、紫色或蓝紫色，长 4 ～ 6mm，裂片卵形至圆形，喉部疏被毛；雄蕊短于花冠。蒴果肾形，长 5mm，宽约 7mm，被腺毛，成熟后几乎无毛，网脉明显，凹口角度超过 90° ，裂片钝，宿存的花柱长约 2.5mm，超出凹口。种子长约 1.6mm。花期 3 ～ 5 月。

原产于亚洲西部及欧洲，现已归化为路边及荒野杂草，全国大部分省区有分布。

本地有分布，见于河滨公园、农田地边和路旁。榆林市各地均有分布。

64 紫葳科 Bignoniaceae

本地常见有 1 属 1 种。

角蒿属 *Incarvillea* Juss.　本地常见有 1 种。

角蒿（大一枝蒿　萝蒿　羊角蒿　透骨草）

***Incarvillea sinensis* Lam.**

一年至多年生草本，高达 80cm。具分枝的茎。根近木质而分枝。叶互生，2～3 回羽状细裂，形态多变异，长 4～6cm，小叶不规则细裂，末回裂片线状披针形，具细齿或全缘。顶生总状花序，长达 20cm；花梗长 1～5mm；小苞片绿色，线形，长 3～5mm。花萼钟状，绿色带紫红色，长和宽均约 5mm，萼齿钻状，萼齿间皱褶 2 浅裂。花冠淡玫瑰色或粉红色，有时带紫色，钟状漏斗形，基部收缩成细筒，长约 4cm，直径 2.5cm，花冠裂片圆形。雄蕊 4 枚，2 强，着生于花冠筒近基部，花药成对靠合。花柱淡黄色。蒴果淡绿色，细圆柱形，顶端尾状渐尖，长 3.5～5.5cm，径约 5mm。种子扁圆形，具透明的膜质翅。花期 5～9 月，果期 10～11 月。

分布于全国多个省区，生长于山坡、田野。

本地较常见，生长于河滩、沟谷湿草地上。榆林市各地均有分布。

花色艳丽，可栽培作观赏植物。

65 胡麻科（芝麻科　脂麻科）
Pedaliaceae

本地常见栽培 1 属 1 种。

芝麻属（胡麻属）*Sesamum* L.　本地常见栽培 1 种。

芝麻（胡麻　脂麻）
Sesamum indicum L.

一年生草本，高 60 ～ 150cm。分枝或不分枝，中空或具有白色髓部，微有毛。叶矩圆形或卵形，长 3 ～ 10cm，宽 2.5 ～ 4cm，下部叶常掌状 3 裂，中部叶有齿缺，上部叶近全缘；叶柄长 1 ～ 5cm。花单生或 2 ～ 3 朵同生于叶腋内。花萼裂片披针形，长 5 ～ 8mm，宽 1.6 ～ 3.5mm，被柔毛。花冠长 2.5 ～ 3cm，筒状，直径 1 ～ 1.5cm，长 2 ～ 3.5cm，白色而常有紫红色或黄色的彩晕。雄蕊 4 枚，内藏。子房上位，4 室，被柔毛。蒴果矩圆形，长 2 ～ 3cm，直径 6 ～ 12mm，有纵棱，直立，被毛，分裂至中部或至基部。种子有黑白之分。花期于夏末秋初。

原产于印度，自汉代引入我国，古称“胡麻”，现在通称“脂麻”，即芝麻。在我国栽培历史悠久。

本地有栽培，种子直接食用或榨油（芝麻油、香油、胡麻油）食用。榆林市多地有栽培。

芝麻种子含油分 55%，可食用或供药用，亦可作为软膏基础剂、黏滑剂和解毒剂。种子有黑白两种之分，黑者称“黑脂麻”，白者称为“白脂麻”；黑脂麻入药，是《中国药典》指定的中药材“黑芝麻”的原植物，入药具有滋润营养之功效，对高血压也有治疗的功效。

66 列当科 Orobanchaceae

本地常见有1属2种。

列当属 *Orobanche* L. 本地常见有2种。

列当（兔子拐杖　独根草　草苁蓉　沙棒槌）

Orobanche coerulescens **Steph.**

两年或多年生寄生草本，株高10～40cm。全株密被蛛丝状长绵毛。茎直立，不分枝，具明显的条纹，基部常稍膨大。叶卵状披针形，长1.5～2cm，宽5～7mm，密被蛛丝状长绵毛。花多数，排列成穗状花序，长10～20cm，顶端钝圆或呈锥状；苞片与叶同形，先端尾状渐尖。花萼长1.2～1.5cm，2深裂达近基部，每裂片中部以上再2浅裂，小裂片狭披针形，先端长尾状渐尖。花冠深蓝色、蓝紫色或淡紫色，长2～2.5cm，筒部在花丝着生处稍上方缢缩，口部稍扩大；上唇2浅裂，下唇3裂，中间的裂片较大。雄蕊4枚，花丝长1～1.2cm，常被长柔毛，花药卵形，长约2mm，无毛。雌蕊长1.5～1.7cm，子房椭圆体状或圆柱状，花柱与花丝近等长，柱头常2浅裂。蒴果卵状长圆形或圆柱形，长约1cm，直径0.4cm。种子多数，干后黑褐色，不规则椭圆形或长卵形。花期4～7月，果期7～9月。

分布于全国多个省区，常寄生于蒿属（*Artemisia* spp.）植物的根上，生长于砂丘、山坡及沟边草地上。朝鲜、日本、俄罗斯也有分布。

本地有分布，生长于干燥山坡灌丛下或草丛中。榆林市见于榆阳区、神木市、横山区、靖边县、绥德县、米脂县等地。

全草可药用，有补肾壮阳、强筋骨、润肠之功效，外用可消肿。

黄花列当（独根草）

Orobanche pycnostachya Hance

两年或多年生草本，株高10～50cm。全株密被腺毛。茎不分枝，直立，基部稍膨大。叶卵状披针形或披针形，干后黄褐色，长1～2.5cm，宽4～8mm，连同苞片、花萼裂片和花冠裂片外面及边缘密被腺毛。穗状花序，长8～20cm，圆柱形，顶端锥状，具多数花；苞片卵状披针形，长1.6～4.8cm，宽4～6mm，先端尾状渐尖或长尾状渐尖。花萼长1.2～1.5cm，2深裂至基部，每裂片又再2裂，小裂片狭披针形或近线形，不等长，长4～6mm。花冠黄色，长2～3cm，筒中部稍弯曲，在花丝着生处稍上方缢缩，向上稍增大；上唇2浅裂，下唇长于上唇，3裂，中裂片常较大，全部裂片近圆形，边缘波状或具不规则的小圆齿状牙齿。雄蕊4枚，花丝着生于距筒基部，长1.2～1.4cm，基部稍膨大并疏被腺毛，花药长卵形，缝线被长柔毛。子房长圆状椭圆形，花柱稍粗壮，长约1.5cm，疏被腺毛，柱头2浅裂。蒴果长圆形，干后深褐色。种子多数，干后黑褐色，长圆形，表面具网状纹饰。花期4～6月，果期6～8月。

分布于东北、华北地区及陕西、河南、山东和安徽等省区，常寄生长于蒿属（*Artemisia* spp.）植物根上，生长于沙丘、山坡及草原上。朝鲜和俄罗斯的西伯利亚及远东地区也有分布。

本地有分布，见于山坡灌丛下或草丛中。榆林市榆阳区、神木市、靖边县、绥德县等地均有分布。

全草可入药，功效同列当。

67 车前科 Plantaginaceae

本地常见有 1 属 2 种。

车前属 *Plantago* L. 本地常见有 2 种。

车前（蛤蟆草 蛤蟆叶 水瓢瓢 猪耳朵叶）

Plantago asiatica L.

两年或多年生草本。须根多数。根茎短，稍粗。叶基生呈莲座状；叶片宽卵形至宽椭圆形，长 4 ～ 12cm，宽 2.5 ～ 6.5cm，先端钝圆至急尖，边缘波状、全缘或中部以下有锯齿，基部宽楔形或近圆形，两面疏生短柔毛；脉 5 ～ 7 条；叶柄长 2 ～ 15cm，基部扩大成鞘，疏生短柔毛。花序 3 ～ 10 个，直立或弓曲上升；花序梗长 5 ～ 30cm；穗状花序长 3 ～ 40cm；苞片狭卵状三角形或三角状披针形，长 2 ～ 3mm，长过于宽。花具短梗；花萼长 2 ～ 3mm，萼片先端钝圆或钝尖。花冠白色，冠筒与萼片约等长，裂片狭三角形，长约 1.5mm，先端渐尖或急尖，具明显的中脉，于花后反折。雄蕊着生于冠筒内面近基部，与花柱明显外伸，花药卵状椭圆形。子房 2 室，胚珠 7 ～ 15。蒴果纺锤状卵形、卵球形或圆锥状卵形，长 3 ～ 4.5mm，周裂。种子 5 ～ 6，黑褐色至黑色。花期 4 ～ 8 月，果期 6 ～ 9 月。

分布于全国各省区，生长于草地、沟边、河岸湿地、田边、路旁或村边空旷处。俄罗斯及亚洲多国也有分布。

本地较常见，生长于河岸、沟谷边湿地或村落附近路旁草丛中。榆林市各地均有分布。

全草及种子（车前子）入药，有镇咳、利尿清热、止泻、明目的功效。

平车前（车前草　小车前）

Plantago depressa Willd.

一年或两年生草本。直根，具多数侧根。根茎短。叶基生呈莲座状，叶椭圆形、椭圆状披针形或卵状披针形，长 3 ～ 12cm，宽 1 ～ 3.5cm，边缘具浅波状钝齿、不规则锯齿或牙齿，基部下延至叶柄，叶脉 5 ～ 7 条，上面略凹陷，于背面明显隆起；叶柄基部扩大成鞘状。花序 3 ～ 10 个；穗状花序细圆柱状，上部密集，基部常间断，长 6 ～ 12cm。花萼长 2 ～ 2.5mm。花冠白色，4 裂，于花后反折。雄蕊 4 枚，着生于冠筒内面近顶端，同花柱明显外伸，花药新鲜时白色或绿白色，干后变淡褐色。胚珠 5。蒴果周裂。种子 4 ～ 5，椭圆形，黄褐色至黑色。花期 5 ～ 7 月，果期 7 ～ 9 月。

分布于东北、华北、西北、华东及西南各省区，生长于草地、河滩、沟边、草甸、田间及路旁。亚洲及俄罗斯、印度也有分布。

本地常见植物，生长于河滩、农田及山坡草丛中。榆林市各地均有分布。

平车前和车前的种子均可入药，是《中国药典》指定的中药材“车前子”的原植物。入药有利尿清热、止泻、明目之功效。

68 茜草科 Rubiaceae

本地常见有1属1种。

茜草属 *Rubia* L. 本地常见有1种。

金剑草

Rubia alata **Wall.**

草质攀援藤本，长可达4m或更长。茎有4棱或4翅，通常有倒生皮刺。叶4片轮生，薄革质，线形、披针状线形或狭披针形，长3.5～9cm，宽0.4～2cm，顶端渐尖，基部圆至浅心形，边缘反卷，常有短小皮刺；基出脉3或5条，在上面凹入，在下面凸起；叶柄2长2短，均有倒生皮刺，有时叶柄很短或无柄。花序腋生或顶生，通常比叶长，多回分枝的圆锥花序式，花序轴和分枝均有明显的4棱，通常有小皮刺；花梗直，有4棱，长2～3mm；小苞片卵形，长1～2mm；萼管近球形，浅2裂；花冠稍肉质，白色或淡黄色，冠管长0.5～1mm，上部扩大，裂片5，卵状三角形或近披针形，长1.2～1.5mm，顶端尾状渐尖；雄蕊5枚，生冠管之中部，伸出，花药长圆形，与花丝近等长；花柱粗壮，顶端2裂，长约0.5mm，约1/2藏于肉质花盘内，柱头球状。浆果成熟时黑色，球形或双球形，长0.5～0.7mm。花期于夏初至秋初，果期于秋冬。

我国特有，产于长江流域及其以南各省区。生长于山坡林缘或灌丛中，亦见于村边和路边。

本地较常见，生长于山坡路旁灌丛或农田地边草丛中。榆林市有零星分布。

根可入药，具有凉血止血、祛瘀通经之功效。

69 忍冬科 Caprifoliaceae

本地常见栽培2属2种。

忍冬属 *Lonicera* L. 本地常见栽培1种。

金银忍冬（金银木　马氏忍冬）

***Lonicera maackii* (Rupr.) Maxim.**

落叶灌木，高达6m，茎干直径达10cm。除茎干及老枝外全株被短柔毛和微腺毛。叶形变化大，通常卵状椭圆形至卵状披针形，长5～8cm，顶端渐尖或长渐尖，基部宽楔形至圆形；叶柄长2～5mm。花芳香，生于幼枝叶腋，总花梗长1～2mm；苞片条形，有时条状倒披针形而呈叶状，长3～6mm；小苞片多少连合成对，顶端截形；相邻两萼筒分离，长约2mm，无毛或疏生微腺毛，萼檐钟状，萼齿宽三角形或披针形，不相等；花冠先白色后变黄色，长2cm，外被短伏毛或无毛，唇形，筒长约为唇瓣的1/2，内被柔毛；雄蕊5枚，花丝和花柱均被柔毛。浆果暗红色，圆形，直径5～6mm；种子具微小浅凹点。花期5～6月，果期8～10月。

分布于东北、西南华北地区及陕西、甘肃、山东、江苏、安徽、浙江、河南、湖北、湖南各省区。生长于林中或林缘溪流附近的灌木丛中。朝鲜、日本和俄罗斯远东地区也有分布。

本地常见栽培，见于公园、住宅小区、机关院落内。榆林市有零星栽培。

花白色、芳香，可提取芳香油，果实熟后红色，是很好的观花观果植物。茎皮可制人造棉；种子榨油可制肥皂。

锦带花属 *Weigela* Thunb. 本地常见栽培1种。

锦带花（锦带）

Weigela florida (Bunge) A. DC.

落叶灌木，高达1～3m。幼枝稍四方形，有2列短柔毛；树皮灰色。叶矩圆形、椭圆形至倒卵状椭圆形，长5～10cm，顶端渐尖，基部阔楔形至圆形，边缘有锯齿，上面疏生短柔毛，脉上毛较密，下面密生短柔毛或绒毛，叶柄短。花单生或成聚伞花序生于叶腋或枝顶；萼筒长圆柱形，疏被柔毛，萼齿长约1cm，不等长，深达萼檐中部；花冠紫红色或玫瑰红色，长3～4cm，直径2cm，外面疏生短柔毛，裂片不整齐；花丝短于花冠，花药黄色；子房上部的腺体黄绿色，花柱细长，柱头2裂。果实长1.5～2.5cm，顶有短柄状喙；种子无翅。花期4～6月，果期7～10月。

分布于全国多个省区，生长于杂木林下或山顶灌木丛中。俄罗斯、朝鲜和日本也有分布。

本地较常见，栽培作观赏。见于公园、机关院落或住宅小区院内。榆林市有零星栽培。

70 败酱科 Valerianaceae

本地常见有 1 属 2 种。

败酱属 *Patrinia* Juss. 本地常见有 2 种。

墓头回（异叶败酱）

***Patrinia heterophylla* Bunge**

多年生草本，高 30 ～ 80cm；根状茎横走；茎直立。基生叶丛生，具长柄，不分裂或羽状分裂至全裂。茎生叶对生，茎下部叶常 2 ～ 3 对羽状全裂；中部叶常具 1 ～ 2 对侧裂片；上部叶较窄，近无柄。花黄色，组成顶生伞房状聚伞花序；总花梗下苞叶常具 1 或 2 对线形裂片，分枝下者不裂，常与花序近等长或稍长；萼齿 5，明显或不明显；花冠钟形，冠筒长 1.8 ～ 2mm，上部宽 1.5 ～ 2mm，基部一侧具囊肿，裂片 5，卵形或卵状椭圆形；雄蕊 4 枚，花丝 2 长 2 短；子房倒卵形或长圆形，花柱稍弯曲。瘦果长圆形或倒卵形，顶端平截，不育子室上面疏被微糙毛，能育子室下面及上缘被微糙毛或几乎无毛；翅状果苞干膜质，网脉明显，常具 2 主脉。花期 7 ～ 9 月，果期 8 ～ 10 月。

分布于全国多个省区。生长于山地岩缝、草丛、沙质坡或土坡上。

本地多见于沿黄河土石山区岩缝中、路旁草丛中或山坡上。榆林市榆阳区、横山区、靖边县、神木市、绥德县、米脂县、清涧县等地均有分布。

根含挥发油，具特殊气味，根茎和根可入药称“墓头回”，具有燥湿、止血之功效，民间用以治疗子宫癌和子宫颈癌。

糙叶败酱（墓头回　黄米花）

Patrinia scabra Bunge
(*Patrinia rupestris* (Pall.) Juss. subsp. *scabra* (Bunge) H.J.Wang)

多年生草本，高 20 ～ 60cm。根状茎稍斜升，长达 10cm 以上；茎多数丛生，连同花序梗被短糙毛；叶长圆形或椭圆形，长 3 ～ 7cm，羽状深裂至全裂，裂片条形、长圆状披针形或条状披针形，常疏具缺刻状钝齿或全缘。花密生，顶生伞房状聚伞花序具 3 ～ 7 级对生分枝，花序宽 4 ～ 15cm，最下部分枝处总苞叶羽状全裂，具 3 ～ 5 对较窄的条形裂片，上部总苞叶较小；萼齿 5，截形、波状或卵圆形；花冠黄色，漏斗状钟形，长 3 ～ 4mm，盛开时直径 3 ～ 5mm，花冠筒长 1.8 ～ 2mm，基部一侧有浅的囊肿，花冠裂片长圆形、卵状椭圆形；花药长圆形；花柱长 2.2 ～ 3.3mm，柱头盾头状；子房圆柱状。瘦果倒卵圆柱状，果苞顶端有时浅 3 裂，网脉常具 3 条主脉。花期 7 ～ 9 月，果期 8 ～ 9 月。

分布于东北、华北等多个省区，生长于小丘顶部、石质山坡岩缝、草地、草甸草原、山坡林缘。俄罗斯也有分布。

本地有分布，生长于石质山坡草丛中。榆林市有零星分布，常见于黄土丘陵区。

71 葫芦科 Cucurbitaceae

本地常见栽培6属8种。

西瓜属 *Citrullus* Schrad. 本地常见栽培1种。

西瓜（寒瓜）

***Citrullus lanatus* (Thunb.) Matsum. et Nakai**

雄花

雌花

一年生蔓生藤本。茎、枝粗壮，具明显的棱沟，被长而密的白色或淡黄褐色长柔毛。卷须较粗壮，2歧，叶柄粗，长3～12cm，径0.2～0.4cm，密被柔毛；叶片轮廓三角状卵形，带白绿色，长8～20cm，宽5～15cm，两面具短硬毛，3深裂，中裂片较长，裂片羽状或二重羽状浅裂或深裂，末次裂片通常有少数浅锯齿，先端钝圆，叶片基部心形，有时形成半圆形的弯缺，弯缺宽1～2cm，深0.5～0.8cm。花单性，雌雄同株。雌、雄花均单生于叶腋。雄花花梗长3～4cm，密被黄褐色长柔毛；花萼筒宽钟形，密被长柔毛，花萼裂片狭披针形；花冠淡黄色，径2.5～3cm，外面带绿色，被长柔毛，裂片卵状长圆形，长1～1.5cm，宽0.5～0.8cm，顶端钝或稍尖，脉黄褐色，被毛；雄蕊3枚，花丝短，药室折曲。雌花花萼和花冠与雄花同；子房卵形，密被长柔毛，花柱长4～5mm，柱头3，肾形。果实球形或椭圆形，果皮光滑，色泽及纹饰各式。种子多数，花果期于夏季。

原产于非洲热带的干旱沙漠地带，广泛栽培于世界热带到温带。可能于唐代初期传入我国，现全国各地广泛栽培，品种甚多，以新疆、甘肃兰州、山东德州、江苏溧阳等地最为有名。

本地较常见，果实为夏季著名水果。榆林市各地常见栽培。

除果瓤可以食用外，种子含油，可食；果皮药用，有清热、利尿、降血压之功效。

黄瓜属 *Cucumis* L. 本地常见栽培2种。

甜瓜（香瓜 白兰瓜）

Cucumis melo L.

雄花

雌花

一年生匍匐或攀援草本。茎、枝有棱，有黄褐色或白色的糙硬毛和疣状凸起。卷须单一，被微柔毛。叶柄长8～12cm；叶片近圆形或肾形，长、宽均8～15cm，上面粗糙，被白色糙硬毛，背面沿脉密被糙硬毛，不分裂或3～7浅裂，具掌状脉。花单性，雌雄同株。雄花数朵簇生于叶腋；花梗长0.5～2cm，被柔毛；花萼筒狭钟形，密被白色长柔毛，长6～8mm，裂片近钻形；花冠黄色，长2cm，裂片卵状长圆形，急尖；雄蕊3枚，花丝极短，药室折曲，药隔顶端引长；退化雌蕊长约1mm。雌花单生，花梗粗糙，被柔毛；子房长椭圆形，密被长柔毛和长糙硬毛，花柱长1～2mm，柱头靠合，长约2mm。果实通常为球形或长椭圆形，果皮平滑，有纵沟纹或斑纹，果肉有香甜味；种子卵形或长圆形。花、果期于夏季。

原产于印度，温带至热带地区广泛栽培。本种为我国最早利用为果品的瓜类，全国各地广泛栽培，历史悠久，品种繁多，如普通的香瓜、新疆的哈密瓜、兰州的白兰瓜等均属不同的品系。

本地较常见，露天或大棚种植，为夏季重要的水果。榆林市各地常见栽培。

除果实可食用外，全草亦可药用，有祛炎败毒、催吐、除湿、退黄疸等功效。

黄瓜（旱黄瓜　胡瓜）

Cucumis sativus L.

雄花

雌花

一年生蔓生或攀援草本。茎、枝伸长，有棱沟，被白色的糙硬毛。卷须细，不分歧，具白色柔毛。叶柄稍粗糙，有糙硬毛，长 10～20cm；叶片宽卵状心形，长、宽均 7～20cm，两面被糙硬毛，3～5 个角或浅裂，裂片三角形，有齿，先端急尖或渐尖，基部弯缺半圆形，宽 2～3cm，深 2～2.5cm，有时基部向后靠合。花单性，雌雄同株。雄花数朵在叶腋簇生；花梗纤细，长 0.5～1.5cm，被微柔毛；花萼筒狭钟状或近圆筒状，长 8～10mm，密被白色的长柔毛，花萼裂片钻形，与花萼筒近等长；花冠黄白色，长约 2cm，花冠裂片长圆状披针形，急尖；雄蕊 3 枚，花丝极短，花药长 3～4mm，药隔伸出，长约 1mm。雌花单生；花梗粗壮，被柔毛，长 1～2cm；子房纺锤形，粗糙，有小刺状凸起。果实长圆形或圆柱形，长 10～50cm，熟时黄绿色，表面粗糙，有具刺尖的瘤状凸起，极稀近于平滑。种子小，狭卵形，白色。花、果期于夏季。

原产于印度及南亚，现广泛种植于温带和热带地区。汉代由张骞带回种植，果实为我国各地夏季主要蔬菜之一，品种甚多。

本地区各地普遍种植作夏季蔬菜食用。榆林市各地常见栽培。

茎藤可药用，具有消炎、祛痰、镇痉的功效。

南瓜属 *Cucurbita* L. 本地常见栽培2种。

南瓜（倭瓜　北瓜　番瓜）

Cucurbita moschata (Duch. ex Lam.) Duch. ex Poiret

一年生蔓生草本。茎常节部生根，伸长达2～5m，密被白色短刚毛。叶柄粗壮，长8～19cm，中空，被短刚毛；叶片宽卵形或卵圆形，有5角或5浅裂，上面密被黄白色刚毛和绒毛，常有白斑，叶脉隆起，各裂片之中脉常延伸至顶端，成一小尖头，背面色较淡，毛更明显，边缘有小而密的细齿，顶端稍钝。卷须稍粗壮，与叶柄一样被短刚毛和绒毛，3～5分叉。花单性，雌雄同株。雄花单生；花萼筒钟形，裂片条形，被柔毛，上部扩大成叶状；花冠黄色，钟状，长8cm，径6cm，5中裂，裂片边缘反卷；雄蕊3枚，花丝腺体状，花药靠合，药室折曲。雌花单生；子房1室，花柱短，柱头3，膨大，顶端2裂。果梗粗壮，有棱和槽，顶端扩大成喇叭状；瓠果形状多样，因品种而异，外面常有数条纵沟或无。种子多数，长卵形或长圆形，灰白色。

雄花

雌花

原产于墨西哥到中美洲一带，世界各地普遍栽培。明代传入我国，现南北各地广泛种植，因栽培历史悠久，品种繁多，果实的形状、色泽、口感各不相同。

本地区常见栽培，果实作蔬菜食用，种子可炒食。榆林市各地常见栽培。

本种的果实作肴馔，亦可代粮食。全株各部又可供药用。

西葫芦

Cucurbita pepo L.

一年生蔓生草本。茎有棱沟，有短刚毛和半透明的糙毛。叶柄粗壮，被短刚毛，长 6 ~ 9cm；叶片三角形或卵状三角形，先端锐尖，边缘有不规则的锐齿，基部心形，叶脉在背面稍凸起，两面均有糙毛。卷须稍粗壮，具柔毛，分多歧。花单性，雌雄同株。雄花单生；花梗粗壮，长 3 ~ 6cm，被黄褐色短刚毛；花萼筒有明显 5 角，花萼裂片线状披针形；花冠黄色，常向基部渐狭呈钟状，长 5cm，径 3cm，分裂至近中部，裂片直立或稍扩展，顶端锐尖；雄蕊 3 枚，花丝长 15mm，花药靠合，长 10mm。雌花单生，子房卵形，1 室。果梗粗壮，有明显的棱沟，果蒂变粗或稍扩大。果实形状因品种而异；种子多数，卵形，白色，长约 2cm，边缘拱起而钝。

世界各国普遍栽培，我国清代时从欧洲引入，现各地均有栽培。

本地各处常见栽培，果实作夏季蔬菜食用。榆林市各地常见栽培。

雄花

雌花

葫芦属 *Lagenaria* Ser. 本地常见栽培 1 种。

葫芦（瓠 瓠瓜 葫芦瓜）

Lagenaria siceraria (Molina) Standl.

一年生攀援草本。茎、枝具沟纹，被黏质长柔毛，老后渐脱落。叶柄纤细，长 16 ～ 20cm，有毛被，顶端有 2 腺体；叶片卵状心形或肾状卵形，不分裂或 3 ～ 5 裂，具 5 ～ 7 掌状脉，先端锐尖，边缘有不规则的齿，基部心形，两面均被微柔毛，叶背及脉上较密。卷须纤细，上部 2 分叉。雌雄同株，雌、雄花均单生。雄花花梗、花萼、花冠均被微柔毛；花萼筒漏斗状，长约 2cm，裂片披针形，长 5mm；花冠白色、黄色，裂片皱波状，5 脉；雄蕊 3 枚，花丝长 3 ～ 4mm，花药长圆形，折曲。雌花花萼和花冠与雄花相似；花萼筒长 2 ～ 3mm；子房中间缢细，密生黏质长柔毛，花柱粗短，柱头 3，膨大，2 裂。果实初为绿色，成熟时黄白色。花期夏季，果期秋季。由于长期栽培，果形变异很大，形成不同品种或变种，成熟后果皮变木质。

我国各地有栽培，亦广泛栽培于世界热带到温带地区。

本地区常见栽培，作蔬食或供观赏。榆林市各地常见栽培。

幼嫩果实可供蔬食，成熟后外壳木质化，中空，可做各种容器、水瓢或儿童玩具；亦可药用。

雄花

雌花

丝瓜属 *Luffa* Mill. 本地常见栽培1种。

丝瓜

***Luffa aegyptiaca* Miller**
(*Luffa cylindrica* (Linn.) Roem.)

一年生攀援藤本。茎、枝粗糙，有棱沟，被微柔毛。卷须2～4歧。叶片三角形或近圆形，长、宽10～20cm，通常掌状5～7裂，裂片三角形。花单性，雌雄同株。雄花通常15～20朵生长于总状花序上部，花序梗长12～14cm，被柔毛；花梗长1～2cm，花萼筒宽钟形，裂片卵状披针形或近三角形，上端向外反折，先端渐尖，具3脉；花冠黄色，辐状，直径5～9cm，裂片长圆形，长2～4cm，宽2～2.8cm，里面基部密被黄白色长柔毛，外面具3～5条凸起的脉；雄蕊通常5枚，花丝长6～8mm，基部有白色短柔毛，药室多回折曲。雌花单生，花梗长2～10cm；子房长圆柱状，有柔毛，柱头3，膨大。果实圆柱状，长15～30cm，直径5～8cm，表面平滑，通常有深色纵条纹，未熟时肉质，成熟后干燥，里面呈网状纤维，由顶端盖裂。种子多数，黑色。花、果期夏、秋季。

我国南北各地普遍栽培，也广泛栽培于世界温带、热带地区。云南南部有野生丝瓜。

本地较常见，栽培作蔬菜食用。榆林市各地常见栽培。

果为夏季蔬菜，成熟时里面的网状纤维称丝瓜络，可代替海绵用作洗刷灶具及家具；亦可药用，是《中国药典》指定的中药材“丝瓜络”的原植物。入药具有祛风、通络、活血、下乳之功效。

雄花

雌花

苦瓜属 *Momordica* L. 本地常见栽培1种。

苦瓜

Momordica charantia L.

一年生攀援草本。多分枝；茎、枝被柔毛。卷须纤细，长达20cm，具微柔毛，不分歧。叶柄细，长4～6cm；叶片轮廓卵状肾形或近圆形，长、宽均为4～12cm，5～7深裂，裂片卵状长圆形，边缘具粗齿或有不规则小裂片，叶脉掌状。雌雄同株。雄花单生于叶腋，花梗纤细，长3～7cm，中部或下部具1苞片；苞片绿色，肾形或圆形，全缘，稍有缘毛，两面被疏柔毛；花萼裂片卵状披针形，被白色柔毛，长4～6mm，宽2～3mm，急尖；花冠黄色，裂片倒卵形，先端钝，急尖或微凹，长1.5～2cm，宽0.8～1.2cm，被柔毛；雄蕊3枚，药室2回折曲。雌花单生，花梗基部常具1苞片；子房纺锤形，密生瘤状凸起，柱头3，膨大，2裂。果实纺锤形或圆柱形，多瘤皱，长10～20cm，成熟后橙黄色，由顶端3瓣裂。种子多数，长圆形，具红色假种皮。花、果期5～10月。

我国南北各地普遍栽培，广泛栽培于世界热带到温带地区。

本地较常见，多栽培作夏季蔬菜食用。榆林市各地常见栽培。

果味甘苦，主作蔬菜，也可糖渍；成熟果肉和假种皮也可食用；根、藤及果实可入药，有清热解毒的功效。

72 桔梗科 Campanulaceae

本地常见有 1 属 1 种，栽培 2 属 2 种。

沙参属 *Adenophora* Fisch. 本地常见有 1 种。

泡沙参（泡参 灯笼花）

***Adenophora potaninii* Korsh.**

多年生草本，茎高 30 ～ 100cm，不分枝，常单支发自一条茎基上，常被倒生短硬毛。茎生叶无柄，仅个别植株下部的叶有短柄，卵状椭圆形，矩圆形，少数为条状椭圆形和倒卵形，长 2 ～ 7cm，宽 0.5 ～ 3cm，基部钝或楔形，顶端钝，急尖或短渐尖，每边具 2 至数个粗大齿，两面有疏或密的短毛。花序通常在基部有分枝，组成圆锥花序，有时仅数朵花，集成假总状花序。花梗短，长不逾 1cm；花萼无毛，筒部倒卵状或球状倒卵形，基部圆钝或稍钝，裂片狭三角状钻形，长 3 ～ 7mm，边缘有一对细长齿；花冠钟状，紫色、蓝色或蓝紫色，少为白色，长 1.5 ～ 2.5cm，裂片卵状三角形，长 5 ～ 8mm；雄蕊 5 枚，花盘筒状，长 2 ～ 2.6mm，至少顶端被毛；子房下位，花柱与花冠近等长，或稍稍伸出。蒴果球状椭圆形或椭圆状，长约 8mm，直径 4 ～ 5mm。种子棕黄色，长椭圆状。花期 7 ～ 10 月，果期 10 ～ 11 月。

分布于青海东部、四川西北部、甘肃东南部、宁夏南部、陕西北部、山西西南部等地。生长于阳坡草地、灌丛或林下。

本地有分布，见于田家寨郝家山沟谷山坡及撂荒地草丛中。榆林市有零星分布，见于靖边县、清涧县等地。

党参属 *Codonopsis* Wall. 本地常见栽培1种。

党参（素花党参）

Codonopsis pilosula (Franch.) Nannf.

多年生草质藤本，有特殊气味，含白色乳汁。根纺锤状圆柱形，长15～30cm，肉质。茎缠绕，长1～2m，有多数分枝，无毛。叶在主茎及侧枝上的互生，在小枝上的叶近于对生，卵形或狭卵形，长1～6.5cm，宽0.8～5cm，顶端钝或微尖，基部近于心形，边缘具波状钝锯齿，两面被贴伏的长硬毛或柔毛。花单生于枝端，与叶柄互生或近于对生，有梗。花萼贴生至子房中部，筒部半球状，长1～2cm，宽6～8mm，5裂，裂片宽披针形或狭矩圆形，顶端钝或微尖；花冠阔钟状，长1.8～2.3cm，直径1.8～2.5cm，黄绿色，内面有明显紫斑，浅裂，裂片正三角形，先端尖；花丝基部微扩大。子房半下位，柱头有白色刺毛。蒴果圆锥形，花萼宿存。种子多数，卵形，棕黄色。花、果期7～10月。

分布于西藏、四川、云南、甘肃、陕西、宁夏、青海、河南，华北及东北等多个省区。生长于山地林边及灌丛中。朝鲜、蒙古和俄罗斯也有分布。

本地较少见，仅在县城附近见有零星栽培。榆林市有零星栽培。

根为著名中药，具有补脾、益气、生津之功效。为《中国药典》指定的中药材“党参”的原植物之一。

桔梗属 *Platycodon* A. DC. 本地常见栽培 1 种。

桔梗

Platycodon grandiflorus (Jacq.) A. DC.

多年生草本，茎高 20 ～ 120cm。通常无毛，偶密被短毛，不分枝，极少上部分枝。叶全部轮生，部分轮生至全部互生，无柄或有极短的柄，叶片卵形，卵状椭圆形至披针形，长 2 ～ 7cm，宽 0.5 ～ 3.5cm，基部宽楔形至圆钝，顶端急尖，上面无毛而绿色，下面常无毛而有白粉，有时脉上有短毛或瘤突状毛，边缘具细锯齿。花单朵顶生，或数朵集成假总状花序，或有花序分枝而集成圆锥花序；花萼筒部半圆球状或圆球状倒锥形，被白粉，裂片三角形或狭三角形，有时齿状；花冠大，长 1.5 ～ 4.0cm，蓝色或紫色，雄蕊 5 枚，分离，花丝基部扩大成片状；子房半下位，花柱 5 裂；蒴果球状，或球状倒圆锥形，或倒卵状，长 1 ～ 2.5cm，直径约 1cm。种子多数，黑色。花期 7 ～ 9 月，果期 9 ～ 10 月。

分布于全国多个省区，生长于阳处草丛、灌丛中。朝鲜、日本、俄罗斯也有分布。

本地有栽培，作观赏植物。见于河滨公园花圃中。榆林市有零星栽培。

根含桔梗皂甙，可供药用，是《中国药典》指定的中药材“桔梗”的原植物。入药具有宣肺、利咽、祛痰、排脓之功效。桔梗在韩国又称为“道拉基”，可做成泡菜、咸菜，是餐桌上常见的一道菜肴。

73 菊科 Asteraceae (Compositae)

本地常见有30属47种1亚种1变种，栽培有4属5种2变种。

蒿属 *Artemisia* L. 本地常见有9种。

黄花蒿（臭蒿　铜臭蒿）

***Artemisia annua* L.**

一年生草本，高100～200cm。植株有浓烈香气。根狭纺锤形；茎单生，幼时绿色，后变褐色或红褐色，多分枝；茎下部叶宽卵形或三角状卵形，三至四回栉齿状羽状深裂，裂片再次分裂，小裂片边缘具多枚栉齿状三角形或长三角形的深裂齿；叶柄长1～2cm，基部有半抱茎的假托叶；中部叶二至三回栉齿状的羽状深裂；上部叶与苞片叶一至二回栉齿状羽状深裂，近无柄。头状花序球形，多数，直径1.5～2.5mm，有短梗，下垂或倾斜，基部有线形的小苞叶，在分枝上排成总状或复总状花序，并在茎上组成圆锥花序；总苞片3～4层，内、外层近等长，外层总苞片长卵形或狭长椭圆形，中层、内层总苞片宽卵形或卵形，花序托凸起，半球形；花深黄色，雌花10～18朵，花冠狭管状，檐部具2（3）裂齿，花柱线形，伸出花冠外，先端2叉；两性花10～30朵，结实或中央少数花不结实，花冠管状，花药线形，上端附属物尖，长三角形，基部具短尖头，花柱近与花冠等长，先端2叉，有短睫毛。瘦果椭圆状卵形，略扁。花、果期8～11月。

分布于全国各地，生长在路旁、荒地、山坡、林缘、草原、干河谷、半荒漠及砾质坡地等，也见于盐渍化的土壤上。广布于欧洲、亚洲的温带、寒温带及亚热带地区。

本地极常见，生长于山坡、路旁、河滩、农田地边及房前屋后草丛中。榆林市各地均有分布。

植株含挥发性物质，有的地方夏季用来作防腐驱蚊之用。

茵陈蒿（羊头蒿　黄蒿）

Artemisia capillaris **Thunb.**

半灌木状草本，高 40 ～ 120cm。有浓烈的香气。主根明显木质；根茎直立，常有细的营养枝。茎单生或少数，红褐色或褐色，基部木质，上部分枝多，向上斜伸展；茎、枝初时密生灰白色或灰黄色绢质柔毛，后渐稀疏或脱落无毛。营养枝端有密集叶丛，基生叶常成莲座状；基生叶、茎下部叶与营养枝叶两面均被棕黄色或灰黄色绢质柔毛，后期茎下部叶被毛脱落，叶卵圆形或卵状椭圆形，长 2 ～ 5cm，宽 1.5 ～ 3.5cm，二至三回羽状全裂，每侧有裂片 2 ～ 3（4）枚，每裂片再 3 ～ 5 全裂，小裂片狭线形或狭线状披针形，长 5 ～ 10mm，宽 0.5 ～ 2mm，叶柄长 3 ～ 7mm，花期上述叶均萎谢；中部叶宽卵形、近圆形或卵圆形，长 2 ～ 3cm，宽 1.5 ～ 2.5cm，一至二回羽状全裂，小裂片狭线形或丝线形，长 8 ～ 12mm，宽 0.3 ～ 1mm，顶端微尖，基部裂片常半抱茎；上部叶与苞片叶羽状全裂，基部裂片半抱茎。头状花序卵球形，多数，直径 1.5 ～ 2mm，有短梗及线形的小苞叶，在分枝的上端或小枝端偏向外侧生长，常排成复总状花序，并在茎上端组成大型、开展的圆锥花序；总苞片 3 ～ 4 层，外层总苞片草质，卵形或椭圆形，近膜质，中、内层总苞片椭圆形，近膜质或膜质；花序托小，凸起；雌花 6 ～ 10 朵，花冠狭管状或狭圆锥状，檐部具 2 ～ 3 裂齿，花柱细长，伸出花冠外；两性花 3 ～ 7 朵，不孕育，花冠管状，花柱短，2 裂，不叉开，退化子房极小。瘦果长圆形或长卵形。花、果期 7 ～ 10 月。

分布于全国多个省区，生长于河岸、路旁及低山坡地区。朝鲜、日本，东南亚及俄罗斯也有分布。

本地有分布，生长于山坡、路旁草丛中。榆林市各地均有分布。

全草可入药，早春采的称“绵茵陈”，秋季采的称“花茵陈”，是《中国药典》指定的中药材“茵陈”的原植物之一。入药具有清利湿热、利胆退黄之功效。幼苗可作蔬菜食用。

沙蒿（北沙蒿　漠蒿　荒地蒿）

Artemisia desertorum Spreng.

多年生草本，高 30 ～ 70cm。主根明显；根状茎半木质，直径 4 ～ 10mm，有短的营养枝。茎单生或少数；上部分枝，斜贴向茎端。茎下部叶与营养枝叶长圆形或长卵形，长 2 ～ 5cm，宽 1.5 ～ 4.5cm，二回羽状全裂或深裂，每侧有裂片 2 ～ 3 枚，每裂片常再 3 ～ 5 深裂或浅裂；叶柄长 1 ～ 3cm；中部叶略小，一至二回羽状深裂，基部宽楔形，叶柄短，具小型的假托叶；上部叶 3 ～ 5 深裂，基部有小型的假托叶；苞片叶 3 深裂或不分裂，线状披针形或线形，基部假托叶小。头状花序多数，卵球形或近球形，直径 2.5 ～ 3mm，基部有小苞叶，在分枝上排成穗状花序式的总状或复总状花序，而在茎上组成狭长的圆锥花序；总苞片 3 ～ 4 层，外层总苞片略小，卵形；中层总苞片长卵形；内层总苞片长卵形；雌花 4 ～ 8 朵，花冠狭圆锥状或狭管状，檐部具 2 裂齿，花柱长，伸出花冠外；两性花 5 ～ 10 朵，不孕育，花冠管状。瘦果倒卵形或长圆形。花、果期 8 ～ 10 月。

分布于全国多个省区，多生长于草原、草甸、荒坡、砾质坡地、干河谷、河岸边、林缘及路旁等，为草原地区植物群落的主要伴生种。朝鲜、日本、印度、巴基斯坦及俄罗斯也有分布。

本地有分布，见于西部大昌汗、北部古城等沙质土干燥山坡或沙丘上。常见于榆林市北部沙区。

沙蒿是风沙区固沙的先锋植物，榆林市北部沙区分布面积很广，对于防治土地沙化、固定沙丘可起到很好的作用。但是每到秋季开花季节，大量花粉飘浮于空气之中容易诱发过敏性疾病的发生。

南牡蒿（牡蒿）

Artemisia eriopoda Bge.

多年生草本。主根粗短、侧根多；根状茎稍粗短，直径 5 ～ 8mm。茎通常单生，稀少两至少数，高 40 ～ 80cm，分枝多，开展，枝长 10 ～ 20cm。叶纸质；基生叶与茎下部叶近圆形、宽卵形或倒卵形，长 4 ～ 6cm，宽 2.5 ～ 6cm，一至二回大头羽状深裂或全裂或不分裂，仅边缘具数枚疏锯齿，叶基部渐狭，宽楔形，叶柄长 1.5 ～ 3cm；中部叶近圆形或宽卵形，长、宽 2 ～ 4cm，一至二回羽状深裂或全裂，每侧有裂片 2 ～ 3 枚，裂片椭圆形或近匙形，近无柄，基部有线形分裂的假托叶；上部叶渐小，卵形或长卵形，羽状全裂，每侧裂片 2 ～ 3 枚，裂片椭圆形，先端常有 3 枚浅裂齿；苞片叶 3 深裂或不分裂。头状花序多数，宽卵形或近球形，直径 1.5 ～ 2.5mm，无梗或具短梗，基部具线形的小苞叶，在茎端、分枝上半部及小枝上排成穗状花序或穗状花序式的总状花序，并在茎上组成圆锥花序；总苞片 3 ～ 4 层，外层略短小，外、中层总苞片卵形或长卵形，内层总苞片长卵形；雌花 4 ～ 8 朵，花冠狭圆锥状，檐部具 2 ～ 3 裂齿，花柱伸出花冠外，先端 2 叉，叉端尖；两性花 6 ～ 10 朵，不孕育，花冠管状，花药线形，花柱短，不叉开。瘦果长圆形。花、果期 6 ～ 11 月。

分布于全国多个省区，生长于路旁、草坡、灌丛、溪边、疏林内或林中空地，也见于森林草原与山地草原地区。朝鲜、日本、蒙古也有分布。

本地有分布，见于山坡、路旁草丛中。榆林市各地有分布。

全草可入药，有祛风、去湿、解毒之功效。

冷蒿（白蒿）

Artemisia frigida Willd.

多年生草本，高 30 ～ 70cm。主根细长或较粗，木质化，侧根多；根状茎粗短或稍细，有多条营养枝。茎少数或多条常与营养枝组成疏松或稍密集的株丛，基部多少木质化，上部分枝，枝短；全株密被淡灰黄色或灰白色短绒毛，后茎上毛稍脱落。茎下部叶与营养枝叶长圆形或倒卵状长圆形，长、宽 0.8 ～ 1.5cm，二至三回羽状全裂，侧裂片 2 ～ 4 枚，小裂片线状披针形或披针形，叶柄长 0.5 ～ 2cm；中部叶长圆形或倒卵状长圆形，长、宽 0.5 ～ 0.7cm，一至二回羽状全裂，每侧裂片 3 ～ 4 枚，小裂片披针形或线状披针形，长 2 ～ 3mm，宽 0.5 ～ 1.5mm，先端锐尖，基部裂片半抱茎，并成假托叶状，无柄；上部叶与苞片叶羽状全裂或 3 ～ 5 全裂，裂片长椭圆状披针形或线状披针形。头状花序半球形、球形或卵球形，直径 2 ～ 4mm，在茎上排成总状或狭窄的总状花序式的圆锥花序；总苞片 3 ～ 4 层，外、中层总苞片卵形或长卵形，背面密被短绒毛，有绿色中肋，边缘膜质，内层总苞片长卵形或椭圆形，背面近无毛，膜质；花序托有白色托毛；雌花 8 ～ 13 朵，花冠狭管状，花柱伸出花冠外；两性花 20 ～ 30 朵，花冠管状，花药线形，花柱与花冠近等长。瘦果长圆形或椭圆状倒卵形。花、果期 7 ～ 10 月。

分布于东北、华北、西北地区及西藏等多个省区，生长于草原、荒漠草原及干旱与半干旱地区的山坡、路旁、固定沙丘、高山草甸。蒙古、土耳其、伊朗、俄罗斯及加拿大、美国都有分布。

本地较常见，生长于山坡、路旁及林缘灌丛中。榆林市各地均有分布。

全草可入药，有止痛、消炎、镇咳之功效，还可作“茵陈”的代用品。在牧区为牲畜营养价值良好的饲料。

华北米蒿（吉氏蒿　艾蒿　灰蒿）

***Artemisia giraldii* Pamp.**

半灌木状草本。主根明显，根状茎稍粗短，直立或斜向上，直径4～10mm。茎多数或少数，常成小丛，直立，高50～120cm，具纵棱，分枝多，长8～20cm。叶纸质，灰绿色，干后暗绿色或深绿褐色；茎下部叶指状3深裂，少数为5深裂，花期凋谢；中部叶椭圆形，长2～3cm，宽0.8～1.5cm，指状3深裂，裂片线形或线状披针形，长1～2cm，宽1～2mm，先端尖，叶基部渐狭成短柄状；上部叶与苞片叶3深裂或不分裂，为线形或线状披针形。头状花序多数，宽卵形、近球形或长圆形，直径1.5～2mm，在分枝上排成穗状花序式的总状花序或复总状花序，而在茎上组成开展的圆锥花序；总苞片3～4层，外、中层总苞片卵形、长卵形，有绿色中肋，边缘宽膜质，内层总苞片长椭圆形或长卵形，半膜质；雌花4～8朵，花冠狭管状或狭圆锥状，檐部具2裂齿，花柱伸出花冠外，先端2叉；两性花5～7朵，不孕育，花冠管状，檐部黄色或红色。瘦果倒卵形。花、果期7～10月。

分布于华北地区及陕西、宁夏、甘肃及四川等多个省区。生长于黄土高原、山坡、干河谷、丘陵、路旁、滩地、林缘、森林草原、灌丛与林中空地等，局部地区成植物群落的建群种或主要的伴生种。

本地有分布，见于山坡、路旁、河滩及灌丛中。榆林市榆阳区、神木市、横山区、靖边县、绥德县、米脂县等地均有分布。

全草可入药，有清热、解毒、利肺之功效。

细裂叶莲蒿

Artemisia gmelinii Web. ex Stechm.

半灌木状草本，高 10 ～ 80cm。主根木质；根状茎木质，有多数营养枝。茎通常多数，丛生，下部木质，上部半木质，紫红色，自下部分枝；茎、枝初时被灰白色绒毛，后渐稀疏或无毛。叶上面初时被灰白色短柔毛，后渐稀疏或近无毛，暗绿色，背面密被灰色或淡灰黄色蛛丝状柔毛；茎下部、中部与营养枝叶卵形或三角状卵形，长 2 ～ 4cm，宽 1 ～ 2cm，二至三回栉齿状的羽状分裂，第一至二回为羽状全裂，每侧裂片 4 ～ 5 枚，小裂片栉齿状的短线形或短线状披针形，边缘通常具数枚小栉齿，栉齿长 1 ～ 2mm，宽 0.2 ～ 0.5mm，稀无小栉齿，叶柄长 0.8 ～ 1.3cm，基部有假托叶；上部叶一至二回栉齿状的羽状分裂；苞片叶呈栉齿状羽状分裂或不分裂，而为披针形或披针状线形。头状花序近球形，直径 3 ～ 6mm，斜生或下垂，密集着生在茎端或在分枝端排成穗状花序或为穗状花序式的总状花序，并在茎上组成狭窄的总状花序式的圆锥花序；总苞片 3 ～ 4 层，外层总苞片椭圆形或椭圆状披针形，中层总苞片卵形，内层总苞片膜质，花序托半球形；雌花 10 ～ 12 朵，花冠狭圆锥状，花柱线形，略伸出花冠外，先端 2 叉；两性花 40 ～ 60 朵，花冠管状，花药线形，花柱与花冠近等长，先端 2 叉，叉端截形，有睫毛。瘦果长圆形，果壁上有细纵纹。花、果期 8 ～ 10 月。

分布于西北各省区及内蒙古、四川、西藏等地，生长于山坡、草原、半荒漠草原、草甸、灌丛、砾质阶地、滩地等。蒙古、俄罗斯也有分布。

本地较常见，生长于山坡、草甸、灌丛及河谷滩地草丛中。榆林市各地均有分布。

半荒漠草甸、草原植物，可起到水土保持的作用。

野艾蒿

Artemisia lavandulifolia Candolle

多年生草本。植株有香气。主根稍明显，侧根多。茎少数，高 50 ～ 120cm，分枝多，长 5 ～ 10cm；茎、枝被灰白色蛛丝状短柔毛。叶上面绿色，背面除中脉外密被灰白色密绵毛；基生叶与茎下部叶宽卵形或近圆形，花期叶萎谢；中部叶卵形、长圆形或近圆形，长 6 ～ 8cm，宽 5 ～ 7cm，一至二回羽状全裂或第二回为深裂，每侧有裂片 2 ～ 3 枚，裂片椭圆形或长卵形，每裂片具 2 ～ 3 枚线状披针形或披针形的小裂片或深裂齿，边缘反卷，叶柄长 1 ～ 3cm，基部有假托叶；上部叶羽状全裂，具短柄或近无柄；苞片叶 3 全裂或不分裂。头状花序极多数，椭圆形或长圆形，直径 2 ～ 2.5mm，具小苞叶，在分枝的上半部排成密穗状或复穗状花序，并在茎上组成狭长或中等开展的圆锥花序，花后头状花序多下倾；总苞片 3 ～ 4 层，外层总苞片卵形或狭卵形，背面密被灰白色或灰黄色蛛丝状柔毛，中层总苞片长卵形，背面疏被蛛丝状柔毛，边缘宽膜质，内层总苞片长圆形或椭圆形，半膜质，花序托小，凸起；雌花 4 ～ 9 朵，花冠狭管状，檐部具 2 裂齿，紫红色，花柱线形，伸出花冠外，先端 2 叉；两性花 10 ～ 20 朵，花冠管状，檐部紫红色；花药线形，先端附属物尖，花柱与花冠等长或略长于花冠，先端 2 叉。瘦果长卵形或倒卵形。花、果期 8 ～ 10 月。

分布于全国南北多个省区，生长于路旁、林缘、山坡、草地、山谷等。日本、朝鲜、蒙古及俄罗斯也有分布。

木地较常见，生长于山坡、路旁草丛中。榆林市各地均有分布。

全草可入药，作“艾”（家艾）的代用品，有散寒、祛湿、温经、止血之功效。嫩苗作菜蔬或腌制酱菜食用；鲜草作饲料。

大籽蒿

Artemisia sieversiana Ehrhart ex Willd.

一或两年生草本。主根单一；茎单生，高 50 ～ 150cm，基部直径可达 2cm，纵棱明显，分枝多；茎、枝被灰白色微柔毛。下部与中部叶宽卵形或宽卵圆形，两面被微柔毛，长 4 ～ 8cm，宽 3 ～ 6cm，二至三回羽状全裂，裂片常再羽状全裂或深裂，基部侧裂片常有第三次分裂，小裂片线形或线状披针形，长 2 ～ 10mm，宽 1 ～ 1.5mm，有时小裂片边缘有缺齿，先端钝或渐尖，叶柄长 2 ～ 4cm，基部有假托叶；上部叶及苞片叶羽状全裂或不分裂。头状花序大，半球形或近球形，直径 4 ～ 6mm，具短梗，基部常有线形的小苞叶，常组成圆锥花序；总苞片 3 ～ 4 层，外、中层总苞片长卵形或椭圆形，内层长椭圆形；花序托半球形，有白色托毛；雌花 2（3）层，20 ～ 30 朵，花冠狭圆锥状，檐部具 3 ～ 4 裂齿，花柱线形，先端 2 叉，叉端钝尖；两性花多层，80 ～ 120 朵，花冠管状，花药披针形或线状披针形，上端附属物尖，花柱与花冠等长，先端叉开，叉端截形。瘦果长圆形。花、果期 6 ～ 10 月。

分布于温带或亚热带高山地区。我国东北、华北、西北至西南等省区均有分布，山东、江苏等省有栽培。多生长于路旁、荒地、河漫滩、草原、森林草原、干山坡或林缘等。亚洲多国及俄罗斯也有分布。

本地较常见，生长于河滩、沟谷、山坡路旁草丛中。榆林市榆阳区、横山区、靖边县、定边县、神木市等地均有分布。

含挥发油等物质，民间作药用，有消炎、清热、止血之功效；牧区作牲畜饲料。

紫菀属 *Aster* L. 本地常见有 1 种。

阿尔泰狗娃花（阿尔泰紫菀 狗娃花 花狗草 白花头）

Aster altaicus **Willd.**
(*Heteropappus altaicus* (Willd.) Novopokr.)

多年生草本，高 20 ～ 60cm。被上曲或有时开展的毛和腺毛，茎多有分枝。叶疏生或密生，条形、条状披针形或匙形，长 2.5 ～ 6cm，宽 7 ～ 15mm，全缘或有疏浅齿；全部叶两面或下面被毛，常有腺点。头状花序直径 2 ～ 3.5cm，单生于枝端或排成伞房花序，直径 0.8 ～ 1.8cm。总苞片 2 ～ 3 层，矩圆状披针形或条形，长 4 ～ 8mm，宽 0.6 ～ 1.8mm，顶端渐尖，背面或外层全部草质，被毛，常有腺，边缘膜质。舌状花约 20 个，管部长 1.5 ～ 2.8mm，雌性，舌片浅蓝紫色，矩圆状条形，长 10 ～ 15mm，宽 1.5 ～ 2.5mm；管状花两性，长 5 ～ 6mm，管部长 1.5 ～ 2.2mm，先端 5 裂，裂片不等大，有疏毛，舌状花、管状花均可结实。瘦果扁，倒卵状矩圆形。冠毛污白色或红褐色，有不等长的微糙毛。花、果期 5 ～ 9 月。

分布于西北、华北、东北地区以及四川西北部等地区，生长于草原、草甸、山地、戈壁滩地、河岸路旁。中亚、蒙古及西伯利亚也有分布。

本地有分布，生长于河岸边、沟边或路旁草丛中。榆林市各地均有分布。

全草及根可入药，具有清热泻火之功效。早春可作为牧草。

鬼针草属 *Bidens* L. 本地常见有4种。

婆婆针（鬼针草）

Bidens bipinnata L.

一年生草本，高30～120cm。下部略具4棱，无毛或上部被稀疏柔毛。叶对生，二回羽状分裂，第一次分裂深达中肋，裂片再次羽状分裂，小裂片三角状或菱状披针形，具1～2对缺刻或深裂，顶生裂片狭，先端渐尖，边缘有稀疏不规整的粗齿，两面均被疏柔毛。头状花序直径6～10mm。总苞杯形，基部有柔毛，外层苞片5～7枚，条形，草质，先端钝，被稍密的短柔毛，内层苞片膜质，椭圆形，花后伸长为狭披针形，背面褐色，被短柔毛，具黄色边缘；托片狭披针形。舌状花通常1～3朵，不育，舌片黄色，椭圆形或倒卵状披针形，先端全缘或具2～3齿，盘花筒状，黄色，5齿裂。瘦果条形，略扁，具3～4棱，具瘤状凸起及小刚毛，顶端芒刺3～4枚，很少有2枚的，具倒刺毛。花、果期8～10月。

分布于我国南北多个省区，生长于路边荒地、山坡及田间。广布于美洲、亚洲、欧洲及非洲东部。

本地区较常见，见于县城附近农田、地边及路旁草丛中。榆林市各地有分布。

本种已被列为二级入侵物种，主要入侵果园及农田，对果园和农作物有一定影响。全草可入药，有清热解毒、散瘀活血的功效。

大狼耙草

Bidens frondosa L.

一年生草本，高 20 ～ 120cm。茎直立，分枝，被疏毛或无毛，常带紫色。叶对生，具柄，为一回羽状复叶，小叶 3 ～ 5 枚，披针形，长 3 ～ 10cm，宽 1 ～ 3cm，先端渐尖，边缘有粗锯齿，通常背面被稀疏短柔毛，至少顶生者具明显的柄。头状花序单生于茎端和枝端，连同总苞苞片直径 12 ～ 25mm，高约 12mm。总苞钟状或半球形，外层苞片 5 ～ 10 枚，通常 8 枚，披针形或匙状倒披针形，叶状，边缘有缘毛，内层苞片长圆形，长 5 ～ 9mm，膜质，具淡黄色边缘，无舌状花或舌状花不发育，极不明显，筒状花两性，花冠长约 3mm，冠檐 5 裂；瘦果扁平，狭楔形，长 5 ～ 10mm，顶端芒刺 2 枚，长约 2.5mm，有倒刺毛。花、果期 8 ～ 11 月。

分布于北美，大约在宋代引入我国，生长于田野湿润处。现已被列为一级外来入侵物种，应予以高度关注。

本地有分布，见于河滩、池塘或农田湿润处草丛中。榆林市有零星分布。

全草可入药，有清热解毒的功效。

小花鬼针草

Bidens parviflora Willd.

一年生草本，茎高 20 ～ 90cm。叶对生，具柄，柄长 2 ～ 3cm，叶片长 6 ～ 10cm，2 ～ 3 回羽状分裂，第一次分裂深达中肋，裂片再次羽状分裂，小裂片具 1 ～ 2 个粗齿或再作第三回羽裂，最后一次裂片条形或条状披针形，宽约 2mm，上面被短柔毛，下面无毛或沿叶脉被稀疏柔毛，上部叶互生，二回或一回羽状分裂。头状花序单生于茎端及枝端，具长梗，开花时直径 1.5 ～ 2.5mm，高 7 ～ 10mm。总苞筒状，基部被柔毛，外层苞片 4 ～ 5 枚，条状披针形，长约 5mm，边缘被疏柔毛，结果时长可达 8 ～ 15mm，内层苞片稀疏，常仅有 1 枚，托片状。托片长椭圆状披针形，开花时长 6 ～ 7mm，膜质，果时长达 10 ～ 13mm。无舌状花，盘花两性，6 ～ 12 朵，花冠筒状，长 4mm，冠檐 4 齿裂。瘦果条形，长 13 ～ 16mm，两端渐狭，顶端芒刺 2 枚，有倒刺毛。花期 8 ～ 9 月，果期 10 月。

分布于全国多个省区，生长于路边荒地、林下及水沟边。日本、朝鲜及俄罗斯也有分布。

本地较常见，生长于山坡、农田地边及路旁草丛中。榆林市各地均有分布。

全草可入药，有清热解毒、活血散瘀之功效。

狼耙草

Bidens tripartita L.

一年生草本，高 20 ～ 150cm。圆柱状或具钝棱而稍呈四方形，无毛，绿色或带紫色，上部分枝或有时自基部分枝。叶对生，下部的较小，不分裂通常于花期枯萎，中部叶具柄，有狭翅；叶片无毛或下面有小硬毛，长椭圆状披针形，通常 3 ～ 5 深裂，两侧裂片披针形至狭披针形，顶生裂片较大，披针形或长椭圆状披针形，两端渐狭，与侧生裂片边缘均具疏锯齿，上部叶较小，披针形，三裂或不分裂。头状花序单生于茎端及枝端，具较长的花序梗。总苞盘状，外层苞片 5 ～ 9 枚，条形或匙状倒披针形，叶状，内层苞片长椭圆形或卵状披针形，膜质，褐色，有纵条纹，具透明或淡黄色的边缘；托片条状披针形，约与瘦果等长，背面有褐色条纹，边缘透明。无舌状花，全为筒状两性花，花冠长 4 ～ 5mm，冠檐 4 裂。花药基部钝，顶端有椭圆形附器，花丝上部增宽。瘦果扁，楔形或倒卵状楔形，边缘有倒刺毛，顶端芒刺通常 2 枚，极少有 3 ～ 4 枚，两侧有倒刺毛。花、果期 8 ～ 10 月。

分布于全国多个省区，生长于路边荒野及水边湿地。广泛分布于亚洲、欧洲和非洲北部，大洋洲东南部。

本地较常见，生长于河沟、水塘边湿地。榆林市各地均有分布。

全草可入药，具有清热解毒之功效。

飞廉属 *Carduus* L. 本地常见有1种。

节毛飞廉

Carduus acanthoides L.

两年或多年生草本，高20～100cm。茎单生，有条棱，有长分枝或不分枝，全部茎枝被稀疏或下部稍稠密的多细胞长节毛，接头状花序下部的毛通常密厚。基部及下部茎叶长椭圆形或长倒披针形，长6～29cm，宽2～7cm，羽状浅裂、半裂或深裂，侧裂片6～12对，半椭圆形、偏斜半椭圆形或三角形，边缘有大小不等的钝三角形刺齿，齿顶及齿缘有黄白色针刺，齿顶针刺长达3mm，或叶边缘有大锯齿，不呈明显的羽状分裂；向上叶渐小，与基部及下部茎叶同形并等样分裂，接头状花序下部的叶宽线形或线形，有时不裂。全部茎叶两面绿色，基部渐狭，两侧沿茎下延成茎翼。头状花序3～5个集生或疏松排列于茎顶或枝端。总苞卵形或卵圆形，直径1.5～2cm。总苞片多层，覆瓦状排列，向内层渐长；中外层苞片顶端有针刺，最内层及近最内层无针刺；全部苞片无毛或被稀疏蛛丝毛。小花红紫色，长1.7cm，檐部长9mm，5深裂，裂片线形，细管部长8mm。瘦果长椭圆形，浅褐色，有多数横皱纹。冠毛多层，白色，冠毛刚毛锯齿状，顶端稍扁平扩大。花、果期5～10月。

几乎遍布全国，生长于山坡、草地、林缘、灌丛中，或山谷、山沟、水边或田间。广泛分布欧洲、俄罗斯及东北亚。

本地有分布，生长于沟谷、山坡、农田地边草丛中。榆林市有零星分布。

菊属 *Chrysanthemum* L. 本地常见有2种。

小红菊

Chrysanthemum chanetii H. Léveillé (*Dendranthema chanetii* (Levl.) Shih)

多年生草本，高15～60cm。有地下匍匐根状茎。茎直立或基部弯曲，自基部或中部分枝，但通常仅在茎顶有伞房状花序分枝。全部茎枝有稀疏的毛。基生叶及茎中下部叶肾形、半圆形、近圆形或宽卵形，长2～5cm，宽略等于长，通常3～5掌状或掌式羽状浅裂或半裂，少有深裂的；上部茎叶椭圆形或长椭圆形，接花序下部的叶长椭圆形或宽线形，羽裂、齿裂或不裂。叶上面绿色，下面灰绿色，有稀疏的柔毛至无毛。头状花序直径2.5～5cm，少数至多数在茎枝顶端排成疏松伞房花序，少有头状花序单生于茎端的。总苞碟形，直径8～15mm；总苞片4～5层，外层宽线形，仅顶端膜质或膜质圆形扩大，边缘缝状撕裂，外面有稀疏的长柔毛。中内层渐短，宽倒披针形或三角状卵形至线状长椭圆形。全部苞片边缘白色或褐色膜质。舌状花雌性，白色、粉红色或紫色，舌片长1.2～2.2cm，顶端2～3齿裂。管状花两性，黄色。瘦果顶端斜截，下部收窄，有4～6条脉棱。花、果期7～10月。

分布于我国北方多个省区，生长于草原、山坡林缘、灌丛及河滩与沟边。俄罗斯、朝鲜也有分布。

本地有分布，见于县城附近山坡灌丛下及草坡上。榆林市有零星分布。

花色艳丽，可作园林观赏植物。

甘菊

***Chrysanthemum lavandulifolium* (Fisch. ex Trautv.) Makino (*Dendranthema lavandulifolium* (Fisch. ex Trautv.) Ling et Shih)**

多年生草本，高 0.3 ～ 1.5m。有地下匍匐茎。茎直立，自中部以上多分枝或仅上部伞房状花序分枝。茎枝有稀疏的柔毛，但上部及花序梗上的毛稍多。基部和下部叶花期脱落。中部茎叶卵形、宽卵形或椭圆状卵形。二回羽状分裂，一回全裂或几全裂，二回为半裂或浅裂。最上部的叶或接花序下部的叶羽裂、3 裂或不裂。全部叶两面同色或几同色，被稀疏或稍多的柔毛或上面几无毛。头状花序直径 10 ～ 15（20）mm，通常多数在茎枝顶端排成疏松或稍紧密的复伞房花序。总苞碟形，总苞片约 5 层，外层线形或线状长圆形，无毛或有稀柔毛；中内层卵形、长椭圆形至倒披针形，全部苞片顶端圆形，边缘白色或浅褐色膜质。舌状花黄色，舌片椭圆形，端全缘或 2 ～ 3 个不明显的齿裂。瘦果倒卵形，无冠毛。花、果期 5 ～ 11 月。

分布于全国多个省区，生长于山坡、岩石上、河谷、河岸、荒地及黄土丘陵地。日本、朝鲜、印度也有分布。

本地区较常见，生长于沟谷路旁或背阴山坡草丛中。榆林市定边县、靖边县、绥德县、清涧县、神木市等地均有分布。

花含有挥发性物质，具有消暑的功效。亦可作观赏植物。

蓟属 *Cirsium* Mill. 本地常见有 1 种。

刺儿菜（红花苗 小蓟 秃丝蓟）

***Cirsium arvense* var. *integrifolium* C. Wimm. et Grabowski (*Cirsium setosum* (Willd.) MB.)**

多年生草本，高 30 ～ 80cm。茎直立，上部有分枝。基生叶和中部茎叶椭圆形、长椭圆形或椭圆状倒披针形，顶端钝或圆形，基部楔形，通常无叶柄，长 7 ～ 15cm，宽 1.5 ～ 10cm，上部茎叶渐小，椭圆形或披针形或线状披针形，叶缘有细密的针刺。全部茎叶两面无毛。头状花序单生茎端，或在茎枝顶端排成伞房花序。总苞卵形、长卵形或卵圆形，直径 1.5 ～ 2cm。总苞片约 6 层，覆瓦状排列，向内层渐长，外层与中层宽 1.5 ～ 2mm，包括顶端针刺长 5 ～ 8mm；内层及最内层长椭圆形至线形，长 1 ～ 2cm，宽 1 ～ 1.8mm；中外层苞片顶端有长不足 0.5mm 的短针刺，内层及最内层渐尖，膜质，短针刺。小花紫红色或白色，雌花花冠长 2.4cm，两性花花冠长 1.8cm。瘦果椭圆形或偏斜椭圆形，压扁，长 3mm，宽 1.5mm，顶端斜截形。冠毛污白色，多层，整体脱落。花、果期 5 ～ 9 月。

除西藏、云南、广东、广西外，分布几乎遍布全国，生长于平原、丘陵和山坡、河旁或荒地、田间。欧洲，俄罗斯、蒙古、朝鲜、日本也有分布。

本地较常见，生长于田边地头或村落路旁草丛中。榆林市各地均有分布。

农田常见杂草，嫩苗可作饲料。地上部分可入药，是《中国药典》指定的中药材“小蓟”的原植物。入药具有凉血止血、散瘀、解毒消痈的功效。

秋英属 *Cosmos* Cav. 本地常见栽培 1 种。

秋英（格桑花 八瓣梅 波斯菊 大波斯菊）

Cosmos bipinnatus Cavanilles (*Cosmos bipinnata* Cav.)

一年或多年生草本，高 1 ～ 2m。根纺锤状，多须根，或近茎基部有不定根。茎无毛或稍被柔毛。叶二次羽状深裂，裂片线形或丝状线形。头状花序单生，径 3 ～ 6cm；花序梗长 6 ～ 18cm。总苞片外层披针形或线状披针形，近革质，淡绿色，具深紫色条纹，上端长狭尖，较内层与内层等长，长 10 ～ 15mm，内层椭圆状卵形，膜质。托片平展，上端成丝状，与瘦果近等长。舌状花紫红色，粉红色或白色；舌片椭圆状倒卵形，长 2 ～ 3cm，宽 1.2 ～ 1.8cm，有 3 ～ 5 钝齿；管状花黄色，长 6 ～ 8mm，管部短，上部圆柱形，有披针状裂片；花柱具短突尖的附器。瘦果黑紫色，长 8 ～ 12mm，无毛，上端具长喙，有 2 ～ 3 尖刺。花期 6 ～ 8 月，果期 9 ～ 10 月。

作为著名观赏花卉，原产于墨西哥，可参考文献记载 20 世纪初引入中国。我国南北方普遍引种，西南已大面积归化。

本地有栽培，见于公园、住宅小区和机关庭园等处。榆林市各地均有栽培。

还阳参属 *Crepis* L. 本地常见有 1 种。

北方还阳参（还阳参 地篦子）

Crepis crocea (Lam.) Babcock

多年生草本，高 8 ～ 30cm。植株含白色乳汁，根直伸或偏斜，深褐色。茎单生或 2 ～ 4 茎成簇生，不分枝或上部有 1 ～ 3 条长分枝。基生叶多数，倒披针形或倒披针状长椭圆形，羽状浅裂或半裂；无茎生叶或茎生叶 1 ～ 3 枚，与基生叶同形或线状披针形或线状钻形，边缘全缘。头状花序单生于茎端或茎生 2 ～ 4 枚头状花序。总苞钟状，总苞片 4 层，最外层及外层短，线状披针形；内层及最内层长，长椭圆状披针形；全部总苞片果期绿色；外面被薄蛛丝状柔毛，沿中脉被黄绿色刚毛及头状短腺毛。舌状小花黄色，花冠管被稀疏微柔毛。瘦果纺锤状，黑色或暗紫色，有 10 ～ 12 条纵肋，沿肋有小刺毛。冠毛白色。花、果期 5 ～ 8 月。

分布于华北地区及陕西、甘肃、青海等多个省区，生长于山坡、农田撂荒地、黄土丘陵地。蒙古、俄罗斯西伯利亚也有分布。

本地较常见，生长于河沟、农田地边及山坡草丛中。榆林市榆阳区、靖边县、绥德县、吴堡县、子洲县等地均有分布。

全草可入药，具有止咳平喘、清热降火、益气之功效。

假还阳参属 *Crepidiastrum* Nakai 本地常见有 1 种。

尖裂假还阳参（抱茎苦荬菜 抱茎苦麦菜 苦荬菜 尖裂黄瓜菜）

***Crepidiastrum sonchifolium* (Maxim.) Pak & Kawano**
(*Ixeridium sonchifolium* (Maxim.) Shih)

多年生草本，高 15 ～ 60cm。根垂直。根状茎极短。茎单生，直立，上部有分枝，全部茎枝无毛。基生叶莲座状，长 3 ～ 15cm，宽 1 ～ 3cm，边缘有锯齿，顶端圆形或急尖，或大头羽状深裂，顶裂片大，边缘有锯齿，侧裂片 3 ～ 7 对，边缘有小锯齿；中下部茎叶与基生叶等大或较小，羽状浅裂或半裂，向基部扩大，心形或耳状抱茎；上部茎叶及接花序分枝处的叶心状披针形，边缘全缘，顶端渐尖，向基部心形或圆耳状扩大抱茎。头状花序在茎枝顶端排成伞房花序或伞房圆锥花序，含舌状小花约 17 枚。总苞圆柱形，长 5 ～ 6mm；总苞片 3 层，外层及最外层短，卵形或长卵形，长 1 ～ 3mm，宽 0.3 ～ 0.5mm，顶端急尖，内层长披针形，长 5 ～ 6mm，宽 1mm，顶端急尖，全部总苞片外面无毛。舌状小花黄色。瘦果黑色，纺锤形，有 10 条高起的钝肋，上部沿肋有小刺毛，向上渐尖成细喙，喙长 0.8mm，冠毛白色。花、果期 3 ～ 5 月。

分布于全国多个省区，生长于山坡或平原路旁、林下、河滩地、岩石上或庭园。朝鲜、日本也有分布。

本地较常见，生长于农田地边、村落附近及路旁草丛中。榆林市各地均有分布。

全草入药，有清热解毒、凉血活血之功效。

蓝刺头属 *Echinops* L. 本地常见有 1 种。

砂蓝刺头

***Echinops gmelinii* Turcz.**
(*Echinops gmelini* Turcz.)

一年生草本，高 10 ～ 90cm。根直伸。茎单生，淡黄色，全部茎枝被腺毛，有时脱毛至无毛。叶线形或线状披针形，长 3 ～ 9cm，宽 0.5 ～ 1.5cm，基部扩大，抱茎，边缘具刺齿或刺状缘毛；中上部茎叶渐小。全部叶质地薄，纸质，两面绿色，被稀疏蛛丝状毛及腺点。复头状花序单生茎顶或枝端，直径 2 ～ 3cm。头状花序长 1.2 ～ 1.4cm。基毛白色，不等长，长 1cm，约近总苞长度之半。全部苞片 16 ～ 20 个；外层苞片线状倒披针形；中层苞片倒披针形；内层苞片长椭圆形，比中层苞片稍短，全部苞片均被毛。小花蓝色或白色，花冠 5 深裂，裂片线形，花冠管无腺点。瘦果倒圆锥形，长约 5mm，被稠密的淡黄棕色长直毛，遮盖冠毛。冠毛量杯状，长 1mm；冠毛膜片线形，仅基部结合。花、果期 6 ～ 9 月。

分布于东北、华北、西北地区及河南(北部)，生长于山坡砾石地、荒漠草原、黄土丘陵或河滩沙地。俄罗斯西伯利亚及蒙古也有分布。

本地有分布，见于大昌汗、古城及其他干燥沙质草坡。榆林市有分布，多见于北部风沙区。

根可药用，具有清热解毒之功效。

飞蓬属 *Erigeron* L. 本地常见有 1 种。

小蓬草（加拿大蓬　一年蓬　飞蓬）

Erigeron canadensis L.
(*Conyza canadensis* (L.) Cronq.)

一年生草本。根纺锤状，具纤维状根。茎直立，高 50～100cm 或更高，圆柱状，被疏长硬毛，上部多分枝。叶密集，基部叶花期常枯萎，下部叶倒披针形，顶端尖或渐尖，基部渐狭成柄，边缘具疏锯齿或全缘，中部和上部叶较小，线状披针形或线形，全缘或少有具 1～2 个齿，两面或仅上面被疏短毛边缘常被硬缘毛。头状花序小，多数，径 3～4mm，排列成顶生的大圆锥花序；总苞近圆柱状；总苞片 2～3 层，线状披针形或线形，外层约短于内层，背面被疏毛，内层长 3～3.5mm，边缘干膜质，无毛；花托平；雌花多数，舌状，白色，舌片小，线形，顶端具 2 个钝小齿；两性花管状，淡黄色，上端具 4 或 5 个齿裂，管部上部被疏微毛；瘦果线状披针形，稍扁压，被贴微毛；冠毛污白色，1 层，糙毛状。花、果期 5～9 月。

原产于北美洲，世界各地广泛分布。1860 年前后引入（属无意引进）我国，现我国南北各省区均有分布。常生长于旷野、荒地、田边和路旁，是一种常见的杂草。

本地常见杂草，生长于撂荒地、农田、河滩、沟渠边草丛中。榆林市各地有分布。

本种植株花序多，种子量大，繁殖及适应能力强，蔓延速度快，会分泌化感物质抑制邻近植物的生长，对秋田作物、果园危害极大，已被列为一级外来入侵物种，应当引起高度重视。

向日葵属 *Helianthus* L. 本地常见栽培2种。

向日葵（葵花）

Helianthus annuus L.

一年生高大草本，高1～3m。茎直立，粗壮，被白色粗硬毛，不分枝或有时上部分枝。叶互生，心状卵圆形或卵圆形，顶端急尖或渐尖，有三基出脉，边缘有粗锯齿，两面被短糙毛，有长柄。头状花序极大，径10～30cm，单生于茎端或枝端，常下倾。总苞片多层，叶质，覆瓦状排列，卵形至卵状披针形，顶端尾状渐尖，被长硬毛或纤毛。花托平或稍凸、有半膜质托片。舌状花多数，黄色、舌片开展，长圆状卵形或长圆形，不结实。管状花极多数，棕色或紫色，有披针形裂片，结果。瘦果倒卵形或卵状长圆形，稍扁压，长10～15mm，有细肋，常被白色短柔毛，上端有2个膜片状早落的冠毛。花期7～9月，果期8～10月。

原产于北美，世界各国均有栽培。16世纪末17世纪初引入我国，现全国各地广泛栽培。通过人工培育，在不同生境上形成许多品种，特别是在头状花序的大小、色泽及瘦果形态上有许多变异，并是综合利用的最好原料。

本地极为常见，零星种植或大面积栽培作干果食用或榨油。榆林市各地有栽培。

种子含油量很高，为半干性油，味香可口，供食用；花穗、种子皮壳及茎秆可作饲料及工业原料，如制人造丝及纸浆等；花穗也供药用。

菊芋（洋姜　洋薑　洋蔓菁）

Helianthus tuberosus L.

多年生高大草本，高 1 ～ 3m。有块状的地下茎及纤维状根。茎直立，有分枝，被白色短糙毛或刚毛。叶通常对生，有叶柄，但上部叶互生；下部叶卵圆形或卵状椭圆形，有长柄，基部宽楔形或圆形，边缘有粗锯齿，有离基三出脉，上面被白色短粗毛、下面被柔毛，上部叶长椭圆形至阔披针形，基部渐狭，下延成短翅状。头状花序较大，少数或多数，单生长于枝端，有 1 ～ 2 个线状披针形的苞叶，总苞片多层，披针形，顶端长渐尖，背面被短伏毛，边缘被开展的缘毛。舌状花通常 12 ～ 20 个，舌片黄色，开展，长椭圆形；管状花黄色。瘦果小，楔形，上端有 2 ～ 4 个有毛的锥状扁芒。花、果期 8 ～ 9 月。

原产于北美，20 世纪初引入中国，在我国各地广泛栽培，块茎俗称“洋薑”。

本地常见栽培，块茎作蔬菜食用或作饲料。榆林市各地零星栽培。

地下块茎含有丰富的淀粉，是优良的多汁饲料，新鲜的茎、叶作青贮饲料。块茎也是一种味美的蔬菜并可加工制成酱菜，另外还可制菊糖及酒精。菊糖在医药上又是治疗糖尿病的良药，也是一种有价值的工业原料。

泥胡菜属 *Hemisteptia* (Bunge) Fisch. & C. A. Mey.

本地常见有 1 种。

泥胡菜（马蹄黄花菜）

Hemisteptia lyrata (Bunge) Fischer & C. A. Meyer
(*Hemistepta lyrata* (Bunge) Bunge)

一年生草本，高 30 ～ 100cm。被稀疏蛛丝毛，上部常分枝。叶长椭圆形或倒披针形，基生叶花期通常枯萎；全部叶大头羽状深裂或几全裂，侧裂片通常 4 ～ 6 对，倒卵形、长椭圆形、匙形、倒披针形或披针形，全部裂片边缘有锯齿或重锯齿；叶上面绿色，无毛，下面灰白色，被厚或薄绒毛，基生叶及下部茎叶有长叶柄，柄基扩大抱茎，最上部茎叶无柄。头状花序在茎枝顶端排成疏松伞房花序。总苞宽钟状或半球形，直径 1.5 ～ 3cm。总苞片多层，最外层长三角形；外层及中层椭圆形或卵状椭圆形；最内层线状长椭圆形或长椭圆形。中外层苞片近顶端有直立附片，附片紫红色，内层苞片顶端染红色，但无附片。小花紫色或红色，花冠长 1.4cm，檐部长 3mm，花冠深 5 裂，花冠裂片线形，细管部为细丝状。瘦果小，有 13 ～ 16 条粗细不等的尖细肋，顶端斜截形，有膜质果缘。冠毛异型，白色，两层，外层冠毛刚毛羽毛状，基部连合成环，整体脱落；内层冠毛刚毛鳞片状，宿存。花、果期 3 ～ 8 月。

除新疆、西藏外，遍布全国，生长于山坡、山谷、平原、丘陵、林缘、草地、荒地、田间、河边、路旁等处。朝鲜、日本、中南半岛、南亚及澳大利亚普遍分布。

本地较常见，生长于山坡、路旁草丛中。榆林市有零星分布。

全草可药用，具有清热解毒、消肿祛瘀之功效。

旋覆花属 *Inula* L. 本地常见有2种。

旋覆花（金佛草　金钱花）

Inula japonica Thunb.

多年生草本，高30～70cm。根状茎短，有粗壮的须根。茎单生，有时2～3个簇生，被长伏毛，上部有上升或开展的分枝，全部有叶；节间长2～4cm。基部叶常较小，在花期枯萎；中部叶长圆形，长圆状披针形或披针形，长4～13cm，宽1.5～3.5cm，上部叶渐狭小，线状披针形。头状花序径3～4cm，排列成疏散的伞房花序；花序梗细长。总苞半球形，径13～17mm，长7～8mm；总苞片约6层，线状披针形，最外层常叶质而较长；外层基部革质，上部叶质，背面有伏毛或近无毛，有缘毛；内层除绿色中脉外干膜质，渐尖，有腺点和缘毛。舌状花雌性，黄色，舌片线形，长10～13mm；管状花两性，花冠长约5mm，有5裂片；冠毛1层，白色，与管状花近等长。瘦果圆柱形，有10条沟。花期6～10月，果期9～11月。

产自我国北部、东北部、中部、东部多个省区，生长于山坡路旁、湿润草地、河岸和田埂上。蒙古、朝鲜、俄罗斯西伯利亚、日本也有分布。

本地较常见，生长于河滩、沟谷、农田地边及山坡草地中。榆林市各地均有分布。

头状花序可入药，是《中国药典》指定的中药材“旋覆花”的原植物之一。入药具有降气、消痰、行水、止呕的功效。

蓼子朴

Inula salsoloides (Turcz.) Ostenf.

亚灌木，地下茎分枝长，木质，有疏生膜质尖披针形的鳞片状叶；节间长达 4cm。茎圆柱形，下部木质，高达 45cm，基部有密集的长分枝，中部以上有较短的分枝，全部有密生的叶；节间长 5 ～ 20mm，或在小枝上更短。叶披针状或长圆状线形，长 5 ～ 10mm，宽 1 ～ 3mm，稍肉质，全缘，基部常心形或有小耳，半抱茎，上面无毛，下面有腺及短毛。头状花序径 1 ～ 1.5cm，单生于枝端。总苞倒卵形，长 8 ～ 9mm；总苞片 4 ～ 5 层，黄绿色，背面无毛，上部或全部有缘毛。舌状花较总苞长，舌片浅黄色，椭圆状线形，长约 6mm，顶端有 3 个细齿；花柱分枝细长，顶端圆形；管状花花冠长约 6mm，上部狭漏斗状，顶端有尖裂片；花药顶端稍尖；花柱分枝顶端钝。冠毛白色。瘦果长 1.5mm，有多数细沟。花期 5 ～ 8 月，果期 7 ～ 9 月。

分布于西北、华北地区及辽宁等多个省区，生长于干旱草原、半荒漠和荒漠地区的戈壁滩地、流沙地、固定沙丘、湖河沿岸冲积地、黄土高原的风沙地和丘陵顶部。俄罗斯和蒙古也有分布。

本地有分布，见于大昌汗、古城、老高川等地干燥山坡草丛中。榆林市各地均有分布。

良好的固沙植物，有发育的地下茎，具有耐干旱、易繁殖的特性，可供固沙之用。

苦荬菜属 *Ixeris* (Cass.) Cass. 本地常见有 1 种 1 亚种。

中华苦荬菜（中华小苦荬 黄鼠草 山苦荬 燕燕菜）

Ixeris chinensis **(Thunb.) Nakai**
(*Ixeridium chinense* (Thunb.) Tzvel.)

多年生草本，高 5 ～ 47cm。根垂直直伸。根状茎极短缩。茎单生或少数茎成簇生，基部直径 1 ～ 3mm，上部伞房花序状分枝。基生叶长椭圆形、倒披针形、线形或舌形，包括叶柄长 2.5 ～ 15cm，宽 2 ～ 5.5cm，顶端钝或急尖或向上渐窄，基部渐狭成有翼的柄，全缘，不分裂或边缘有尖齿或凹齿，或羽状浅裂、半裂或深裂，侧裂片 2 ～ 7 对，长三角形、线状三角形或线形，自中部向上或向下的侧裂片渐小，向基部的侧裂片常为锯齿状，有时为半圆形。茎生叶 2 ～ 4 枚，极少 1 枚或无茎叶，长披针形或长椭圆状披针形，边缘全缘，顶端渐狭，基部扩大，耳状抱茎；全部叶两面无毛。头状花序通常在茎枝顶端排成伞房花序，含舌状小花 21 ～ 25 枚。总苞圆柱状，长 8 ～ 9mm；总苞片 3 ～ 4 层，外层及最外层宽卵形，顶端急尖，内层长椭圆状倒披针形，顶端急尖。舌状小花黄色，干时带红色。瘦果褐色，长椭圆形，有 10 条高起的钝肋，肋上有小刺毛，顶端急尖成细喙，细丝状。冠毛白色，长 5mm。花、果期 1 ～ 10 月。

分布于全国多个省区，生长于山坡路旁、田野、河边灌丛或岩石缝隙中。俄罗斯西伯利亚、日本、朝鲜也有分布。

本地较常见，生长于农田地边、山坡路旁草丛中。榆林市各地均有分布。

全草可作药用，具有清热解毒、凉血活血的功效。

变色苦荬菜（窄叶小苦荬　丝叶小苦荬）

***Ixeris chinensis* subsp. *versicolor* (Fisch. ex Link) Kitam.**
(*Ixeridium gramineum* (Fisch.) Tzvel.)

多年生草本，高 6 ～ 30cm。根垂直或弯曲，生须根。茎低矮，主茎不明显，自基部多分枝，全部茎枝无毛。基生叶匙状长椭圆形、长椭圆形、披针形、倒披针形或线形，长 3.5 ～ 7.5cm，宽 0.2 ～ 1.6cm，不分裂或至少含有不分裂的基生叶，边缘全缘或羽状浅裂或深裂，基部渐狭成柄，侧裂片 1 ～ 7 对，集中在叶的中下部，中裂片较大，向两侧的侧裂片渐小，最上部或最下部的侧裂片常尖齿状；茎生叶 1 ～ 2 枚，较小，与基生叶同形，稍见抱茎；全部叶两面无毛。头状花序多数，在茎枝顶端排成伞房花序或伞房圆锥花序，含 15 ～ 27 枚舌状小花。总苞圆柱状，长 7 ～ 8mm；总苞片 2 ～ 3 层，外层及最外层小，宽卵形，长 0.8mm，宽 0.5 ～ 0.6mm，顶端急尖，内层长，线状长椭圆形，长 7 ～ 8mm，宽 1 ～ 2mm。舌状小花黄色，极少白色或红色。瘦果红褐色，稍压扁，长椭圆形，有 10 条高起的钝肋，沿肋有小刺毛，向上渐狭成细喙。冠毛白色。花、果期 3 ～ 9 月。

分布于我国南北方多个省区，生长于山坡草地、林缘、林下、河边、沟边、荒地及沙地上。朝鲜、蒙古、俄罗斯西伯利亚也有分布。

本地较常见，生长于农田地边、河岸、山坡、沟谷湿润草地上。榆林市各地均有分布。

全草可作药用，具有清热解毒、凉血活血的功效。

疆千里光属 *Jacobaea* Mill. 本地常见有1种。

额河千里光

Jacobaea argunensis (Turcz.) B. Nordenstam (*Senecio argunensis* Turcz.)

多年生草本，高30～80cm。根状茎斜升，具多数纤维状根。茎单生，被蛛丝状柔毛，上部有花序枝。基生叶和下部茎叶通常凋落；中部茎叶较密集，无柄，全形卵状长圆形至长圆形，长6～10cm，宽3～6cm，羽状全裂至羽状深裂，上部叶渐小，顶端较尖，羽状分裂。头状花序多数，排列成顶生复伞房花序；花序梗细，长1～2.5cm，有蛛丝状毛，有苞片和小苞片；总苞近钟状，长5～6mm，宽3～5mm，具外层苞片；苞片约10，长3～5mm，总苞片约13，长圆状披针形，宽1～1.5mm，上端具短髯毛，边缘宽干膜质，背面被疏蛛丝毛。舌状花10～13枚，管部长4mm；舌片黄色，长圆状线形，长8～9mm，宽2～3mm，顶端钝，有3细齿；管状花多数，花冠黄色，长6mm，管部长2～2.5mm，檐部漏斗状；裂片卵状长圆形，尖。花药线形，长2mm，基部有明显稍尖的耳，附片卵状披针形；花药颈部较粗，向基部膨大。花柱分枝，顶端截形，有乳头状毛。瘦果圆柱形，无毛；冠毛长5.5mm，淡白色。花、果期8～10月。

分布于全国多个省区，生长于草坡、山地草甸。朝鲜、俄罗斯、蒙古也有分布。

本地有分布，生长于河谷湿地草丛中。榆林市各地均有分布。

麻花头属 *Klasea* Cass. 本地常见有1种。

麻花头

Klasea centauroides **(L.) Cass.**
(*Serratula centauroides* L.)

多年生草本，高40～100cm。根状茎横走，黑褐色。茎直立，上部少分枝或不分枝，中部以下被节毛，基部被残存的纤维状撕裂的叶柄。基生叶及中下部茎叶长椭圆形，长8～12cm，宽2～5cm，羽状深裂，有长3～9cm的叶柄；侧裂片5～8对；上部的叶较小，5～7羽状全缘，边缘无锯齿。全部叶两面粗糙，被多细胞长或短节毛。头状花序少数，单生茎枝顶端，但不形成明显的伞房花序式排列，或植株含1个头状花序，单生茎端，花序梗或花序枝伸长，无叶。总苞卵形或长卵形，直径1.5～2cm，上部稍见收缢。总苞片10～12层，覆瓦状排列，向内层渐长，外层与中层三角形、三角状卵形至卵状披针形，长4.5～8.5mm，宽3～3.5mm，顶端急尖，有长2.5mm的短针刺或刺尖；内层及最内层椭圆形、披针形，长1～2cm，宽1～4mm，最内层最长，上部淡黄白色，硬膜质。全部小花红色，红紫色或白色，花冠长2.1cm，细管部长9mm，檐部长1.2cm，花冠裂片长7mm。瘦果楔状长椭圆形，褐色，有4条高起的肋棱。冠毛褐色或略带土红色，长达7mm。冠毛刚毛糙毛状，分散脱落。花、果期6～9月。

分布于东北、华北地区及陕西等多个省区，生长于山坡林缘、草原、草甸、路旁或田间。俄罗斯与蒙古也有分布。

本地较常见，生长于山坡路旁或荒芜农田地边。榆林市榆阳区、横山区、靖边县、绥德县、米脂县等地均有分布。

莴苣属 *Lactuca* L. 本地常见有1种，栽培1种2变种。

莴苣

Lactuca sativa L.

一年或两年生草本，高25～100cm。根直伸。茎直立，单生，上部圆锥状花序分枝，全部茎枝白色。基生叶及下部茎叶大，不分裂，倒披针形、椭圆形或椭圆状倒披针形，长6～15cm，宽1.5～6.5cm，顶端急尖、短渐尖或圆形，无柄，基部心形或箭头状半抱茎，边缘波状或有细锯齿，向上的渐小，与基生叶及下部茎叶同形或披针形，全部叶两面无毛。头状花序多数，在茎枝顶端排成圆锥花序。总苞果期卵球形，长1.1cm，宽6mm；总苞片5层，最外层宽三角形，长约1mm，宽约2mm，外层三角形或披针形，长5～7mm，宽约2mm，中层披针形至卵状披针形，长约9mm，宽2～3mm，内层线状长椭圆形，长1cm，宽约2mm，全部总苞片顶端急尖，外面无毛。舌状小花约15枚。瘦果倒披针形，长4mm，宽1.3mm，压扁，浅褐色，顶端有喙，长约4mm，与瘦果几等长。冠毛2层，微糙毛状。花、果期2～9月。

全国各地均有栽培，亦有野生。莴苣的叶富含多种维生素，含有丰富的铁、钙和磷，作生菜食用，有较高的营养价值。莴苣有多个栽培品种，但在分类学上都是作为变种来处理的。

如：莴笋（*Lactuca sativa* L.var. *angustata* Irish ex Bremer），茎粗或极粗，供食用与制备酱菜，叶作蔬菜用；生菜（*Lactuca sativa* L.var. *ramosa* Hort.）叶长倒卵形，密集成甘蓝状叶球，作生菜食用。

本地常见栽培有莴苣、莴笋和生菜等多个变种，作蔬菜食用。榆林市各地常见栽培。

莴笋

生菜

乳苣（蒙山莴苣　紫花山莴苣　苦菜）

***Lactuca tatarica* (L.) C. A. Mey.**
(*Mulgedium tataricum* (L.) DC.)

多年生草本，高 15 ～ 60cm。根垂直。茎直立，上部有圆锥状花序分枝，光滑无毛。中下部茎叶长椭圆形或线状长椭圆形或线形，基部渐狭成短柄，长 6 ～ 19cm，宽 2 ～ 6cm，羽状浅裂或半裂，顶端钝或急尖，侧裂片 2 ～ 5 对，边缘全缘或多锯齿或有稀疏的小尖头，顶裂片披针形或长三角形，边缘全缘或有锯齿；向上的叶渐小。全部叶两面光滑无毛。头状花序约含 20 枚小花，在茎枝顶端成圆锥花序。总苞圆柱状或楔形，长 2cm，宽约 0.8mm；总苞片 4 层，带紫红色，中外层较小，卵形至披针状椭圆形，长 3 ～ 8mm，宽 1.5 ～ 2mm，内层披针形或披针状椭圆形，长 2cm，宽 2mm。舌状小花紫色或紫蓝色，管部有白色短柔毛。瘦果长圆状披针形，灰黑色，长 5mm，宽约 1mm，每面有 5 ～ 7 条高起的纵肋，顶端渐尖成喙。冠毛 2 层，白色，长 1cm，分散脱落。花、果期 6 ～ 9 月。

分布于华北、西北地区及辽宁、河南、西藏等多个省区，生长于河滩、湖边、草甸、田边、固定沙丘或砾石地。广布于俄罗斯及亚洲多国。

本地较常见，生长于河滩、沟谷湿草地或路旁。榆林市各地均有分布。

碱性沙地常见植物，具有固沙作用，可作饲草。

大丁草属 *Leibnitzia* Cass. 本地常见有1种。

大丁草

***Leibnitzia anandria* (Linnaeus) Turczaninow**
(*Gerbera anandria* (Linn.) Sch. -Bip.)

多年生草本。植株具春秋二型。春型者植株矮小，高5～20cm，花葶纤细直立，初被白色蛛丝状绵毛，后渐脱落，具条形苞片数枚。基生叶呈莲座状，卵形或椭圆状卵形，提琴状羽状分裂，顶裂片宽卵形，先端钝，基部心形，边缘具不规则圆齿，侧裂片小，卵形或三角状卵形；上面绿色，下面密被白色绵毛；具柄。秋型植株高达30cm。叶倒披针状长椭圆形或椭圆状宽卵形，裂片形状与春型株相似，但顶端裂片先端短渐尖；下面无毛，或疏被蛛丝毛。头状花序单生于花葶顶端，春型株花序较小，头状花序为异型花，外围一层舌状花为雌花，中央管状花为两性花。秋型株花序较大，头状花序中全为两性花，管状花为闭锁花，能结实。舌状花为二唇形，外唇舌状，3裂，内唇2裂；管状花为二唇形，外唇3～4裂，内唇2裂。总苞钟状。外层总苞片较短，条形；内层总苞片条状披针形，先端钝尖，边缘带紫红色，被蛛丝状毛或短柔毛。舌状花冠紫红色或白色，长10～12mm，管状花管长约7mm。瘦果纺锤形，冠毛淡棕色。春型株花期5～6月，秋型株花期7～9月。果期7～11月。

分布几乎遍布全国，生长于山顶、山谷丛林、荒坡、沟边或风化的岩石上。俄罗斯、日本、朝鲜也有分布。

本地有分布，见于山坡草丛中。榆林市各地均有分布。

全草可入药，具有祛风湿、止咳、解毒之功效。

火绒草属 *Leontopodium* R. Br. ex Cass. 本地常见有 1 种。

火绒草（薄雪草）

Leontopodium leontopodioides (Willd.) Beauv.

多年生草本，高 5 ～ 45cm。地下茎粗壮，有多数簇生的花茎和根出条。花茎直立，被灰白色长柔毛或白色近绢状毛，不分枝或有时上部有伞房状或近总状花序枝，下部叶较密，在花期枯萎宿存，上部有较疏的叶，叶线形或线状披针形，顶端尖或稍尖，边缘平或有时反卷或波状，上面灰绿色，被柔毛，下面被白色或灰白色密棉毛或有时被绢毛。苞叶少数，较上部叶稍短，两面或下面被白色或灰白色厚绒毛。花单性，雌雄异株稀同株，雄株常较低小，有明显的苞叶群；雌株常较高大，且常有散生的苞叶。头状花序在雌株上 3 ～ 7 个密集，稀 1 个或较多，常有较长的花序梗而排列成伞房状。被白色棉毛；总苞片约 4 层，无色或褐色，稍露出毛绒之上。雄花花冠狭漏斗状，有小裂片；雌花花冠丝状。冠毛白色；瘦果有乳头状凸起或密粗毛。花、果期 7 ～ 10 月。

分布于我国北方多个省区，生长于干旱草原、黄土坡地、石砾地、山区草地，极常见。蒙古、朝鲜、日本和俄罗斯西伯利亚也有分布。

本地较常见，生长于黄土坡、石砾地荒坡草丛中。榆林市各地均有分布。

全草可药用，治疗蛋白尿及血尿有效。

拐轴鸦葱属 *Lipschitzia* Zaika, Sukhor. & N. Kilian

本地常见有1种。

拐轴鸦葱（叉枝鸦葱）

Lipschitzia divaricata **(Turcz.) Zaika, Sukhor. & N. Kilian**
(*Scorzonera divaricata* Turcz.)

多年生草本，高20～70cm。根垂直直伸，直径4mm，有时达1cm。茎直立，自基部多分枝，分枝铺散或直立或斜升，全部茎枝灰绿色。叶线形或丝状，长1～9cm，宽1～2mm，先端长渐尖，常卷曲成明显或不明显钩状，向上部的茎叶短小。头状花序单生于茎枝顶端，形成疏松的伞房状花序，具4～5枚舌状小花。总苞狭圆柱状，宽5～6mm；总苞片约4层，外层短，宽卵形或长卵形，长约5mm，宽约2.5mm，中内层渐长，长椭圆状披针形或线状长椭圆形，长1.2～2cm，宽2.5～3.5mm，顶端急尖或钝；全部苞片外面被尘状短柔毛或果期变稀毛。舌状小花黄色。瘦果圆柱状，长约8.5mm，有多数纵肋，无毛，淡黄色或黄褐色。冠毛污黄色；其中3～5根超长、长达2.5cm，在与瘦果连接处有蛛丝状毛环。花、果期5～9月。

分布于内蒙古、河北、山西、陕西等多个省区，生长于荒漠地带干河床、沟谷中及沙地中的丘间低地、固定沙丘上。蒙古也有分布。

本地有分布，见于大昌汗、古城、老高川等地干燥、沙质土山坡路旁草丛中。榆林市各地均有分布。

猬菊属 *Olgaea* Iljin 本地常见有 2 种。

火媒草（鳍蓟）

Olgaea leucophylla (Turcz.) Iljin

多年生草本，高 15 ～ 80cm。根粗壮，暗褐色。茎粗壮，坚硬，具纵沟棱，密被白色绵毛，基部被褐色枯叶柄纤维，不分枝或少分枝。叶长椭圆形或椭圆状披针形，长 12 ～ 25cm，宽 3 ～ 5cm，先端锐尖或渐尖，具长针刺，基部沿茎下延成或宽或窄的翅，边缘具不规则的疏牙齿，或为羽状浅裂，裂片和齿端以及叶缘具不等长的针刺，上面绿色，无毛或疏被蛛丝状毛，叶脉明显，下面密被灰白色毡毛；基生叶具长柄，向上逐渐变短至无柄。头状花序较大，直径 3 ～ 5cm，结果后可达 10cm，单生长于枝端，有时在枝端具侧生的头状花序 1 ～ 2，较小；总苞钟状或卵状钟形，长 2 ～ 3.5cm，宽 2 ～ 3cm。总苞片多层，条状披针形，先端具刺尖，背部无毛或被微毛或疏被蛛丝状毛，边缘有短刺状缘毛，外层者较短，绿色，质硬而外弯；内层者较长，紫红色，开展或直立，管状花粉红色，稀白色，长 25 ～ 38mm；花冠裂片长约 5mm，无毛；花药无毛，附片长约 1.5mm。瘦果矩圆形，长约 1cm，苍白色，稍扁，具隆起的纵纹与褐斑；冠毛黄褐色，长达 25mm。花、果期 5 ～ 10 月。

分布于东北地区及内蒙古、山西、宁夏、陕西、甘肃等多个省区，生长于草地、农田或水渠边。蒙古也有分布。

本地有分布，见于大昌汗、老高川等地沙地草丛中。榆林市榆阳区、神木市、横山区、靖边县、定边县、绥德县等地有分布。

沙地常见中旱生植物，具有固沙作用。

刺疙瘩（青海鳍蓟　恶背火草　刺头）

Olgaea tangutica Iljin

多年生草本，高 20 ～ 100cm。无明显主根，不定根多数。茎通常有分枝，被稀疏蛛丝毛，基部被密厚的棕色纤维状撕裂的柄基。基生叶与下部叶条状披针形，较宽大；茎中部叶条状披针形，具长针刺；最上部茎叶或接头状花序下部的叶最小，边缘具针刺。全部茎叶基部两侧沿茎下延成茎翼，翼缘有三角刺齿，齿顶有长针刺，齿缘有短针刺或无针刺。全部叶及茎翼质地坚硬，革质，上面绿色，下面灰白色，被密厚的绒毛。头状花序较大，单生于枝端，或 4 ～ 5 个集生于茎端，总苞直径 3 ～ 4cm。总苞片多层，条状披针形，外面被稠密的顺向贴伏的微糙毛。全部苞片顶端针刺状。小花紫色或蓝紫色，花冠长 2.7cm，檐部长 1cm，5 裂，裂片线形，细管部长 1.7cm。瘦果楔状长椭圆形，长 6mm，宽 2.2mm，淡黄白色。冠毛多层，褐色或浅土红色，不等长；冠毛刚毛糙毛状，基部连合成环，整体脱落。花、果期 6 ～ 9 月。

分布于甘肃、陕西、河北、内蒙古等多个省区，生长于山坡、山谷灌丛或草坡、河滩地及荒地或农田中。

本地较常见，生长于河滩草地或农田中。榆林市榆阳区、横山区、靖边县、绥德县、吴堡县等地均有分布。

旱生植物，是草原地带荒坡、草地的常见植物。

毛连菜属 *Picris* L. 本地常见有1种。

毛连菜

Picris hieracioides L.

两年生草本，高 30 ～ 100cm。根直伸，粗壮。茎直立，上部伞房状或伞房圆状分枝，有纵沟纹，被钩状硬毛。基生叶花期枯萎脱落；下部茎叶长椭圆形或宽披针形，先端渐尖或急尖或钝，边缘全缘或有锯齿，基部渐狭成翼柄；中部和上部茎叶披针形或线形，较下部茎叶小，基部半抱茎；最上部茎叶小，全缘；全部茎叶两面被钩状分叉的硬毛。头状花序较多数，在茎枝顶端排成伞房花序或伞房圆锥花序，花序梗细长。总苞圆柱状钟形；总苞片 3 层，外层线形，短，顶端急尖，内层长，线状披针形，边缘白色膜质，先端渐尖；全部总苞片外面被硬毛和短柔毛。舌状小花黄色，冠筒被白色短柔毛。瘦果纺锤形，棕褐色，有纵肋，肋上有横皱纹。冠毛白色，外层极短，糙毛状，内层长，羽毛状。花、果期 6 ～ 9 月。

分布于全国多个省区，生长于山坡草地、林下、沟边、田间、撂荒地或沙滩地。欧洲、地中海、伊朗、俄罗斯及哈萨克斯坦也有分布。

本地较常见，生长于农田地边及山坡、河谷草丛中。榆林市各地均有分布。

全草可入药（蒙药），具有清热止痛之功效。

漏芦属 *Rhaponticum* Vaill. 本地常见有1种。

漏芦（祁州漏卢）

Rhaponticum uniflorum (L.) DC.
(*Stemmacantha uniflora* (L.) Dittrich)

多年生草本，高30～100cm。根状茎粗厚。根直伸。茎直立，不分枝，簇生或单生，灰白色，被棉毛，被褐色残存的叶柄。基生叶及下部茎叶全形椭圆形，长椭圆形，倒披针形，长10～24cm，宽4～9cm，羽状深裂或几全裂。侧裂片5～12对，中上部茎叶渐小。全部叶质地柔软，两面灰白色，被稠密的或稀疏的蛛丝毛或黄色小腺点。叶柄被稠密的蛛丝状棉毛。头状花序大，单生于茎顶，花序梗粗壮。总苞半球形，直径3.5～6cm。总苞片约9层，覆瓦状排列，向内层渐长，外层长三角形；中层椭圆形至披针形；内层及最内层披针形。全部苞片顶端均有膜质附属物，附属物宽卵形或几圆形，长达1cm，宽达1.5cm，浅褐色。全部小花两性，管状，长3.1cm，细管部长1.5cm，花冠紫红色，花冠裂片长8mm，5深裂，细管部长1.5cm。瘦果3～4棱，楔状，棕褐色。冠毛褐色，多层，基部连合成环，整体脱落；冠毛刚毛糙毛状。花、果期4～9月。

分布于全国多个省区，生长于山坡丘陵地、松林下或桦木林下。俄罗斯、蒙古、朝鲜和日本也有分布。

本地较常见，生长于山坡灌丛下及路旁草丛中。榆林市各地均有分布。

根及根状茎入药，是《中国药典》指定的中药材“漏芦”的原植物。入药具有清热解毒、消痈下乳、舒筋通脉之功效。

风毛菊属 *Saussurea* DC. 本地常见有 2 种。

草地风毛菊（羊耳朵　驴耳风毛菊）

***Saussurea amara* (L.) DC.**

多年生草本，高 15 ～ 60cm。茎直立，具纵沟棱，分枝或不分枝。基生叶与下部茎叶披针状长椭圆形、椭圆形、顶端钝或急尖，基部楔形渐狭，边缘通常全缘或有极少的钝锯齿；中上部茎叶渐小，披针形或条状披针形；全部叶两面绿色，下面色淡，两面被稀疏的短柔毛及稠密的金黄色小腺点。头状花序在茎枝顶端排成伞房状。总苞钟状或圆柱形，直径 8 ～ 12mm；总苞片 4 层，外层披针形或卵状，顶端急尖，中层与内层线状长椭圆形或线形，外面有白色稀疏短柔毛，顶端有淡紫红色的圆形附片。小花淡紫色，细管部长 9mm，檐部长 6mm。瘦果长圆形，有 4 肋。冠毛白色，2 层，外层短，糙毛状，内层长，羽毛状。花、果期 7 ～ 10 月。

分布于东北、华北、西北各省区，生长于荒地、路边、山坡、草原、盐碱地、河堤、沙丘、湖边。欧洲，俄罗斯、塔吉克斯坦及蒙古也有分布。

本地有分布，见于河滩、沙丘草丛中。榆林市有分布，见于榆阳区、横山区、靖边县、定边县、绥德县、米脂县等地。

风毛菊

Saussurea japonica (Thunb.) DC.

两年生草本，高 50 ～ 200cm。根黑褐色，生多数须根。茎直立，通常无翼，被稀疏的短柔毛及金黄色的小腺点。基生叶与下部茎叶有叶柄，柄长 3 ～ 6cm，有狭翼，叶片全形椭圆形、长椭圆形或披针形，长 7 ～ 22cm，宽 3.5 ～ 9cm，羽状深裂，侧裂片 7 ～ 8 对，中部的侧裂片较大，向两端的侧裂片较小，全部侧裂片边缘全缘，顶裂片披针形或线状披针形，较长；中部茎叶与基生叶及下部茎叶同形并等样分裂，但渐小，有短柄；上部茎叶与花序分枝上的叶更小，羽状浅裂或不裂，无柄；全部两面同色，绿色。头状花序多数，在茎枝顶端排成伞房状或伞房圆锥花序。总苞圆柱状，直径 5 ～ 8mm，被白色稀疏的蛛丝状毛；总苞片 6 层，外层长卵形，长 2.8mm，顶端微扩大，紫红色，中层与内层倒披针形或线形，长 4 ～ 9mm，顶端有扁圆形的紫红色的膜质附片，附片边缘有锯齿。小花紫色，长 10 ～ 12mm。瘦果深褐色，圆柱形，长 4 ～ 5mm。冠毛白色，2 层，外层短，糙毛状，长 2mm，内层长，羽毛状，长 8mm。花、果期 6 ～ 11 月。

分布于我国南北方多个省区，生长于山坡、山谷、林下、山坡路旁、荒坡、水旁。朝鲜、日本也有分布。

农田杂草，本地很常见，生长于山坡、山沟、农田地边或路旁草丛中。榆林市各地均有分布。

蛇鸦葱属 *Scorzonera* L. 本地常见有 1 种。

桃叶鸦葱（羊角角）

Scorzonera sinensis **Lipsch. & Krasch. ex Lipsch.**

多年生草本，高 5 ～ 53cm。根粗壮，褐色或黑褐色，通常不分枝。茎直立，簇生或单生，不分枝，光滑无毛；茎基被稠密的纤维状撕裂的鞘状残遗物。基生叶宽卵形、宽披针形、宽椭圆形、倒披针形、椭圆状披针形、线状长椭圆形或线形，包括叶柄长可达 33cm，短可至 4cm，宽 0.3 ～ 5cm，基部渐狭成长或短柄，柄基鞘状扩大，两面光滑无毛，离基 3 ～ 5 出脉，侧脉纤细，边缘皱波状；茎生叶少数，鳞片状，披针形或钻状披针形，基部心形，半抱茎或贴茎。头状花序单生于茎顶。总苞圆柱状，直径约 1.5cm。总苞片约 5 层，外层三角形或偏斜三角形，长 0.8 ～ 1.2cm，宽 5 ～ 6mm，中层长披针形，长约 1.8cm，宽约 0.6mm，内层长椭圆状披针形，长 1.9cm，宽 2.5mm；全部总苞片无毛，顶端钝或急尖。舌状小花黄色。瘦果圆柱状，有多数纵肋，长 1.4cm，肉红色。冠毛污黄色，长 2cm，羽毛状；冠毛与瘦果连接处有蛛丝状毛环。花、果期 4 ～ 9 月。

分布于全国多个省区，生长于山坡、丘陵地、沙丘、荒地或灌木林下。

本地有分布，生长于山坡、林缘草丛中。榆林市各地均有分布。

根可入药，具有清热解毒、消炎通乳之功效。

苦苣菜属 *Sonchus* L. 本地常见有 3 种。

续断菊（花叶滇苦菜）

Sonchus asper (L.) Hill.

一年生草本，高 20 ～ 50cm。根倒圆锥状。茎单生或少数茎成簇生，上部长或短总状或伞房状花序分枝，茎枝光滑无毛或上部及花梗被头状具柄的腺毛。基生叶与茎生叶同型，但较小；中下部茎叶长椭圆形、倒卵形、匙状或匙状椭圆形，包括渐狭的翼柄长 7 ～ 13cm，宽 2 ～ 5cm，顶端渐尖、急尖或钝，基部渐狭成翼柄，柄基耳状抱茎或基部无柄；上部茎叶披针形，不裂，基部扩大，圆耳状抱茎，或下部叶或全部茎叶羽状浅裂、半裂或深裂，侧裂片 4 ～ 5 对椭圆形、三角形、宽镰刀形或半圆形。全部叶及裂片与抱茎的圆耳边缘有尖齿刺，两面光滑无毛。头状花序少数（5 个）或较多（10 个）在茎枝顶端排成伞房花序。总苞宽钟状，长约 1.5cm，宽 1cm；总苞片 3 ～ 4 层，向内层渐长，覆瓦状排列，外层长披针形或长三角形，长 3mm，宽不足 1mm，中内层长椭圆状披针形至宽线形，长达 1.5cm，宽 1.5 ～ 2mm；全部苞片顶端急尖，外面光滑无毛。舌状小花黄色。瘦果倒披针状，褐色，压扁，两面各有 3 条细纵肋，肋间无横皱纹。冠毛白色，长达 7mm，彼此纠缠，基部连合成环。花、果期 5 ～ 10 月。

分布于新疆、山东、江苏、安徽、江西、湖北、四川、云南、西藏等多个省区。生长于山坡、林缘及水边。欧洲、西亚、俄罗斯、日本、喜马拉雅山也有分布。

本地较常见，生长于河岸沟谷山坡及村落附近农田地边、路旁草丛中。榆林市各地均有分布。

长裂苦苣菜（甜苣）

Sonchus brachyotus DC.

一年生草本，高 50 ～ 100cm。根垂直直伸，生多数须根。茎直立，有纵条纹，上部有伞房状花序分枝，全部茎枝光滑无毛。基生叶与下部茎叶卵形、长椭圆形或倒披针形，长 6 ～ 19cm，宽 1.5 ～ 11cm，羽状深裂、半裂或浅裂，向下渐狭，无柄或有短翼柄，基部半抱茎，侧裂片 3 ～ 5 对，线状长椭圆形、长三角形或三角形，顶裂片披针形；中上部茎叶较小；最上部茎叶宽线形或宽线状披针形，接花序下部的叶常钻形；全部叶两面光滑无毛。头状花序少数在茎枝顶端排成伞房状花序。总苞钟状，长 1.5 ～ 2cm，宽 1 ～ 1.5cm；总苞片 4 ～ 5 层，最外层卵形，中层长三角形至披针形，内层长披针形，全部总苞片顶端急尖，外面光滑无毛。舌状小花多数，黄色。瘦果长椭圆状，褐色，稍压扁，每面有 5 条高起的纵肋，肋间有横皱纹。冠毛白色。花、果期 6 ～ 9 月。

分布于华北地区及黑龙江、吉林、陕西、山东等多个省区，生长于山地草坡、河边或碱地。日本、蒙古、俄罗斯远东地区也有分布。

本地较常见，生长于河滩湿地、沟谷碱性湿草地中。榆林市各地有分布。

幼苗经开水焯过之后可以凉调食用。

苦苣菜

Sonchus oleraceus L.

一年或两年生草本，高 40 ～ 150cm。根圆锥状，有多数须根。茎直立，单生，不分枝或上部有分枝，茎枝光滑无毛，上部花序分枝及花序梗被头状具柄的腺毛。基生叶羽状深裂或不裂，全部基生叶基部渐狭成翼柄；中下部茎叶羽状深裂或大头状羽状深裂，全形椭圆形或倒披针形，基部急狭成翼柄，柄基圆耳状抱茎，侧生裂片 1 ～ 5 对，全部裂片顶端急尖或渐尖，下部茎叶或接花序分枝下方的叶顶端长渐尖，基部半抱茎；全部叶或裂片边缘及抱茎小耳边缘有大小不等的急尖锯齿或大锯齿，两面光滑无毛。头状花序少数，在茎枝顶端排成紧密的伞房花序或总状花序或单生于茎枝顶端。总苞宽钟状，长 1.5cm，宽 1cm；总苞片 3 ～ 4 层，覆瓦状排列，向内层渐长；外层长披针形或长三角形，中内层长披针形至线状披针形；全部总苞片顶端长急尖，外面无毛，外层或中、内层上部沿中脉有少数头状具柄的腺毛。舌状小花多数，黄色。瘦果褐色，长椭圆形，压扁，每面各有 3 条细脉，肋间有横皱纹，无喙，冠毛白色，单毛状，彼此纠缠。花、果期 5 ～ 12 月。

分布几乎遍布全球，生长于山坡或山谷林缘、林下或平地田间、空旷处或近水处。

本地较常见，生长于河岸、沟谷、村落路旁空地上。榆林市有分布，见于榆阳区、横山区、清涧县等地。

全草可入药，有祛湿、清热解毒之功效，亦可作饲料。

联毛紫菀属 *Symphyotrichum* Nees 本地常见有1种。

短星菊

Symphyotrichum ciliatum (Ledebour) G. L. Nesom (*Brachyactis ciliata* Ledeb.)

一年生草本，高20～60cm。茎直立，自基部分枝，下部常紫红色，上部被疏短糙毛。叶较密集，基部叶花期常凋落。叶无柄，线形或线状披针形，长2～6cm，宽3～6mm，顶端稍尖，基部半抱茎，全缘，边缘有糙缘毛，上部叶渐小而逐渐变成总苞片。头状花序多数，在茎或枝端排成总状圆锥花序，径1～2cm，具短花序梗。总苞半球状钟形，总苞片2～3层，线形，不等长，外层绿色，长7～8mm，宽约1mm，有时反折，顶端及边缘有缘毛，内层下部边缘膜质，上部草质。雌花多数，花冠细管状，连同花柱长约4mm，上端斜切，或有长达1.2mm的短舌片；两性花花冠管状，长4～4.5mm，管部上端被微毛，无色或裂片淡粉色，花柱分枝披针形，花全部结实。瘦果长圆形，红褐色，被密短软毛；冠毛2层，白色，外层刚毛状，极短，内层糙毛状。花、果期8～10月。

分布于我国北方多个省区，常生长于山坡荒野、山谷河滩或盐碱湿地上。蒙古、朝鲜、日本及俄罗斯西伯利亚地区也有分布。

本地有分布，生长于河滩、湿地草丛中。榆林市各地均有分布。

河滩、湿地常见杂草。

鸦葱属 *Takhtajaniantha* 本地常见有1种。

鸦葱（兔儿奶）

Takhtajaniantha austriaca **(Willd.) Zaika, Sukhor. & N. Kilian**
(*Scorzonera austriaca* Willd.)

多年生草本，高10～42cm。根垂直直伸，黑褐色。茎多数，簇生，光滑无毛，茎基被稠密的鞘状残遗物。基生叶线形、线状披针形、线状长椭圆形、长椭圆形，长3～35cm，宽0.2～2.5cm，顶端渐尖，向下部渐狭成具翼的长柄，柄基扩大成叶鞘，3～7出脉，侧脉不明显，边缘平或稍见皱波状，两面无毛；茎生叶2～3枚，鳞片状，披针形或钻状披针形，基部心形，半抱茎。头状花序单生于茎端。总苞圆柱状，直径1～2cm。总苞片约5层，外层三角形或卵状三角形，长6～8mm，宽约6.5mm，中层偏斜披针形或长椭圆形，长1.6～2.1cm，宽5～7mm，内层线状长椭圆形，长2～2.5cm，宽3～4mm；全部总苞片外面光滑无毛。舌状小花黄色。瘦果圆柱状，长1.3cm，有多数纵肋，无毛，无脊瘤。冠毛淡黄色，长1.7cm，与瘦果连接处有蛛丝状毛环。花、果期4～7月。

分布于全国多个省区，生长于山坡、草滩及河滩地。欧洲中部、地中海沿岸、俄罗斯、哈萨克斯坦及蒙古也有分布。

本地较常见，生长于黄土丘陵山坡、河谷草地中。榆林市各地均有分布。

河滩地、草滩及山坡常见杂草。

蒲公英属 *Taraxacum* F. H. Wigg. 本地常见有1种。

蒲公英（蜕褪黄花 抱娃娃菜）

Taraxacum mongolicum Hand.–Mazz.

多年生草本。根圆柱状，粗壮。叶倒卵状披针形、倒披针形或长圆状披针形，长4～20cm，宽1～5cm，先端钝或急尖，边缘有时具波状齿或羽状深裂，有时倒向羽状深裂或大头羽状深裂，顶端裂片较大，全缘或具齿，每侧裂片3～5片，通常具齿，叶柄及主脉常带红紫色，疏被蛛丝状白色柔毛或几无毛。花葶1至数个，与叶等长或稍长，上部紫红色，密被蛛丝状白色长柔毛；头状花序直径30～40mm；总苞钟状，淡绿色；总苞片2～3层，外层总苞片卵状披针形或披针形，边缘宽膜质，基部淡绿色，上部紫红色；内层总苞片线状披针形，先端紫红色，具小角状突起；舌状花黄色，舌片长约8mm，宽约1.5mm，边缘花舌片背面具紫红色条纹，花药和柱头暗绿色。瘦果倒卵状披针形，暗褐色，上部具小刺，下部具成行排列的小瘤，喙长6～10mm；冠毛白色。花期4～9月，果期5～10月。

分布几乎遍布全国，生长于中、低海拔地区的山坡草地、路边、田野、河滩。朝鲜、蒙古、俄罗斯也有分布。

本地极为常见的杂草，生长于田边地头、路旁、村落房前屋后及空旷草地中。榆林市各地均有分布。

全草入药，是《中国药典》指定的中药材“蒲公英”的原植物，入药具有清热解毒、消肿散结之功效。幼苗可作野菜食用。

款冬属 *Tussilago* L. 本地常见有1种。

款冬（款冬花 冬花）

Tussilago farfara L.

多年生草本。根状茎横生地下，褐色。基生叶于花后生出，阔心形或卵形，长3～12cm，宽4～14cm，边缘有波状，顶端增厚的疏齿，掌状网脉，下面密被白色绒毛；叶柄长5～15cm，被白色棉毛。早春花叶抽出数个花葶，高5～10cm，密被白色绒毛，有鳞片状，互生的苞叶，苞叶淡紫色。头状花序单生于顶端，直径2.5～3cm，初时直立，花后下垂；总苞片1～2层，总苞钟状，结果时长15～18mm，总苞片线形，顶端钝，常带紫色，被白色柔毛及脱毛，有时具黑色腺毛；边缘有多层雌花，花冠舌状，黄色，子房下位；柱头2裂；中央的两性花少数，花冠管状，顶端5裂；花药基部尾状；柱头头状，通常不结实。瘦果圆柱形，长3～4mm；冠毛白色，长10～15mm。

分布于我国南北多个省区，常生长于山谷湿地或林下。俄罗斯，亚洲、西欧和北非也有分布。

本地比较少见，仅在木瓜附近见到逸生小种群。榆林市各地均有分布。

花蕾入药称“款冬花”，是《中国药典》指定的中药材“款冬花”的原植物。入药具有止咳、润肺、化痰之功效，也为蜜源植物。各地药圃均广泛栽培。

苍耳属 *Xanthium* L. 本地常见有 2 种。

意大利苍耳（大苍耳）

Xanthium italicum More.

一年生草本，植株高可达 2m。侧根分支很多，长可达 2.1m；深入地下达 1.3m，茎直立，通体淡绿色，常具紫黑色斑点，粗壮，基部木质化，有棱，常多分枝。单叶互生，茎下部叶近于对生，茎上部叶互生，叶片三角状卵形至宽卵形，边缘具齿或裂，3 条主脉明显，两面被短硬毛。头状花序单性同株；雄花序生长于雌花序的上方；雄头状花序球形，直径 5mm，聚生成短的穗状或总状花序，总苞片长圆状披针形，花托柱状，托片倒披针形，顶端尖，有微毛，有多数雄花，花冠钟形，管部上端有 5 宽裂片；花药长圆状线形；雌头状花序椭圆形，内具 2 花，外层总苞片小，披针形，被短柔毛，内层总苞片囊状，宽卵形或椭圆形，绿色、淡黄绿色或有时带红褐色，在瘦果成熟时变坚硬，外面有疏生的具钩状的刺，刺中部以下被白色透明的刚毛和短腺毛；总苞先端具 1 对张开的喙，喙坚硬。瘦果 2 枚，倒卵形。种子灰黄色，膜质有光泽。花期 7 ～ 8 月，果期 9 ～ 10 月。

原产于欧洲和北美洲，20 世纪 90 年代初传入中国。植株高大，叶大，覆盖度大，常与当地土著物种争夺水分、营养及光照；繁殖能力强，单株结籽可达 1400 粒，果实表面带有钩刺，便于繁殖体传播，很容易在新的环境中形成单优势种群落，对当地物种带来不利影响。一旦侵入农田，会对玉米、棉花、大豆等秋粮作物造成危害。

本种已被列为二级外来入侵物种。本地目前已很常见，在黄河沿岸及其他村镇附近都有发现。生长于河滩草地或农田地边、山坡路旁草丛中，且有蔓延趋势。因此，应当对其进行严密监控，采取必要措施加以防控。

苍耳（苍耳子）

Xanthium strumarium L.
(*Xanthium sibiricum* Patrin ex Widder)

一年生草本，高 20 ～ 90cm。根纺锤状，分枝或不分枝。茎直立不分枝或少有分枝，被灰白色糙伏毛。叶三角状卵形或心形，长 4 ～ 9cm，宽 5 ～ 10cm，近全缘，或有 3 ～ 5 不明显浅裂，顶端尖或钝，基部稍心形或截形，边缘有不规则的粗锯齿，有三基出脉，侧脉弧形，直达叶缘；叶柄长 3 ～ 11cm。头状花序单性同株。雄头状花序球形，径 4 ～ 6mm，有或无花序梗，总苞片长圆状披针形，长 1 ～ 1.5mm，被短柔毛，花托柱状，有多数雄花，花冠钟形，管部上端有 5 宽裂片；花药长圆状线形；雌头状花序椭圆形，外层总苞片小，内层总苞片结合成囊状，宽卵形或椭圆形，在瘦果成熟时变坚硬，连同喙部长 12 ～ 15mm，宽 4 ～ 7mm，外面有疏生的钩状刺，刺细而直，长 1 ～ 1.5mm，基部被柔毛，常有腺点；喙坚硬，上端略呈镰刀状，长 1.5 ～ 2.5mm。瘦果 2 枚，倒卵形。花期 7 ～ 8 月，果期 9 ～ 10 月。

分布于全国多个省区，常生长于平原、丘陵、低山、荒野路边、田边。俄罗斯及亚洲多国也有分布。

本地较常见，生长于田边地头、村落附近或路旁空地草丛中。榆林市各地均有分布。

本种为一种常见的田间杂草，种子可榨油，苍耳子油与桐油的性质相似，可掺和桐油制油漆，也可作油墨、肥皂、油毡的原料；又可制硬化油及润滑油；果实入药称“苍耳子”，是《中国药典》指定的中药材“苍耳子”的原植物，入药具有散风寒、通鼻窍、祛风湿等功效。

百日菊属 *Zinnia* L. 本地常见栽培1种。

百日菊（步步登高　百日草　节节高）

Zinnia elegans Jacq.

一年生草本，高30～100cm。茎直立，被糙毛或长硬毛。叶宽卵圆形或长圆状椭圆形，长5～10cm，宽2.5～5cm，基部稍心形抱茎，两面粗糙，下面被密的短糙毛，基出三脉。头状花序径5～6.5cm，单生于枝端。总苞宽钟状；总苞片多层，宽卵形或卵状椭圆形，外层长约5mm，内层长约10mm，边缘黑色。托片上端有延伸的附片；附片紫红色，流苏状三角形。小花两型，外围一层为舌状花，雌性；中央具多数管状花，管状花两性；两种花均可结实。舌状花有多种颜色，舌片倒卵圆形，先端2～3齿裂或全缘，上面被短毛，下面被长柔毛。管状花黄色或橙色，长7～8mm，先端裂片卵状披针形，上面被黄褐色密绒毛。雌花瘦果倒卵圆形，长6～7mm，宽4～5mm，扁平；管状花瘦果倒卵状楔形，长7～8mm，宽3.5～4mm，极扁。花期6～9月，果期7～10月。

外来物种，原产于墨西哥。著名的观赏植物，有单瓣、重瓣、卷叶、皱叶和各种不同颜色的园艺品种，在我国各地广泛栽培，有时逸为野生。

本地有栽培，见于公园、广场草坪或机关院落等地。榆林市多地有栽培。

74 香蒲科 Typhaceae

本地常见有 1 属 2 种。

香蒲属 *Typha* L. 本地常见有 2 种。

水烛（毛蜡　水蜡烛　蒲草）

***Typha angustifolia* L.**

多年生水生或沼生草本。根状茎乳黄色、先端白色。地上茎直立，粗壮，高 1.5 ~ 3m。叶片长 54 ~ 120cm，宽 0.4 ~ 0.9cm；叶鞘抱茎。雌雄花序相距 2.5 ~ 6.9cm；雄花序轴具褐色扁柔毛，单出，或分叉；叶状苞片 1 ~ 3 枚，花后脱落；雌花序长 15 ~ 30cm，基部具 1 枚叶状苞片，花后脱落；雄花由 3 枚雄蕊合生，有时 2 枚或 4 枚组成，花药长约 2mm，花粉粒单体，近球形、花丝短，下部合生成柄，长 2 ~ 3mm，向下渐宽；雌花具小苞片；孕性雌花柱头窄条形或披针形，长 1.3 ~ 1.8mm，花柱长 1 ~ 1.5mm，子房纺锤形，具褐色斑点，子房柄纤细，长约 5mm；不孕雌花子房倒圆锥形，不育柱头短尖；白色丝状毛着生于子房柄基部。小坚果长椭圆形，具褐色斑点，纵裂。种子深褐色。花、果期 6 ~ 9 月。

分布于我国南北多个省区，生长于湖泊、河流、池塘浅水处，沼泽、沟渠亦常见，也可生长于湿地中。亚洲多国、俄罗斯、欧洲、美洲及大洋洲也有分布。

本地较常见，生长于池塘、河沟浅水边或湿地草丛中。榆林市各地均有分布。

水烛经济价值较高，是一种很好的纤维植物。除此之外，其花粉是重要的中药材，也是《中国药典》指定的中药材“蒲黄”的原植物之一。入药具有止血、化瘀、通淋之功效。

小香蒲

Typha minima Funck ex Hoppe

多年生沼生或水生草本。根状茎姜黄色或黄褐色，先端乳白色。地上茎直立，细弱，矮小，高16～65cm。叶通常基生，鞘状，无叶片，如叶片存在，长15～40cm，宽1～2mm，短于花葶，叶鞘边缘膜质，叶耳向上伸展，长0.5～1cm。雌雄花序远离，雄花序长3～8cm，花序轴无毛，基部具1枚叶状苞片，长4～6cm，宽4～6mm，花后脱落；雌花序长1.6～4.5cm，叶状苞片明显宽于叶片。雄花无被，雄蕊通常1枚单生，有时2～3枚合生，基部具短柄，长约0.5mm，向下渐宽，花药长1.5mm，花粉粒成四合体，纹饰颗粒状；雌花具小苞片；孕性雌花柱头条形，长约0.5mm，花柱长约0.5mm，子房纺锤形，长0.8～1mm，子房柄长约4mm，纤细；不孕雌花子房长1～1.3mm，倒圆锥形；白色丝状毛先端膨大呈圆形，着生于子房柄基部，或向上延伸，与不孕雌花及小苞片近等长，均短于柱头。小坚果椭圆形，纵裂，果皮膜质。种子黄褐色，椭圆形。花、果期5～8月。

分布于全国多个省区，生长于池塘、水沟边的浅水处，亦常见于湿地及低洼处。俄罗斯，亚洲北部、欧洲等均有分布。

本地较常见，生长于河沟池塘中，或河漫滩湿地草丛中。榆林市各地均有分布。

利用价值与水烛相同。

75 眼子菜科 Potamogetonaceae

本地常见有 2 属 3 种。

眼子菜属 *Potamogeton* L. 本地常见有 2 种。

菹草（札草　虾藻）

***Potamogeton crispus* L.**

多年生沉水草本，具近圆柱形的根茎。茎稍扁，多分枝，近基部常匍匐地面，于节处生出疏或稍密的须根。叶条形，无柄，长 3 ～ 8cm，宽 3 ～ 10mm，先端钝圆，基部约 1mm 与托叶合生，但不形成叶鞘，叶缘多少呈浅波状，具疏或稍密的细锯齿；叶脉 3 ～ 5 条，平行，顶端连接，中脉近基部两侧伴有通气组织形成的细纹，次级叶脉疏而明显可见；托叶薄膜质，长 5 ～ 10mm，早落；休眠芽腋生，略似松果，长 1 ～ 3cm，革质叶，左右二列密生，基部扩张，肥厚，坚硬，边缘具有细锯齿。穗状花序顶生，具花 2 ～ 4 轮，初时每轮 2 朵对生，穗轴伸长后常稍不对称；花序梗棒状，较茎细；花小，花被片 4，淡绿色，雌蕊 4 枚，基部合生。果实卵形，长约 3.5mm，果喙长可达 2mm，向后稍弯曲，背脊约 1/2 以下具齿牙。花、果期 4 ～ 7 月。

分布于我国南北方各省区，生长于池塘、水沟、水稻田、灌渠及缓流河水中，水体多呈微酸至中性。世界广泛分布。

本地有分布，见于池塘、水沟、灌渠及缓流河水中。榆林市各地均有分布。

本种为草食性鱼类的良好天然饵料，我国的一些地区选其作囤水田养鱼的草种。

穿叶眼子菜（抱茎眼子菜）

Potamogeton perfoliatus L.

多年生沉水草本。具发达的根茎，根茎白色，节处生有须根。茎圆柱形，直径 0.5 ~ 2.5mm，上部多分枝。叶卵形、卵状披针形或卵状圆形，无柄，先端钝圆，基部心形，呈耳状抱茎，边缘波状，常具极细微的齿；基出 3 脉或 5 脉，弧形，顶端连接，次级脉细弱；托叶膜质，无色，长 3 ~ 7mm，早落。穗状花序顶生，具花 4 ~ 7 轮，密集或稍密集；花序梗与茎近等粗，长 2 ~ 4cm；花小，花被片 4，淡绿色或绿色；雌蕊 4 枚，离生。果实倒卵形，长 3 ~ 5mm，顶端具短喙，背部 3 脊，中脊稍锐，侧脊不明显。花、果期 5 ~ 10 月。

产于全国多个省区，生长于湖泊、池塘、灌渠、河流等水体，水体多为微酸至中性。广布世界各大洲。

本地有分布，生长于静水池塘、沟渠等处。榆林市多地有分布。

全草可作鱼饲料；亦可入药，具有渗湿、解表之功效。

篦齿眼子菜属 *Stuckenia* Börner 本地常见有 1 种。

丝叶眼子菜

Stuckenia filiformis (Persoon) Borner
(*Potamogeton filiformis* Pers.)

多年生沉水草本。根茎细长，白色，直径约 1mm，具分枝，常于春末至秋季在主根茎及其分枝顶端形成卵球形休眠芽体。茎圆柱形，纤细，直径约 0.5mm，自基部多分枝；节间常短缩，长 0.5 ～ 2cm，或伸长。叶线形，长 3 ～ 7cm，宽 0.3 ～ 0.5mm，先端钝，基部与托叶贴生成鞘；鞘长 0.8 ～ 1.5cm，绿色，合生成套管状抱茎（或至少在幼时为合生的管状），顶端具一长 0.5 ～ 1.5cm 的无色透明膜质舌片；叶脉 3 条，平行，顶端连接，中脉显著，边缘脉细弱而不明显，次级脉极不明显。穗状花序顶生，花两性，具花 2 ～ 4 轮，间断排列；花序梗细，长 10 ～ 20cm，与茎近等粗；花被片 4，近圆形，直径 0.8 ～ 1mm；雄蕊 4 枚，与花被对生，几无花丝；雌蕊 4 枚，离生，通常仅 1 ～ 2 枚发育为成熟果实。果实倒卵形，长 2 ～ 3mm，宽 1.5 ～ 2mm，喙极短，背脊通常钝圆。花、果期 7 ～ 10 月。

分布于陕西（北部）、宁夏（东部）、新疆等省区，生长于微碱性沟塘、湖沼等静水体。也分布于欧洲、中亚和北美温带水域。

本地有分布，见于县城新区附近的静水池塘中。榆林市有零星分布。

全草可作鱼饲料，亦可作绿肥。

76 水鳖科 Hydrocharitaceae

本地常见有 1 属 1 种。

黑藻属 *Hydrilla* Rich. 本地常见有 1 种。

黑藻

***Hydrilla verticillata* (L. f.) Royle**

多年生沉水草本。茎圆柱形，质较脆。休眠芽呈长卵圆形；苞叶多数，螺旋状紧密排列，白色或淡黄绿色，狭披针形至披针形。叶 3 ～ 8 枚轮生，线形或长条形，常具紫红色或黑色小斑点，先端锐尖，具腋生小鳞片；主脉 1 条，明显。花单性，雌雄同株或异株；雄佛焰苞近球形，绿色，表面具明显的纵棱纹，顶端具刺凸；雄花萼片 3 枚，白色；花瓣 3，白色或粉红色；雄蕊 3，花丝纤细，花药线形，2 ～ 4 室；雄花成熟后自佛焰苞内放出，漂浮于水面开花；雌佛焰苞管状，绿色；苞内有 1 朵雌花。果实圆柱形，表面常有 2 ～ 9 个刺状凸起。种子 2 ～ 6 粒，茶褐色。植物以休眠芽繁殖为主。花、果期 5 ～ 10 月。

分布于我国南北多个省区，生长于淡水中。广布于欧亚大陆热带至温带地区。

本地有分布，见于胡桥沟景区河沟水塘中。榆林市有零星分布。

全草可作鱼饲料，亦可作绿肥。

77 水麦冬科 Juncaginaceae

本地常见有1属2种。

水麦冬属 *Triglochin* L. 本地常见有2种。

海韭菜

***Triglochin maritima* Linnaeus**
(*Triglochin maritimum* L.)

多年生湿生草本。植株稍粗壮。根茎短，着生多数须根，常有棕色叶鞘残留物。叶全部基生，条形，长7～30cm，宽1～2mm，基部具鞘，鞘缘膜质，顶端与叶舌相连。花葶直立，较粗壮，圆柱形，光滑，中上部着生多数排列较紧密的花，呈顶生总状花序，无苞片，花梗长约1mm，开花后长可达2～4mm。花两性；花被片6枚，绿色，2轮排列，外轮呈宽卵形，内轮较狭；雄蕊6枚，分离，无花丝；雌蕊淡绿色，由6枚合生心皮组成，子房上位，柱头毛笔状。蒴果6棱状椭圆形或卵形，长3～5mm，径约2mm，成熟后呈6瓣开裂。花、果期6～10月。

分布于东北、华北、西北、西南各省区，生长于湿砂地或海边盐滩上。广布于北半球温带及寒带。

本地有分布，见于河漫滩、沟谷湿地草丛中。榆林市各地均有分布。

耐盐湿生植物，具有净化水质的作用。

水麦冬

Triglochin palustris Linnaeus (*Triglochin palustre* L.)

多年生湿生草本，植株弱小。根茎短，生有多数须根。叶全部基生，条形，长达20cm，宽约1mm，先端钝，基部具鞘，两侧鞘缘膜质，残存叶鞘纤维状。花葶细长，直立，圆柱形，无毛；总状花序，花排列较疏散，无苞片；花梗长约2mm；花被片6枚，绿紫色，椭圆形或舟形，长2～2.5mm；雄蕊6枚，与花被对生，近无花丝，花药卵形，长约1.5mm，2室；雌蕊由3个合生心皮组成，子房上位，每室1胚珠，柱头毛笔状。蒴果棒状条形，长约6mm，直径约1.5mm，成熟时自下至上呈3瓣开裂，仅顶部联合。花、果期6～10月。

分布于东北、华北、西北、西南各地区，常生长于咸湿地或浅水处。北美、欧洲及亚洲也有分布。

本地较常见，生长于河漫滩、沟谷湿地草丛中。榆林市各地均有分布。

耐盐湿生植物，具有净化水质的作用。

78 禾本科 Poaceae (Gramineae)

本地常见有32属41种1亚种4变种，栽培5属5种。

羽茅属 *Achnatherum* P. Beauv. 本地常见有1种。

羽茅（光颖芨芨草）

***Achnatherum sibiricum* (L.) Keng**

多年生草本。须根较粗，有时具砂套。秆直立，平滑，疏丛，高60～150cm，具3～4节，基部具鳞芽。叶鞘松弛，光滑，上部者短于节间；叶舌厚膜质，长0.5～2mm，平截，顶端具裂齿；叶片扁平或边缘内卷，质地较硬，上面与边缘粗糙，下面平滑，长20～60cm，宽3～7mm。圆锥花序较紧缩，长10～30(60)cm，宽2～3cm，分枝3至数枚簇生，稍弯曲或直立斜向上伸，具微毛，长2～5cm，稀长达10cm，自基部着生小穗；小穗草绿色或紫色，长8～10mm；颖膜质，长圆状披针形，顶端尖，近等长或第二颖稍短，背部微粗糙，具3脉，脉纹上具短刺毛；外稃长6～7mm，顶端具2微齿，被较长的柔毛，背部密被短柔毛，具3脉，脉于顶端汇合，基盘尖，长约1mm，具毛，芒长18～25mm，一回或不明显的二回膝曲，芒柱扭转且具细微毛；内稃约等长于外稃，背部圆形，无脊，具2脉，脉间被短柔毛；花药长约4mm，顶端生毫毛。颖果圆柱形，长约4mm。花、果期7～9月。

分布于东北、华北、西北地区及河南、西藏等省区，生长于山坡草地、林缘及路旁。俄罗斯也有分布。

本地有分布，见于山坡路旁、砂质地草丛中。榆林市有零星分布。

全草可作牧草或造纸原料。

冰草属 *Agropyron* Gaertn. 本地常见有1种。

沙芦草

Agropyron mongolicum Keng

多年生草本。根长而密集，常具砂套。秆成疏丛，直立，高20～60cm，有时基部横卧而节生根成匍茎状，具2～3（6）节。叶片长5～15cm，宽2～3mm，内卷成针状，叶脉隆起成纵沟，脉上密被微细刚毛。穗状花序长3～9cm，宽4～6mm，穗轴节间长3～5（10）mm，光滑或生微毛；小穗向上斜升，长8～14mm，宽3～5mm，含（2）3～8小花；颖两侧不对称，具3～5脉，第一颖长3～6mm，第二颖长4～6mm，先端具长约1mm的短尖头，外稃无毛或具稀疏微毛，具5脉，先端具短尖头，长约1mm，第一外稃长5～6mm；内稃脊具短纤毛。

分布于内蒙古、山西、陕西、甘肃等省区，生长于干燥草原、沙地。

本地有分布，生长于山坡、沙地草丛中。榆林市榆阳区、横山区、靖边县、定边县、米脂县、神木市等地有分布。

沙芦草是干旱草原地区的优质牧草，各种家畜均喜食。因其抗旱、耐寒、耐风沙、耐瘠薄且为多年生草本等特点，成为我国北方天然草场更新与改良的主要草种。目前已被列为国家二级重点保护野生植物。沙芦草在本地分布有限，应加强重点保护。

剪股颖属 *Agrostis* L. 本地常见有1种。

巨序剪股颖（小糠草）

Agrostis gigantea Roth

多年生草本，高30～130cm。具根状茎或秆的基部偃卧。秆2～6节，平滑。叶鞘短于节间；叶舌干膜质，长圆形，长3～11mm，先端齿裂；叶片扁平，线形，长5～30cm，宽0.3～1cm，边缘和脉粗糙。花序长圆形或尖塔形，疏松或紧缩，长10～25cm，宽3～10cm，每节具5至多数分枝，稍粗糙，基部不裸露，有小穗在基部腋生。小穗草绿色或带紫色，穗梗粗糙，小穗长2～2.5mm，颖片舟形，两颖等长或第一颖稍长，先端尖，背部具脊，脊的上部或颖的先端稍粗糙；外稃长1.8～2mm，先端钝圆，无芒；基盘两侧簇生长达0.2～0.4mm的毛；内稃长为外稃的2/3～3/4，长圆形，顶端圆或微有不明显的齿。花药长1～1.2mm。花、果期于夏秋季。

分布于全国多个省区，生长于低海拔的潮湿处、山谷和草地上。俄罗斯、日本和喜马拉雅山等地也有分布。

本地有分布，生长于河岸、沟谷湿润草丛中。榆林市有分布，见于榆阳区、靖边县等地。

草质柔软，适口性好，为优等牧草。

黄花茅属 *Anthoxanthum* L. 本地常见有1种。

茅香

Anthoxanthum nitens (Weber) Y. Schouten & Veldkamp (*Hierochloe odorata* (Linn.) Beauv.)

多年生草本，秆高50～60cm。根茎细长。具3～4节，上部常裸露。叶鞘无毛或毛极少，长于节间；叶舌透明膜质，长2～5mm，先端啮蚀状；叶片披针形，质较厚，上面被微毛，长5cm，宽7mm，基生者可长达40cm。圆锥花序长约10cm；小穗淡黄褐色，有光泽，长5mm；颖膜质，具1～3脉，等长或第一颖稍短；有1顶生两性小花和2侧生的雄性小花，两侧压扁；小穗轴脱节于颖之上；雄花外稃稍短于颖，顶具微小尖头，背部向上渐被微毛，边缘具纤毛；孕花外稃锐尖，长约3.5mm，上部被短毛。花、果期6～9月。

分布于全国多个省区，常生长于背阴山坡、河漫滩或湿润草地。

本地有分布，生长于河滩沟谷、湿润草丛中。榆林市有分布，见于榆阳区、靖边县等地。

本种因含香豆素，可用作香草浸剂；其根茎蔓延还可巩固坡地，以防止水土流失。

三芒草属 *Aristida* L. 本地常见有1种。

三芒草（三枪草）

Aristida adscensionis L.

一年生草本，高15～45cm。须根坚韧，有时具砂套。秆具分枝，丛生，光滑，直立或基部膝曲。叶鞘短于节间，光滑无毛，叶舌短而平截，膜质，具长约0.5mm之纤毛；叶片纵卷，长3～20cm。圆锥花序狭窄或疏松，长4～20cm；分枝细弱，单生；小穗灰绿色或紫色；颖膜质，具1脉，脉上粗糙，第一颖长4～6mm，第二颖长5～7mm；外稃明显长于第二颖，长7～10mm，具3脉，中脉粗糙，芒粗糙无毛，主芒长1～2cm，两侧芒稍短；内稃透明膜质，被外稃所包。花、果期6～10月。

分布于东北、华北、西北地区，河南、山东及江苏等多个省区，生长于干山坡、黄土坡、河滩沙地及石隙内。广布于全世界温带地区。

本地十分常见，生长于山坡、沟谷、河滩草丛中。榆林市各地均有分布。

植株可用作饲料，须根可做刷子、扫帚等用具。

荩草属 *Arthraxon* P. Beauv. 本地常见有1种。

荩草

Arthraxon hispidus (Thunb.) Makino

一年生草本，高30～60cm。秆细弱，无毛，基部倾斜，具多节，常分枝，基部节着地易生根。叶鞘短于节间，生短硬疣毛；叶舌膜质，长0.5～1mm，边缘具纤毛；叶片卵状披针形，长2～4cm，宽0.8～1.5cm，基部心形，抱茎，除下部边缘生疣基毛外余均无毛。总状花序细弱，长1.5～4cm，2～10枚呈指状排列或簇生于秆顶；总状花序轴节间无毛。无柄小穗卵状披针形，两侧压扁，长3～5mm，灰绿色或带紫；第一颖草质，边缘膜质，包住第二颖2/3，具7～9脉，脉上粗糙至生疣基硬毛，尤以顶端及边缘为多，先端锐尖；第二颖近膜质，与第一颖等长，舟形，脊上粗糙，具3脉而2侧脉不明显，先端尖；第一外稃长圆形，透明膜质，先端尖，长为第一颖的2/3；第二外稃与第一外稃等长，透明膜质，近基部伸出一膝曲的芒；芒长6～9mm，下部扭转；雄蕊2枚；花药黄色或带紫色，长0.7～1mm。颖果长圆形，与稃体等长。有柄小穗退化仅剩短柄，柄长0.2～1mm。花、果期9～11月。

遍布全国各地及欧洲、亚洲和非洲的温暖区域，变异性甚大，生长于山坡草地阴湿处。

本地有分布，见于河岸、山谷、农田地边阴湿草丛中。榆林市各地均有分布。

草质柔软，适口性好，可做牧草或饲料。

燕麦属 *Avena* L. 本地常见有1种。

野燕麦

Avena fatua L.

一年生草本，高60～120cm。须根较坚韧。秆直立，光滑无毛，具2～4节。叶鞘松弛，光滑或基部者被微毛；叶舌透明膜质；叶片扁平，微粗糙。圆锥花序开展，金字塔形，长10～25cm，分枝具棱角，粗糙；小穗含2～3小花，其柄弯曲下垂，顶端膨胀；小穗轴密生淡棕色或白色硬毛，其节脆硬易断落，第一节间长约3mm；颖草质，几相等，通常具9脉；外稃质地坚硬，第一外稃背面中部以下具淡棕色或白色硬毛，芒自稃体中部稍下处伸出，长2～4cm，膝曲，芒柱棕色，扭转。颖果被淡棕色柔毛，腹面具纵沟。花、果期4～9月。

原产于欧洲南部地中海沿岸，19世纪中叶传入我国，现广布于我国南北方各省。常为小麦田间杂草，其消耗的水分较小麦多1倍，同时种籽大量混杂于小麦粒内，使小麦的质量降低，已被列为二级外来入侵物种。

本地有分布，见于撂荒农田或路旁草丛中，也是常见的田间杂草。榆林市各地均有分布。

本种除为粮食的代用品及牛、马的青饲料外，又是造纸原料，也是小麦黄矮病寄主。

孔颖草属 *Bothriochloa* Kuntze 本地常见有 1 种。

白羊草（黄贝）

Bothriochloa ischaemum (Linnaeus) Keng

多年生草本，高 25 ～ 70cm。秆丛生，具 3 至多节，节上无毛或具白色髯毛；叶鞘无毛，常短于节间；叶片线形，长 5 ～ 16cm，宽 2 ～ 3mm，先端渐尖，基部圆形，两面疏生疣基柔毛或下面无毛。总状花序 4 至多数着生于秆顶，长 3 ～ 7cm，灰绿色或带紫褐色，总状花序轴节间与小穗柄两侧具白色丝状毛；无柄小穗两性，长圆状披针形，长 4 ～ 5mm，基盘具髯毛；第一颖草质，背部中央略下凹，具 5 ～ 7 脉，具丝状柔毛，先端钝或带膜质；第二颖舟形，中部以上具纤毛；脊上粗糙，边缘亦膜质；第一外稃长圆状披针形，长约 3mm，先端尖，边缘上部疏生纤毛；第二外稃退化成线形，先端延伸成一膝曲扭转的芒，芒长 10 ～ 15mm；第一内稃长圆状披针形；第二内稃退化；鳞被 2；雄蕊 3 枚。有柄小穗雄性；第一颖具 9 脉；第二颖具 5 脉，背部扁平，两侧内折，边缘具纤毛。花、果期于秋季。

分布几乎遍布全国，生长于山坡草地和荒地。还分布于亚热带和温带地区。

本地较常见，生长于山坡灌丛下及草丛中。榆林市有分布，见于横山区、神木市、靖边县、定边县、绥德县等地。

本种可作牧草，根可制作各种刷子。

拂子茅属 *Calamagrostis* Adans. 本地常见有2种。

拂子茅

Calamagrostis epigejos (L.) Roth

多年生草本，高 45 ～ 100cm。具根状茎。秆直立，叶鞘平滑或稍粗糙，短于或基部者长于节间；叶舌膜质，长 5 ～ 9mm，长圆形，先端易破裂；叶片长 15 ～ 27cm，宽 4 ～ 13mm，扁平或边缘内卷，上面及边缘粗糙，下面较平滑。圆锥花序紧密，圆筒形，劲直，具间断，长 10 ～ 30cm，中部径 1.5 ～ 4cm，分枝粗糙，直立或斜向上升；小穗长 5 ～ 7mm，淡绿色或带淡紫色；两颖近等长或第二颖微短，先端渐尖，具 1 脉，第二颖具 3 脉，主脉粗糙；外稃透明膜质，长约为颖之半，顶端具 2 齿，基盘的柔毛几与颖等长，芒自稃体背中部附近伸出，细直，长 2 ～ 3mm；内稃长约为外稃 2/3，顶端细齿裂；小穗轴不延伸于内稃之后；雄蕊 3 枚，花药黄色，长约 1.5mm。花、果期 5 ～ 9 月。

分布遍及全国，生长于潮湿地及河岸沟渠旁。欧亚大陆温带地区皆有分布。

本地极为常见，生长于河沟、河滩、池塘边潮湿地及低洼地。榆林市各地均有分布。

为牲畜喜食的牧草，抗盐碱土壤，又耐强湿，是固定泥沙、保护河岸的良好材料。

假苇拂子茅

Calamagrostis pseudophragmites (Hall. F.) Koel.

多年生草本，秆直立，高 40 ～ 100cm。径 1.5 ～ 4mm。叶鞘平滑无毛，短于节间，有时在下部者长于节间；叶舌膜质，长 4 ～ 9mm，长圆形，顶端钝而易破碎；叶片长 10 ～ 30cm，宽 1.5 ～ 7mm，扁平或内卷，上面及边缘粗糙，下面平滑。圆锥花序长圆状披针形，疏松开展，长 10 ～ 35cm，宽 3 ～ 5cm，分枝簇生，直立，细弱，稍糙涩；小穗长 5 ～ 7mm，草黄色或紫色；颖线状披针形，成熟后张开，顶端长渐尖，第二颖较第一颖短 1/4 ～ 1/3，具 1 脉或第二颖具 3 脉，主脉粗糙；外稃透明膜质，长 3 ～ 4mm，具 3 脉，顶端全缘，稀微齿裂，芒自顶端或稍下伸出，细直，细弱，长 1 ～ 3mm，基盘的柔毛等长或稍短于小穗；内稃长为外稃的 1/3 ～ 2/3；雄蕊 3 枚，花药长 1 ～ 2mm。花、果期 7 ～ 9 月。

分布于我国南北方各省区，生长于山坡草地或河岸阴湿之处。欧亚大陆温带区域也有分布。

本地极为常见，生长于河岸、沟边、池塘边湿地草丛中。榆林市各地均有分布。

可作饲料和牧草；生活力强，可为防沙固堤的材料。

虎尾草属 *Chloris* Sw. 本地常见有1种。

虎尾草

Chloris virgata Sw.

一年生草本，高12～75cm。秆直立或基部膝曲，光滑无毛。叶鞘背部具脊；叶舌无毛或具纤毛；叶片线形，长3～25cm，边缘及上面粗糙。穗状花序5～10枚，长1.5～5cm，指状着生于秆顶，常直立而并拢成毛刷状，有时包藏于顶叶的膨胀叶鞘中，成熟时常带紫色；小穗无柄；颖膜质，具1脉；第一颖长约1.8mm，第二颖等长或略短于小穗；第一小花两性，外稃两侧压扁，呈倒卵状披针形，具3脉，芒自背部顶端稍下方伸出；内稃膜质，略短于外稃，具2脊，脊上被微毛；第二小花不孕，长楔形，仅存外稃，芒自背部边缘稍下方伸出。颖果纺锤形，淡黄色，光滑无毛而半透明。花、果期6～10月。

遍布全国各省区，生长于路旁荒野、河岸沙地、土墙及房顶上。两半球热带至温带也有分布。

本地极为常见，农田杂草，生长于农田地边、路旁草丛中。榆林市各地均有分布。

本种为各种牲畜食用的牧草。

隐子草属 *Cleistogenes* Keng 本地常见有 4 种。

丛生隐子草

Cleistogenes caespitosa Keng

多年生草本，高 20 ～ 45cm。秆纤细，丛生，径 1mm，黄绿色或紫褐色，基部常具短小鳞芽。叶鞘长于或短于节间，无毛，鞘口具长柔毛；叶舌具短纤毛；叶片线形，长 3 ～ 6cm，宽 2 ～ 4mm，扁平或内卷。分枝常斜上，长 1 ～ 3cm；小穗长 5 ～ 11mm，含 3 ～ 5 小花；颖卵状披针形，先端钝，近膜质，具 1 脉，第一颖长 1 ～ 2mm，第二颖长 2 ～ 3.5mm；外稃披针形，具 5 脉，边缘具柔毛，第一外稃长 4 ～ 5.5mm，先端具长 0.5 ～ 1mm 的短芒；内稃与外稃近等长；花药黄色，长约 3mm。花、果期 7 ～ 10 月。

分布于华北、西北部分省区，多生长于干燥山坡、林缘灌丛。

本地有分布，见于干燥山坡、林缘灌丛下或路旁草丛中。榆林市有分布，见于横山区、定边县、靖边县、绥德县等地。

本种根系发达，为较好的牧草，也是很好的水体保持植物。

北京隐子草

Cleistogenes hancei Keng

多年生草本，高 50 ～ 70cm。具短的根状茎。秆直立，疏丛，较粗壮，基部具向外斜伸的鳞芽，鳞片坚硬。叶鞘短于节间，无毛或疏生疣毛；叶舌短，先端裂成细毛；叶片线形，长 3 ～ 12cm，宽 3 ～ 8mm，扁平或稍内卷，两面均粗糙，质硬，斜伸或平展，常呈绿色，有时亦稍带紫色。圆锥花序开展，长 6 ～ 9cm，具多数分枝，基部分枝长 3 ～ 5cm，斜上；小穗灰绿色或带紫色，排列较密，长 8 ～ 14mm，含 3 ～ 7 小花；颖具 3 ～ 5 脉，侧脉常不明显，第一颖长 2 ～ 3.5mm，第二颖长 3.5 ～ 5mm，外稃披针形，有紫黑色斑纹，具 5 脉，第一外稃长约 6mm，先端具长 1 ～ 2mm 的短芒；内稃等长或较长于外稃，先端微凹，脊上粗糙。花、果期 7 ～ 11 月。

分布于全国多个省区，生长于山坡、路旁、林缘灌丛。

本地有分布，见于干燥山坡、林缘灌丛及路旁草丛中。榆林市有分布，见于清涧县等地。

本种根系发达，具有防止水土流失的作用，可作水土保持植物，亦可为优良牧草。

无芒隐子草

Cleistogenes songorica (Roshev.) Ohwi

多年生草本，高 15 ～ 50cm。秆丛生，直立或稍倾斜，基部具密集枯叶鞘。叶鞘长于节间，无毛，鞘口有长柔毛；叶舌长 0.5mm，具短纤毛；叶片线形，长 2 ～ 6cm，宽 1.5 ～ 2.5mm，上面粗糙，扁平或边缘稍内卷。圆锥花序开展，长 2 ～ 8cm，宽 4 ～ 7mm，分枝开展或稍斜上，分枝腋间具柔毛；小穗长 4 ～ 8mm，含 3 ～ 6 小花，绿色或带紫色；颖卵状披针形，近膜质，先端尖，具 1 脉，第一颖长 2 ～ 3mm，第二颖长 3 ～ 4mm；外稃卵状披针形，边缘膜质，第一外稃长 3 ～ 4mm，具 5 脉，先端无芒或具短尖头；内稃短于外稃，脊具长纤毛；花药黄色或紫色，长 1.2 ～ 1.6mm。颖果长约 1.5mm。花、果期 7 ～ 9 月。

分布于内蒙古、宁夏、甘肃、新疆、陕西等省区，多生长于干旱草原、荒漠或半荒漠砂质地。日本、俄罗斯及中亚等地也有分布。

本地有分布，见于干燥山坡草丛中。榆林市各地均有分布。

本种为优良牧草，各种家畜均喜采食。

糙隐子草

Cleistogenes squarrosa (Trin.) Keng

多年生草本，高 10 ～ 30cm。秆直立或铺散，密丛，纤细，具多节，干后常成蜿蜒状或回旋状弯曲，植株绿色，秋季经霜后常变成紫红色。叶鞘多长于节间，无毛，层层包裹直达花序基部；叶舌具短纤毛；叶片线形，长 3 ～ 6cm，宽 1 ～ 2mm，扁平或内卷，粗糙。圆锥花序狭窄，长 4 ～ 7cm，宽 5 ～ 10mm；小穗长 5 ～ 7mm，含 2 ～ 3 小花，绿色或带紫色；颖具 1 脉，边缘膜质，第一颖长 1 ～ 2mm，第二颖长 3 ～ 5mm；外稃披针形，具 5 脉，第一外稃长 5 ～ 6mm；先端常具较稃体为短或近等长的芒；花药长约 2mm。花、果期 7 ～ 9 月。

分布于我国北方多个省区，多生长于干旱草原、丘陵坡地、沙地，固定或半固定沙丘、山坡等处。蒙古、俄罗斯也有分布。

本地有分布，生长于山坡路旁草丛中。榆林市各地均有分布。

草质柔软，适口性好，为优等牧草，家畜喜食。

隐花草属 *Crypsis* Aiton 本地常见有 1 种。

隐花草（扎屁股草）

Crypsis aculeata (L.) Ait.

一年生草本，高 5 ～ 40cm。须根细弱。秆平卧或斜向上升，具分枝，光滑无毛。叶鞘短于节间，松弛或膨大；叶舌短小，顶生纤毛；叶片线状披针形，扁平或对折，边缘内卷，先端呈针刺状，上面微糙涩，下面平滑，长 2 ～ 8cm，宽 1 ～ 5mm。圆锥花序短缩成头状或卵圆形，长约 16mm，宽 5 ～ 13mm，下面紧托两枚膨大的苞片状叶鞘，小穗淡黄白色；颖膜质，不等长，顶端钝，具 1 脉，第一颖长约 3mm，窄线形，第二颖长约 3.5mm，披针形；外稃长于颖，薄膜质，具 1 脉，长约 4mm；内稃与外稃同质，等长或稍长于外稃，具极接近而不明显的 2 脉，雄蕊 2 枚，花药黄色。囊果长圆形或楔形，长约 2mm。花、果期 5 ～ 9 月。

分布于全国多个省区，生长于河岸、沟旁及盐碱地。欧亚大陆寒温地区也有分布。

本地有分布，见于黄河滩及其他河流、沟谷湿地草丛中。榆林市各地均有分布。

为盐碱土指示植物，牲畜可食。

野青茅属 *Deyeuxia* Clarion ex P. Beauv. 本地常见有1种。

野青茅

Deyeuxia pyramidalis (Host) Veldkamp
(*Deyeuxia arundinacea* (Linn.) Beauv.)

多年生草本，高50～60cm。秆直立，其节膝曲，丛生，基部具被鳞片的芽，平滑。叶鞘疏松裹茎，长于或上部者短于节间，无毛或鞘颈具柔毛；叶舌膜质，长2～5mm，顶端常撕裂；叶片扁平或边缘内卷，长5～25cm，宽2～7mm，无毛，两面粗糙，带灰白色。圆锥花序紧缩似穗状，长6～10cm，宽1～2cm，分枝3或数枚簇生，长1～2cm，直立贴生，与小穗柄均粗糙；小穗长5～6mm，草黄色或带紫色；颖片披针形，先端尖，稍粗糙，两颖近等长或第一颖较第二颖长约1mm，具1脉，第二颖具3脉；外稃长4～5mm，稍粗糙，顶端具微齿裂，基盘两侧的柔毛长为稃体的1/5～1/3，芒自外稃近基部或下部1/5处伸出，长7～8mm，近中部膝曲，芒柱扭转；内稃近等长或稍短于外稃；延伸小穗轴长1.5～2mm，与其所被柔毛共长3～4mm；花药长2～3mm。花、果期6～9月。

产于我国南北方多个省区，生长于山坡草地、林缘、灌丛山谷溪旁、河滩草丛。欧亚大陆的温带地区均有分布。

本地有分布，生长于山坡林下草丛中。榆林市多地有分布。

植株幼嫩时可作牧草，秋冬季可作大牲畜牛、骆驼的饲料。

马唐属 *Digitaria* Haller 本地常见有 1 种 1 变种。

毛马唐

Digitaria ciliaris var. *chrysoblephara* (Figari & De Notaris) R. R. Stewart (*Digitaria chrysoblephara* Fig. et De Not.)

一年生草本，高 30 ～ 100cm。秆基部倾卧，着土后节易生根，具分枝。叶鞘多短于节间，常具柔毛；叶舌膜质，长 1 ～ 2mm；叶片线状披针形，长 5 ～ 20cm，宽 3 ～ 10mm，两面多少生柔毛，边缘微粗糙。总状花序 4 ～ 10 枚，长 5 ～ 12cm，呈指状排列于秆顶；穗轴宽约 1mm，中肋白色，约占其宽的 1/3，两侧之绿色翼缘具细刺状粗糙；小穗披针形，长 3 ～ 3.5mm，孪生长于穗轴一侧；小穗柄三棱形，粗糙；第一颖小，三角形；第二颖披针形，长约为小穗的 2/3，具 3 脉，脉间及边缘生柔毛；第一外稃具 7 脉，脉平滑，中脉两侧的脉间较宽而无毛，间脉与边脉间具柔毛及疣基刚毛，成熟后两种毛均平展张开；第二外稃淡绿色，等长于小穗；花药长约 1mm。花、果期 6 ～ 10 月。

分布于全国多个省区，生长于路旁田野。分布于世界亚热带和温带地区。

本地较常见，生长于农田地边、村落附近及路旁草丛中。榆林市各地均有分布。

为一种牧草，也是果园和旱田的主要杂草。

马唐（燕脚草）

Digitaria sanguinalis (L.) Scop.

一年生草本，高 10 ～ 80cm。秆直立或下部倾斜，膝曲上升，无毛或节生柔毛。叶鞘短于节间，无毛或散生疣基柔毛；叶舌长 1 ～ 3mm；叶片线状披针形，长 5 ～ 15cm，宽 4 ～ 12mm，基部圆形，边缘较厚，具柔毛或无毛。总状花序长 5 ～ 18cm，4 ～ 12 枚成指状着生长于长 1 ～ 2cm 的主轴上；穗轴直伸或开展，两侧具宽翼，边缘粗糙；小穗椭圆状披针形，长 3 ～ 3.5mm；第一颖小，短三角形，无脉；第二颖具 3 脉，披针形，长为小穗的 1/2 左右，脉间及边缘大多具柔毛；第一外稃等长于小穗，具 7 脉，中脉平滑，两侧的脉间距离较宽，无毛，边脉上具小刺状粗糙，脉间及边缘生柔毛；第二外稃近革质，灰绿色，顶端渐尖，等长于第一外稃；花药长约 1mm。花、果期 6 ～ 9 月。

分布于西藏、四川、新疆、陕西、甘肃、山西、河北、河南及安徽等多个省区，生长于路旁、田野。广布于两半球的温带和亚热带山地。

本地有分布，见于农田地边、荒芜旷野和路旁草丛中。榆林市各地均有分布。

是一种优良牧草，但又是危害农田、果园的杂草。

稗属 *Echinochloa* P. Beauv. 本地常见有 1 种 1 变种。

稗（稗子）

Echinochloa crus-galli **(L.) Beauv.**
(*Echinochloa crusgalli* (L.) P. Beauv.)

一年生草本，秆高 50 ～ 150cm。基部倾斜或膝曲。叶鞘疏松裹秆，下部者长于而上部者短于节间；叶舌缺；叶片扁平，线形，长 10 ～ 40cm，宽 5 ～ 20mm，边缘粗糙。圆锥花序直立，长 6 ～ 20cm；主轴具棱，粗糙或具疣基长刺毛；分枝斜上举或贴向主轴，有时再分小枝；穗轴粗糙或生疣基长刺毛；小穗卵形，长 3 ～ 4mm，脉上密被疣基刺毛，具短柄或近无柄，密集在穗轴的一侧；第一颖三角形，长为小穗的 1/3 ～ 1/2，具 3 ～ 5 脉，脉上具疣基毛，基部包卷小穗，先端尖；第二颖与小穗等长，先端渐尖或具小尖头，具 5 脉，脉上具疣基毛；第一小花通常中性，其外稃草质，上部具 7 脉，脉上具疣基刺毛，顶端延伸成一粗壮的芒，芒长 0.5 ～ 1.5（3）cm，内稃薄膜质，具 2 脊；第二外稃椭圆形，成熟后变硬，顶端具小尖头，尖头上有一圈细毛，边缘内卷，包着同质的内稃，但内稃顶端露出。花、果期于夏秋季。

分布几乎遍布全国及全世界温暖地区，多生长于沼泽地、沟边及水稻田中。

本地有分布，见于河滩、沟谷、池塘边湿草地中。榆林市各地均有分布。

是一种常见田间杂草，也是很好的饲用牧草。

无芒稗

Echinochloa crus-galli var. *mitis* (Pursh) Peterm.
(*Echinochloa crusgalli* var. *mitis* (Pursh) Petermann)

本种为一变种，与原变种的区别是秆高 50 ～ 120cm，直立，粗壮；叶片长 20 ～ 30cm，宽 6 ～ 12mm。圆锥花序直立，长 10 ～ 20cm，分枝斜上举而开展，常再分枝；小穗卵状椭圆形，长约 3mm，无芒或具极短芒，芒长常不超过 0.5mm，脉上被疣基硬毛。

分布于我国南北方多个省区，多生长于水边或路边草地上。分布于全世界温暖地区。

本地有分布，见于河滩、河沟湿地草丛中。榆林市各地均有分布。

是一种常见田间杂草，也是很好的饲用牧草。

䅟属 *Eleusine* Gaertn. 本地常见有 1 种。

牛筋草（蟋蟀草）

Eleusine indica (L.) Gaertn.

一年生草本，高 10 ～ 90cm。根系极发达。秆丛生，基部倾斜。叶鞘两侧压扁而具脊，无毛或疏生疣毛；叶舌长约 1mm；叶片平展，线形，长 10 ～ 15cm，宽 3 ～ 5mm，无毛或上面被疣基柔毛。穗状花序 2 ～ 7 个指状着生于秆顶，很少单生，长 3 ～ 10cm，宽 3 ～ 5mm；小穗长 4 ～ 7mm，宽 2 ～ 3mm，含 3 ～ 6 小花；颖披针形，具脊，脊粗糙；第一颖长 1.5 ～ 2mm；第二颖长 2 ～ 3mm；第一外稃长 3 ～ 4mm，卵形，膜质，具脊，脊上有狭翼，内稃短于外稃，具 2 脊，脊上具狭翼。颖果卵形，长约 1.5mm，基部下凹，具明显的波状皱纹。鳞被 2，折叠，具 5 脉。

分布于我国南北方各省区，多生长于荒芜之地及道路旁。全世界温带和热带地区有分布。

本地有分布，见于河滩、村落、农田地边及道路旁草丛中。榆林市有分布，见于东南部清涧县、绥德县、吴堡县等地。

本种根系极发达，秆叶强韧，全株可作饲料，又可为优良水土保持植物。

披碱草属 *Elymus* L. 本地常见有 3 种。

纤毛披碱草（纤毛鹅冠草）

Elymus ciliaris **(Trinius ex Bunge) Tzvelev**
(*Roegneria ciliaris* (Trin.) Nevski)

多年生草本，高 40 ～ 80cm。秆单生或成疏丛，基部节常膝曲，平滑无毛，常被白粉。叶鞘无毛，稀可见基部叶鞘于接近边缘处具有柔毛；叶片扁平，长 10 ～ 20cm，宽 3 ～ 10mm，两面均无毛，边缘粗糙。穗状花序直立或多少下垂，长 10 ～ 20cm；小穗通常为绿色，长 15 ～ 22mm（除芒外），含 6 ～ 12 小花；颖椭圆状披针形，先端常具短尖头，两侧或一侧常具齿，具 5 ～ 7 脉，边缘与边脉上具有纤毛，第一颖长 7 ～ 8mm，第二颖长 8 ～ 9mm；外稃长圆状披针形，背部被粗毛，边缘具长而硬的纤毛，上部具有明显的 5 脉，通常在顶端两侧或一侧具齿，第一外稃长 8 ～ 9mm，顶端延伸成粗糙反曲的芒，长 10 ～ 30mm；内稃长为外稃的 2/3，先端钝头，脊的上部具少许短小纤毛。

在我国广为分布，生长于路旁或潮湿草地以及山坡上。俄罗斯远东地区及朝鲜、日本也有分布。

本地有分布，见于山坡路旁草丛中或沟谷潮湿草地上。榆林市有分布，见于绥德县、清涧县、靖边县等地。

秆叶柔嫩，幼时为家畜喜吃的牧草。

肥披碱草

Elymus excelsus Turcz.

多年生草本，秆粗壮，高可达140cm，粗达6mm。叶鞘无毛，有时下部的叶鞘具短柔毛；叶片扁平，长20～30cm，宽10～16mm，两面粗糙或下面平滑，常带粉绿色。穗状花序直立，粗壮，长15～22cm，穗轴边缘具有小纤毛，每节具2～3（4）枚小穗；小穗长12～15mm，含4～5朵小花；颖狭披针形，长10～13mm，具5～7明显而粗糙的脉，先端具长达7mm的芒；外稃上部具5脉，背部无毛，粗糙，先端和脉上及边缘被有微小短毛，第一外稃长8～12mm，先端延伸成芒，芒粗糙，反曲，长15～20mm；内稃稍短于外稃，脊上具纤毛，脊间被稀少短毛。花、果期6～9月。

分布于东北、华北、西北地区及河南、四川等多个省区，生长于山坡、草地和路旁。

本地较常见，生长于黄河沿岸湿地及山坡、路旁草地中。榆林市各地均有分布。

是优良牧草，牛、马、羊等家畜均喜食。

鹅观草（柯孟披碱草）

Elymus kamoji (Ohwi) S. L. Chen (*Roegneria kamoji* Ohwi)

多年生草本。秆直立或基部倾斜，高 30 ～ 100cm。叶鞘外侧边缘常具纤毛；叶片扁平，长 5 ～ 40cm，宽 3 ～ 13mm。穗状花序长 7 ～ 20cm，弯曲或下垂；小穗绿色或带紫色，长 13 ～ 25mm（芒除外），含 3 ～ 10 小花；颖卵状披针形至长圆状披针形，先端锐尖至具短芒（芒长 2 ～ 7mm），边缘为宽膜质，第一颖长 4 ～ 6mm，第二颖长 5 ～ 9mm；外稃披针形，具有较宽的膜质边缘，背部以及基盘近于无毛或仅基盘两侧具有极微小的短毛，上部具明显的 5 脉，脉上稍粗糙，第一外稃长 8 ～ 11mm，先端延伸成芒，芒粗糙，劲直或上部稍有曲折，长 20 ～ 40mm；内稃约与外稃等长，先端钝头，脊显著具翼，翼缘具有细小纤毛。

除青海、西藏等地外，分布几乎遍布全国，多生长在山坡和湿润草地。

本地有分布，生长于山坡路旁草丛中。榆林市各地均有分布。

本种可作牲畜的饲料，叶质柔软而繁盛，产草量大，可食性高。

九顶草属 *Enneapogon* Desv. ex P. Beauv. 本地常见有1种。

九顶草（冠芒草）

Enneapogon desvauxii P. Beauv.
(*Enneapogon borealis* (Griseb.) Honda)

多年生密丛草本。基部鞘内常具隐藏小穗。秆节常膝曲，高5～25cm，被柔毛。叶鞘密被短柔毛，鞘内常有分枝；叶舌极短，顶端具纤毛；叶片长2～12cm，多内卷，密生短柔毛，基生叶呈刺毛状。圆锥花序短穗状，紧缩呈圆柱形，长1～3.5cm，宽6～11mm，铅灰色或成熟后呈草黄色；小穗通常含2～3小花，顶端小花明显退化，小穗轴节间无毛；颖质薄，边缘膜质，披针形，先端尖，背部被短柔毛，具3～5脉，中脉形成脊，第一颖长3～3.5mm，第二颖长4～5mm；第一外稃长2～2.5mm，被柔毛，尤以边缘更显，基盘亦被柔毛，顶端具9条直立羽毛状芒，芒不等长，长2～4mm；内稃与外稃等长或稍长，脊上具纤毛。花、果期8～11月。

分布于东北、西北、华北地区及安徽等多个省区，生长于干燥山坡及草地。非洲，印度及俄罗斯，中亚地区也有分布。

本地有分布，生长于干燥山坡草丛中。榆林市有分布，见于榆阳区、横山区、靖边县、绥德县、米脂县、清涧县等地。

是优等饲用禾草，适口性好，牲畜喜食。

画眉草属 *Eragrostis* Wolf. 本地常见有 1 种。

画眉草（牛母草）

***Eragrostis pilosa* (L.) Beauv.**

一年生草本，高 15 ～ 60cm。秆丛生，直立或基部膝曲，通常具 4 节，光滑。叶鞘松裹茎，长于或短于节间，扁压，鞘缘近膜质，鞘口有长柔毛；叶舌为一圈纤毛，长约 0.5mm；叶片线形扁平或卷缩，长 6 ～ 20cm，宽 2 ～ 3mm，无毛。圆锥花序开展或紧缩，长 10 ～ 25cm，宽 2 ～ 10cm，分枝单生，簇生或轮生，多直立向上，腋间有长柔毛，小穗具柄，长 3 ～ 10mm，宽 1 ～ 1.5mm，含 4 ～ 14 朵小花；颖膜质，披针形，先端渐尖。第一颖长约 1mm，无脉，第二颖长约 1.5mm，具 1 脉；第一外稃长约 1.8mm，广卵形，先端尖，具 3 脉；内稃长约 1.5mm，稍作弓形弯曲，脊上有纤毛，迟落或宿存；雄蕊 3 枚，花药长约 0.3mm。颖果长圆形，长约 0.8mm。花、果期 8 ～ 11 月。

分布于全国各地，多生长于荒芜田野草地上。全世界温暖地区有分布。

本地有分布，常见于田边地头、山坡路旁草丛中。榆林市各地均有分布。

为优良饲料，药用可治疗跌打损伤。

白茅属 *Imperata* Cyrillo　本地常见有1变种。

大白茅（白茅　丝茅　白茅根）

***Imperata cylindrica* var. *major* (Nees) C. E. Hubb.**
***Imperata koenigii* (Retz) Beauv.**

多年生草本，高25～90cm。具长根状茎。秆直立，具2～4节，节具白柔毛。叶鞘无毛或上部及边缘具柔毛，鞘口具疣基柔毛，鞘常麇集于秆基，老时破碎呈纤维状；叶舌干膜质，顶端具细纤毛；叶片线形或线状披针形，顶端渐尖，中脉在下面明显隆起并渐向基部增粗或成柄，边缘粗糙，上面被细柔毛；圆锥花序穗状，长6～15cm，宽1～2cm，分枝短缩而密集；小穗柄顶端膨大成棒状，无毛或疏生丝状柔毛；小穗披针形，基部密生丝状柔毛；两颖几相等，具5脉，中脉延伸至上部，背部脉间疏生长于小穗本身3～4倍的丝状柔毛；第一外稃卵状长圆形，长为颖之半或更短，顶端尖，具齿裂及少数纤毛；第二外稃长约1.5mm；内稃宽约1.5mm，大于其长度，顶端截平，无芒，具微小的齿裂；雄蕊2枚，花药黄色，先雌蕊而成熟；柱头2枚，紫黑色，自小穗顶端伸出。颖果椭圆形。花、果期5～8月。

分布于华中、华东、华南、西南地区及陕西等多个省区，本种适应性强，生态幅度广，自谷地河床至干旱草地，是森林砍伐或火烧迹地的先锋植物，也是空旷地、果园地、撂荒地及田坎、堤岸和路边的极常见植物和杂草。广布于东半球和温暖地区。

本地有分布，见于河滩、沟谷、农田地边及山坡路旁草丛中。榆林市各地均有分布。

根状茎含果糖、葡萄糖等，味甜可食。根可入药，是《中国药典》指定的中药材“白茅根”的原植物。入药具有凉血止血、清热利尿之功效。茅花民间用以止血，茎叶为牲畜牧草，秆为造纸的原料。

赖草属 *Leymus* Hochst. 本地常见有 1 种。

赖草（尖草）

Leymus secalinus (Georgi) Tzvel.

多年生草本，高 40 ～ 100cm。秆单生或丛生，直立，具 3 ～ 5 节，光滑无毛或在花序下密被柔毛。叶鞘光滑无毛；叶舌膜质，截平；叶片长 8 ～ 30cm，扁平或内卷，上面及边缘粗糙或具短柔毛，下面平滑或微粗糙。穗状花序直立，长 10 ～ 15cm，灰绿色；穗轴被短柔毛，节与边缘被长柔毛；小穗通常 2 ～ 4 枚生长于每节，含 4 ～ 7 朵小花；颖短于小穗，线状披针形，先端狭窄如芒，不覆盖第一外稃的基部，具不明显的 3 脉，上半部粗糙，边缘具纤毛，第一颖短于第二颖；外稃披针形，边缘膜质，先端渐尖或具长 1 ～ 3mm 的芒，背具 5 脉，基盘具长约 1mm 的柔毛，第一外稃长 8 ～ 11mm；内稃与外稃等长，先端常微 2 裂，脊的上半部具纤毛。子房被毛。颖果扁长圆形。花、果期 6 ～ 10 月。

分布于西北、东北、华北地区以及四川等省区，生境范围较广，可见于沙地、平原绿洲及山地草原带。俄罗斯、朝鲜、日本也有分布。

本地区十分常见，生长于山坡、河谷草丛中。榆林市各地均有分布。

优等牧草，幼嫩时牛、马喜食，抽穗后适口性下降。根茎及须根可作药用。

黑麦草属 *Lolium* L. 本地常见栽培 1 种。

多花黑麦草

Lolium multiflorum Lam.

一年生、越年生或短期多年生草本，高 50 ～ 130cm。秆直立或基部偃卧节上生根，具 4 ～ 5 节，较细弱至粗壮。叶鞘疏松；叶舌长达 4mm，有时具叶耳；叶片扁平，长 10 ～ 20cm，宽 3 ～ 8mm，无毛，上面微粗糙。穗形总状花序直立或弯曲，长 15 ～ 30cm，宽 5 ～ 8mm；穗轴柔软，节间长 10 ～ 15mm，无毛，上面微粗糙；小穗含 10 ～ 15 朵小花，长 10 ～ 18mm，宽 3 ～ 5mm；小穗轴节间长约 1mm，平滑无毛；颖披针形，质地较硬，具 5 ～ 7 脉，长 5 ～ 8mm，具狭膜质边缘，顶端钝，通常与第一小花等长；外稃长圆状披针形，长约 6mm，具 5 脉，基盘小，顶端膜质透明，具长 5 ～ 15mm 的细芒，或上部小花无芒；内稃约与外稃等长，脊上具纤毛。颖果长圆形，长为宽的 3 倍。花、果期 7 ～ 8 月。

外来物种，原产于欧洲，20 世纪 30 年代作为牧草引入我国，现全国大部分地区有栽培。非洲、欧洲、亚洲多国均有分布。

本地有种植或逸为野生，常见于山坡、农田地边或弃耕地草丛中。榆林市多地有栽培。

可作牧草或栽培于草坪。

臭草属 *Melica* L. 本地常见有1种。

臭草

Melica scabrosa Trin.

多年生草本，高20～90cm。秆丛生，基部密生分蘖。叶鞘粗糙，常撕裂；叶舌透明膜质；叶片扁平，长6～15cm，宽2～7mm，干时常卷折，两面粗糙或上面疏被柔毛。圆锥花序狭窄，长8～22cm；宽1～2cm；分枝直立或斜向上升；小穗柄短，上部弯曲，被微毛；小穗淡绿色或乳白色，含孕性小花2～4枚，顶端由数个不育外稃集成小球形；颖膜质，狭披针形，两颖几等长，长4～8mm，具3～5脉，背面中脉常生微小纤毛；外稃草质，膜质，具7条隆起的脉，第一外稃长5～8mm，背面颖粒状粗糙；内稃短于外稃或相等，倒卵形，具2脊，脊上被微小纤毛；雄蕊3枚。颖果褐色，纺锤形，有光泽。花、果期5～8月。

分布于我国南北多个省区，生长于山坡草地、荒芜田野和渠边路旁。朝鲜也有分布。

本地较常见，生长于河滩、山坡草地或沟谷山坡石缝中。榆林市各地均有分布。

可作饲草，但牲畜不能多食，否则易引起中毒症状。

芒属 *Miscanthus* Andersson　本地常见有1种。

荻（荻草）

Miscanthus sacchariflorus (Maxim) Benth & Hook. f. ex Franch (*Triarrhena sacchariflora* (Maxim.) Nakai)

多年生草本，高1～1.5m。具发达的根状茎，节处生有粗根与幼芽。秆直立，具10多节，节生柔毛。叶鞘无毛，长于或稍短于节间；叶舌短，长0.5～1mm，具纤毛；叶片扁平，宽线形，长20～50cm，宽5～18mm，除上面基部密生柔毛外两面无毛，边缘锯齿状粗糙，基部常收缩成柄，顶端长渐尖，中脉白色，粗壮。圆锥花序疏展成伞房状，长10～20cm，宽约10cm；主轴无毛，具10～20枚较细弱的分枝；小穗柄顶端稍膨大，基部腋间常生有柔毛，短柄长1～2mm，长柄长3～5mm；小穗线状披针形，长5～5.5mm，成熟后带褐色，基盘具丝状柔毛；第一颖2脊间具1脉或无脉，边缘和背部具长柔毛；第二颖顶端渐尖，与边缘皆为膜质，并具纤毛，具3脉，背部无毛或有少数长柔毛；第一外稃稍短于颖，具纤毛；第二外稃狭窄披针形，短于颖片的1/4，具小纤毛，无脉或具1脉，稀有1芒状尖头；第二内稃长约为外稃之半，具纤毛；雄蕊3枚；柱头紫黑色。颖果长圆形，长1.5mm。花、果期8～10月。

分布于东北、华北、西北地区及河南、山东等省区，生长于山坡草地、平原岗地和河岸湿地。日本、朝鲜、俄罗斯西伯利亚及乌苏里也有分布。

本地有分布，见于沟谷、山坡草地及河滩湿地草丛中。榆林市有分布，见于横山区、清涧县等地。是优良的防沙护坡植物。

芨芨草属 *Neotrinia* (Tzvelev) M.Nobis 本地常见有 1 种。

芨芨草（竹稷）

Neotrinia splendens **(Trin.) M.Nobis, P.D.Gudkova & A.Nowak**
(*Achnatherum splendens* (Trin.) Nevski)

多年生草本，高 50 ～ 250cm。根具粗而坚韧，外被沙套的须根。秆直立，坚硬，内具白色的髓，形成大的密丛，节多聚于基部，具 2 ～ 3 节，平滑无毛，基部宿存枯萎的黄褐色叶鞘。叶鞘无毛，具膜质边缘；叶舌三角形或尖披针形；叶片纵卷，质坚韧，长 30 ～ 60cm，宽 5 ～ 6mm，上面脉纹凸起，微粗糙，下面光滑无毛。圆锥花序长 30 ～ 60cm，开花时呈金字塔形开展，分枝细弱，2 ～ 6 枚簇生，平展或斜向上升，基部裸露；小穗长 4.5 ～ 7mm（除芒），灰绿色，基部带紫褐色，成熟后常变草黄色；颖膜质，披针形，顶端尖，第一颖长 4 ～ 5mm，具 1 脉，第二颖长 6 ～ 7mm，具 3 脉；外稃长 4 ～ 5mm，顶端具 2 微齿，背部密生柔毛，具 5 脉，基盘钝圆，具柔毛，芒自外稃齿间伸出，直立或微弯，粗糙，不扭转，易断落；内稃长 3 ～ 4mm，具 2 脉而无脊，脉间具柔毛；花药长 2.5 ～ 3.5mm，顶端具毫毛。花、果期 6 ～ 9 月。

分布于东北、华北及西北各省区，生长于微碱性的草滩及砂土山坡上。蒙古、俄罗斯也有分布。

本地较为常见，生长于河滩沙地、山坡及渠岸荒坡上。榆林市各地均有分布。

本种植物可改良碱地，保护渠岸及保持水土。在早春幼嫩时，可为牲畜良好的饲料；其秆叶坚韧，长而光滑，可为极有用的纤维植物，供造纸、人造丝及编织等。

黍属 *Panicum* L. 本地常见栽培 1 种。

稷（糜子　黍　黄米）

Panicum miliaceum L.

一年生草本，高 40 ～ 120cm。秆粗壮。单生或少数丛生，有时有分枝，节密被髭毛，节下被疣基毛。叶鞘松弛，被疣基毛；叶舌膜质，顶端具睫毛；叶片线形或线状披针形，长 10 ～ 30cm，宽 5 ～ 20mm，顶端渐尖，基部近圆形，边缘常粗糙。圆锥花序开展或较紧密，长 10 ～ 30cm，成熟时下垂；小穗卵状椭圆形，长 4 ～ 5mm；颖无毛，第一颖长约为小穗的 1/2 ～ 2/3，通常具 5 ～ 7 脉；第二颖与小穗等长，通常具 11 脉，其脉顶端渐汇合呈喙状；第一外稃形似第二颖，具 11 ～ 13 脉；内稃透明膜质，短小，顶端微凹或深 2 裂；第二小花长约 3mm，成熟后因品种不同，而有黄、乳白、褐、红和黑等色；第二外稃背部圆形，具 7 脉，内稃具 2 脉；颖果圆形或椭圆形，有各种颜色。花、果期 7 ～ 10 月。

我国西北、华北、西南、东北、华南以及华东等地区都有栽培，新疆偶见有野生的。亚洲、欧洲、美洲、非洲等温暖地区也有栽培。

本地普遍种植，是当地种植历史悠久的杂粮作物，木瓜乡被称作黄米之乡，所产黄米营养丰富，远近闻名。榆林市各地普遍栽培。

本种为人类最早的栽培谷物之一，谷粒富含淀粉，可供食用或酿酒，秆叶可为牲畜饲料。由于长期栽培选育，品种繁多，大体分两类，黏者称为黍，不黏者为稷；民间又将黏的称黍，不黏的称糜，本地则将黏的称为软糜子，将不黏的称为硬糜子。

狼尾草属 *Pennisetum* Rich. 本地常见有 1 种。

白草

Pennisetum flaccidum Griseb.
(*Pennisetum centrasiaticum* Tzvel.)

多年生草本，高 20 ～ 90cm。具横走根茎。秆直立，单生或丛生。叶鞘疏松包茎，近无毛，基部者长于节间，上部短于节间；叶舌短，具纤毛；叶片狭线形，长 10 ～ 25cm，宽 5 ～ 8mm，两面无毛。圆锥花序紧密，直立或稍弯曲，长 5 ～ 15cm，宽约 10mm；主轴具棱角，无毛，残留在主轴上的总梗长 0.5 ～ 1mm；刚毛柔软，长 8 ～ 15mm，灰绿色或紫色；小穗通常单生，卵状披针形，长 3 ～ 8mm；第一颖微小，先端钝圆、锐尖或齿裂，脉不明显；第二颖长为小穗的 1/3 ～ 3/4，先端芒尖，具 1 ～ 3 脉；第一小花雄性，第一外稃与小穗等长，先端芒尖，具 3 ～ 5 脉，第一内稃透明，膜质或退化；第二小花两性，第二外稃具 5 脉，先端芒尖；鳞被 2，楔形，先端微凹；雄蕊 3 枚；花柱近基部联合。颖果长圆形，长约 2.5mm。花、果期 7 ～ 10 月。

分布于东北、华北、西北、西南多个省区，生长于山坡和较干燥的草地。俄罗斯、日本，中亚也有分布。

本地有分布，见于山沟、山坡草地中。榆林市各地均有分布。

为优良牧草，适口性好，各种家畜均喜食。

芦苇属 *Phragmites* Adans. 本地常见有 1 种。

芦苇（芦 苇子）

***Phragmites australis* (Cav.) Trin. ex Steud.**

多年生草本，高 1 ～ 3（8）m。根状茎发达。秆直立，直径 1 ～ 4cm，具 20 多节，节下被蜡粉。叶鞘下部者短于而上部者长于其节间；叶舌边缘密生一圈长约 1mm 的短纤毛，两侧缘毛长 3 ～ 5mm，易脱落；叶片披针状线形，长 30cm，宽 2cm，无毛，顶端长渐尖成丝形。圆锥花序大型，长 20 ～ 40cm，宽约 10cm，分枝多数，着生稠密下垂的小穗；小穗长约 12mm，含 4 花；颖具 3 脉，第一颖长 4mm；第二颖长约 7mm；第一不孕外稃雄性，长约 12mm，第二外稃长 11mm，具 3 脉，顶端长渐尖，基盘延长，两侧密生丝状柔毛，与小穗轴相连接处具明显关节，成熟后易自关节上脱落；内稃长约 3mm，两脊粗糙；雄蕊 3 枚，花药长 1.5 ～ 2mm，黄色；颖果长约 1.5mm。

分布于全国各地，生长于江河湖泽、池塘沟渠沿岸和低湿地及各种有水源的空旷地带，常以其迅速扩展的繁殖能力，形成连片的芦苇群落。

本地有分布，见于黄河沿岸河滩湿地、沟谷、池塘周边草丛中。榆林市各地均有分布。

秆为造纸原料或为编席织帘及建棚材料，茎、叶嫩时可为饲料；根状茎可入药，是《中国药典》指定的中药材“芦根”的原植物，入药具有清热泻火、生津止渴、除烦、止呕、利尿之功效。根系发达，是固堤造陆先锋环保植物。

早熟禾属 *Poa* L. 本地常见有2种。

早熟禾

Poa annua L.

一年生或冬性禾草，高6～30cm。秆直立或倾斜，质软，全体平滑无毛。叶鞘稍压扁，中部以下闭合；叶舌长1～5mm，圆头；叶片扁平或对折，长2～12cm，宽1～4mm，质地柔软，常有横脉纹，顶端急尖呈船形，边缘微粗糙。圆锥花序宽卵形，长3～7cm，开展；分枝1～3枚着生于各节，平滑；小穗卵形，含3～5小花，长3～6mm，绿色；颖质薄，具宽膜质边缘，顶端钝，第一颖披针形，长1.5～3mm，具1脉，第二颖长2～4mm，具3脉；外稃卵圆形，顶端与边缘宽膜质，具明显的5脉，脊与边脉下部具柔毛，间脉近基部有柔毛，基盘无绵毛，第一外稃长3～4mm；内稃与外稃近等长，两脊密生丝状毛；花药黄色，长0.6～0.8mm。颖果纺锤形，长约2mm。花期4～5月，果期6～7月。

广泛分布于我国南北各省区，生长于平原和丘陵的路旁草地、田野水沟或荫蔽荒坡湿地。欧洲、亚洲及北美洲也有分布。

本地有分布，是较常见的杂草，生长于农田地边、村落四旁或路旁草丛中。榆林市各地均有分布。

草质柔软，适口性好，为优等牧草，家畜喜食。

硬质早熟禾（扫把草）

Poa sphondylodes Trin.

多年生草本，秆高 30 ～ 60cm。密丛生，具 3 ～ 4 节，顶节位于中部以下，上部常裸露，多少糙涩。叶鞘长于节间，基部带淡紫色；叶舌长约 4mm，先端尖；叶片长 3 ～ 7cm，宽 1mm，稍粗糙。圆锥花序紧缩，长 3 ～ 10cm，宽约 1cm；分枝 4 ～ 5 枚着生于主轴各节，粗糙；小穗绿色，熟后草黄色，长 5 ～ 7mm，含 4 ～ 6 小花；颖具 3 脉，先端锐尖，稍粗糙，第一颖稍短于第二颖；外稃坚纸质，具 5 脉，先端极窄膜质，脊下部的 2/3 和边脉下部的 1/2 具长柔毛，基盘具中量绵毛，第一外稃长约 3mm；内稃等长或稍长于外稃，脊粗糙具微细纤毛，先端稍凹；花药长 1 ～ 1.5mm。颖果长约 2mm，腹面有凹槽。花、果期 6 ～ 8 月。

分布于东北、华北地区以及山东、江苏等多个省区，生长于山坡、草原、干燥沙地。

本地十分常见，生长于干旱山坡或河谷草地中。榆林市各地均有分布。

本种为较好的牧草，也是很好的固沙和水土保持植物。

棒头草属 *Polypogon* Desf. 本地常见有 1 种。

长芒棒头草

Polypogon monspeliensis (L.) Desf.

一年生草本，高 8 ～ 60cm。秆直立或基部膝曲，大都光滑无毛，具 4 ～ 5 节。叶鞘松弛抱茎，大多短于或下部者长于节间；叶舌膜质，长 2 ～ 8mm，2 深裂或呈不规则的撕裂状；叶片长 2 ～ 13cm，宽 2 ～ 9mm，上面及边缘粗糙，下面较光滑。圆锥花序穗状，长 1 ～ 10cm，宽 5 ～ 20mm（包括芒）；小穗淡灰绿色，成熟后枯黄色，长 2 ～ 2.5mm（包括基盘）；颖片倒卵状长圆形，被短纤毛，先端 2 浅裂，芒自裂口处伸出，细长而粗糙，长 3 ～ 7mm；外稃光滑无毛，长 1 ～ 1.2mm，先端具微齿，中脉延伸成易脱落的细芒；雄蕊 3 枚，花药长约 0.8mm。颖果长约 1mm，倒卵状长圆形。花、果期 5 ～ 10 月。

分布于我国南北各地，生长于潮湿地及浅的流水中。广布于热带、温带地区。

本地有分布，见于河滩、沟谷湿地及池塘边草丛中。榆林市各地均有分布。

可作牧草，青鲜时牛羊喜食。

沙鞭属 *Psammochloa* Hitchc. 本地常见有 1 种。

沙鞭

Psammochloa villosa (Trin.) Bor

多年生草本，具长 2 ~ 3m 的根状茎，秆高 1 ~ 2m。径 0.8 ~ 1cm，基部具有黄褐色枯萎的叶鞘。叶鞘光滑，几包裹全部植株；叶舌膜质，长 5 ~ 8mm，披针形；叶片坚硬，扁平，常先端纵卷，平滑无毛，长达 50cm，宽 5 ~ 10mm。圆锥花序紧密直立，长达 50cm，宽 3 ~ 4.5cm，分枝数枚生长于主轴一侧，斜向上升，微粗糙，小穗柄短；小穗淡黄白色，长 10 ~ 16mm；两颖近等长，披针形，具 3 ~ 5 脉，其 2 边脉短而不很明显；外稃长 10 ~ 12mm，背部密生长柔毛，具 5 ~ 7 脉，顶端具 2 微齿，基盘钝，无毛，芒直立，易脱落，长 7 ~ 10mm；内稃近等长于外稃，背部被长柔毛，圆形无脊，具 5 脉，中脉不明显，边缘内卷，不为外稃紧密包裹；鳞被 3 枚，卵状椭圆形；雄蕊 3，花药长约 7mm，顶生毫毛。花、果期 5 ~ 9 月。

分布于内蒙古、甘肃、新疆、青海、陕西北部等多个省区，生长于沙丘上。蒙古也有分布。

本地有分布，见于老高川、大昌汗等地沙质山坡上。榆林市有分布，见于榆阳区、横山区、靖边县、定边县、神木市等地。

本种具发达的根茎，是良好的固沙植物。亦可作牧草，牛羊等喜食。

狗尾草属 *Setaria* P. Beauv. 本地常见有2种1亚种，栽培1种。

粱（谷子 小米）

Setaria italica (L.) Beauv.

一年生草本，高0.1～1m或更高。须根粗大。秆粗壮，直立。叶鞘松裹茎秆，密具疣毛或无毛，毛以近边缘及与叶片交接处的背面为密，边缘密具纤毛；叶舌为一圈纤毛；叶片长披针形或线状披针形，长10～45cm，宽5～33mm，先端尖，基部钝圆，上面粗糙，下面稍光滑。圆锥花序呈圆柱状或近纺锤状，通常下垂，基部多少有间断，长10～40cm，宽1～5cm，常因品种的不同而多变异，主轴密生柔毛，刚毛长于小穗，黄色、褐色或紫色；小穗椭圆形或近圆球形，长2～3mm，黄色、橘色或紫色；第一颖具3脉；第二颖先端钝，具5～9脉；第一外稃与小穗等长，具5～7脉，其内稃披针形，第二外稃等长于第一外稃，卵圆形或圆球形，质坚硬，平滑或具细点状皱纹，成熟后自第一外稃基部和颖分离脱落；花柱基部分离。

广泛栽培于欧亚大陆的温带和热带。我国黄河中上游为主要栽培区，其他地区也有少量栽培。

本地广泛种植，是当地重要的粮食作物。榆林市各地均普遍栽培。

本种是我国北方的主要粮食作物之一，栽培历史悠久。谷粒的营养价值很高，含有丰富的蛋白质、脂肪和维生素。不仅可供食用，酿酒，还可入药，有清热、清渴、滋阴、补脾肾之功效；其茎叶又是牲畜、家禽的优等饲料。

粱和粟在我国有悠久的栽培历史，经过长期选育，有多种多样的品种资源，根据其生长期的长短可以分为早熟、中熟和晚熟品种，有“大白谷”“大黄谷”“小春谷”等，有耐旱的抗旱谷和较耐涝的“水里站”；有较耐碱的抗碱谷；有分蘖较多的“大八杈”“五杆旗”等品种，一般比较优良的品种有“黄沙梓”“金钱子”“大白谷”等等。根据花序的形状，可以分为纺锤形种、圆筒形种、异型种等，异型种中有“鸡爪黄谷”“猫爪谷”“龙爪谷”等，这些多数是黏性的。

金色狗尾草（毛莠莠）

Setaria pumila (Poiret) Roemer & Schultes (*Setaria glauca* (L.) Beauv.)

一年生草本，高 20 ～ 90cm。单生或丛生。秆直立或基部倾斜膝曲，近地面节可生根，光滑无毛。叶鞘光滑无毛，边缘薄膜质；叶舌具一圈长约 1mm 的纤毛，叶片线状披针形或狭披针形，长 5 ～ 40cm，宽 2 ～ 10mm，先端长渐尖，基部钝圆，近基部疏生长柔毛。圆锥花序紧密呈圆柱状或狭圆锥状，长 3 ～ 17cm，宽 4 ～ 8mm（刚毛除外），直立，刚毛金黄色或稍带褐色，粗糙，长 4 ～ 8mm，先端尖，通常在一簇中仅具一个发育的小穗，第一颖宽卵形或卵形，先端尖，具 3 脉；第二颖宽卵形，先端稍钝，具 5 ～ 7 脉，第一小花雄性或中性，第一外稃与小穗等长或微短，具 5 脉，其内稃膜质，等长且等宽于第二小花，具 2 脉，通常含 3 枚雄蕊或无；第二小花两性，外稃革质，等长于第一外稃。先端尖，成熟时，背部极隆起，具明显的横皱纹；鳞被楔形；花柱基部联合；颖果椭圆状球形或卵状球形，稍扁。花、果期 6 ～ 10 月。

分布于全国各地，生长于林边、山坡、路边和荒芜的园地及荒野。分布于欧亚大陆的温暖地带，美洲、澳大利亚等也有分布引入。

本地有分布，见于河岸、沟谷湿草地中。榆林市各地均有分布。

秆、叶可作牲畜饲料，亦可作牧草。

狗尾草（莠　谷莠子）

Setaria viridis (L.) Beauv.

一年生草本，高 10 ～ 60cm。秆直立或基部膝曲。叶鞘松弛，无毛或疏具柔毛；叶舌极短，缘有长 1 ～ 2mm 的纤毛；叶片扁平，披针形或线状披针形，长 4 ～ 30cm，宽 2 ～ 18mm，先端渐尖，基部钝圆或渐窄，通常无毛或疏被疣毛，边缘粗糙。圆锥花序紧密呈圆柱状，直立或稍弯垂，长 2 ～ 15cm，宽 4 ～ 13mm，刚毛长 4 ～ 12mm，粗糙，通常为绿色、褐黄或稍带紫色；小穗 2 ～ 5 个簇生于主轴上或更多的小穗着生在短小枝上，椭圆形，先端钝，长 2 ～ 2.5mm；第一颖卵形，长约为小穗的 1/3，具 3 脉；第二颖几与小穗等长，具 5 ～ 7 脉；第一外稃与小穗等长，具 5 脉，内稃短小狭窄；第二外稃椭圆形，具细点状皱纹；颖果灰白色。花、果期 5 ～ 10 月。

分布于全国各地，生长于荒野、道旁。原产于欧亚大陆的温带和暖温带地区，现广布于温带和亚热带。

本种为农田常见杂草，本地随处可见。秆、叶可作饲料，也可入药。榆林市各地均有分布。

巨大狗尾草

Setaria viridis subsp. *pycnocoma* (Steud.) Tzvel

一年生草本，高 10 ～ 100cm。根为须状，高大植株具支持根。秆直立或基部膝曲，基部径达 3 ～ 7mm。叶鞘松弛，无毛或疏具柔毛或疣毛，边缘具较长的密绵毛状纤毛；叶舌极短，缘有长 1 ～ 2mm 的纤毛；叶片扁平，长 16 ～ 32cm，宽 1 ～ 1.7cm，两面无毛。长三角状狭披针形或线状披针形，先端长渐尖或渐尖，基部钝圆形。圆锥花序长 7 ～ 24cm，宽 1.5 ～ 2.5cm（包括刚毛），刚毛长 7 ～ 12mm，浅紫色、浅褐色、绿色。小穗 2 ～ 5 个簇生于主轴上或更多的小穗着生在短小枝上，椭圆形，先端钝，长 2 ～ 2.5mm 以上，铅绿色；第一颖卵形、宽卵形，长约为小穗的 1/3，先端钝或稍尖，具 3 脉；第二颖几与小穗等长，椭圆形，具 5 ～ 7 脉；第一外稃与小穗等长，具 5 ～ 7 脉，先端钝，其内稃短小狭窄；第二外稃椭圆形，顶端钝；颖果灰白色。花、果期 5 ～ 10 月。

分布于全国各地，生长于荒野、道旁，是旱地作物常见的一种杂草。原产于欧亚大陆的温带和暖温带地区，现广布于温带和亚热带地区。

本地较常见，生长于撂荒地、干燥山坡及路旁。榆林市各地均有分布。

秆、叶可作饲料，也可入药；全草加水煮沸 20 分钟后，滤出液可喷杀菜虫；小穗可提炼糠醛，全草含粗脂肪 2.6%，粗蛋白 10.27%，无氮浸出物 34.55%，粗纤维 34.40%，粗灰分 10.60%。

高粱属 *Sorghum* Moench　本地常见栽培 1 种。

高粱（蜀黍　稻黍）

Sorghum bicolor (L.) Moench

一年生高大草本，高 3 ～ 5m。秆较粗壮，实心，基部节上具支撑根。叶鞘无毛或稍有白粉；叶舌硬膜质，先端圆，边缘有纤毛；叶片长 40 ～ 70cm，宽 3 ～ 8cm，先端渐尖，基部圆或微呈耳形，边缘软骨质，具微细小刺毛，中脉较宽，白色。圆锥花序疏松，总梗直立或微弯曲；分枝 3 ～ 7 枚，轮生，无柄小穗倒卵形或倒卵状椭圆形，两颖均为革质，上部及边缘通常具毛，初时黄绿色，成熟后为淡红色至暗棕色；第一外稃披针形，边缘有长纤毛；第二外稃披针形至长椭圆形，具 2 ～ 4 脉，顶端稍 2 裂，自裂齿间伸出一膝曲的芒；雄蕊 3 枚；子房倒卵形；花柱分离，柱头帚状。颖果两面平凸，淡红色至红棕色。有柄小穗雄性或中性，宿存，褐色至暗红棕色。花、果期 6 ～ 9 月。

高粱原产于非洲，在我国栽培历史悠久，南北方各省区均有栽培，品种甚多。

本地广泛栽培，是当地种植历史很长的重要粮食作物。榆林市各地均普遍栽培。

高粱是我国重要的栽培杂粮之一，籽粒可食，可制淀粉、酿酒，亦可栽培作饲料。秆可供编织，秆叶可作饲料，颖果亦可入药。

针茅属 *Stipa* L. 本地常见有3种1变种。

短花针茅

Stipa breviflora Griseb.

多年生草本，秆高20～60cm。须根坚韧，细长。具2～3节，基部有时膝曲，宿存枯叶鞘。叶鞘短于节间，基部者具短柔毛；基生叶舌钝，秆生叶舌顶端常两裂，长可达2mm，均具缘毛；叶片纵卷如针状，基生叶长为秆高1/2～2/3。圆锥花序狭窄，基部常为顶生叶鞘所包藏，分枝细而光滑，孪生，上部可再分枝而具少数小穗；小穗灰绿色或呈浅褐色；颖披针形，先端渐尖，具3脉，长1～1.5cm，等长或第一颖稍长；外稃长5.5～7mm，具5脉，顶端关节处生1圈短毛，芒两回膝曲扭转，第一芒柱长1～1.6cm，第二芒柱长0.7～1cm，具长0.5～0.8mm的柔毛，芒针长3～6cm，具1～1.5mm的羽状毛；内稃与外稃近等长，具2脉，背部具疏柔毛。颖果长圆柱形，绿色。花期5～7月。

分布于华北、西北地区及四川、西藏等多个省区，多生长于石质山坡、干山坡或河谷阶地上。尼泊尔也有分布。

本地有分布，见于大昌汗、古城等地山坡林下草丛中。榆林市有分布，见于榆阳区、横山区、靖边县、定边县、绥德县等地。

本种为优等牧草，返青早，牲畜四季喜食，也是荒漠草原地区主要牧草。

长芒草

Stipa bungeana Trin.

多年生草本，高 20 ～ 60cm。秆丛生，基部膝曲，有 2 ～ 5 节。叶鞘光滑无毛或边缘具纤毛，基生者有隐藏小穗；基生叶舌钝圆形，先端具短柔毛，秆生者披针形，长 3 ～ 5mm，两侧下延与叶鞘边缘结合，先端常两裂；叶片纵卷似针状，茎生者长 3 ～ 15cm，基生者长可达 17cm。圆锥花序为顶生叶鞘所包，成熟后渐抽出，长约 20cm，每节有 2 ～ 4 细弱分枝，小穗灰绿色或紫色；两颖近等长，有膜质边缘，长 9 ～ 15mm，有 3 ～ 5 脉，先端延伸成细芒；外稃长 4.5 ～ 6mm，具 5 脉，背部沿脉密生短毛，先端的关节有 1 圈短毛，其下有微刺毛，基盘尖锐，长约 1mm，密生柔毛，芒两回膝曲扭转，有光泽，边缘微粗糙，第一芒柱长 1 ～ 1.5cm，第二芒柱长 0.5 ～ 1cm，芒针长 3 ～ 5cm，稍弯曲；内稃与外稃等长，具 2 脉。颖果长圆柱形，但在隐藏小穗中者则为卵圆形，长约 3mm，被无芒且无毛之稃体紧密包裹。花、果期 6 ～ 8 月。

分布于我国西部，从东北、华北、西北、西南，向东南延伸到江苏、安徽等省区，生长于石质山坡、黄土丘陵、河谷阶地或路旁。蒙古、日本也有分布。

本地极为常见，生长于黄土丘陵、梁峁、山坡、沟谷或路旁。榆林市各地均有分布。

返青早，是草原或森林草原地区夏季草场的主要牧草。

大针茅（双巴）

Stipa grandis P. Smirn.

多年生草本，秆高 50 ～ 100cm。具 3 ～ 4 节，基部宿存枯萎叶鞘。叶鞘粗糙；叶舌披针形，白色膜质；叶片纵卷似针状，上面具微毛，下面光滑，秆生叶短，基生叶长可达 50cm。圆锥花序基部包藏于叶鞘内，长 20 ～ 50cm，分枝细弱，直立上举；小穗淡绿色或紫色；颖长 3 ～ 4.5cm，尖披针形，先端丝状，第一颖具 3 ～ 4 脉，第二颖具 5 脉；外稃长 1.5 ～ 1.6cm，具 5 脉，顶端关节处生 1 圈短毛，背部具贴生成纵行的短毛，基盘尖锐，具柔毛，芒两回膝曲扭转，微糙涩，第一芒柱长 7 ～ 10cm，第二芒柱长 2 ～ 2.5cm，芒针卷曲，长 11 ～ 18cm；内稃与外稃等长，具 2 脉；花药长约 7mm。花果期 5 ～ 8 月。

分布于东北、西北和华北等多个省区，多生长于广阔、平坦的高原上。蒙古、俄罗斯远东地区也有分布。

本地区十分常见，生长于黄土丘陵顶部山坡上。榆林市各地均有分布。

大针茅是亚洲中部草原最具代表性的建群植物之一，大针茅草原是我国草原地带极为重要的一类天然草场，不但适于放牧，还是干草原地带的重要割草场。

戈壁针茅

Stipa tianschanica var. *gobica* (Roshev.) P.C.Kuo et Y.H.Sun

多年生草本，秆高 17 ～ 23cm。具 2 ～ 3 节，无毛或在节的下部具柔毛，基部宿存枯叶鞘。叶鞘无毛，短于节间；基生与秆生叶舌长约 1mm，边缘被短柔毛；叶片纵卷如针状，基生叶长为秆高 1/2 ～ 2/3。圆锥花序紧缩，长约 5cm，基部为顶生叶鞘所包；小穗浅绿色；颖披针形，先端长渐尖，具 3 脉，两颖等长或第一颖稍长，长约 2.7cm；外稃长 7 ～ 8mm，具条状毛，顶端光滑，不具毛环，基盘尖锐，长约 2mm，密生柔毛，芒一回膝曲扭转，芒柱长约 1.2cm，芒针长 6 ～ 7cm，具长约 5mm 的羽状毛；内稃与外稃近等长，具 2 脉，脊上具柔毛。花、果期 6 ～ 7 月。

分布于西北地区及山西、河北等省区，生长于石砾山坡或戈壁滩上。

本地有分布，生长于黄河沿岸石砾山坡的石缝草丛中。榆林市有分布，见于榆阳区、神木市等地。

各种牲畜都喜欢采食，由于植株矮小，产量不高。

锋芒草属 *Tragus* Haller 本地常见有 1 种。

锋芒草

Tragus mongolorum Ohwi
(*Tragus racemosus* (L.) All.)

一年生草本，高 15 ～ 25cm。须根细弱。茎丛生，基部常膝曲而伏卧于地面。叶鞘无毛；叶舌纤毛状；叶片长 3 ～ 8cm，宽 2 ～ 4mm，边缘加厚，软骨质，疏生小刺毛。花序紧密呈穗状，长 3 ～ 6cm，宽约 8mm，小穗长 4 ～ 4.5mm，通常 3 个簇生，其中 1 个退化，或几残存为柄状；第一颖退化或极微小，薄膜质，第二颖革质，背部有 5 肋，肋上具钩刺，顶端具明显伸出刺外的小尖头；外稃膜质，具 3 条不太明显的脉；内稃较外稃稍短，脉不明显；雄蕊 3 枚，花丝细弱，花药卵圆形；花柱单一，柱头分叉，花柱 2 裂，柱头 2，帚状，均较简短。颖果棕褐色，稍扁。花、果期 7 ～ 9 月。

分布于华北、西北、西南等多个省区，生长于荒野、路旁、丘陵和山坡草地中。全世界温暖地区均有分布。

本地有分布，见于山坡、河滩或农田路旁草丛中。榆林市有分布，见于榆阳区、横山区、定边县、绥德县等地。

本种为常见的农田杂草。

玉蜀黍属 *Zea* L. 本地常见栽培1种。

玉米（玉蜀黍　包谷　包谷棒子　玉稻黍　金稻黍）

Zea mays L.

一年生高大草本，高1～4m。秆直立，基部各节具气生支柱根。叶鞘具横脉；叶舌膜质，长约2mm；叶片扁平宽大，线状披针形，基部圆形呈耳状，无毛或具疵柔毛，中脉粗壮，边缘微粗糙。花单性，雌雄同株。雄性圆锥花序大型，顶生，主轴与总状花序轴及其腋间均被细柔毛；雄性小穗孪生，长达1cm，小穗柄一长一短，分别长1～2mm及2～4mm，被细柔毛；两颖近等长，膜质，约具10脉，被纤毛；外稃及内稃透明膜质，稍短于颖；花药橙黄色；长约5mm。雌花序被多数宽大的鞘状苞片所包藏；雌小穗孪生，成16～30纵行排列于粗壮之花序轴上，两颖等长，宽大，无脉，具纤毛；外稃及内稃透明膜质，雌蕊具极长而细弱的线形花柱。颖果球形或扁球形，成熟后露出颖片和稃片之外，其大小随生长条件不同产生差异，一般长5～10mm，宽略过于其长，胚长为颖果的1/2～2/3。花果期于夏秋季。

原产于墨西哥或中美洲，热带和温带地区广泛种植，与小麦、水稻一起成为全世界最重要的三大粮食作物之一。我国大约于明代嘉靖年间引入种植，现全国各地广泛栽培。

本地作为重要粮食作物普遍种植。榆林市各地均普遍栽培。

79 莎草科 Cyperaceae

本地常见有 7 属 10 种 2 变种。

扁穗草属 *Blysmus* Panz. ex Schult. 本地常见有 1 种。

华扁穗草

***Blysmus sinocompressus* Tang et Wang**

多年生草本。有长的匍匐根状茎，黄色，光亮，有节，节上生根，长 2 ～ 7cm，直径 2.5 ～ 3.5mm，鳞片黑色；秆近于散生，扁三棱形，具槽，中部以下生叶，基部有褐色或紫褐色老叶鞘，高 5 ～ 26cm。叶平张，边略内卷并有疏而细的小齿，顶端三棱形，短于秆，宽 1 ～ 3.5mm；叶舌很短，白色，膜质。苞片叶状，一般高出花序；小苞片呈鳞片状，膜质；穗状花序 1 个，顶生，长圆形或狭长圆形，长 1.5 ～ 3cm，宽 6 ～ 11mm；小穗 3 ～ 10 多个，排列成二列或近二列，较密，最下部 1 至数个小穗通常远离；小穗长 5 ～ 7mm，有 2 ～ 9 朵两性花；鳞片近二行排列，长卵圆形，锈褐色，膜质，背部有 3 ～ 5 条脉，中脉呈龙骨状凸起，绿色，长 3.5 ～ 4.5mm；下位刚毛 3 ～ 6 条，卷曲，高出小坚果约两倍，有倒刺；雄蕊 3 枚，花药狭长圆形，顶端具短尖；柱头 2，长于花柱约 1 倍。小坚果宽倒卵形，平凸状，深褐色。花、果期 6 ～ 9 月。

分布于华北、西北、西南等多个省区，生长在山溪边、河床、沼泽地、草地等潮湿地区。

本地有分布，见于河滩湿地草丛中。榆林市各地有零星分布。

常见生长于沼泽湿地，可以起到净化水质的作用。

三棱草属 *Bolboschoenus* (Asch.) Palla 本地常见有1种。

扁秆荆三棱（扁秆藨草）

Bolboschoenus planiculmis **(F. Schmidt) T. V. Egorova**
(*Scirpus planiculmis* Fr.)

多年生草本。具匍匐根状茎和块茎。秆高60～100cm，一般较细，三棱形，平滑，靠近花序部分粗糙，基部膨大，具秆生叶。叶扁平，向顶部渐狭，具长叶鞘。叶状苞片1～3枚，常长于花序，边缘粗糙；长侧枝聚伞花序短缩成头状，或有时具少数辐射枝，通常具1～6个小穗；小穗卵形或长圆状卵形，锈褐色，具多数花；鳞片膜质，长圆形或椭圆形，褐色或深褐色，外面被稀少的柔毛，背面具一条稍宽的中肋，顶端具芒；下位刚毛4～6条，上生倒刺；雄蕊3枚，花药线形，药隔稍凸出于花药顶端；花柱长，柱头2。小坚果倒卵形，扁，两面稍凹或稍凸。花期5～6月，果期7～9月。

分布于我国南北多个省区，生长于湖边、河边近水处湿地。朝鲜、日本也有分布。

本地有分布，见于黄河河滩湿地及其他河流岸边、水塘边草丛中，有时形成单优群落。榆林市各地均有分布。

常见生长于沼泽湿地，可以起到净化水质的作用。

薹草属（苔草属）*Carex* L. 本地常见有 1 种 1 变种。

寸草（卵穗苔草）

Carex duriuscula C.A.Mey.

多年生草本，秆高 5 ～ 20cm。根状茎细长、匍匐。基部叶鞘灰褐色，细裂成纤维状。叶短于秆，宽 1 ～ 1.5mm，叶片平张，边缘稍粗糙。苞片鳞片状。穗状花序卵形或球形，长 0.5 ～ 1.5cm，宽 0.5 ～ 1cm；小穗 3 ～ 6 个，卵形，密生，长 4 ～ 6mm，雄雌顺序，具少数花。雌花鳞片宽卵形或椭圆形，长 3 ～ 3.2mm，锈褐色，具宽的白色膜质边缘。顶端锐尖，具短尖。果囊较大，长 3.5 ～ 4.5mm，卵形或卵状椭圆形，平凸状，革质，锈色或黄褐色，成熟时稍有光泽，两面具多条脉，基部近圆形，有海绵状组织，具粗的短柄，顶端渐狭成较长的喙，喙口白色膜质。小坚果包于果囊中，近圆形或宽椭圆形，长 1.5 ～ 2mm，宽 1.5 ～ 1.7mm；花柱基部膨大，柱头 2 个。花、果期 4 ～ 6 月。

分布于东北、华北、西北地区及山东、河南、西藏等多个省区，生长于草原、河岸砾石地或沙地。俄罗斯、朝鲜、蒙古也有分布。

本地有分布，生长于河岸砾石地、沙地、湿地草丛中。榆林市各地均有分布。

常见生长于沼泽湿地，可以起到净化水质的作用。

亚柄薹草（亚柄苔草　早春薹草　早春苔草）

Carex lanceolata Boott var. *subpediformis* Kukenth.

多年生草本，高 10 ～ 35cm。根状茎粗壮。秆密丛生，扁三棱形，上部稍粗糙。叶初时短于秆，后渐延伸，质软，边缘稍粗糙，基部具纤维状的宿存叶鞘。苞片佛焰苞状，下部的在顶端具刚毛状的短苞叶，上部的呈凸尖状。小穗 3 ～ 6 个，彼此疏远；顶生的 1 个雄性；侧生的 2 ～ 5 个小穗雌性，长圆形或长圆状圆柱形，长 1 ～ 1.7cm，粗 2.5 ～ 3mm，有 5 ～ 10 余朵花；小穗柄通常不伸出苞鞘外，仅下部的 1 个稍外露；小穗轴微呈之字形曲折。雄花鳞片长圆状披针形，长 8 ～ 8.5mm，膜质，褐色或褐棕色，具宽的白色膜质边缘，具 1 条中脉；雌花鳞片倒卵形或倒卵状长圆形，长 5 ～ 6mm，纸质，两侧紫褐色，有宽的白色膜质边缘，中间淡绿色，具 3 条脉。果囊明显短于鳞片，纸质，淡绿色，密被短柔毛，除两侧脉外，无明显的细脉，具短喙，喙口截形。小坚果倒卵状椭圆形，三棱形，长 2.5 ～ 2.8mm，基部具短柄，顶端具外弯的短喙；花柱基部稍增粗，柱头 3 个。

分布于全国多个省区，生长于山坡、灌丛下、水边或耕地边。俄罗斯（远东地区）、日本也有分布。

本地有分布，生长于山坡、河岸草丛中。榆林市有零星分布。

茎叶可作造纸原料，嫩茎叶是牲畜的饲料。

莎草属 *Cyperus* L. 本地常见有 4 种。

褐穗莎草

Cyperus fuscus L.

一年生草本，高 6 ～ 30cm。具须根。秆丛生，细弱，扁锐三棱形，平滑，基部具少数叶。叶短于秆或有时几乎与秆等长，宽 2 ～ 4mm，边缘不粗糙。苞片 2 ～ 3 枚，叶状，长于花序；长侧枝聚伞花序复出或有时为简单，具 3 ～ 5 个第一次辐射枝，辐射枝最长达 3cm；小穗 5 ～ 10 个密聚成近头状花序，线状披针形或线形，长 3 ～ 6mm，宽约 1.5mm，稍扁平，具 8 ～ 24 朵花；小穗轴无翅；鳞片覆瓦状排列，膜质，宽卵形，长约 1mm，背面中间较宽的一条为黄绿色，两侧深紫褐色或褐色，具 3 条不十分明显的脉；雄蕊 2 枚，花药椭圆形；花柱短，柱头 3。小坚果椭圆形、三棱形，淡黄色。花、果期 7 ～ 10 月。

分布于华北地区及黑龙江、辽宁、陕西、甘肃、新疆等多个省区，多生长于稻田中、沟边或水旁。欧洲，俄罗斯、印度、越南，喜马拉雅山西北部也有分布。

本地有分布，见于河岸、沟谷、水边湿地草丛中。榆林市各地均有分布。

常见生长于沼泽湿地，可以起到净化水质的作用。

头状穗莎草（三棱草）

Cyperus glomeratus L.

一年生草本，高 50 ～ 95cm。具须根。秆散生，粗壮，钝三棱形，平滑，基部稍膨大，具少数叶。叶短于秆，宽 4 ～ 8mm，边缘不粗糙；叶鞘长，红棕色。叶状苞片 3 ～ 4 枚，较花序长，边缘粗糙；复出长侧枝聚伞花序具 3 ～ 8 个辐射枝，辐射枝长短不等，最长达 12cm；穗状花序无总花梗，近于圆形、椭圆形或长圆形，长 1 ～ 3cm，宽 6 ～ 17mm，具极多数小穗；小穗多列，排列紧密，线状披针形或线形，稍扁平，长 5 ～ 10mm，宽 1.5 ～ 2mm，具 8 ～ 16 朵花；小穗轴具白色透明的翅；鳞片排列疏松，膜质，近长圆形，顶端钝，长约 2mm，棕红色，背面无龙骨状凸起，脉极不明显，边缘内卷；雄蕊 3 枚，花药长圆形，暗血红色，药隔凸出于花药顶端；花柱长，柱头 3。小坚果长圆形，三棱形，灰色，具明显的网纹。花、果期 6 ～ 10 月。

分布于东北、河北、河南、山西、陕西、甘肃等多个省区，多生长于水边沙土上或路旁阴湿的草丛中。欧洲中部、地中海区域、亚洲中部、东部温带地区以及朝鲜和日本也有分布。

本地极为常见，生长于河滩、沟谷、池塘边湿润草丛中。榆林市各地均有分布。

茎叶可作造纸或人造棉原料，亦可作牧草。

香附子（莎草）

Cyperus rotundus L.

多年生草本，高 15 ～ 95cm。匍匐根状茎长，具椭圆形块茎。秆稍细弱，锐三棱形，平滑，基部呈块茎状。叶较多，短于秆，宽 2 ～ 5mm，平张；鞘棕色，常裂成纤维状。叶状苞片 2 ～ 5 枚，常长于花序，或有时短于花序；长侧枝聚伞花序简单或复出，具 3 ～ 10 个辐射枝；辐射枝最长达 12cm；穗状花序轮廓为陀螺形，具 3 ～ 10 个小穗；小穗斜展开，线形，长 1 ～ 3cm，宽约 1.5mm，具 8 ～ 28 朵花；小穗轴具白色透明的翅；鳞片覆瓦状排列，膜质，卵形或长圆状卵形，长约 3mm，顶端急尖或钝，中间绿色，两侧紫红色或红棕色，具 5 ～ 7 条脉；雄蕊 3 枚，花药暗血红色，药隔凸出于花药顶端；花柱长，柱头 3，伸出鳞片外。小坚果长圆状倒卵形，三棱形具细点。花、果期 5 ～ 11 月。

分布于我国南北方多个省区，生长于山坡荒地草丛中或水边潮湿处。广布于世界各地。

本地有分布，生长于河滩、沟岸沙质土草丛中。榆林市各地均有分布。

其块茎入药称“香附”，是《中国药典》指定的中药材“香附”的原植物。入药具有疏肝解郁、理气宽中、调经止痛等功效。

水莎草

Cyperus serotinus Rottb.
(*Juncellus serotinus* (Rottb.) C. B. Clarke)

多年生草本，秆高 35 ～ 100cm。散生。根状茎长。粗壮，扁三棱形，平滑。叶片少，短于秆或有时长于秆，宽 3 ～ 10mm，平滑，基部折合，上面平张，背面中肋呈龙骨状凸起。苞片常 3 枚，少 4 枚，叶状，较花序长，最宽至 8mm；复出长侧枝聚伞花序具 4 ～ 7 个第一次辐射枝；辐射枝向外展开，长短不等，最长达 16cm。每一辐射枝上具 1 ～ 3 个穗状花序，每一穗状花序具 5 ～ 17 个小穗；花序轴被疏的短硬毛；小穗排列稍松，近于平展，具 10 ～ 34 朵花；小穗轴具白色透明的翅；鳞片纸质，宽卵形，顶端钝或圆，长 2.5mm，背面中肋绿色，两侧红褐色或暗红褐色，边缘黄白色透明，具 5 ～ 7 条脉；雄蕊 3 枚，花药线形，药隔暗红色；花柱很短，柱头 2，具暗红色斑纹。小坚果椭圆形或倒卵形，平凸状，棕色，稍有光泽，具凸起的细点。花、果期 7 ～ 10 月。

分布遍及全国各省区，多生长于浅水中、水边沙土上或有时亦见于路旁。还分布于朝鲜、日本，喜马拉雅山西北部以及欧洲中部、地中海地区。

本地有分布，见于河滩、河沟湿地草丛中。榆林市各地均有分布。

常见生长于沼泽湿地，可以起到净化水质的作用。

荸荠属 *Eleocharis* R. Br. 本地常见有 1 变种。

具刚毛荸荠（具槽秆荸荠）

Eleocharis valleculosa var. *setosa* Ohwi (*Heleocharis valleculosa* f. *setosa*)

多年生草本，高 6 ～ 50cm。有匍匐根状茎。秆多数或少数，单生或丛生，圆柱状，干后略扁，直径 1 ～ 3mm，有少数锐肋条。叶缺如，在秆的基部有 1 ～ 2 个长叶鞘，鞘膜质，鞘的下部紫红色，鞘口平，高 3 ～ 10cm。小穗长圆状卵形或线状披针形，长 7 ～ 20mm，宽 2.5 ～ 3.5mm，后期为麦秆黄色，有多数或极多数密生的两性花；在小穗基部有 2 片鳞片中空无花，抱小穗基部的 1/2 ～ 2/3 周以上；其余鳞片全有花，卵形或长圆状卵形，顶端钝，长 3mm，宽 1.7mm，背部淡绿色或苍白色，具 1 脉，两侧狭，淡血红色，淡绣色，边缘很宽，白色，干膜质；下位刚毛 4 条，其长明显超过小坚果，略弯曲，不向外展开，具密的倒刺；柱头 2。小坚果圆倒卵形，双凸状，长宽大致相等，淡黄色；花柱基为宽卵形，长为小坚果的 1/3，宽约为小坚果的 1/2，海绵质。花、果期 6 ～ 8 月。

分布几乎遍布全国，生长在浅水中。朝鲜和日本也有分布。

本地有分布，生长于河岸、沟谷湿地草丛中。榆林市各地均有分布。

常见生长于沼泽湿地，可以起到净化水质的作用。

扁莎属 *Pycreus* P.Beauv. 本地常见有 1 种。

红鳞扁莎

Pycreus sanguinolentus (Vahl) Nees ex C. B. Clarke

一年生草本，高 7 ～ 40cm。根为须根。秆密丛生，扁三棱形，平滑。叶稍多，常短于秆，宽 2 ～ 4mm，平张，边缘具白色透明的细刺。苞片 3 ～ 4 枚，叶状，近于平向展开，长于花序；简单长侧枝聚伞花序具 3 ～ 5 个辐射枝；辐射枝有时极短，因而花序近似头状，有时可长达 4.5cm，由 4 ～ 12 个或更多的小穗密聚成短的穗状花序；小穗辐射展开，长圆形、线状长圆形或长圆状披针形，长 5 ～ 12mm，宽 2.5 ～ 3mm，具 6 ～ 24 朵花；小穗轴直，四棱形；鳞片覆瓦状排列，膜质，卵形，长约 2mm，背面中间部分黄绿色，具 3 ～ 5 条脉，两侧具较宽的槽，麦秆黄色或褐黄色，边缘暗血红色或暗褐红色；雄蕊 3 枚，花药线形；花柱长，柱头 2，细长，伸出于鳞片之外。小坚果圆倒卵形或长圆状倒卵形，双凸状，成熟时黑色。花、果期 7 ～ 12 月。

分布几乎遍布全国，生长于山谷、田边、河边潮湿处，或生长于浅水处，多在向阳的地方。世界多国有分布。

本地有分布，见于河滩、河沟边湿润沙土草丛中。榆林市各地均有分布。

常见生长于沼泽湿地，可以起到净化水质的作用。

水葱属 *Schoenoplectus* (Rchb.) Palla 本地常见有2种。

水葱（南水葱）

Schoenoplectus tabernaemontani (C. C. Gmelin) Palla (*Scirpus validus* Vahl)

多年生草本植物，高1～2m。匍匐根状茎粗壮，具许多须根。秆高大，圆柱状，平滑，基部具3～4个叶鞘，鞘长可达38cm，最上面一个叶鞘具叶片。叶片线形，长1.5～11cm。苞片1枚，为秆的延长，直立，钻状，常短于花序，极少长于花序；长侧枝聚伞花序简单或复出，假侧生，具4～13或更多个辐射枝；辐射枝长可达5cm，一面凸，一面凹，边缘有锯齿；小穗单生或2～3个簇生长于辐射枝顶端，卵形或长圆形，长5～10mm，宽2～3.5mm，具多数花；鳞片椭圆形或宽卵形，膜质，长约3mm，棕色或紫褐色，背面有铁锈色凸起小点，具脉1条，边缘具缘毛；下位刚毛6条，等长于小坚果，红棕色，有倒刺；雄蕊3枚，药隔突出；花柱中等长，柱头2，长于花柱。小坚果倒卵形或椭圆形，双凸状，长约2mm。花、果期6～9月。

分布于我国南北多个省区，生长于湖边或浅水池塘中。朝鲜、日本，澳洲、南北美洲有分布。

本地有分布，见于池塘、河岸水边湿草丛中。榆林市各地均有分布。

在部分地区栽培作观赏用，秆可作为编席子的材料。

三棱水葱（藨草）

Schoenoplectus triqueter (Linnaeus) Palla
(*Scirpus triqueter* Linn.)

多年生草本，高 20 ～ 90cm。匍匐根状茎长，干时呈红棕色。秆散生，粗壮，三棱形，基部具 2 ～ 3 个鞘，鞘膜质，横脉明显隆起，最上一个鞘顶端具叶片。叶片扁平，长 1.3 ～ 8cm，宽 1.5 ～ 2mm。苞片 1 枚，为秆的延长，三棱形，长 1.5 ～ 7cm。简单长侧枝聚伞花序假侧生，有 1 ～ 8 个辐射枝；辐射枝三棱形，棱上粗糙，长可达 5cm，每辐射枝顶端有 1 ～ 8 个簇生的小穗；小穗卵形或长圆形，长 6 ～ 14mm，宽 3 ～ 7mm，密生许多花；鳞片长圆形、椭圆形或宽卵形，顶端微凹或圆形，长 3 ～ 4mm，膜质，黄棕色，背面具 1 条中肋，稍延伸出顶端呈短尖，边缘疏生缘毛；下位刚毛 3 ～ 5 条，几等长或稍长于小坚果，全长都生有倒刺；雄蕊 3 枚，花药线形，药隔暗褐色，稍凸出；花柱短，柱头 2，细长。小坚果倒卵形，平凸状，长 2 ～ 3mm，成熟时褐色，具光泽。花、果期 6 ～ 9 月。

本种为广布种，我国除广东、海南岛外，各省区都有分布，生长在水沟、水塘、山溪边或沼泽地。俄罗斯、日本、朝鲜，欧洲、美洲也有分布。

本地较常见，生长于河岸、池塘、山沟边沼泽地草丛中。榆林市各地均有分布。

嫩茎可作牧草，茎叶可作编制材料。

80 灯心草科 Juncaceae

本地常见有 1 属 1 种。

灯心草属 *Juncus* L. 本地常见有 1 种。

小灯心草（小灯芯草）

***Juncus bufonius* L.**

多为一年生草本，高 4 ～ 30cm。有多数浅褐色须根。茎丛生，直立或斜升，基部常红褐色。叶基生和茎生；茎生叶常 1 枚；叶片线形，扁平，长 1 ～ 13cm，宽约 1mm，顶端尖；叶鞘具膜质边缘，无叶耳。花序呈二歧聚伞状，或排列成圆锥状，生长于茎顶，占整个植株的 1/4 ～ 4/5，花序分枝细弱而微弯；叶状总苞片长 1 ～ 9cm，常短于花序；花排列疏松，具花梗和小苞片；小苞片 2 ～ 3 枚，三角状卵形，膜质，长 1.3 ～ 2.5mm，宽 1.2 ～ 2.2mm；花被片披针形，外轮者长 3.2 ～ 6mm，宽 1 ～ 1.8mm，背部中间绿色，边缘宽膜质，白色，顶端锐尖，内轮者稍短，几乎全为膜质，顶端稍尖；雄蕊 6 枚，长为花被的 1/3 ～ 1/2；花药淡黄色；花丝丝状；雌蕊具短花柱；柱头 3，外向弯曲，长 0.5 ～ 0.8mm。蒴果三棱状椭圆形，黄褐色，3 室。种子椭圆形，黄褐色，有纵纹，长 0.4 ～ 0.6mm。花常闭花受精。花期 5 ～ 7 月，果期 6 ～ 9 月。

本种在植株高矮、叶片长度、花排列疏密程度等方面的变化较大。

分布于东北、华北、西北、华东地区及西南等多个省区，生长于湿草地、湖岸、河边、沼泽地。朝鲜、日本、俄罗斯西伯利亚，中亚、欧洲和北美洲也有分布。

本地有分布，见于河岸、沟谷湿地草丛中。榆林市有分布，见于榆阳区、神木市、靖边县、绥德县等地。

嫩茎可作牧草，绵羊、山羊可部分采食。

81 百合科 Liliaceae

本地常见有4属6种，栽培2属4种。

葱属 *Allium* L. 本地常见有2种，栽培2种。

葱（大葱　红葱）

***Allium fistulosum* L.**

多年生草本。鳞茎单生，圆柱状，稀为基部膨大的卵状圆柱形，粗1～2cm，有时可达4.5cm；鳞茎外皮白色，稀淡红褐色，膜质至薄革质，不破裂。叶圆筒状，中空，向顶端渐狭，约与花葶等长。花葶圆柱状，中空，高30～50（100）cm，中部以下膨大，向顶端渐狭，约在1/3以下被叶鞘；总苞膜质，2裂；伞形花序球状，多花，较疏散；花白色；花被片长6～8.5mm，近卵形，先端渐尖，具反折的尖头，外轮的稍短；花丝为花被片长度的1.5～2倍，锥形，在基部合生并与花被片贴生；子房倒卵状，花柱细长，伸出花被外，种子黑色。花、果期4～7月。

原产于亚洲，世界各地有栽培，我国各地广泛栽培作调味品供食用。

栽培植物，本地随处可见。榆林市各地普遍栽培。

作蔬菜调味品食用，民间以鳞茎入药称“葱白”，须根入药称“葱根”，种子亦可入药。

薤白（小根蒜　野蒜）

Allium macrostemon Bunge

多年生草本。鳞茎近球状，粗 0.7 ～ 1.5（2）cm，基部常具小鳞茎；鳞茎外皮带黑色，纸质或膜质，不破裂。叶 3 ～ 5 枚，半圆柱状，中空，上面具沟槽，比花葶短。花葶圆柱状，高 30 ～ 70cm，下部 1/4 ～ 1/3 处被叶鞘；总苞 2 裂，比花序短；伞形花序半球状至球状，具多而密集的花，或间具珠芽或有时全为珠芽；小花梗近等长，比花被片长 3 ～ 5 倍，基部具小苞片；珠芽暗紫色，基部亦具小苞片；花淡紫色或淡红色；花被片矩圆状卵形至矩圆状披针形；花丝等长，在基部合生并与花被片贴生；子房近球状，腹缝线基部具有蜜穴；花柱伸出花被外。花、果期 5 ～ 7 月。

除新疆、青海外，全国各省区均有分布。生长于山坡、丘陵、山谷或草地上。俄罗斯、朝鲜和日本也有分布。

本地较常见，生长于山坡、河床、农田地边草丛中，榆林市各地均有分布。

鳞茎入药，是《中国药典》指定的中药材“薤白”的原植物之一，入药具有通阳散结、行气导滞之功效。嫩叶及鳞茎也可作蔬菜食用，在部分地区已有栽培。

细叶韭（则莫　则萌）

Allium tenuissimum L.

多年生草本。鳞茎数枚聚生，近圆柱状；鳞茎外皮紫褐色、黑褐色至灰黑色，膜质，常顶端不规则地破裂，内皮带紫红色，膜质。叶半圆柱状至近圆柱状，与花葶近等长，粗 0.3 ～ 1mm，光滑。花葶圆柱状，具细纵棱，光滑，高 10 ～ 35（50）cm，中下部被叶鞘；总苞单侧开裂，宿存；伞形花序半球状或近扫帚状；花白色或淡红色，稀为紫红色；外轮花被片卵状矩圆形至阔卵状矩圆形，先端钝圆，长 2.8 ～ 4mm，宽 1.5 ～ 2.5mm，内轮的倒卵状矩圆形，先端平截或为钝圆状平截，长 3 ～ 4.2mm，宽 1.8 ～ 2.7mm；花丝基部合生并与花被片贴生，子房卵球状。花、果期 7 ～ 9 月。

分布于东北、华北、西北地区及江苏、浙江等多个省区，生长于山坡、草地或沙丘上。俄罗斯西伯利亚以及蒙古也有分布。

本地有分布，见于丘陵、河谷、山坡路旁草丛中。榆林市有分布，多见于北部风沙区。

其嫩叶可食用。

韭（韭菜 韭苔 韭花）

Allium tuberosum Rottler ex Sprengle

多年生草本。具倾斜的横生根状茎。鳞茎簇生，近圆柱状；鳞茎外皮暗黄色至黄褐色，破裂成纤维状，呈网状或近网状。叶条形，扁平，实心，比花葶短，边缘平滑。花葶圆柱状，常具 2 纵棱，高 25 ～ 60cm，下部被叶鞘；总苞单侧开裂，或 2 ～ 3 裂，宿存；伞形花序半球状或近球状，具多花；花白色；花被片常具绿色或黄绿色的中脉，内轮的矩圆状倒卵形，长 4 ～ 7（8）mm，宽 2.1 ～ 3.5mm，外轮的常较窄，长 4 ～ 7（8）mm，宽 1.8 ～ 3mm；花丝等长，为花被片长度的 2/3 ～ 4/5，基部合生并与花被片贴生，分离部分狭三角形；子房倒圆锥状球形，具 3 圆棱，外壁具细的疣状凸起。种子黑色，花、果期 7 ～ 9 月。

原产于亚洲东南部，现全世界各地普遍栽培，我国各地广泛栽培。

本地常见栽培，叶作蔬菜食用。榆林市各地普遍栽培。

韭是一种常见的蔬菜，叶作蔬菜称“韭菜”，可反复刈割多次；花葶作蔬菜称“韭苔”；花作蔬菜或调味品称“韭花”。种子可入药，是《中国药典》指定的中药材“韭菜籽”的原植物。入药具有温补肝肾、壮阳固精之功效。

知母属 *Anemarrhena* Bunge 本地常见有1种。

知母

Anemarrhena asphodeloides Bunge

多年生草本。根状茎粗0.5～1.5cm，为残存的叶鞘所覆盖。叶基生，长15～60cm，宽1.5～11mm，向先端渐尖而成近丝状，基部渐宽而成鞘状，具多条平行脉，没有明显的中脉。花葶比叶长得多，高可达1m以上；总状花序通常较长，可达20～50cm，花2～3朵簇生；苞片小，卵形或卵圆形，先端长渐尖；花粉红色、淡紫色至白色；花被片6，条形，在基部合生，长5～10mm，中央具3脉，宿存，雄蕊3枚，生长于内花被片近中部。蒴果狭椭圆形，长8～13mm，宽5～6mm，顶端有短喙。种子黑色，具3～4条纵狭翅。花、果期6～9月。

分布于华北、东北地区及山东、陕西（北部）及甘肃等各省区，朝鲜也有分布。生长于山坡、草地、路旁较干燥或向阳的地方。

在本地区较常见，生长于干燥山坡草地或灌草丛中。榆林市各地均有分布。

本种干燥根状茎为著名中药，是《中国药典》指定的中药材“知母”的原植物。入药具有滋阴降火、润燥滑肠、利大小便之功效。有“毛知母”与“知母肉”之分。药材主要产区在河北，陕西北部属于知母的适生区之一，本种也是当地具有开发潜力的中药材。

天门冬属 *Asparagus* L. 本地常见有2种。

攀缘天门冬（田埂地马留）

Asparagus brachyphyllus Turcz.

多年生攀援植物。块根肉质，近圆柱状，径7～15mm。茎近平滑，长20～100cm，分枝具纵凸纹，通常有软骨质齿。叶状枝每4～10枚成簇，伸直或弧曲，长4～12（20）mm，粗约0.5mm，有软骨质齿；鳞片状叶基部有长1～2mm的刺状短距，有时距不明显。花通常每2～4朵腋生，淡紫褐色；花梗长3～6mm，关节位于近中部；雄花花被长7mm；花丝中部以下贴生于花被片上；雌花较小，花被长约3mm。浆果直径6～7mm，熟时红色，通常有4～5颗种子。花期5～6月，果期8月。

分布于吉林、辽宁、河北、山西（中部至北部）、陕西（北部）和宁夏等省区，生长于山坡、田边或灌丛中。朝鲜也有分布。

本地较常见，生长于沿黄河边山坡、土崖或地边草丛中。榆林市见于榆阳区、横山区、神木市、靖边县、绥德县等地。

地下块根可作药用，果实成熟时红色，可栽培作观果植物。

兴安天门冬

Asparagus dauricus Link

直立草本，高 30 ～ 70cm。根细长。茎和分枝有条纹，有时幼枝具软骨质齿。叶状枝每 1 ～ 6 枚成簇，通常全部斜立，和分枝交成锐角，稍扁的圆柱形，略有几条不明显的钝棱，长 1 ～ 5cm，粗约 0.6mm，伸直或稍弧曲，有时有软骨质齿。花单性，雌雄异株，黄绿色，每 2 朵腋生；雄花花梗长 3 ～ 5mm，和花被近等长，关节位于近中部；花丝大部分贴生于花被片上；雌花极小，花被长约 1.5mm，短于花梗，花梗关节位于上部。浆果球形，成熟时红色或黑色，有 2 ～ 4 颗种子。花期 5 ～ 6 月，果期 7 ～ 9 月。

分布于东北、华北、陕西（北部）、山东和江苏等多个省区，生长于沙丘或干燥山坡上。朝鲜、蒙古和俄罗斯西伯利亚也有分布。

本地较常见，生长于山坡、山谷草丛中。榆林市有分布，见于榆阳区、横山区、定边县、神木市等地。

可作牧草，亦可栽培作观赏。

萱草属 *Hemerocallis* L. 本地常见栽培2种。

黄花菜（金针菜 金针花）

Hemerocallis citrina Baroni

多年生草本。须根近肉质，中下部常有纺锤状膨大。叶7～20枚，长50～100cm，宽6～25mm。花葶长短不一，一般稍长于叶，基部三棱形，上部多少圆柱形，有分枝；苞片披针形，下面的长可达3～10cm，自下向上渐短，宽3～6mm；花梗较短，通常长不到1cm；花多朵，最多可达100朵以上；花被淡黄色，有时在花蕾时顶端带黑紫色；花被管长3～5cm，花被裂片长6～12cm，内三片宽2～3cm。蒴果钝三棱状椭圆形。种子约20枚，黑色，有棱。花、果期5～9月。

产自秦岭以南各省区以及华北、山东等省区，生长于山坡、山谷、荒地或林缘，全国大部分地区常见栽培。

本地常见栽培，花作干菜食用。榆林市各地常见栽培。

黄花菜是重要的经济作物，其花（花蕾）经过蒸、晒，加工成干菜，即“金针菜”或“黄花菜”，远销国内外，是很受欢迎的食品。我国栽培黄花菜有悠久的历史，品种很多，主要产区有湖南、江苏、陕西、四川、甘肃等省区，陕西大荔县的金针菜全国有名。

黄花菜鲜花（特别是花药）因含有多种生物碱，不宜直接食用，多食会引起腹泻等中毒现象。除食用外，黄花菜还有健胃、利尿、消肿等功效；根可以酿酒。

萱草（金娃娃）

Hemerocallis fulva (L.) L.

多年生草本。根近肉质，中下部有纺锤状膨大；叶基生成丛，叶一般较宽，条状披针形，长 30 ～ 60cm，宽约 2.5cm，叶背常带白粉。花葶比叶长，高可达 1m 以上；花序半圆锥状，具 6 ～ 12 朵花，花梗长约 1cm，有小的披针形苞片，花较大，橘红色至橘黄色，无香味，早上开晚上凋谢，花长 7 ～ 12cm，花被基部漏斗状，粗短，长约 2.5cm，花被片 6，开展并向外翻卷，外轮 3 片，宽 1 ～ 2cm，内轮 3 片较宽，达 2.5cm，边缘稍作波状，内花被裂片下部一般有彩斑。雄蕊 6 枚，花丝长；子房上位，花柱细长。花、果期 5 ～ 7 月。

萱草在我国分布广泛，栽培历史悠久，早在 2000 多年前的《诗经 · 魏风》中就有记载，别名有“鹿葱”“川草花”“忘郁”“丹棘”等。由于长期的栽培，萱草的类型极多，如叶的宽窄、质地，花的色泽、花被管的长短、花被裂片的宽窄等变异很大，根据这些特征，本种还被详细地划分为许多变种、变型和品种，如现在常见栽培的“金娃娃”萱草就是其中之一。

金娃娃萱草

本地县城河滨公园、机关单位、住宅小区及街道路旁有普遍栽培。榆林市各地均有栽培。

栽培园艺品种甚多，花色艳丽，可供观赏。

百合属 *Lilium* L. 本地常见有 1 种。

山丹（山丹丹　细叶百合）

Lilium pumilum **Redouté**

多年生草本。鳞茎卵形或圆锥形，高 2.5 ~ 4.5cm，直径 2 ~ 3cm；鳞片矩圆形或长卵形，长 2 ~ 3.5cm，宽 1 ~ 1.5cm，白色。茎高 15 ~ 60cm，有小乳头状凸起，有的带紫色条纹。叶散生长于茎中部，条形，长 3.5 ~ 9cm，宽 1.5 ~ 3mm，中脉下面凸出，边缘有乳头状凸起。花单生或数朵排成总状花序，鲜红色，通常无斑点，下垂；花被片反卷，长 4 ~ 4.5cm，宽 0.8 ~ 1.1cm，蜜腺两边有乳头状凸起；花丝长 1.2 ~ 2.5cm，无毛，花药长椭圆形，长约 1cm，黄色，花粉近红色；子房圆柱形，长 0.8 ~ 1cm；花柱稍长于子房或长 1 倍多，长 1.2 ~ 1.6cm，柱头膨大，径 5mm，3 裂。蒴果矩圆形，长 2cm，宽 1.2 ~ 1.8cm。花期 7 ~ 8 月，果期 9 ~ 10 月。

分布于东北、华北、西北多个省区，生长于山坡草地或林缘。俄罗斯、朝鲜、蒙古也有分布。

本地有分布，见于小深沟、胡桥沟等地背阴山坡，或作栽培观赏。榆林市有分布，见于榆阳区、横山区、靖边县、绥德县、神木市等地，野生或有栽培。

鳞茎富含淀粉可供食用，亦可入药，是《中国药典》指定的中药材“百合”的原植物之一。入药具有养阴润肺、清心安神之功效。花色艳丽，是很好的观赏植物。

82 鸢尾科 Iridaceae

本地常见有2属3种，栽培1属1种。

射干属 *Belamcanda* Adans. 本地常见有1种。

射干（野萱花　剪刀花）

Belamcanda chinensis **(L.) Redouté**

多年生草本。根状茎为不规则的块状；须根多数。茎高1～1.5m。叶互生，嵌迭状排列，剑形，长20～60cm，宽2～4cm，基部鞘状抱茎，顶端渐尖，无中脉。花序顶生，叉状分枝，每分枝的顶端聚生有数朵花；花梗长约1.5cm；花梗及花序的分枝处均包有膜质的苞片；花橙红色，散生紫褐色的斑点，直径4～5cm；花被裂片6，2轮排列，外轮花被裂片倒卵形或长椭圆形，长约2.5cm，宽约1cm，顶端钝圆或微凹，基部楔形，内轮较外轮花被裂片略短而狭；雄蕊3枚，长1.8～2cm，着生于外花被裂片的基部，花药条形；花柱上部稍扁，顶端3裂，子房下位，倒卵形，3室，中轴胎座，胚珠多数。蒴果倒卵形或长椭圆形，长2.5～3cm，直径1.5～2.5cm，常残存有凋萎的花被，成熟时果瓣外翻裂开，中央有直立的果轴；种子圆球形，黑紫色，有光泽。花期6～8月，果期7～9月。

分布于我国南北多个省区，生长于林缘或山坡草地。朝鲜、日本、印度、越南、俄罗斯也有分布。

本地有栽培或野生，栽植于庭园、草坪花圃供观赏。榆林市多地有栽培或野生。

根状茎入药，为《中国药典》指定的中药材“射干”的原植物之一，具有清热解毒、散结消炎、消肿止痛、止咳化痰之功效。

鸢尾属 *Lris* L. 本地常见有1种1变种，栽培1种。

马蔺（马兰　马莲）

Iris lactea Pall.

多年生密丛草本。根状茎粗壮，外包老叶残留叶鞘及毛发状的纤维；须根粗而长，黄白色。叶基生，灰绿色，条形或狭剑形，长约50cm，宽4～6mm，顶端渐尖，基部鞘状，无明显的中脉。花茎光滑，高3～10cm；苞片3～5枚，绿色，边缘白色，披针形，长4.5～10cm，宽0.8～1.6cm，顶端渐尖或长渐尖，内有2～4朵花；花直径5～6cm，花被浅蓝色、蓝色或蓝紫色，上有较深色的条纹；花被管甚短，长约3mm，外花被裂片倒披针形，顶端钝或急尖，爪部楔形，内花被裂片狭倒披针形，爪部狭楔形；雄蕊长2.5～3.2cm，花药黄色，花丝白色；子房纺锤形，长3～4.5cm。花柱上部3裂，裂片花瓣状；蒴果长椭圆状柱形，长4～6cm，直径1～1.4cm，有6条明显的肋，顶端有短喙；种子多面体形，棕褐色，略有光泽。花期5～6月，果期6～9月。

分布于全国多个省区，生长于荒地、路旁、山坡草地或盐碱化草场上。朝鲜、俄罗斯及印度也有分布。

本地有分布，生长于村落附近，栽培或野生。榆林市榆阳区、神木市、横山区、绥德县、米脂县、吴堡县等地也有分布。

本种耐盐碱、耐践踏，根系发达，可用于水土保持和改良盐碱土；叶在冬季可作牛、羊、骆驼的饲料，并可供造纸及编织用；根可制刷子；花和种子可入药，种子中含有马蔺子甲素。

鸢尾（紫蝴蝶）

Iris tectorum Maxim.

多年生草本。根状茎粗壮，直径约 1cm，斜伸；须根较细而短。叶基生，宽剑形，长 15 ～ 50cm，宽 1.5 ～ 3.5cm，顶端渐尖或短渐尖，基部鞘状，有数条不明显的纵脉。花茎高 20 ～ 40cm，顶部常有 1 ～ 2 个短侧枝，中、下部有 1 ～ 2 枚茎生叶；苞片 2 ～ 3 枚，草质，边缘膜质，披针形或长卵圆形，长 5 ～ 7.5cm，宽 2 ～ 2.5cm，顶端渐尖或长渐尖，内有 1 ～ 2 朵花；花蓝紫色，直径约 10cm；花梗甚短；花被管长约 3cm，上端膨大成喇叭形，外花被裂片圆形或宽卵形，长 5 ～ 6cm，宽约 4cm，顶端微凹，爪部狭楔形，中脉上有不规则的鸡冠状附属物，成不整齐的缝状裂，内花被裂片椭圆形，长 4.5 ～ 5cm，宽约 3cm，花盛开时向外平展，爪部突然变细；雄蕊长约 2.5cm，花药鲜黄色，花丝白色；花柱分枝扁平，淡蓝色，长约 3.5cm，子房纺锤状圆柱形。蒴果长椭圆形或倒卵形，长 4.5 ～ 6cm，直径 2 ～ 2.5cm，有 6 条明显的肋；种子黑褐色，梨形。花期 4 ～ 5 月，果期 6 ～ 8 月。

分布于全国多个省区，生长于向阳坡地、林缘及水边湿地。

本地常见栽培作春季观赏花卉，野生于山坡或路旁。榆林市多地有栽培。

根状茎入药，是《中国药典》指定的中药材“川射干”的原植物。入药具有清热解毒、祛痰、利咽之功效。

细叶鸢尾（桑牛牛　安胎灵）

Iris tenuifolia Pall.

多年生草本。植株基部存留有红褐色或黄棕色折断的老叶叶鞘，根状茎块状，黑褐色；根坚硬，细长，分枝少。叶质地坚韧，丝状或狭条形，长 20 ～ 60cm，宽 1.5 ～ 2mm，扭曲，无明显的中脉。花茎长度随埋砂深度而变化，通常甚短，不伸出地面；苞片 4 枚，披针形，长 5 ～ 10cm，宽 8 ～ 10mm，顶端长渐尖或尾状尖，内含 2 ～ 3 朵花；花蓝紫色，直径约 7cm；花被管长 4.5 ～ 6cm，外花被裂片匙形，长 4.5 ～ 5cm，宽约 1.5cm，爪部较长，中央下陷呈沟状，内花被裂片倒披针形，长约 5cm，宽约 5mm，直立；雄蕊 3 枚，花丝与花药近等长；子房下位，细圆柱形，花柱顶端 3 分支，分枝长约 4cm，宽 4 ～ 5mm，花瓣状，顶端 2 裂，裂片狭三角形。蒴果倒卵形，顶端有短喙。花期 4 ～ 5 月，果期 8 ～ 9 月。

分布于东北、西北、华北地区及西藏等省区，生长于固定沙丘或砂质地上。俄罗斯、蒙古、阿富汗、土耳其也有分布。

本地较常见，生长于砂质土山坡草丛中。榆林市各地均有分布。

嫩果可食，叶可制绳索或脱胶后制麻。早春开花，花色艳丽，可栽培作观赏植物。

83 兰科 Orchidaceae

本地常见有 2 属 2 种。

角盘兰属 *Herminium* L. 本地常见有 1 种。

裂瓣角盘兰

***Herminium alaschanicum* Maxim.**

多年生草本，植株高 15 ～ 60cm。块茎圆球形，直径约 1cm，肉质。茎直立，无毛，基部具 2 ～ 3 枚筒状鞘，其上具 2 ～ 4 枚较密生的叶，在叶之上有 3 ～ 5 枚苞片状小叶。叶片狭椭圆状披针形，长 4 ～ 15cm，宽 5 ～ 18mm，直立伸展，先端急尖或渐尖，基部渐狭并抱茎。总状花序具多数花，圆柱状，长 4 ～ 27cm；花苞片披针形，直立伸展，先端尾状，下部的长于子房；子房圆柱状纺锤形，扭转，无毛，连花梗长 5 ～ 6mm；花小，绿色，垂头钩曲，中萼片卵形，长 4mm，宽 3mm，先端钝，具 3 脉；侧萼片卵状披针形至披针形，长 4mm，基部宽 1.5 ～ 2mm，先端近急尖，具 1 脉；花瓣直立，长 5 ～ 5.5mm，中部以下宽 1.5mm，中部骤狭呈尾状且肉质增厚，或多或少呈 3 裂，中裂片近线形，先端钝，具 3 脉；唇瓣近长圆形，基部凹陷具距，前部 3 裂至近中部，侧裂片线形，中裂片线状三角形，距长圆状，长 1.5mm，向前弯曲；蕊柱粗短，长约 1mm。花期 6 ～ 9 月。

分布于全国多个省区，生长于山坡草地、高山栎林下或山谷峪坡灌丛草地。

本地有分布，但较少见，仅见于哈镇阴尔崖林区及县域附近山坡草丛中。榆林市有零星分布。

本种已被列为陕西省重点保护野生植物，应加强重点保护。

绶草属 *Spiranthes* Rich. 本地常见有1种。

绶草（盘龙参　麻绳花　土黄连）

Spiranthes sinensis (Pers.) Ames

多年生草本，植株高15～40cm。根数条，指状，肉质。茎直立，纤细，上部具苞片状小叶。近基部生叶2～5枚。叶片条状披针形或条形，先端急尖或渐尖，基部收狭具柄状抱茎的鞘。总状花序具多数花，螺旋状扭曲，花序轴被腺毛；花苞片卵状披针形；花小，紫红色或粉红色，在花序轴上呈螺旋状着生；萼片的下部靠合，中萼片狭长圆形，舟状，先端稍尖，与花瓣靠合呈兜状；侧萼片偏斜，披针形；花瓣斜菱状长圆形，先端钝，与中萼片等长但较薄；唇瓣宽长圆形，凹陷，先端极钝，前半部上面具长硬毛且边缘具强烈皱波状啮齿，唇瓣基部凹陷呈浅囊状，囊内具2枚胼胝体。子房下位，纺锤形，扭转，被腺状柔毛。蒴果具三棱。花期7～8月。

产于全国各省区，生长于山坡林下、灌丛、草地或河滩沼泽草甸中。俄罗斯、澳大利亚及亚洲多国都有分布。

本地有分布，见于河滩湿地草丛中。榆林市榆阳区、横山区、靖边县、神木市等地均有分布。

块根及全草作药用，具有补脾润肺、清热凉血之功效。

绶草已被列为陕西省重点保护野生植物，应加强重点保护。

中文名索引

（按拼音首字母排列）

E

F

J

K

L

拉丁名索引

（按拉丁文首字母排列）

A

D

I

J

K

L

R

S

T

U

V

W

X

Z

参考文献

［1］ 中国科学院中国植物志编辑委员会. 中国植物志（1-80卷）［M］. 北京：科学出版社，1959—2004.

［2］ 西北植物研究所. 黄土高原植物志（第一卷）［M］. 北京：科学出版社，2000.

［3］ 西北植物研究所. 黄土高原植物志（第二卷）［M］. 北京：中国林业出版社，1992.

［4］ 陕北建设委员会，西北植物研究所. 黄土高原植物志（第五卷）［M］. 北京：科学技术文献出版社，1989.

［5］ 赵一之，赵利清，曹瑞. 内蒙古植物志（第1-5卷）（第三版）［M］. 呼和浩特：内蒙古人民出版社，2020.

［6］ 山西植物志编辑委员会. 山西植物志（1-5卷）［M］. 北京：中国科学技术出版社，1992—2004.

［7］ 陈彦生. 陕西维管植物名录［M］. 北京：高等教育出版社，2016.

［8］ 刘培亮，卢元，杜诚，等. 陕西省维管植物名录（2021年）［J］. 生物多样性，2022，30（6）：48-52.

［9］ Liu P L, Lu Y, Du c, et al. A checklist of vascular plants in Shaanxi Province, China (2021)［J］. Biodiversity, 2022, 30(6): 48-52.

［10］ The Biodiversity Committee of Chinese Academy of Sciences. Catalogue of Life China: 2024 Annual Checklist. Beijing: China.

［11］ Liu Bing, China Checklist of Higher Plants, In the Biodiversity Committee of Chinese Academy of Sciences ed., Catalogue of Life China: 2024 Annual Checklist, Beijing: China.

［12］ Wu Z Y，Raven P H，1994—2001. Flora of China, vols［M］. 6, 9, 5,14, 22, 13, 12，11, 7, 25, 10, 23, 19, 20-21, 2-3 1.Beijing: Science Press;St.Louis; Missouri Botanical Garden Press.

［13］ Wu Z Y，Raven P H，2001—2014. Flora of China, vols［M］. 17, 16, 15, 18, 4, 24, 8，Beijing: Science Press; St. Louis; Missouri Botanical Garden Press.

［14］ 府谷县志编纂委员会. 府谷县志［M］. 西安：陕西人民出版社，1994.

［15］ 朱太平，刘亮，朱明. 中国资源植物［M］. 北京：科学出版社，2007.

［16］ 中国药典委员会. 中华人民共和国药典（一部2020年版）［M］. 北京：中国医药科技出版社，2020.
［17］ 闫志坚，徐杰，刘铁志，等. 鄂尔多斯高原野生维管植物图鉴［M］. 北京：科学出版社，2016.
［18］ 贾厚礼，姜林. 榆林种子植物［M］. 西安：陕西科学技术出版社，2012.
［19］ 乔荣强. 神木县常见植物图谱［M］. 西安：陕西科学技术出版社，2013.
［20］ 白重炎，贾茜. 陕西子午岭植物图鉴［M］. 北京：科学技术出版社，2019.
［21］ 任毅，周灵国，李志军，等. 陕西省重点保护野生植物［M］. 西安：陕西科学技术出版社，2017.
［22］ 张建强，周灵国，任毅，等. 陕西湿地植物［M］. 西安：陕西科学技术出版社，2020.
［23］ 刘刚. 陕西外来植物［M］. 西安：陕西科学技术出版社，2022.
［24］ 何家庆. 中国外来植物［M］. 上海: 上海科学技术出版社，2012.